Hans-Joachim Bungartz
Michael Griebel
Christoph Zenger

**Einführung in die
Computergraphik**

Mathematische Grundlagen der Informatik

Herausgeber: Rolf Möhring, Walter Oberschelp und Dietmar Pfeifer

Algorithmische Lineare Algebra
von Herbert Möller

Analysis
von Gerald Schmieder

Numerik
von Helmuth Späth

Stochastik
von Gerhard Hübner

Einführung in die Computergraphik
von Hans-Joachim Bungartz, Michael Griebel und Christoph Zenger

vieweg

Hans-Joachim Bungartz
Michael Griebel
Christoph Zenger

Einführung in die Computergraphik

Grundlagen, Geometrische Modellierung, Algorithmen

2., überarbeitete und erweiterte Auflage

Mit 195 Abbildungen und 61 Farbtafeln

Die Deutsche Bibliothek – CIP-Einheitsaufnahme
Ein Titeldatensatz für diese Publikation ist bei
Der Deutschen Bibliothek erhältlich

Professor Dr. Hans-Joachim Bungartz
Universität Stuttgart
IPVS, Abteilung Simulation großer Systeme
Breitwiesenstraße 20–22
70565 Stuttgart
E-Mail: bungartz@informatik.uni-stuttgart.de

Professor Dr. Michael Griebel
Universität Bonn
Institut für Angewandte Mathematik
Wegelerstraße 6
53115 Bonn
E-Mail: griebel@iam.uni-bonn.de

Professor Dr. Christoph Zenger
Technische Universität München
Institut für Informatik
Arcisstraße 21
80333 München
E-Mail: zenger@in.tum.de

1. Auflage 1996
2., überarbeitete und erweiterte Auflage Juni 2002

Alle Rechte vorbehalten
© Friedr. Vieweg & Sohn Verlagsgesellschaft mbH, Braunschweig/Wiesbaden, 2002

Der Vieweg Verlag ist ein Unternehmen der Fachverlagsgruppe BertelsmannSpringer.
www.vieweg.de

Das Werk einschließlich aller seiner Teile ist urheberrechtlich geschützt. Jede Verwertung außerhalb der engen Grenzen des Urheberrechtsgesetzes ist ohne Zustimmung des Verlags unzulässig und strafbar. Das gilt insbesondere für Vervielfältigungen, Übersetzungen, Mikroverfilmungen und die Einspeicherung und Verarbeitung in elektronischen Systemen.

Umschlagsgestaltung: Ulrike Weigel, www.CorporateDesignGroup.de
Druck und buchbinderische Verarbeitung: Lengericher Handelsdruckerei, Lengerich
Gedruckt auf säurefreiem und chlorfrei gebleichtem Papier
Printed in Germany

ISBN 3-528-16769-6

Vorwort

Die Erzeugung und Verarbeitung graphischer Daten haben in den letzten zwanzig Jahren einen immer größeren Aufschwung erlebt und weit über die Informatik hinaus Verbreitung in den verschiedensten wissenschaftlichen Disziplinen sowie im täglichen Leben gefunden. So haben die rasante Entwicklung immer leistungsfähigerer Bildschirmgeräte, entsprechender Graphik-Spezialhardware sowie benutzerfreundlicher graphischer Software zum einen und das sich gleichzeitig immer günstiger gestaltende Preis-Leistungs-Verhältnis in diesem Sektor zum anderen dazu geführt, daß heute sowohl Arbeitsplatzrechner für den wissenschaftlichen Einsatz als auch Personal Computer im Büro oder zur privaten Nutzung durchwegs graphikfähig sind – zum Teil mit Möglichkeiten, die vor kurzem noch ausschließlich Großrechnern vorbehalten waren. Dadurch wird Computergraphik mittlerweile in vielfältiger Form und auf breiter Ebene eingesetzt:

- Die Didaktik nutzt in immer stärkerem Ausmaß die Möglichkeiten graphischer Datenverarbeitung – vom klassischen Telekolleg bis hin zu modernen Lehr- und Lernvideos sowie interaktiven Tutorials. Manche eher trockene Thematik läßt sich durch Computergraphik leichter und fesselnder vermitteln. Man denke nur etwa an die in den achtziger Jahren populären Visualisierungen von Julia-Fatou-, Mandelbrot- oder anderen fraktalen Mengen. Ein ganzer Zweig der Mathematik hat damals durch die Möglichkeiten der Computergraphik an Bekanntheit und Attraktivität gewonnen.

- Aus der Bürowelt (graphische Benutzeroberflächen, Präsentationsgraphiken, Desktop-Publishing), der Werbung (Prospekte, TV-Werbespots), dem Medienbereich (Trickfilmanimationen, Multimedia) und der Unterhaltungsbranche mit ihren Video- und Computerspielen ist die graphische Datenverarbeitung inzwischen nicht mehr wegzudenken.

- In vielen Bereichen der Kunst gewinnt die Computergraphik ebenfalls an Bedeutung. Als Beispiele hierfür mögen etwa Lehrveranstaltungen an der 1990 gegründeten *Kunsthochschule für Medien Köln* (Ästhetik computergenerierter Bilder; Konzeption, Gestaltung und Realisation einer 3D-Computeranimation) sowie das seit 1979 vom Österreichischen Rundfunk (ORF) veranstaltete *Festival Ars Electronica* dienen, an das seit 1987 auch der Wettbewerb *Prix Ars Electronica* angegliedert ist.

- Unter dem Schlagwort *Virtual Reality* findet die graphische Datenverarbeitung inzwischen verstärkt Eingang in die Medizin und die Architektur. Daneben spielen Virtual-Reality-Applikationen auch in klassischen Anwendungsgebieten der Computergraphik wie etwa Flugsimulatoren und Flugführungssystemen eine zunehmend wichtigere Rolle, beispielsweise bei der Generierung synthetischer Sicht.
- Auch in Forschung und Technik allgemein ist die graphische Datenverarbeitung zu einem unentbehrlichen Hilfsmittel geworden. So werden beispielsweise im Ingenieurbereich Konstruktionspläne computerunterstützt erstellt, im Maschinenbau, in der Architektur, im Bauingenieurwesen oder in der Elektrotechnik wird oftmals nahezu der ganze Designprozeß im Rechner abgewickelt (*Computer Aided Design*). Aber auch der automatisierte Produktions- und Fertigungsprozeß wird mittlerweile immer mehr durch die produktbeschreibenden (auch graphischen) Daten gesteuert (*Computer Aided Manufacturing* bis hin zum *Computer Integrated Manufacturing*).
- Bei der numerischen Simulation von Prozessen, wie sie in Naturwissenschaft und Technik betrachtet werden, ist die *Visualisierung* der berechneten Ergebnisse zu einem entscheidenden Hilfsmittel geworden, um aus ihnen für den Menschen interpretierbare Resultate zu erhalten und komplizierte, sich in der Zeit verändernde Vorgänge zu veranschaulichen. Beispielsweise lassen sich das Verhalten von Strömungen (*Computational Fluid Dynamics*), chemische Reaktionen (*Computational Chemistry*), physikalische Abläufe auf verschiedensten Beobachtungsskalen von der Astrophysik bis hin zur Quantenmechanik (*Computational Physics*), ganze technische Fertigungsprozesse etwa im Halbleiterbereich oder auch Fragen des Umweltschutzes (Schadstoffausbreitung) sowie der Klimaforschung und Wettervorhersage auf modernen Hochleistungsrechnern immer präziser numerisch simulieren. Für die Auswertung der Simulationsergebnisse ist es dabei aufgrund der anfallenden Datenflut unerläßlich, die berechneten Daten anschließend aufzubereiten, graphisch darzustellen und dadurch einer Interpretation zugänglich zu machen.
- Schließlich ist auch die Visualisierung großer Datenmengen, wie sie von Meßgeräten geliefert werden, für die Verarbeitung und Auswertung solcher Daten von entscheidender Bedeutung. Hier sind beispielsweise Bilder und Meßdaten von Raumsonden (Voyager, Galileo) oder Satelliten (Meteosat, Landsat, Seasat, Geosat, ERS-1/2) zu nennen.

Das vorliegende Buch ist kein umfassendes Werk über Computergraphik. Es ist entstanden aus der Ausarbeitung einer dreistündigen Vorlesung über graphische Datenverarbeitung, die die Autoren mehrfach an der Technischen

Universität München und der Ludwig-Maximilians-Universität München für Studenten der Informatik sowie der Mathematik nach dem Vordiplom gehalten haben. Dementsprechend liegt der Schwerpunkt auf der Bereitstellung von Kenntnissen über die Grundlagen der graphischen Datenverarbeitung. Weiterhin flossen aber auch die beim Aufbau und der wiederholten Durchführung eines Praktikums zur Computergraphik gewonnenen Erfahrungen an verschiedenen Stellen mit ein.

Im Unterschied zu manch anderem einschlägigen Buch werden wir neben verschiedenen Verfahren zur Darstellung von Objekten auf dem Bildschirm oder auf anderen Ausgabegeräten auch deren Erzeugung im Rechner (Modellierung geometrischer Körper und zugehörige Datenstrukturen) genauer vorstellen. Damit wird eine Brücke von der reinen Computergraphik zur geometrischen Modellierung geschlagen, was gerade im Hinblick auf die zahlreichen Anwendungen im Bereich der Ingenieurwissenschaften (Maschinenwesen, Elektrotechnik, Bauingenieurwesen oder Architektur) als besonders wichtig erscheint.

Wer sich von diesem Buch die detaillierte Beschreibung eines Programmsystems zur Computergraphik erwartet, wird enttäuscht werden. Anstelle konkreter Programm- oder Programmierbeispiele werden wir vielmehr die generellen Prinzipien und Techniken besprechen, die für heutige Systeme zur Modellierung und graphischen Darstellung von Bedeutung sind. Graphikstandards und Programmpakete überleben sich fast schon im Jahresabstand, und ständig werden verbesserte und leistungsfähigere Systeme und Programmierumgebungen entwickelt. Auch davon wollen wir uns ein Stück weit frei machen. Ferner sei darauf hingewiesen, daß das vorliegende Buch lediglich in die Computergraphik einführen soll. Manche Teilaspekte können demzufolge nicht mit der Ausführlichkeit besprochen werden, wie sie bei einem umfassenden Buch über graphische Datenverarbeitung geboten wäre. Hier sei der interessierte Leser auf Standardwerke wie die Bücher von Foley, van Dam, Feiner und Hughes [FDFH97] sowie Newman und Sproull [NeSp84] verwiesen. Dagegen werden die grundsätzlichen Verfahren und Techniken nicht nur dargestellt, sondern wir versuchen, die einzelnen Schritte und Entscheidungen verständlich und nachvollziehbar zu machen, so daß der Leser die angestellten Überlegungen leicht auf verwandte Probleme übertragen kann.

Im ersten Kapitel behandeln wir Grundlagen der graphischen Datenverarbeitung wie Koordinatensysteme und Transformationen, zweidimensionales Clipping, effiziente Algorithmen zur Darstellung graphischer Primitive sowie verschiedene Farbmodelle. Das zweite Kapitel befaßt sich dann mit der geometrischen Modellierung dreidimensionaler Objekte, mit verschiedenen Darstellungsarten für starre Körper sowie mit deren topologischer Struktur und geometrischer Attributierung. In diesem Zusammenhang wird auch die Realisierung von Freiformkurven und Freiformflächen angesprochen. Anschließend gehen wir in Kapitel drei zu den zentralen Fragestellungen bei der graphischen Darstellung dreidimensionaler Objekte über und diskutieren Parallel- und Zentralprojektion, Fragen des Sichtbarkeitsentscheids, Beleuchtungsmodelle sowie Schattierung, Transparenz, Ray-Tracing und Radiosity-Verfahren. Dabei wird insbesondere auf die zielsetzungsabhängige Wahl des Instrumentariums eingegangen, da die in letzter Zeit in den Vordergrund gerückten Echtzeitapplikationen grundlegend andere Techniken erfordern als etwa die Erstellung hochqualitativer, photorealistischer Einzelbilder. Im vierten und letzten Kapitel sprechen wir in loser Folge noch eine Reihe weiterführender Techniken wie Texture-Mapping, Stereographie, Fraktale, Grammatikmodelle und Partikelsysteme sowie einige ausgewählte moderne Anwendungsgebiete der graphischen Datenverarbeitung wie Animation, Visualisierung und Virtual Reality an und stellen kurz die jeweils zugrundeliegenden Konzepte vor.

An dieser Stelle möchten wir uns herzlich bei Stefan Zimmer für viele hilfreiche Anregungen und fruchtbare Diskussionen sowie bei unseren Studenten Ulrike Deisz, Anton Frank, Thomas Gerstner, Klaus Nothnagel und Andreas Paul bedanken. Anton Frank, Thomas Gerstner und Andreas Paul haben durch zahlreiche wertvolle Tips aus der Praxis der Computergraphik dieses Buch nachhaltig bereichert, Anton Frank und Klaus Nothnagel haben mit großem Engagement die Abbildungen und Farbtafeln erstellt, und Ulrike Deisz gebührt unser Dank für ihren unermüdlichen Einsatz bei der Anfertigung des Manuskripts. Bei den Herausgebern der Reihe *Mathematische Grundlagen der Informatik* – Prof. Dr. R. Möhring, Prof. Dr. W. Oberschelp und Prof. Dr. D. Pfeifer – bedanken wir uns für wertvolle Anregungen sowie für die Aufnahme unseres Buches in ihre Reihe. Dem Verlag Vieweg schließlich danken wir für die stets freundliche und entgegenkommende Zusammenarbeit.

Schließlich noch ein genereller Hinweis: Bilder und Visualisierungen von Daten sind fast immer sehr überzeugend – der Mensch glaubt, was er sieht. Allerdings kann die Computergraphik nur Daten darstellen, die ihr vorgegeben werden. Dies sollte man sich etwa bei der Visualisierung von Ergebnissen einer numerischen Simulation stets vor Augen halten. Letztendlich ausschlaggebend sind immer die Techniken und Verfahren, mit deren Hilfe das Datenmaterial erzeugt wurde. Auch völlig falsche Ergebnisse und Daten können zu eindrucksvollen Bildern führen [GlRa92].

München, im Januar 1996   H.-J. Bungartz, M. Griebel, Chr. Zenger

Vorwort zur zweiten Auflage

Nach gut sechs Jahren liegt endlich die überfällige Neuauflage unserer *Einführung in die Computergraphik* vor. Über die Beseitigung kleinerer und größerer Unstimmigkeiten und Fehler, für deren Brandmarkung wir unseren Lesern sehr zu Dank verpflichtet sind, sowie den hoffentlich erfolgreichen Umstieg auf die neue Rechtschreibung hinaus wurde der Text dabei überarbeitet, aktualisiert und an verschiedenen Stellen ergänzt. An der Zielsetzung des Buches hat sich jedoch nichts geändert, und so haben wir auch die Grobgliederung beibehalten. Komplett neu gestaltet wurden die Abschnitte zur geometrischen Attributierung dreidimensionaler Objekte (Freiformkurven und -flächen etc.) sowie zur globalen Beleuchtung (Ray-Tracing, Radiosity etc.), etwas erweitert wurden die Ausführungen zur Visualisierung. In einem dritten Anhang haben wir schließlich einige Aufgaben aus dem vom ersten Autor 1999 konzipierten und an der TU München für Studenten der Informatik, Mathematik oder Ingenieurwissenschaften im Hauptstudium angebotenen Praktikum *Anwendungen der Computergraphik* zusammengestellt.

Auch die zweite Auflage wäre ohne die tatkräftige Unterstützung vieler nicht möglich gewesen. Stellvertretend für die kommentierende Leserschaft möchten wir an dieser Stelle Dr. Johannes Zimmer und Dr. Hans-Georg Zimmer erwähnen, deren Anregungen und Hinweise Diskussionen angestoßen und Missverständnisse ausgeräumt haben. Dr. Stefan Zimmer, Dipl.-Inf. Ralf-Peter Mundani und Dipl.-Inf. Andreas Kahler haben zur Neufassung des Textes wertvolle Beiträge geleistet. Die Anfertigung des Manuskripts lag bei Srihari Narasimhan, M.Sc., in den besten Händen. Ihnen allen gebührt unser herzlicher Dank. Dem Verlag Vieweg und namentlich Frau Ulrike Schmickler-Hirzebruch schließlich danken wir für die erneut äußerst konstruktive und gute Zusammenarbeit.

Stuttgart, Bonn, München, im April 2002 H.-J. Bungartz,
M. Griebel,
Chr. Zenger

Inhaltsverzeichnis

1 Grundlagen und graphische Grundfunktionen   **1**
  1.1 Grundsätzliches Vorgehen 1
  1.2 Grundobjekte 6
  1.3 Koordinatensysteme und Transformationen 8
  1.4 Zweidimensionales Clipping 15
  1.5 Linien und Kreise am Bildschirm 19
      1.5.1 Linien 20
      1.5.2 Kreise 30
      1.5.3 Antialiasing 37
  1.6 Graustufen- und Farbdarstellung 40
      1.6.1 Graustufendarstellung 40
      1.6.2 Farbdarstellung 43

2 Geometrische Modellierung dreidimensionaler Objekte   **55**
  2.1 Mathematische Modelle für starre Körper 56
  2.2 Darstellungsarten eines Körpers 58
      2.2.1 Direkte Darstellungsschemata: Volumenmodellierung . 60
      2.2.2 Indirekte Darstellung: Kanten- und Oberflächenmodellierung 66
      2.2.3 Hybridschemata 72
  2.3 Die topologische Struktur in der Oberflächendarstellung ... 73
      2.3.1 Der *vef*-Graph 74
      2.3.2 Euler-Operatoren 82
  2.4 Geometrische Attributierung 90
      2.4.1 Beschreibungen für Kurven- und Flächenstücke 90
      2.4.2 Freiformkurven 92
          2.4.2.1 Bézier-Kurven 93
          2.4.2.2 B-Splines 98
          2.4.2.3 NURBS 102
      2.4.3 Freiformflächen 104
      2.4.4 Attributierung und glatter Übergang an Nahtstellen . 109

3 Graphische Darstellung dreidimensionaler Objekte   **113**
  3.1 Parallel- und Zentralprojektion 114
  3.2 Sichtbarkeitsentscheid 123

	3.2.1	Dreidimensionales Clipping 124

- 3.2.1 Dreidimensionales Clipping 124
- 3.2.2 Rückseitenentfernung 126
- 3.2.3 z-Buffer-Verfahren 128
- 3.2.4 List-Priority-Verfahren 130
- 3.2.5 Scan-Line-Algorithmen 131
- 3.2.6 Rekursive Verfahren 134
- 3.2.7 Ray-Casting-Verfahren 135
- 3.3 Lokale Beleuchtung und Reflexion 140
  - 3.3.1 Ambientes Licht 140
  - 3.3.2 Punktförmige Lichtquellen mit diffuser Reflexion . . . 142
  - 3.3.3 Spiegelnde Reflexion 144
- 3.4 Schattierung 154
  - 3.4.1 Konstante Schattierung 155
  - 3.4.2 Interpolierte Schattierung 155
    - 3.4.2.1 Gouraud-Schattierung 156
    - 3.4.2.2 Phong-Schattierung 156
- 3.5 Transparente Objekte 159
  - 3.5.1 Transparenz ohne Brechung des Lichts 159
    - 3.5.1.1 Interpolierte Transparenz 160
    - 3.5.1.2 Screen-Door-Transparenz 160
    - 3.5.1.3 Gefilterte Transparenz 161
  - 3.5.2 Transparenz mit Brechung des Lichts 161
- 3.6 Globale Beleuchtung 163
  - 3.6.1 Größen aus der Radiometrie 163
  - 3.6.2 Die Rendering-Gleichung 166
  - 3.6.3 Lösung der Rendering-Gleichung 169
    - 3.6.3.1 Klassifikation der Verfahren 169
    - 3.6.3.2 Ray-Tracing 170
    - 3.6.3.3 Path-Tracing 172
    - 3.6.3.4 Radiosity-Verfahren 174
    - 3.6.3.5 Light Ray-Tracing 176
    - 3.6.3.6 Monte Carlo Ray-Tracing mit Photon Maps 176
- 3.7 Ray-Tracing 179
- 3.8 Radiosity-Verfahren 183
  - 3.8.1 Berechnung der Formfaktoren 184
  - 3.8.2 Lösung der Radiosity-Gleichung 185
  - 3.8.3 Abschließende Bemerkungen 188

4 Ausgewählte Themen und Anwendungen   193
- 4.1 Rendering 193

- 4.2 Mapping-Techniken 195
  - 4.2.1 Texture-Mapping 195
  - 4.2.2 Bump-Mapping 197
  - 4.2.3 Environment-Mapping 199
- 4.3 Stereographie 199
  - 4.3.1 Grundlegendes 199
  - 4.3.2 Anaglyphen 202
  - 4.3.3 Zeit-parallele Polarisationsverfahren 203
- 4.4 Darstellung natürlicher Objekte und Effekte 205
  - 4.4.1 Fraktale 206
  - 4.4.2 Grammatikmodelle 211
  - 4.4.3 Partikelsysteme 214
- 4.5 Animation 217
  - 4.5.1 Grundlegende Techniken 217
  - 4.5.2 Steuerung 222
- 4.6 Visualisierung 223
  - 4.6.1 Methoden der Bildverarbeitung 227
  - 4.6.2 Visualisierung raum- und zeitaufgelöster Simulationsdaten 229
    - 4.6.2.1 Techniken der Dimensionsreduktion 229
    - 4.6.2.2 Weitere Techniken 231
    - 4.6.2.3 Datenrepräsentation 233
  - 4.6.3 Vom Bild zum Film 235
  - 4.6.4 Bunte Bildchen über alles 236
- 4.7 Virtual Reality 238

A Schnittstellen und Standards 245

B Graphiksoftware 249
- B.1 Graphikbibliotheken, OpenGL 249
  - B.1.1 Grundlegendes zu OpenGL 250
  - B.1.2 Viewing in OpenGL 252
- B.2 Ray-Tracer 256
- B.3 3D-Modellierer 256
- B.4 Mal- und Zeichenprogramme 257
- B.5 Funktionsplotter 257
- B.6 Visualisierungssysteme 258

C Aufgaben 261
- C.1 Aufgaben zu Modellierung, Rendering und Animation 261

C.2	Aufgaben zur Graphikprogrammierung	267
C.3	Aufgaben zur Visualisierung	269
C.4	Weiterführende Aufgaben	271

Literaturverzeichnis   **273**

Index   **291**

Farbtafeln

1 Grundlagen und graphische Grundfunktionen

Bevor wir uns in den Kapiteln 2 und 3 mit den beiden zentralen Themen dieses Buches befassen, der geometrischen Modellierung und der graphischen Darstellung dreidimensionaler Objekte, wollen wir uns zunächst einen Überblick über die wesentlichen Arbeitsschritte auf dem Weg von der realen Szene zum Bild am Ausgabegerät verschaffen und damit die Grobgliederung in einen Modellierungs- und einen Darstellungsteil motivieren.

Ferner werden wir in diesem einleitenden Kapitel einige Themen von grundlegender Bedeutung diskutieren: Grundobjekte als Basis sowohl der Modellierung als auch der Darstellung, das zweidimensionale Clipping als erster Einstieg in die Problematik der Sichtbarkeit, das Zeichnen von Linien und Kreisen auf rasterorientierten Ausgabegeräten als Beispiel für die Thematik der Rasterung sowie verschiedene Möglichkeiten zur Graustufen- und Farbdarstellung. Da dabei Sachverhalte zur Sprache kommen, die in der graphischen Datenverarbeitung an verschiedenen Stellen von großer Wichtigkeit sind, haben wir uns hier für eine ausführliche Darstellung entschieden, die die einzelnen Problemstellungen und Lösungswege nicht nur beschreibt. Vielmehr werden – etwa beim Bresenham-Algorithmus in Abschnitt 1.5 – auch die einzelnen Schritte auf dem Weg vom nahe liegenden, aber langsamen Verfahren zum hocheffizienten Algorithmus dargestellt, oder es werden – bei der Farbdarstellung – mehrere alternative Modelle angegeben, auch wenn sich in der Praxis nur einige wenige durchgesetzt haben. Dadurch sollen die Charakteristika sowie die Vor- und Nachteile der betrachteten Techniken klarer werden und die angestellten Überlegungen auch auf verwandte Problemstellungen übertragen werden können.

1.1 Grundsätzliches Vorgehen

Ausgangspunkt der Betrachtungen ist in der Regel die Realität bzw. ein Ausschnitt aus ihr, die *reale Szene*, oder aber die mehr oder weniger konkrete Vorstellung einer künstlich am Rechner zu erzeugenden Szene. Wir wollen hierbei im Folgenden ohne Einschränkung stets von einer realen Szene ausgehen. Von ihr soll letztendlich ein Abbild auf einem Ausgabegerät, also etwa auf einem Drucker, Stiftplotter oder Bildschirm, erstellt werden. Der Arbeitsweg von der realen Szene bis hin zum Bild auf dem Ausgabegerät ist in Abbildung 1.1 angegeben.

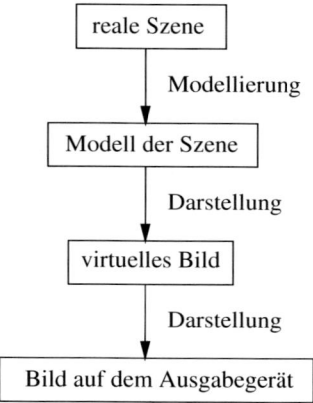

Abbildung 1.1 Grundsätzliche Arbeitsschritte in der graphischen Datenverarbeitung

Es ergeben sich demnach drei wesentliche Schritte:
1. die Erzeugung eines dreidimensionalen *Modells* der realen Szene;
2. die Abbildung dieses Modells auf den zweidimensionalen virtuellen Bildraum, also die Erzeugung eines zweidimensionalen *virtuellen Bildes*;
3. die Ausgabe auf dem jeweiligen Gerät.

Mit dem ersten Schritt befasst sich die *geometrische Modellierung dreidimensionaler Objekte* (siehe Kapitel 2), die beiden anderen Schritte sind Thema der *graphischen Darstellung dreidimensionaler Objekte* in Kapitel 3.

Sowohl das Modell der Szene als auch das virtuelle Bild werden dabei aus *Grundobjekten* oder *graphischen Primitiven* aufgebaut, deren Instantiierungen in geeigneter Weise modifiziert und anschließend zusammengesetzt werden. Für das (dreidimensionale) Modell der Szene bedient man sich dabei dreidimensionaler Grundobjekte (z. B. Quader, Zylinder usw.), das (zweidimensionale) Bild wird aus „zweidimensionalen" Grundobjekten (z. B. Linien, Polygone, Kreise usw.) erzeugt.

Wir wollen nun die drei oben angeführten Schritte anhand eines einfachen Beispiels veranschaulichen. Ausgehend von der realen Szene bzw. von der Vorstellung einer künstlich zu erzeugenden Szene, wird zunächst – etwa aus geeignet im Rechner repräsentierten Bauklötzchen – ein dreidimensionales Modell dieser Szene angefertigt (siehe Abbildung 1.2), von dem dann ein zweidimensionales Abbild zu erstellen ist.

Abbildung 1.2 Beispiel eines dreidimensionalen Modells einer Szene

Nun soll von diesem dreidimensionalen Modell ein zweidimensionales Bild erzeugt werden. Hierzu erfolgt zunächst die Projektion des Modells auf die Bildebene. Zur Darstellung des Bildes geht man dann in folgenden Schritten vor:

- Grundobjekte seien Linien, Kreise und Halbkreise:

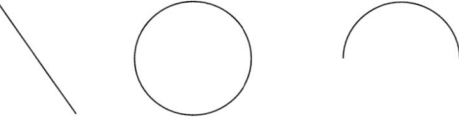

Abbildung 1.3 Beispiele für Grundobjekte

- Zusammengesetzte Objekte sind dann z. B. Rechtecke oder Bäume:

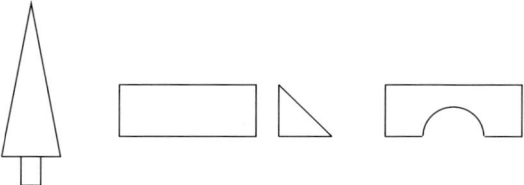

Abbildung 1.4 Beispiele für zusammengesetzte Objekte

- Damit lässt sich nun das dreidimensionale Modell der Szene aus Abbildung 1.2 zweidimensional darstellen:

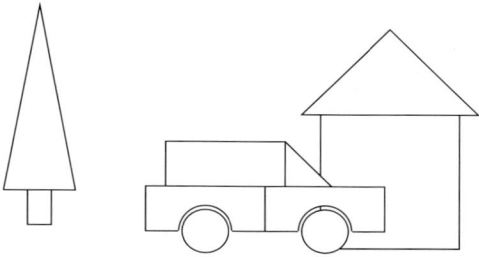

Abbildung 1.5 Ein zweidimensionales Abbild des Modells der Szene

- Ein Ausschnitt hiervon ergibt das virtuelle Bild:

Abbildung 1.6 Virtuelles Bild

- Die Ausgabe erfolge schließlich rasterorientiert auf einem Bildschirm oder Drucker:

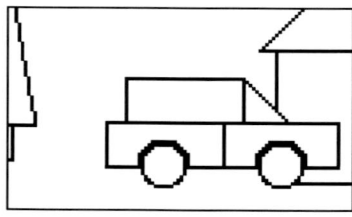

Abbildung 1.7 Bild am rasterorientierten Ausgabegerät

1.1 Grundsätzliches Vorgehen

Zur Beschreibung sowohl des Modells der Szene als auch des virtuellen Bilds im Rechner bieten sich hierarchische Darstellungen an, beispielsweise durch eine baumartige Strukturierung, wie sie für unser Beispiel in Abbildung 1.8 angegeben ist.

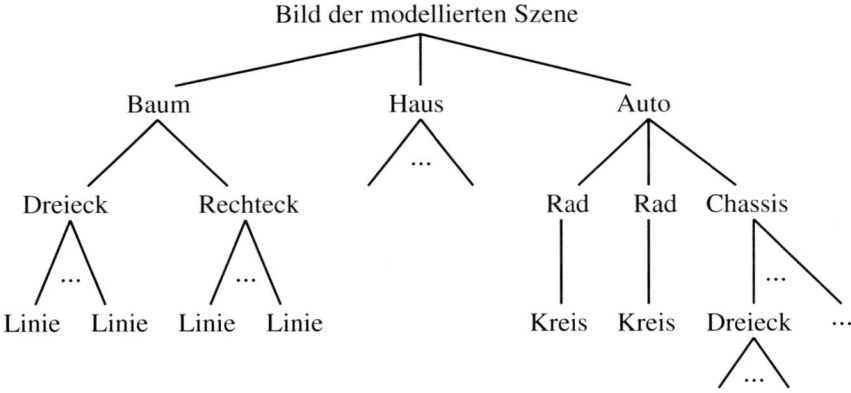

Abbildung 1.8 Hierarchische Darstellung des Bilds der modellierten Szene als Baum

Notwendig zur Beschreibung des gesamten in Abbildung 1.1 angegebenen Weges sind *Koordinatensysteme* und *Transformationen* zwischen diesen. Mit Hilfe solcher Transformationen kann die Darstellung eines Grundobjekts oder eines zusammengesetzten Objekts bezüglich eines Koordinatensystems auf die entsprechende Darstellung bezüglich eines anderen Koordinatensystems abgebildet werden. Die reale Szene wird dabei in sogenannten *Weltkoordinaten*, das Modell der Szene in *Modellkoordinaten*, das virtuelle Bild in *virtuellen Bildkoordinaten* und das Bild am Ausgabegerät in geräteabhängigen *Gerätekoordinaten* angegeben[1]. Abbildung 1.6 zeigt zudem die Bedeutung von Sichtbarkeitsfragen auf, und anhand von Abbildung 1.7 wird die Problematik der Darstellung zweidimensionaler graphischer Primitive etwa auf rasterorientierten Ausgabegeräten deutlich.

---
[1] Im Gegensatz zu den hier eingeführten Bezeichnungen wird der Begriff Modellkoordinaten in der Literatur manchmal für die Koordinatensysteme der einzelnen dreidimensionalen Grundobjekte verwendet. Das zusammengesetzte Modell der Szene wird dann in Weltkoordinaten beschrieben.

1.2 Grundobjekte

Wie wir im vorigen Abschnitt gesehen haben, spielen Grundobjekte sowohl bei der dreidimensionalen Modellierung als auch bei der zweidimensionalen Darstellung eine entscheidende Rolle. Für die dreidimensionale Modellierung werden wir in Kapitel 2 zahlreiche Möglichkeiten der Definition und Auswahl von Grundobjekten kennen lernen. Um Grundobjekte für die graphische Darstellung untersuchen zu können, müssen wir uns zunächst kurz mit den Anforderungen der infrage kommenden Ausgabegeräte befassen. Hier gibt es einerseits Geräte wie Plotter, die Linien unmittelbar zeichnen können, und andererseits Geräte wie Laser- oder Nadeldrucker oder heute übliche Rasterbildschirme, die einzelne Bildpunkte ansteuern und setzen. Dementsprechend haben auch für die Darstellung bzw. die graphische Ausgabe zwei Alternativen besondere Bedeutung erlangt: der *vektororientierte* Zugang, bei dem Objekte aus Linien, spezifiziert durch Anfangs- und Endpunkt, zusammengesetzt werden, sowie der *rasterorientierte* Ansatz, bei dem das Bild als Matrix einzelner Bildelemente (*Pixel*) dargestellt und jedes Pixel getrennt behandelt werden kann. Die Vorteile vektororientierter Modelle liegen in der einfachen Modellierbarkeit und der effizienten Manipulierbarkeit (Zoom ohne Informationsverlust, Rotation und Skalierung von Vektor-Zeichensätzen). Der rasterorientierte Zugang dagegen bietet das größere Potenzial hinsichtlich leichter und effizienter Implementierung.

Die Beschreibung der Grundobjekte erfolgt in der Regel vektororientiert. Hier lassen sich alle Grundobjekte auf Linien und Punkte zurückführen und somit allein durch die Angabe von Punkten (ihren sogenannten *Führungspunkten*) vollständig charakterisieren. Beispiele für Grundobjekte sind etwa (vgl. Abbildung 1.9):

a) Punkte,

b) Linien (2 Punkte: Anfangs- und Endpunkt),

c) Polygone (n Punkte),

d) Polygonzüge (n Punkte),

e) Kreise (2 Punkte: Mittelpunkt und ein Kreispunkt),

f) Ellipsen (3 Punkte: 2 Brennpunkte und ein Ellipsenpunkt),

g) Bézier-Kurven (siehe Abschnitt 2.4),

h) B-Spline-Kurven (siehe Abschnitt 2.4),

i) die Zeichen eines Vektor-Zeichensatzes.

1.2 Grundobjekte

Insbesondere für die Modellierung dreidimensionaler Körper sind ferner von Bedeutung:

j) polygonale Netze[2] in 2D und 3D, etwa dreieckig (Triangular Strips) oder viereckig (Quadrilateral Meshes),

k) gekrümmte Flächen: Bézier-Flächen, B-Spline-Flächen (siehe Abschnitt 2.4).

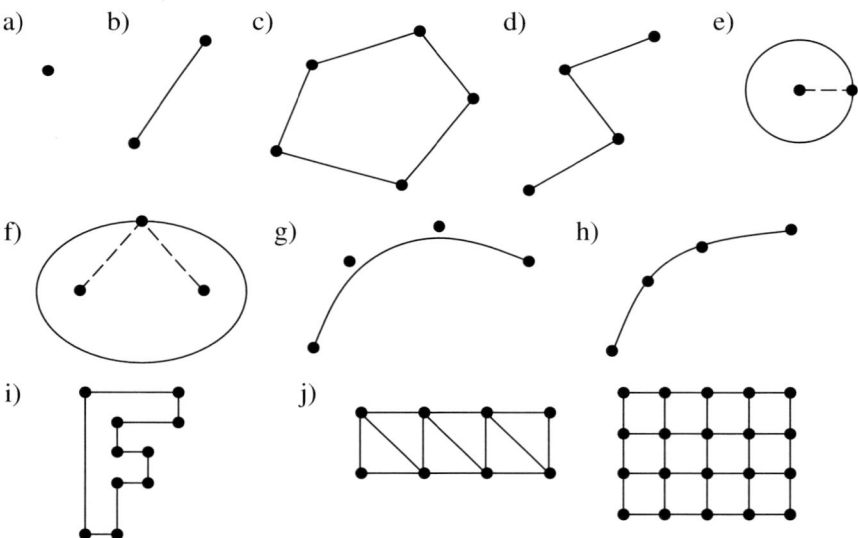

Abbildung 1.9 Grundobjekte im vektororientierten Fall

Das gemeinsame Prinzip dieser Grundobjekte ist, dass sie sich alle auf Linien und Punkte zurückführen lassen, sich also durch Angabe ihrer Führungspunkte definieren lassen. Die Beschreibung der Objekte erfolgt somit durch das Konstrukt (Typ, Vektorkoordinaten, Attribute). Beispiele für Attribute sind hier etwa Strichstärke, Strichtyp, Farbe etc. Aus mehreren Objekten wird dann ein Modell der Szene bzw. ein Abbild davon erzeugt.

Auf dem Weg zur Darstellung auf dem Rechner können graphische Primitive (gp) mit ihren zugeordneten Attributen (at) und ganze Bilder (image)

---
[2] Polygonale Netze sind eine Aneinanderreihung von Dreiecken bzw. Vierecken, wie in Abbildung 1.9 j) dargestellt. Sie eignen sich insbesondere im dreidimensionalen Fall zur Modellierung von Sphären und anderen Objekten mit gekrümmter Oberfläche.

beispielsweise über abstrakte Datentypen [BaWö84] spezifiziert werden. Wir wollen hier nicht auf Details eingehen, aber ein einfaches Beispiel könnte etwa wie folgt aussehen:

type IMAGE ≡ (sort gp, sort at) image, *empty, isempty, combine, view:*
                  sort image,
                  funct image *empty*,
                  funct(image) bool *isempty*,
                  funct(gp,at) image *view*,
                  funct(image,image) image *combine*,
                  law: ∀ image a: *combine(a, emptyimage)* = a,
                  law: ∀ image a,b,c: *combine(combine(a,b),c)* =
                                              combine(a,combine(b,c)),
                  ⋮
end of type

Die Verarbeitung der Grundobjekte und ihrer Zusammensetzungen erfolgt dann durch Abbildungen zwischen den Koordinatensystemen (Translationen, Skalierungen, Rotationen), wie sie im folgenden Abschnitt 1.3 beschrieben werden. Ist die Szene aufgebaut, so muss der gewünschte Bildausschnitt durch Clipping-Techniken erzeugt werden (siehe Abschnitt 1.4). Die Darstellung auf dem Ausgabegerät wird im Fall von Rastergeräten schließlich durch Umwandeln der Vektoren in Pixelmengen realisiert (siehe Abschnitt 1.5). Bei all diesen Schritten verwendet man effiziente Algorithmen, die direkt auf die Hardware zugeschnitten sind. Dies führt zur Möglichkeit von Echtzeitanwendungen.

1.3 Koordinatensysteme und Transformationen

Der Welt und dem virtuellem Bildschirm werden (im Allgemeinen verschiedene) reelle Koordinatensysteme (Weltkoordinaten, Modellkoordinaten, virtuelle Bildkoordinaten) zugeordnet, die mehr oder weniger frei wählbar sowie meistens rechtsdrehend und rechtwinklig sind. Ein rasterorientiertes Ausgabegerät wie beispielsweise ein Rasterbildschirm besitzt dagegen ein Gerätekoordinatensystem, das im Allgemeinen linksdrehend, rechtwinklig und ganzzahlig ist (Pixelsystem). Der Ursprung liegt daher oft in der linken oberen Ecke des Bildschirms, die x- bzw. y-Achse zeigt nach rechts bzw. nach unten. Typische Auflösungen von Rasterbildschirmen sind etwa

1.3 Koordinatensysteme und Transformationen

768×576 Pixel in der PAL-Fernsehnorm oder 1280×1024 bzw. 1600×1200 Pixel bei Graphik-Workstations.

Wir betrachten nun für den zweidimensionalen Fall den Übergang zwischen zwei Koordinatensystemen $K = (B; b_1, b_2)$ und $K' = (B'; b'_1, b'_2)$. Beide sind eindeutig bestimmt durch die Lage des jeweiligen Ursprungs B bzw. B' und die Angabe einer Basis (b_1, b_2) bzw. (b'_1, b'_2) des $\mathbb{R}^2$. Zur Veranschaulichung wollen wir ein Beispiel betrachten. Es gelte

$$B := (0,0)_K^T = \left(\tfrac{3}{2}, \tfrac{3}{4}\right)_{K'}^T, \qquad B' := (0,0)_{K'}^T,$$
$$b_1 := (1,0)_K^T = \left(\tfrac{1}{2}, \tfrac{1}{8}\right)_{K'}^T, \qquad b'_1 := (1,0)_{K'}^T,$$
$$b_2 := (0,1)_K^T = \left(\tfrac{1}{4}, 1\right)_{K'}^T, \qquad b'_2 := (0,1)_{K'}^T.$$

Gegeben sei der Punkt $P := (2,1)_K^T$ in K-Koordinaten, gesucht ist seine Darstellung in K'-Koordinaten (siehe Abbildung 1.10). Aus der linearen Algebra ist bekannt, dass ein solcher Wechsel des Koordinatensystems durch eine *affine Transformation* beschrieben werden kann. Es gilt

$$v' = A \cdot v + d, \tag{1.1}$$

wobei hier im Beispiel

$$A = \begin{pmatrix} \tfrac{1}{2} & \tfrac{1}{4} \\ \tfrac{1}{8} & 1 \end{pmatrix}$$

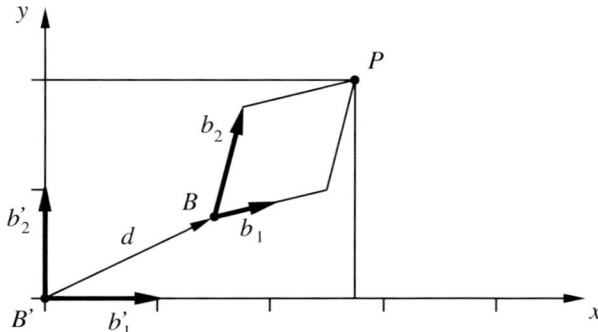

Abbildung 1.10 Koordinatentransformation

und
$$d = \left(\tfrac{3}{2}, \tfrac{3}{4}\right)^T.$$

Die Spalten von A sind also gerade die Basisvektoren b_1 und b_2 bezüglich K'-Koordinaten, d gibt die Verschiebung des Ursprungs B' von K' zum Ursprung B von K an (in K'-Koordinaten), v schließlich stellt einen beliebigen Punkt P in K-Koordinaten, v' denselben Punkt in K'-Koordinaten dar. Im Beispiel erhalten wir somit zu $v = (2,1)_K^T$ den Vektor $v' = (2.75, 2)_{K'}^T$.

Die Darstellung (1.1) für affine Transformationen erweist sich oftmals als unhandlich, da sie explizit eine Matrixmultiplikation und eine Vektoraddition erfordert. Deshalb geht man zur erweiterten Schreibweise in *homogenen Koordinaten* über. Hierbei wird als weitere Komponente die Eins an alle Vektoren angehängt. Dem liegt die Vorstellung zugrunde, dass in unserem Beispiel jeder Punkt P bezüglich jeder Basis eine eindeutige Darstellung $P = \beta_1 \cdot b_1 + \beta_2 \cdot b_2 + 1 \cdot B$ bzw. $P = \beta_1' \cdot b_1' + \beta_2' \cdot b_2' + 1 \cdot B'$ hat, sich also durch das Tripel $(\beta_1, \beta_2, 1)^T$ bzw. $(\beta_1', \beta_2', 1)^T$ jeweils eindeutig darstellen lässt. Aus (1.1) wird somit

$$\begin{pmatrix} v' \\ 1 \end{pmatrix} = \begin{pmatrix} A & d \\ 0 & 1 \end{pmatrix} \cdot \begin{pmatrix} v \\ 1 \end{pmatrix}. \tag{1.2}$$

Dadurch lassen sich affine Transformationen einfach als Matrixmultiplikationen schreiben. Zunächst stellt dies nur einen formalen Gewinn dar, da anstelle von Vektorräumen jetzt *affine Räume*[3] betrachtet werden müssen. Das ausschließliche Auftreten von Matrixmultiplikationen ermöglicht jedoch den Einsatz effizienterer hardwaregestützter Routinen für die Realisierung der Transformationen. Man beachte dazu, dass die Hintereinanderausführung einer endlichen Zahl von affinen Transformationen wieder eine affine Transformation ergibt:

$$\begin{aligned} v' &= A_1 \cdot v + d_1, \\ v'' &= A_2 \cdot v' + d_2 \\ &= A_2 \cdot A_1 \cdot v + (A_2 \cdot d_1 + d_2), \end{aligned} \tag{1.3}$$

bzw. in homogenen Koordinaten:

---

[3] Ein n-dimensionaler *affiner Raum* $\mathcal{A}_n$ ist ein Paar (A, V_n) einer Menge A von Punkten und eines n-dimensionalen Vektorraums V_n mit einer Operation $* : A \times V_n \to A$. Dabei gilt: Für alle Punkte $P_1, P_2 \in A$ existiert genau ein Vektor $x \in V_n$ mit $P_1 * x = P_2$. Der Vektor x heißt dabei der *Verschiebungsvektor* von P_1 nach P_2. Außerdem gilt $P * (x_1 + x_2) = (P * x_1) * x_2$ für alle $P \in A$ und $x_1, x_2 \in V_n$.

1.3 Koordinatensysteme und Transformationen

$$\begin{pmatrix} v' \\ 1 \end{pmatrix} = \begin{pmatrix} A_1 & d_1 \\ 0 & 1 \end{pmatrix} \cdot \begin{pmatrix} v \\ 1 \end{pmatrix},$$

$$\begin{pmatrix} v'' \\ 1 \end{pmatrix} = \begin{pmatrix} A_2 & d_2 \\ 0 & 1 \end{pmatrix} \cdot \begin{pmatrix} v' \\ 1 \end{pmatrix} \qquad (1.4)$$

$$= \begin{pmatrix} A_2 & d_2 \\ 0 & 1 \end{pmatrix} \cdot \begin{pmatrix} A_1 & d_1 \\ 0 & 1 \end{pmatrix} \cdot \begin{pmatrix} v \\ 1 \end{pmatrix}$$

$$= \begin{pmatrix} A_2 \cdot A_1 & A_2 \cdot d_1 + d_2 \\ 0 & 1 \end{pmatrix} \cdot \begin{pmatrix} v \\ 1 \end{pmatrix}.$$

Im Folgenden wollen wir nun für den zweidimensionalen Fall einige Standardabbildungen als Beispiele affiner Transformationen betrachten:

- Eine *Verschiebung* oder *Translation* (siehe Abbildung 1.11) wird durch eine einfache Vektoraddition beschrieben. Die Matrix A ist hier die Identität:

$$A = Id, \quad v' = v + d. \qquad (1.5)$$

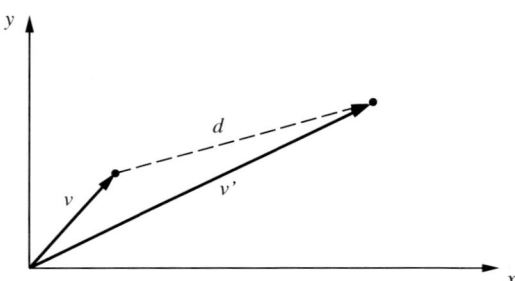

Abbildung 1.11 Translation

- Eine *Scherung* (siehe Abbildung 1.12) beschreibt die Verzerrung elastischer Körper. Eine Scherung in x-Richtung beispielsweise lässt die y-Koordinate eines Punkts unverändert, modifiziert aber seine x-Koordinate proportional zum y-Wert:

$$A = \begin{pmatrix} 1 & S_x \\ 0 & 1 \end{pmatrix}, \quad d = 0. \qquad (1.6)$$

Ganz analog wird die Scherung in y-Richtung definiert.

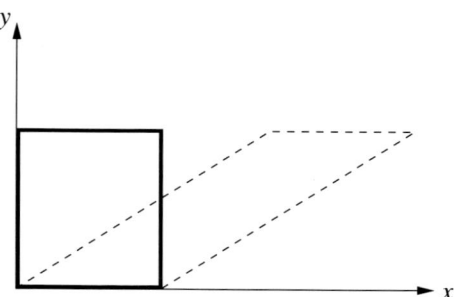

Abbildung 1.12 Scherung in x-Richtung.

- Eine *Skalierung* in Bezug auf den Ursprung entspricht der Multiplikation mit einer Diagonalmatrix. Der Vektor d ist hier der Nullvektor:

$$A = \begin{pmatrix} a_{11} & 0 \\ 0 & a_{22} \end{pmatrix}, \quad d = 0. \tag{1.7}$$

Als Spezialfälle betrachten wir:

i) $a_{11} = a_{22} > 0$: *zentrische Streckung / Zoom* (verzerrungsfreie Vergrößerung ($a_{11} > 1$) oder Verkleinerung ($a_{11} < 1$), siehe Abbildung 1.13).

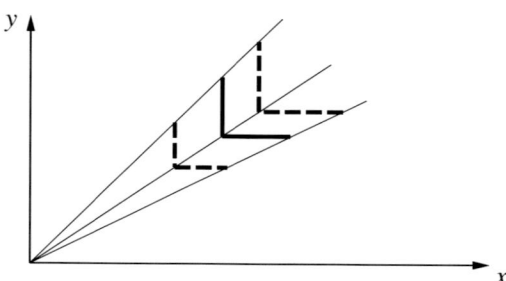

Abbildung 1.13 Zentrische Streckung

ii) $a_{11} = a_{22} = -1$: *Spiegelung am Ursprung* (siehe Abbildung 1.14).

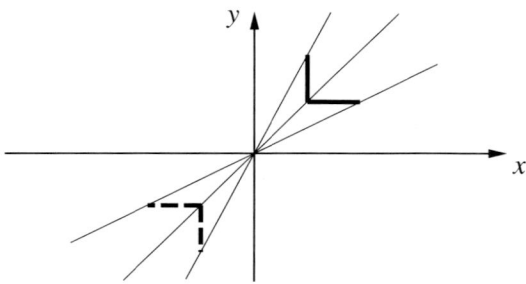

Abbildung 1.14 Spiegelung am Ursprung

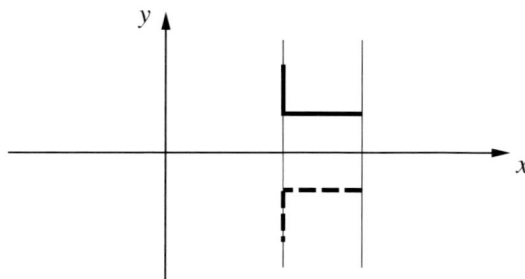

Abbildung 1.15 Spiegelung an der x-Achse

iii) $a_{11} = 1, a_{22} = -1$: *Spiegelung an der x-Achse* (siehe Abbildung 1.15).

iv) $a_{11} = -1, a_{22} = 1$: *Spiegelung an der y-Achse* (siehe Abbildung 1.16).

- Bei einer *Drehung* oder *Rotation* um den Winkel φ um den Ursprung (siehe Abbildung 1.17) haben die Matrix A und der Vektor d folgende Gestalt:

$$A = \begin{pmatrix} \cos\varphi & -\sin\varphi \\ \sin\varphi & \cos\varphi \end{pmatrix}, \quad d = 0. \tag{1.8}$$

Dabei ist A *orthogonal*, d. h.

$$A^{-1} = A^T, \quad \det A = 1. \tag{1.9}$$

Bei Translationen und Skalierungen ist die Verallgemeinerung auf den dreidimensionalen Fall offensichtlich. Eine Drehung im dreidimensionalen

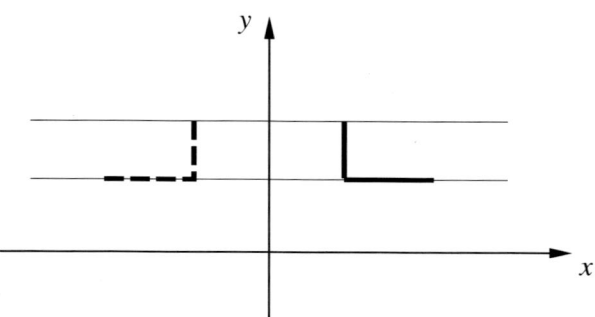

Abbildung 1.16 Spiegelung an der y-Achse

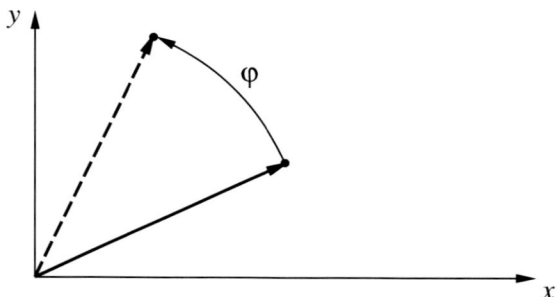

Abbildung 1.17 Rotation

Raum lässt sich als Produkt von ebenen Rotationen in der xy-, xz- und yz-Ebene schreiben.

Kompliziertere Abbildungen (z. B. eine Drehung um einen beliebigen Punkt P oder eine Skalierung in Bezug auf einen beliebigen Punkt P) lassen sich nun aus der Hintereinanderausführung solcher einfacher affiner Transformationen aufbauen. Dabei müssen nicht für jeden Punkt alle Transformationen hintereinander ausgeführt werden, sondern die insgesamt resultierende Transformation wird einmal vorneweg berechnet. Dadurch können auch kompliziertere Abbildungen einer größeren Menge von Punkten schnell und billig realisiert werden.

Aufgrund der Linientreue und der Erhaltung von Parallelität bei affinen Transformationen müssen im vektororientierten Fall anstelle kontinuierlicher Linien nur die Führungspunkte der Grundobjekte transformiert werden. Verwendet man zudem nur Translationen, Rotationen und verzerrungsfreie Skalierungen mit $|a_{11}| = |a_{22}|$, so sind Objekt und transformiertes Objekt aufgrund der Winkeltreue stets ähnlich.

1.4 Zweidimensionales Clipping

Der in Abbildung 1.6 veranschaulichte Übergang zum virtuellen Bild erfordert das *Abschneiden* oder *Clipping* von Grundobjekten, falls diese sich nicht vollständig im gewünschten Bildausschnitt befinden. Wir wollen uns deshalb in diesem Abschnitt mit dem Clipping von Linien an einem rechteckigen Fenster beschäftigen. Selbstverständlich wird damit die Problematik des Clippings nur gestreift: Auch Flächen (Polygone) müssen korrekt abgeschnitten werden (etwa durch den Algorithmus von Sutherland und Hodgman [SuHo74], siehe z. B. [FDFH97]), auch kompliziertere als rechteckige Fenster müssen behandelbar sein (z. B. beliebige Polygone), und schließlich reicht bei dreidimensionalen Szenen das zweidimensionale Clipping zur korrekten Wiedergabe des Bildausschnitts nicht aus. Dort sind dreidimensionale Clipping-Techniken erforderlich, auf die wir im Zusammenhang mit allgemeinen Sichtbarkeitsfragen in Abschnitt 3.2.1 noch näher eingehen werden.

Seien nun $P = (x_P, y_P)$ und $Q = (x_Q, y_Q)$ zwei Punkte im $\mathbb{R}^2$ und $[x_{\min}, x_{\max}] \times [y_{\min}, y_{\max}] \subset \mathbb{R}^2$ ($x_{\min} < x_{\max}, y_{\min} < y_{\max}$) ein rechteckiges Fenster, bezüglich dessen die Strecke PQ abgeschnitten werden soll (d. h., nur der im Rechteck verlaufende Teil der Strecke darf gezeichnet werden). Vier Fälle sind dabei zu unterscheiden (siehe Abbildung 1.18):

1. P und Q liegen im Rechteck[4], die Strecke PQ wird ganz gezeichnet.
2. Genau einer der Punkte P und Q liegt im Rechteck. Somit ist ein Schnittpunkt zu berechnen, und der im Rechteck verlaufende Teil der Strecke PQ muss gezeichnet werden.
3. Beide Punkte liegen außerhalb des Rechtecks, und die Strecke PQ schneidet das Rechteck nicht. In diesem Fall wird nichts gezeichnet.
4. Beide Punkte liegen außerhalb des Rechtecks, und die Strecke PQ schneidet das Rechteck. Hier sind zwei Schnittpunkte zu berechnen, und gezeichnet wird die Strecke zwischen den beiden Schnittpunkten. Man

---
[4] Die Formulierung „im Rechteck" soll hier auch den Rand einschließen.

beachte, dass die beiden Schnittpunkte in einer Ecke zusammenfallen können.

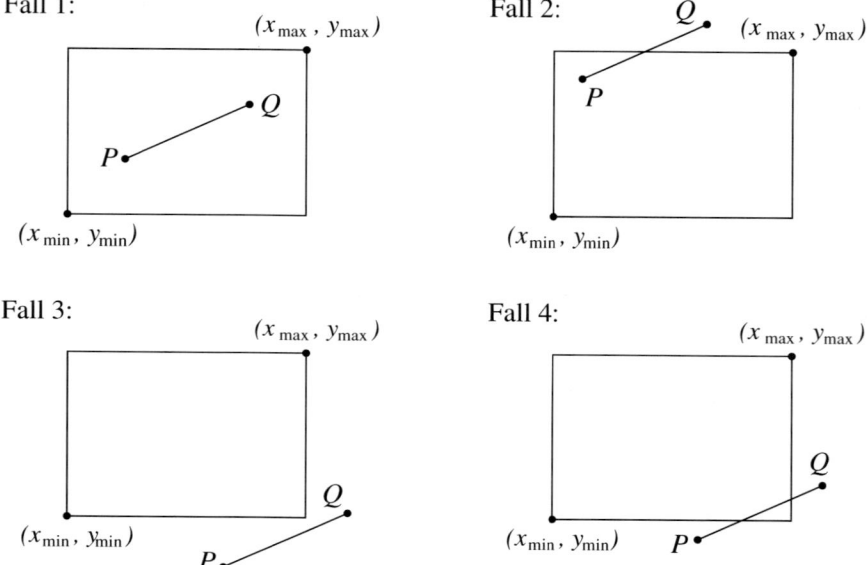

Abbildung 1.18 Vier Fälle beim Clipping einer Linie an einem Rechteck

Der nahe liegende Lösungsweg besteht nun darin, im (trivialen) ersten Fall die Linie ganz zu zeichnen und ansonsten nach Schnittpunkten der P und Q enthaltenden Geraden mit den Geraden $x = x_{\min}$, $x = x_{\max}$, $y = y_{\min}$ und $y = y_{\max}$ zu suchen, die auf dem Rand des Rechtecks und auf der Strecke PQ liegen. Anschließend ist das zu zeichnende Linienstück identifiziert und kann ausgegeben werden. Offensichtlich ist diese Vorgehensweise jedoch sehr aufwändig, da – insbesondere im dritten Fall – viele für unser Problem irrelevante (weil nicht auf dem Rand des Rechtecks oder nicht auf PQ liegende) Schnittpunkte berechnet werden müssen.

Abhilfe schafft hier der Algorithmus von Cohen und Sutherland (siehe z. B. [FDFH97]), bei dem durch vorgeschaltete (billige) Tests überflüssige Schnittpunktberechnungen vermieden werden. Dazu werden im $\mathbb{R}^2$ neun Bereiche definiert (siehe Abbildung 1.19). Sämtlichen Punkten $P = (x_P, y_P)^T$ wird nun ein 4-Bit-Code $b_1^{(P)} b_2^{(P)} b_3^{(P)} b_4^{(P)}$, $b_i^{(P)} \in \{0, 1\}$, zugeordnet:

1.4 Zweidimensionales Clipping

$$b_1^{(P)} = 1 \quad :\Longleftrightarrow \quad x_P < x_{\min},$$
$$b_2^{(P)} = 1 \quad :\Longleftrightarrow \quad x_P > x_{\max},$$
$$b_3^{(P)} = 1 \quad :\Longleftrightarrow \quad y_P < y_{\min},$$
$$b_4^{(P)} = 1 \quad :\Longleftrightarrow \quad y_P > y_{\max}.$$
(1.10)

Innerhalb eines jeden der neun Bereiche ist der Code damit konstant.

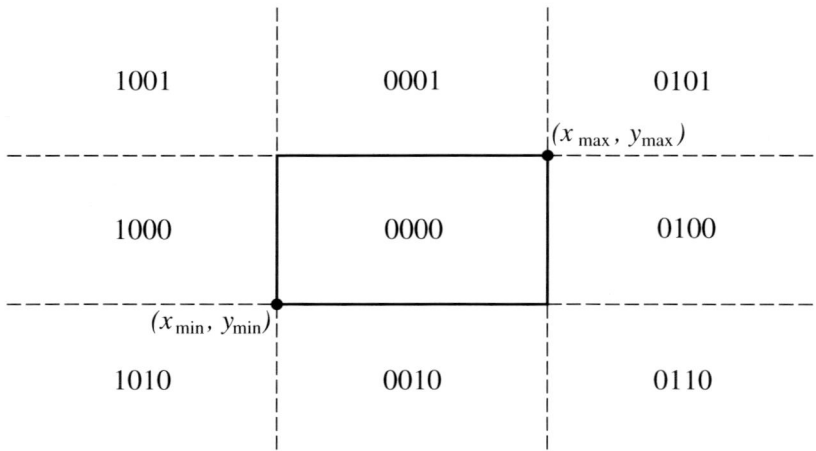

Abbildung 1.19 Der 4-Bit-Code in Abhängigkeit von der Lage zum Fenster

Aus Definition (1.10) folgt für die Strecke PQ unmittelbar, dass sie genau dann ganz zu zeichnen ist, wenn das stellenweise logische ODER des Codes $b_1^{(P)}b_2^{(P)}b_3^{(P)}b_4^{(P)}$ von P mit dem Code $b_1^{(Q)}b_2^{(Q)}b_3^{(Q)}b_4^{(Q)}$ von Q 0000 ergibt. Ferner folgt, dass PQ sicher dann ganz außerhalb des Fensters verläuft, wenn das stellenweise logische UND der beiden Codes *nicht* 0000 ergibt. In allen anderen Fällen kann die Strecke PQ zum Teil im Fenster und zum Teil außerhalb des Fensters verlaufen, und es müssen Schnittpunkte berechnet werden.

Liegt etwa P außerhalb des Fensters ($b_1^{(P)}b_2^{(P)}b_3^{(P)}b_4^{(P)} \neq 0000$), dann ist nun für jede Eins im Code von P die Gerade durch P und Q mit sicher einer der vier durch das Fenster definierten Geraden zu schneiden:

$$b_1^{(P)} = 1: \quad \text{Schnitt mit} \quad x = x_{\min},$$
$$b_2^{(P)} = 1: \quad \text{Schnitt mit} \quad x = x_{\max},$$
$$b_3^{(P)} = 1: \quad \text{Schnitt mit} \quad y = y_{\min}, \quad (1.11)$$
$$b_4^{(P)} = 1: \quad \text{Schnitt mit} \quad y = y_{\max}.$$

Man beachte, dass maximal zwei Einsen im Code von P möglich sind (siehe (1.10) und Abbildung 1.20). Liegt auch Q außerhalb des Fensters ($b_1^{(Q)} b_2^{(Q)} b_3^{(Q)} b_4^{(Q)} \neq 0000$), so ist für Q analog zu verfahren. Insgesamt erhalten wir die folgende algorithmische Beschreibung für das Clipping einer Strecke PQ am Fenster $[x_{\min}, x_{\max}] \times [y_{\min}, y_{\max}]$:

Algorithmus von Cohen und Sutherland:

    fertig := FALSE;
    while ¬fertig:
    begin
        berechne die Codes $b^{(P)}$ und $b^{(Q)}$ für P und Q;
        if $b^{(P)} \vee b^{(Q)} = 0000$:
    begin
        zeichne die Strecke PQ;
        fertig := TRUE;
    end
    if $b^{(P)} \wedge b^{(Q)} \neq 0000$:
    begin
        fertig := TRUE;
    end
    if ¬fertig:
    begin
        wähle einen Endpunkt außerhalb des Rechtecks (o. E. P);
        berechne den/die entsprechenden Schnittpunkt(e);
        wähle gegebenenfalls einen Schnittpunkt S,
            entferne das Streckenstück PS und setze $P := S$;
    end
    end;

Weitere Verfahren zum zweidimensionalen Clipping stammen von Cyrus und Beck [CyBe78] sowie von Liang und Barsky [LiBa84].

Nachdem der Bildausschnitt (das virtuelle Bild) mit Hilfe des Clippings realisiert ist, müssen die Grundobjekte nun aus ihren Führungspunkten in Gerätekoordinaten erzeugt und auf dem Ausgabegerät dargestellt werden.

1.5 Linien und Kreise am Bildschirm

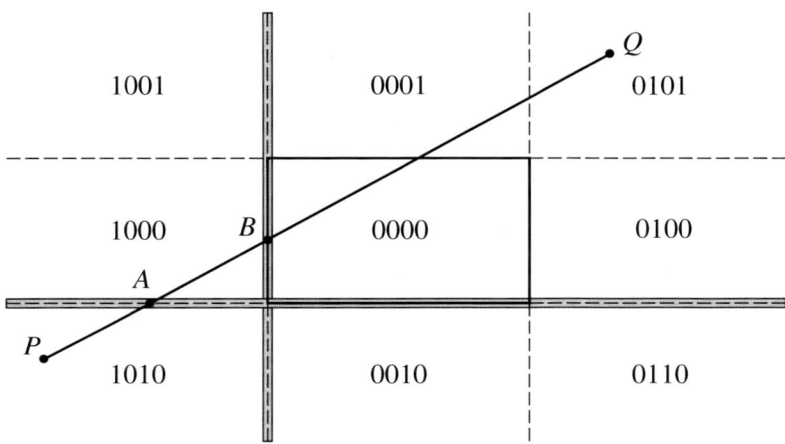

Abbildung 1.20 Schnittpunktberechnung beim Algorithmus von Cohen und Sutherland. Da $b_1^{(P)}b_2^{(P)}b_3^{(P)}b_4^{(P)} = 1010$, sind ($P$ betreffend) Schnittpunkte von PQ mit $x = x_{\min}$ und $y = y_{\min}$ zu berechnen. Das Streckenstück von P nach B wird eliminiert.

Im Falle eines Bildschirms oder eines anderen rasterorientierten Geräts bedeutet dies, dass die vektororientierten Grundobjekte in Pixelmengen umgewandelt werden müssen. Dabei verwendete Techniken werden wir im folgenden Abschnitt erläutern.

1.5 Linien und Kreise am Bildschirm

Beim Übergang von den Welt- oder Modellkoordinaten bzw. virtuellen Bildkoordinaten zu den Gerätekoordinaten eines Rasterbildschirms muss gerundet werden, da spätestens die Gerätekoordinaten ganzzahlig sind. Dabei werden durch die Rundung in allen Koordinatenrichtungen jeweils reelle Intervalle auf ganze Zahlen abgebildet. Jedes Paar (i, j) ganzzahliger Gerätekoordinaten bezeichnet dabei ein Pixel fester Größe, welches mit einer bestimmten Farbe bzw. Helligkeit versehen werden kann. Offensichtlich verringert eine höhere Auflösung des Bildschirms (mehr und kleinere Pixel) im Allgemeinen die Auswirkungen der Rundungsfehler und trägt so zu einer besseren Qualität der Darstellungen bei.

Sollen nun verschiedene graphische Primitive (Linien, Kreise etc.) auf dem

Bildschirm dargestellt werden, so muss für jedes (kontinuierliche) Grundobjekt ein diskretes Pixelmuster erzeugt werden, welches das Grundobjekt möglichst gut approximiert. Dabei werden zwei Ziele verfolgt: Zum einen soll ein optisch zufrieden stellendes Ergebnis erreicht werden (möglichst gute Approximation durch das Pixelmuster), zum anderen soll das Zeichnen schnell und effizient erfolgen. Hierzu bieten sich vor allem inkrementelle Techniken an, die sich nur auf ganzzahlige Arithmetik abstützen und hardwareunterstützt realisiert werden können.

1.5.1 Linien

Wie bereits erwähnt, stellt sich jetzt das Problem der Erzeugung eines Pixelmusters, das eine gegebene Linie möglichst gut diskret annähert (siehe Abbildung 1.21). Zu diesem Zweck wird die Linie schrittweise abgelaufen, und die entsprechend ausgewählten Pixel werden sukzessive gesetzt.

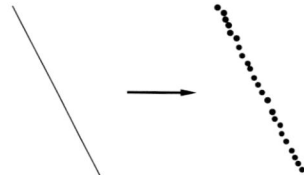

Abbildung 1.21 Pixelmuster für eine Linie

Bei der Auswahl der zu setzenden Pixel führt das zuvor erwähnte Ziel eines optisch zufrieden stellenden Ergebnisses im hier betrachteten Fall der Linie zu drei Forderungen: Erstens soll das erzeugte Pixelmuster einer geraden Linie möglichst nahe kommen. Zweitens sollen Anfangs- und Endpunkt der Linie sauber definiert sein. Um schließlich eine möglichst gleichmäßige Helligkeit zu erreichen, soll drittens die Anzahl der gesetzten Pixel pro Längeneinheit möglichst konstant sein. In Abbildung 1.22 wird beispielsweise die dritte Forderung verletzt.

Im Folgenden gehen wir aus Gründen der einfachen Erläuterung des Prinzips des Algorithmus von mehreren Annahmen aus:

- Die Linie führt von einem Startpunkt (x_0, y_0) zu einem Zielpunkt (x_1, y_1) mit $x_0 < x_1$. Beide Punkte liegen jeweils direkt auf einem Pixel.

- Die Breite der Linie beträgt ein Pixel.

1.5 Linien und Kreise am Bildschirm

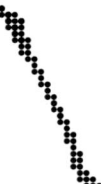

Abbildung 1.22 Ungleichmäßige Intensität bei einer Linie

- Ein Pixel ist entweder gesetzt oder nicht gesetzt, das heißt, es gibt keine Intensitätsunterschiede.
- Die Pixel werden als nicht überlappende Kreisscheiben um die Gitterpunkte eines ganzzahligen Gitters dargestellt (siehe Abbildung 1.23).
- Die Steigung der Linie ist m mit $0 \leq m \leq 1$. Das heißt, in jeder Spalte der Pixelmatrix wird genau ein Pixel gesetzt.

Mit $dx := x_1 - x_0$ und $dy := y_1 - y_0$ gilt dann für die Steigung m und den y-Achsenabschnitt b der Linie $m = dy/dx$ und $b = y_0 - m \cdot x_0$. Somit erhalten wir die übliche Geradendarstellung $y(x) = mx + b$.

A) <u>Erster Ansatz:</u>

```
procedure Line(x0,y0,x1,y1: integer);
var x: integer;
    m, b, y: real;
begin
    m := (y1 - y0)/(x1 - x0);
    b := y0 - m * x0;

    for x = x0 to x1 do
    begin
        y := m * x + b;
        WritePixel(x,round(y));
    end
end;
```

Dabei ist zu beachten, dass x ganzzahlig, y aber im Allgemeinen reellwertig ist. Die Funktion `round(y)` realisiere korrektes Runden und bilde das rechts offene Intervall $[k - 0.5, k + 0.5[$ für alle $k \in \mathbb{Z}$ auf k ab. Die Prozedur `WritePixel(i,j)` schließlich setze das entsprechende Pixel (i,j) am Bildschirm.

Dieses Verfahren ist verhältnismäßig teuer, da pro Pixel eine Gleitpunktmultiplikation, eine Gleitpunktaddition und eine Rundung durchzuführen sind.

B) <u>Inkrementelles Vorgehen:</u>

Hierbei handelt es sich um ein in der Informatik weit verbreitetes Prinzip (Fortschreiten bei Feldern, relative Adressierung etc.). Zur Veranschaulichung der zugrunde liegenden Idee betrachten wir den Übergang von Spalte $x_0 + i$ zu Spalte $x_0 + i + 1$:

$$\begin{aligned} y\left(x_0 + i + 1\right) &= m \cdot (x_0 + i + 1) + b \\ &= m \cdot (x_0 + i) + m + b \\ &= y\left(x_0 + i\right) + m. \end{aligned}$$

Zum vorherigen Wert von y an der Stelle $x_0 + i$ muss also lediglich m addiert werden. Das ergibt folgende Prozedur ($0 \leq m \leq 1, x_0 < x_1$):

```
procedure IncrLine(x0,y0,x1,y1: integer);
var dx, dy, x: integer;
    m, y: real;
begin
    dx := x1 - x0;
    dy := y1 - y0;
    m  := dy / dx;
    y  := y0;

    for x := x0 to x1 do
    begin
        WritePixel(x,round(y));
        y := y + m;
    end
end;
```

Dieser inkrementelle Algorithmus stellt bereits eine Verbesserung gegenüber dem unter A) beschriebenen Verfahren dar, da die Gleitpunktmultiplikation entfällt. Es sind jedoch immer noch eine Gleitpunktaddition und eine Rundung pro Pixel erforderlich. Zudem birgt die Tatsache, dass m als reelle Zahl im Allgemeinen nicht exakt darstellbar ist, die Möglichkeit einer Fehlerakkumulation. Eine weitere Verbesserung ist daher nur durch den Übergang zu ganzzahliger Arithmetik möglich.

1.5 Linien und Kreise am Bildschirm

C) Algorithmus von Bresenham (Mittelpunktversion [Bres65, Pitt67]):

Der Vorteil dieses Verfahrens ist, dass auf Gleitpunktarithmetik ganz verzichtet wird. Es sind lediglich Integeradditionen und Shifts (Multiplikation mit 2) erforderlich, wodurch der Algorithmus besonders für hardwaregestützte Implementierungen geeignet ist.

Das Prinzip des Bresenham-Algorithmus ist, dass man – ausgehend vom aktuellen (d. h. zuletzt gesetzten) Pixel $P = (x_P, y_P)$ – unter den potenziellen Nachfolgern dasjenige Pixel auswählt, das am nächsten an der kontinuierlichen Linie liegt. Aufgrund der Annahmen $0 \leq m \leq 1$ und $x_0 < x_1$ kommen dabei als Nachfolger nur die beiden Pixel $E = (x_P + 1, y_P)$ und $NE = (x_P + 1, y_P + 1)$ infrage (vgl. Abbildung 1.23).

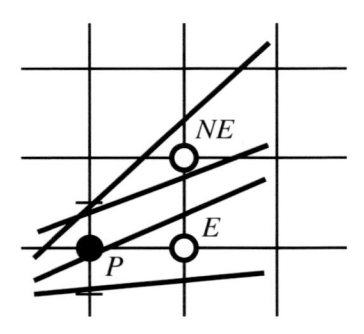

Abbildung 1.23 Potenzielle Nachfolgepixel

Zur Auswahl des Nachfolgepixels bestimmt man nun den Mittelpunkt $M_P = (x_P + 1, y_P + 1/2)$ zwischen den beiden Kandidaten E und NE. Liegt M_P oberhalb der zu zeichnenden Linie, so wird E gesetzt, liegt M_P darunter, so ist NE der Nachfolger und wird gesetzt. Sollte M_P exakt auf der Linie liegen, kann wahlweise E oder NE gesetzt werden (vgl. Abbildung 1.24).

Zu bestimmen bleibt also die Lage des Punktes M_P relativ zur zu zeichnenden Linie. Ausgehend von der Geradengleichung $y = mx + b$, definieren wir dazu die Funktion $F(x, y)$:

$$F(x, y) := dy \cdot x - dx \cdot y + b \cdot dx. \tag{1.12}$$

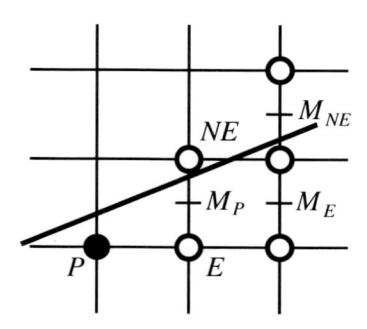

Abbildung 1.24 Fortgesetzte Pixelwahl

Wie man leicht sieht, gilt wegen $m = dy/dx$

$$y = mx + b \iff F(x, y) = 0. \qquad (1.13)$$

Damit können wir anhand des Vorzeichens von $F(x, y)$ die Relativlage des Punktes (x, y) zur betrachteten Geraden bestimmen:

$$F(x,y) \begin{cases} = 0 & : \ (x,y) \text{ liegt auf der Linie,} \\ > 0 & : \ (x,y) \text{ liegt unterhalb der Linie,} \\ < 0 & : \ (x,y) \text{ liegt oberhalb der Linie.} \end{cases} \qquad (1.14)$$

Mit der ganzzahligen Entscheidungsvariablen D_P,

$$\begin{aligned} D_P &:= 2 \cdot F(M_P) \\ &= 2 \cdot F(x_P + 1, y_P + 1/2) \\ &= dy \cdot (2\,x_P + 2) - dx \cdot (2\,y_P + 1) + 2\,b \cdot dx, \end{aligned}$$

ergibt sich somit folgende Fallunterscheidung:

Fall 1: $D_P < 0$
(M_P liegt oberhalb der Linie, das zu setzende Nachfolgepixel ist E).

$$\begin{aligned} \implies D_E &= 2 \cdot F(M_E) \\ &= 2 \cdot F(x_P + 2, y_P + 1/2) \\ &= dy \cdot (2\,x_P + 4) - dx \cdot (2\,y_P + 1) + 2\,b \cdot dx \\ &= D_P + \Delta_E \end{aligned}$$

mit $\quad \Delta_E := 2\,dy.$

1.5 Linien und Kreise am Bildschirm

Fall 2: $D_P \geq 0$
(M_P liegt unterhalb oder auf der Linie, das zu setzende Nachfolgepixel ist NE).

$$\begin{aligned}
\implies D_{NE} &= 2 \cdot F(M_{NE}) \\
&= 2 \cdot F(x_P + 2, y_P + 3/2) \\
&= dy \cdot (2\, x_P + 4) - dx \cdot (2\, y_P + 3) + 2\, b \cdot dx \\
&= D_P + \Delta_{NE} \\
\text{mit} \quad \Delta_{NE} &:= 2\, dy - 2\, dx.
\end{aligned}$$

Falls M_P auf der Linie liegt, wählen wir hier also (willkürlich) NE als Nachfolgepixel.

Da wir im Startpixel (x_0, y_0) beginnen, ist D_{Start} wie folgt vorzubesetzen:

$$\begin{aligned}
D_{\text{Start}} &:= 2 \cdot F(x_0 + 1, y_0 + 1/2) \\
&= dy \cdot (2\, x_0 + 2) - dx \cdot (2\, y_0 + 1) + 2\, b \cdot dx \\
&= 2 \cdot F(x_0, y_0) + 2\, dy - dx \\
&= 2\, dy - dx.
\end{aligned}$$

Wir können also die ganzzahlige Entscheidungsvariable D_P, deren Vorzeichen für die Pixelwahl maßgeblich ist, durch konstante und ganzzahlige Inkremente $\Delta_E = 2\, dy$ bzw. $\Delta_{NE} = 2\, dy - 2\, dx$ aktualisieren. Insgesamt erhalten wir die folgende algorithmische Beschreibung ($x_0 < x_1$):

```
procedure BresenhamLine(x0,y0,x1,y1: integer);
var dx, dy, deltaE, deltaNE, d, x, y: integer;
begin
        dx := x1 - x0;
        dy := y1 - y0;
        d  := 2 * dy - dx;
    deltaE := 2 * dy;
   deltaNE := 2 * (dy - dx);
        x := x0;
        y := y0;
        WritePixel(x0,y0);

        while x < x1 do
        begin
            if d < 0 then
            begin
```

```
                d := d + deltaE;
                x := x + 1;
            end
            else
            begin
                d := d + deltaNE;
                x := x + 1;
                y := y + 1;
            end
            WritePixel(x,y);
        end
    end;
```

Anmerkungen:

1. Die Unsymmetrie bei der Behandlung des Falles $D_P = 0$ (im Programm d=0) kann unter Umständen dazu führen, dass sich beim Fortschreiten von (x_0, y_0) nach (x_1, y_1) eine andere Pixelmenge ergibt als beim Zeichnen in umgekehrter Richtung, was vermieden werden sollte. Dies ist bei der Programmierung der Variante $x_0 > x_1$ zu bedenken. Außerdem kann die Umkehrung der Zeichenrichtung beispielsweise bei abwechselnden Strichtypen problematisch sein, wie man in Abbildung 1.25 sieht.

Abbildung 1.25 Abhängigkeit der Gestalt der Linie von der Zeichenrichtung bei abwechselnden Strichtypen

2. Fällt ein Randpunkt (x_0, y_0) oder (x_1, y_1) der zu zeichnenden Linie nicht auf ein Pixel, so werden das Start- bzw. Endpixel durch Rundung ermittelt.

3. Gibt es beim Zeichnen einer Linie etwa eine kleinste zulässige y-Komponente $y_{\min}$ (beispielsweise aufgrund eines Clippings, vgl. Abschnitt 1.4), so muss zur Vermeidung ungewollter Seiteneffekte sichergestellt werden, dass durch die Wahl eines neuen Startpixels nicht der Eindruck einer falschen Steigung entsteht und dass alle Pixel (x, y) mit $y = y_{\min}$ gesetzt werden, die auch ohne die Beschränkung $y \geq y_{\min}$ zu setzen wären. Zu

1.5 Linien und Kreise am Bildschirm

diesem Zweck ermittelt man den Schnittpunkt der Geraden $y = mx + b$ mit $y = y_{\min} - \frac{1}{2}$ und wählt das hierzu nächstgelegene Pixel als Startpunkt (siehe Abbildung 1.26).

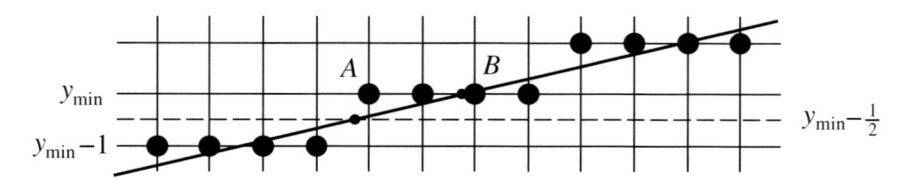

Abbildung 1.26 Pixelwahl bei Beschränkungen: Ohne die Einschränkung $y \geq y_{\min}$ sind alle schwarz gezeichneten Pixel zu setzen. Korrekter Startpunkt mit $y \geq y_{\min}$ ist folglich A. Der Schnitt mit $y = y_{\min}$ liefert jedoch B als Startpixel, der Schnitt mit $y = y_{\min} - 1/2$ führt dagegen wie gewünscht zu A.

4. Bei der bisherigen Vorgehensweise stellt sich ein unerwünschter Seiteneffekt ein: Die Helligkeit der Linie ist steigungsabhängig. Auf einer horizontalen Linie ($m = 0$) haben die gesetzten Pixel den Abstand 1, im Falle $m = 1$ beträgt der Abstand $\sqrt{2}$, was zu einem unterschiedlichen Helligkeitseindruck führt. Dieser Effekt kann durch Anpassung der Licht- bzw. Farbintensität an die Steigung m ausgeglichen werden (siehe Abbildung 1.27).

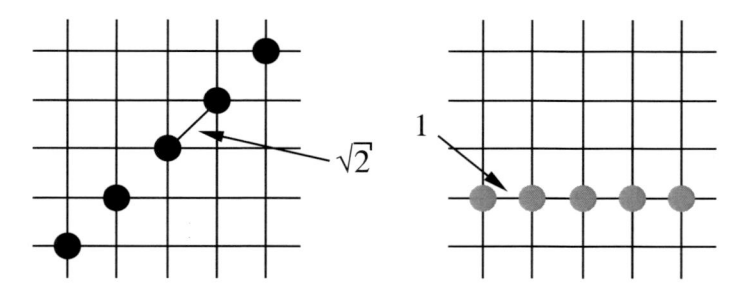

Abbildung 1.27 Steigungsabhängige Intensität zur Erzielung einer gleichmäßigen Helligkeit

5. Das Zeichnen von Polygonzügen und Polygonen erfordert mehr als das Aneinanderfügen einzelner Linien. So muss etwa bei manchen Ausgabegeräten das zweimalige Setzen der Eckpixel vermieden werden. Bei Polygonen wird zudem oftmals gefordert, dass kein Pixel außerhalb des Polygons gesetzt werden soll. Beim Zeichnen der einzelnen Polygonseiten

mit dem Algorithmus von Bresenham kann es dagegen vorkommen, dass auch außerhalb des Polygons gelegene Pixel gesetzt werden.

6. Mit verwandten Techniken lassen sich auch Aufgabenstellungen wie das Ausfüllen oder das Schraffieren von Polygonen behandeln. Die hierbei zum Einsatz kommenden *Scan-Line-Algorithmen* werden in einem allgemeineren Kontext in Abschnitt 3.2.5 vorgestellt.

D) Strukturelle Algorithmen:

Da der Algorithmus von Bresenham auf der Addition von Inkrementen zu einer Entscheidungsvariablen an jedem gesetzten Pixel beruht, bleibt der Berechnungsaufwand linear. Für eine aus n Pixeln bestehende Linie sind folglich $O(n)$ ganzzahlige Operationen auszuführen. Nur logarithmischen Aufwand erfordern dagegen sogenannte *strukturelle Verfahren*, die die steigungsabhängige regelmäßige Struktur der etwa vom Bresenham-Algorithmus erzeugten Pixelmuster ausnützen. Zu dieser Klasse von Verfahren zählen beispielsweise die Algorithmen von Brons [Bron74] sowie Pitteway und Green [PiGr82], von denen wir hier Ersteren als besonders effizienten Vertreter der strukturellen Verfahren kurz vorstellen. Für eine ausführlichere Diskussion verweisen wir auf [Bron85, Stei86, Stei88, Scha93].

Betrachtet man das inkrementelle Fortschreiten beim Bresenham-Algorithmus als Sequenz von einzelnen Bewegungsschritten von einem Pixel zum nächsten, so lassen sich zwei Typen von Bewegungen unterscheiden: der Diagonalschritt D (falls das Pixel *NE* das Nachfolgepixel ist) sowie der Horizontalschritt H (falls das Pixel E das Nachfolgepixel ist). Aufgrund der eingangs für die zu zeichnende Gerade $y = mx + b$, $m = dy/dx = (y_1 - y_0)/(x_1 - x_0)$, getroffenen Vereinbarungen ($x_0, y_0, x_1, y_1 \in \mathbb{Z}, x_0 < x_1, 0 \leq m \leq 1$) treten dabei dy Diagonal- und $dx - dy$ Horizontalschritte auf.

Ein möglicher Weg vom Startpixel (x_0, y_0) zum Zielpunkt (x_1, y_1) besteht nun etwa darin, zunächst alle Diagonal- und anschließend alle Horizontalschritte auszuführen (oder umgekehrt, siehe Abbildung 1.28). Hierfür schreiben wir $D^{dy}H^{dx-dy}$ bzw. $H^{dx-dy}D^{dy}$. Da die in Abbildung 1.28 gezeigten Pixelmuster bzw. Wege die Strecke von (x_0, y_0) nach (x_1, y_1) im Allgemeinen jedoch nur schlecht approximieren, muss die Startfolge $D^{dy}H^{dx-dy}$ bzw. $H^{dx-dy}D^{dy}$ geeignet permutiert werden. Dies leistet der Algorithmus von Brons.

1.5 Linien und Kreise am Bildschirm

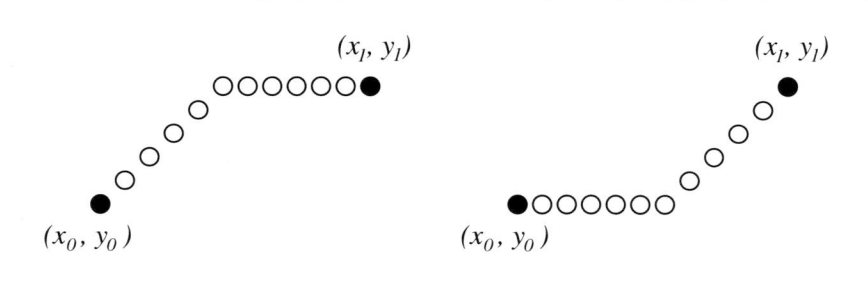

Abbildung 1.28 Zugfolgen $D^{dy}H^{dx-dy}$ (links) und $H^{dx-dy}D^{dy}$ (rechts) als Wege von (x_0, y_0) nach (x_1, y_1)

Seien im Folgenden P und Q beliebige Worte aus den Zeichen D und H. Aus einer Ausgangsfolge $P^p Q^q$ mit teilerfremden Häufigkeiten p und q sowie o. E. $1 < q < p$ wird nun mittels ganzzahliger Division mit Rest,

$$p = k \cdot q + r, \quad 0 < r < q,$$

die permutierte Zeichenfolge

$$(P^k Q)^{q-r}(P^{k+1} Q)^r,$$

falls $q - r > r$, bzw.

$$(P^{k+1} Q)^r (P^k Q)^{q-r},$$

falls $r > q - r$, erzeugt. Mit dieser neuen Zerlegung in zwei Teilfolgen der Häufigkeit r bzw. $q - r$ fährt man rekursiv fort, bis $r = 1$ oder $q - r = 1$ gilt. Aus der Startfolge $D^{dy}H^{dx-dy}$ ($dy > dx - dy$) bzw. $H^{dx-dy}D^{dy}$ ($dy < dx - dy$) erhält man so eine Folge permutierter Worte der Länge dx mit konstanter Häufigkeit von D und H. Man kann dabei zeigen, dass die Zeichenfolge zum Zeitpunkt des Abbruchs gerade einer zyklischen Verschiebung des Pixelmusters entspricht, das der Bresenham-Algorithmus liefert. Aufgrund der offenkundigen Ähnlichkeit des Algorithmus von Brons mit dem Euklidischen Algorithmus zur Bestimmung des größten gemeinsamen Teilers zweier natürlicher Zahlen ist ferner klar, dass der Berechnungsaufwand für eine Gerade $y = mx + b$ mit obigen Einschränkungen lediglich von der Ordnung $O(\ln(n))$ mit $n := \max(dy, dx - dy)/\text{ggT}(dx, dy)$ ist, was eine erhebliche Effizienzsteigerung gegenüber $O(dx/\text{ggT}(dx, dy))$ beim Bresenham-Algorithmus bedeutet.

Zur Veranschaulichung betrachten wir als Beispiel eine Gerade der Steigung 17/41, also $dx = 41$ und $dy = 17$. Als Zeichenfolgen erhalten wir:

$$H^{24}D^{17} \qquad 24 = 1 \cdot 17 + 7$$
$$(HD)^{10}(H^2D)^7 \qquad 10 = 1 \cdot 7 + 3$$
$$(HDH^2D)^4((HD)^2H^2D)^3 \qquad 4 = 1 \cdot 3 + 1$$
$$(HDH^2D\,(HD)^2H^2D)^2((HDH^2D)^2((HD)^2H^2D))^1$$

1.5.2 Kreise

Jetzt wollen wir Verfahren studieren, wie eine Kreislinie auf dem Bildschirm gezeichnet werden kann. Wir betrachten dabei Kreise, deren Mittelpunkt im Ursprung liegt und deren Radius R eine natürliche Zahl ist:

$$x^2 + y^2 = R^2.$$

Ohne Einschränkung behandeln wir nur den Viertelkreis im ersten Quadranten. Der Vollkreis kann daraus mittels Spiegelungen gewonnen werden.

In Analogie zu unserem Vorgehen beim Zeichnen von Linien betrachten wir zunächst eine nahe liegende Lösung.

A) <u>Erster Ansatz:</u>

```
procedure Circle(r: integer);
var x: integer;
    y: real;
begin
    for x = 0 to r do
    begin
        y := sqrt(r * r - x * x);
        WritePixel(x,round(y));
    end
end;
```

Die Nachteile dieser intuitiven Vorgehensweise liegen auf der Hand. Zum einen sind pro Pixel eine ganzzahlige Subtraktion, zwei ganzzahlige Multiplikationen, eine Gleitpunktoperation (Wurzel) und eine Rundung erforderlich, zum anderen führt das Verfahren zu einer ungleichmäßigen Intensität, da anstelle eines festen Inkrements in φ hier x jeweils um eins erhöht wird (vgl. Abbildung 1.29).

1.5 Linien und Kreise am Bildschirm

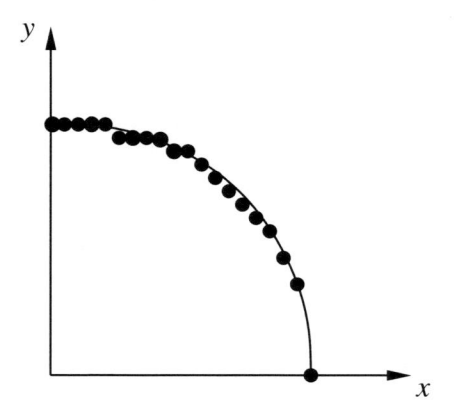

Abbildung 1.29 Ungleichmäßige Intensität bei einem Pixel pro Spalte

B) Algorithmus von Bresenham ([Bres77]):

Bevor wir uns dem inkrementellen und ganzzahligen Algorithmus von Bresenham zuwenden, schränken wir den zu zeichnenden Kreisbogen noch weiter ein und betrachten im ersten Quadranten nur noch den Bereich mit $y \geq x$. Die andere Hälfte ist wieder durch Spiegelung zu gewinnen (siehe Abbildung 1.30). Die Prozedur `WriteCirclePixels(x,y)` setzt dann $(x,y), (y,x)$ sowie die sechs entsprechenden Pixel $(y,-x), (x,-y), (-x,-y), (-y,-x)$, $(-y,x)$ und $(-x,y)$ in den restlichen drei Quadranten.

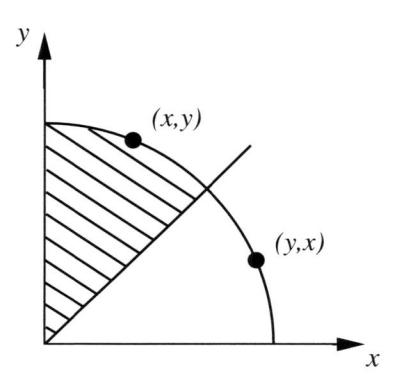

Abbildung 1.30 Betrachtetes Kreissegment beim Algorithmus von Bresenham

Wie zuvor im Fall der Linien wird im aktuellen Pixel $P = (x_P, y_P)$ aus den beiden potenziellen Nachfolgern $E = (x_P + 1, y_P)$ und $SE = (x_P + 1, y_P - 1)$ dasjenige Pixel ausgewählt, das näher am Kreisbogen liegt (siehe Abbildung 1.31). Dazu betrachtet man wiederum die Relativlage des Mittelpunktes $M_P = (x_P + 1, y_P - 1/2)$ zwischen den beiden Kandidaten E und SE zum Kreisbogen.

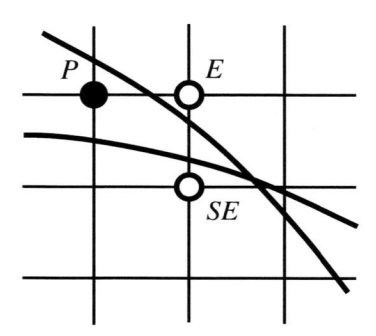

Abbildung 1.31 Potenzielle Nachfolgepixel

Liegt M_P innerhalb des zu zeichnenden Kreises, so wird E gesetzt, liegt M_P außerhalb, so ist SE der Nachfolger und wird gesetzt. Sollte M_P exakt auf der Kreislinie liegen, kann wieder wahlweise E oder SE gewählt werden (siehe Abbildung 1.32).

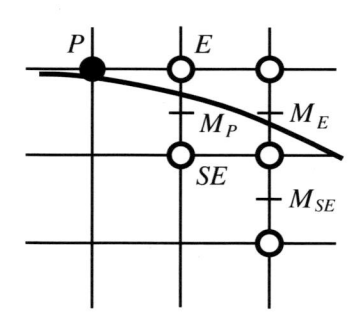

Abbildung 1.32 Fortgesetzte Pixelwahl

1.5 Linien und Kreise am Bildschirm

Zur Ermittlung der Lage von M_P relativ zum Kreis definieren wir analog zu (1.12) eine Funktion $F(x,y)$:

$$F(x,y) := x^2 + y^2 - R^2. \tag{1.15}$$

Da offensichtlich $F(x,y)$ für alle Punkte auf dem Kreis Null ist, können wir nun anhand des Vorzeichens von F die Relativlage des Punktes (x,y) zum betrachteten Kreis bestimmen:

$$F(x,y) \begin{cases} = 0 &: (x,y) \text{ liegt auf dem Kreis,} \\ > 0 &: (x,y) \text{ liegt außerhalb des Kreises,} \\ < 0 &: (x,y) \text{ liegt innerhalb des Kreises.} \end{cases} \tag{1.16}$$

Mit der zunächst nicht ganzzahligen Entscheidungsvariablen D_P,

$$\begin{aligned} D_P &:= F(M_P) \\ &= F(x_P + 1, y_P - 1/2) \\ &= (x_P + 1)^2 + (y_P - 1/2)^2 - R^2, \end{aligned}$$

ergibt sich folgende Fallunterscheidung:

Fall 1: $D_P < 0$
(M_P liegt innerhalb des Kreises, das zu setzende Nachfolgepixel ist E).

$$\begin{aligned} \Longrightarrow \quad D_E &= F(M_E) \\ &= F(x_P + 2, y_P - 1/2) \\ &= (x_P + 2)^2 + (y_P - 1/2)^2 - R^2 \\ &= D_P + \Delta_E \\ \text{mit} \quad \Delta_E &:= 2\, x_P + 3. \end{aligned}$$

Fall 2: $D_P \geq 0$
(M_P liegt außerhalb des Kreises oder auf dem Kreis, das zu setzende Nachfolgepixel ist SE).

$$\begin{aligned} \Longrightarrow \quad D_{SE} &= F(M_{SE}) \\ &= F(x_P + 2, y_P - 3/2) \\ &= (x_P + 2)^2 + (y_P - 3/2)^2 - R^2 \\ &= D_P + \Delta_{SE} \\ \text{mit} \quad \Delta_{SE} &:= 2\, x_P - 2\, y_P + 5. \end{aligned}$$

Falls M_P auf dem Kreis liegt, wählen wir hier also (willkürlich) SE als

Nachfolgepixel.

Zu beachten ist dabei, dass die ganzzahligen Inkremente Δ_E und Δ_{SE} für die Entscheidungsvariable D_P jetzt linear in x_P und y_P sind. Da das Startpixel $(0, R)$ ist, besetzen wir D_{Start} wie folgt vor:

$$\begin{aligned} D_{\text{Start}} &:= F(1, R - 1/2) \\ &= 5/4 - R. \end{aligned}$$

Damit D_P wie im Falle der Linie wieder eine ganzzahlige Größe wird, subtrahieren wir noch $1/4$ von D_{Start}. Wie man leicht sieht, ändert sich dadurch die Pixelauswahl nicht. Durch den nunmehr ganzzahligen Startwert

$$D_{\text{Start}} := 1 - R$$

und die ganzzahligen Inkremente bleibt auch D_P immer ganzzahlig. Insgesamt erhalten wir somit folgende Prozedur:

```
procedure BresenhamCircle(r: integer);
var x, y, d: integer;
begin
    x := 0;
    y := r;
    d := 1 - r;
    WriteCirclePixels(x,y);

    while y > x do
    begin
        if d < 0 then
        begin
            d := d + 2 * x + 3;
            x := x + 1;
        end
        else
        begin
            d := d + 2 * (x - y) + 5;
            x := x + 1;
            y := y - 1;
        end
        WriteCirclePixels(x,y);
    end
end;
```

1.5 Linien und Kreise am Bildschirm

Da die Inkremente Δ_E und Δ_{SE} linear in x_P und y_P sind, kann man sie ihrerseits inkrementell berechnen. Durch Differenzen zweiter Ordnung[5] ist so eine weitere Effizienzsteigerung möglich, weil man in diesem Fall ohne Multiplikationen arbeiten kann. Wir erinnern uns dazu zunächst an die Inkremente Δ_E und Δ_{NE} bzw. Δ_E und Δ_{SE} im Falle der Gerade bzw. des Kreises:

- Gerade: $\quad D_P \xrightarrow{\Delta_E, \Delta_{NE} \text{ konstant}} D_E, D_{NE},$
$$\Delta_E = 2\,dy, \quad \Delta_{NE} = 2\,(dy - dx),$$

- Kreis: $\quad D_P \xrightarrow{\Delta_E, \Delta_{SE} \text{ linear}} D_E, D_{SE},$
$$\Delta_E = 2\,x_P + 3, \quad \Delta_{SE} = 2\,(x_P - y_P) + 5.$$

Jetzt sollen Δ_E und Δ_{SE} ihrerseits durch konstante Inkremente aktualisiert werden, also

$$\Delta_{E,P} \xrightarrow{\text{konstante Inkremente}} \Delta_{E,E}, \Delta_{E,SE},$$
$$\Delta_{SE,P} \xrightarrow{\text{konstante Inkremente}} \Delta_{SE,E}, \Delta_{SE,SE}.$$

Abhängig vom Vorzeichen der ganzzahligen Entscheidungsvariablen D_P sind wieder zwei Fälle zu unterscheiden:

Fall 1: $D_P < 0$
(E ist das Nachfolgepixel).

$$\begin{aligned}
\Longrightarrow \quad \Delta_{E,E} &= 2\,(x_P + 1) + 3 \\
&= \Delta_{E,P} + \mathbf{2}, \\
\Delta_{SE,E} &= 2\,(x_P + 1) - 2\,y_P + 5 \\
&= \Delta_{SE,P} + \mathbf{2}.
\end{aligned}$$

Fall 2: $D_P \geq 0$
(SE ist das Nachfolgepixel).

$$\begin{aligned}
\Longrightarrow \quad \Delta_{E,SE} &= 2\,(x_P + 1) + 3 \\
&= \Delta_{E,P} + \mathbf{2}, \\
\Delta_{SE,SE} &= 2\,(x_P + 1) - 2\,(y_P - 1) + 5 \\
&= \Delta_{SE,P} + \mathbf{4}.
\end{aligned}$$

---

[5] Im Falle der Gerade war die Funktion F linear. Differenzen von benachbarten Funktionswerten (Differenzen erster Ordnung) führten deshalb zu konstanten Inkrementen Δ_E und Δ_{NE}. Jetzt beim Kreis ist F quadratisch, und die Differenzen erster Ordnung Δ_E und Δ_{SE} sind linear. Erst deren Differenzen (Differenzen zweiter Ordnung) führen zu konstanten Inkrementen.

Da das Startpixel $(0, R)$ ist, wählen wir als Startwerte $\Delta_{E,\text{Start}}$ bzw. $\Delta_{SE,\text{Start}}$ für $\Delta_E = 2\,x_P + 3$ bzw. $\Delta_{SE} = 2\,x_P - 2\,y_P + 5$:

$$\Delta_{E,\text{Start}} := 3,$$
$$\Delta_{SE,\text{Start}} := -2\,R + 5.$$

Dies führt zu folgender modifizierter Prozedur:

```
procedure BresenhamCircle2(r: integer);
var x, y, d, deltaE, deltaSE: integer;
begin
    x := 0;
    y := r;
    d := 1 - r;
    deltaE := 3;
    deltaSE := -2 * r + 5;
    WriteCirclePixels(x,y);

    while y > x do
    begin
        if d < 0 then
        begin
            d := d + deltaE;
            deltaE := deltaE + 2;
            deltaSE := deltaSE + 2;
            x := x + 1;
        end
        else
        begin
            d := d + deltaSE;
            deltaE := deltaE + 2;
            deltaSE := deltaSE + 4;
            x := x + 1;
            y := y - 1;
        end
        WriteCirclePixels(x,y);
    end
end;
```

Analog lassen sich Varianten des Bresenham-Algorithmus für das Zeichnen etwa von Ellipsen, Parabeln, Hyperbeln [Pitt67] oder kubischen Splines (führt zur Verwendung von Differenzen dritter Ordnung) angeben. Ferner

1.5 Linien und Kreise am Bildschirm

könnte man zur Effizienzsteigerung dazu übergehen, die radiusabhängigen Pixelsequenzen vorab zu berechnen und zu speichern und dann im konkreten Fall bei gegebenem Radius und Mittelpunkt diese einfach auf den Bildschirm zu übertragen (vergleiche die strukturellen Verfahren in Abschnitt 1.5.1).

Wir haben in diesem Abschnitt den Bresenham-Algorithmus auch für Kreise detailliert diskutiert, um einen tieferen Einblick in die Problematik der Rasterung zu gewinnen. In modernen Systemen spielt diese Technik für Kreise etc. jedoch keine besonders große Rolle mehr, da aus Gründen der Effizienz und Hardwareunterstützung fast ausschließlich Linien und Polygone als Grundobjekte verwendet werden. Der Kreis wird also zunächst durch einen Polygonzug angenähert, bevor aus den einzelnen Linienstücken dann Pixelmengen erzeugt werden.

1.5.3 Antialiasing

Wie wir zuvor gesehen haben, werden bei der Darstellung von Grundobjekten wie Linien, Kreisen oder etwa Polynomsplines auf einem rasterorientierten Ausgabegerät Pixelmuster (Mengen von gesetzten Pixeln) erzeugt, die die jeweiligen Grundobjekte möglichst gut approximieren sollen. Dennoch kann es durch die Rasterung zu Verfremdungseffekten (dem sogenannten *Aliasing*[6]) kommen. So wird möglicherweise eine Linie als treppenförmiges Zick-Zack-Muster wahrgenommen, oder es entstehen Überlagerungseffekte durch nahe beieinander verlaufende Kurvenstücke (siehe Abbildung 1.33).

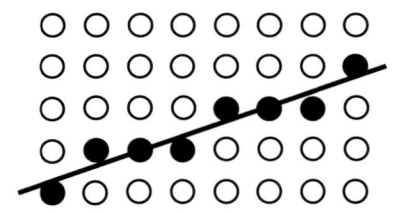

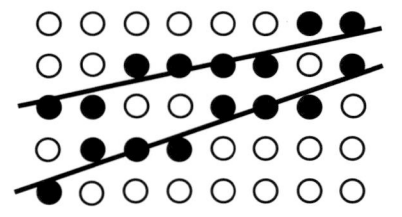

Abbildung 1.33 Verfremdungseffekte durch die Rasterung

Eine nahe liegende Möglichkeit, solchen Verfremdungseffekten entgegenzuwirken (*Antialiasing*, siehe hierzu die Farbtafeln 1-4), ist natürlich die Erhöhung der Auflösung. Eine derartige Vorgehensweise ist aber sehr teuer und ändert zudem am eigentlichen Problem nichts. Deshalb versucht man

---
[6] Die Begriffe Aliasing und Antialiasing stammen aus der Signalverarbeitung bzw. Abtasttheorie.

üblicherweise, durch Graustufen (siehe Abschnitt 1.6.1) weichere Übergänge zu erhalten und so den Einfluss ungewollter Effekte klein zu halten. Die zwei gängigen Ansätze hierzu sind das *Unweighted Area Sampling* und das *Weighted Area Sampling*. Wir wollen beide Methoden anhand des Zeichnens einer Linie studieren.

Im einfacheren, ungewichteten Fall modelliert man die einzelnen Pixel als Quadrate, deren Mittelpunkte die Gitterpunkte des Rasters sind. Die jeweilige Graustufe eines Pixels wird nun durch den Flächenanteil bestimmt, den eine ein Pixel dicke Linie überstreicht (vgl. Abbildung 1.34). Hiermit lassen sich hinsichtlich der optischen Wirkung bereits wesentliche Verbesserungen erzielen.

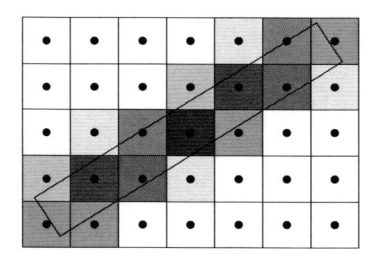

Abbildung 1.34 Graustufen beim Unweighted Area Sampling

Im gewichteten Fall spielt nun zusätzlich noch die Lage der überdeckten Fläche im Pixel eine Rolle: Ein überstrichener Bereich nahe der Pixelmitte zählt stärker als ein ebenso großer überstrichener Bereich am Pixelrand. Hierfür modelliert man die einzelnen Pixel als überlappende Kreisscheiben, deren Mittelpunkte die Gitterpunkte des Rasters sind. Der Radius ist einheitlich gleich dem Abstand zweier Gitterpunkte, also eins (siehe Abbildung 1.35).

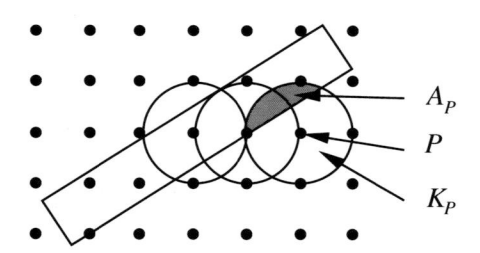

Abbildung 1.35 Ermittlung der Intensität I_P eines Pixels P beim Weighted Area Sampling

1.5 Linien und Kreise am Bildschirm

Zur Berechnung der Intensität I_P eines Pixels P wird nun das Integral einer Gewichtsfunktion w mit

$$\int_{K_P} w(x,y)\, d(x,y) = 1 \tag{1.17}$$

über den von der Linie überstrichenen Anteil $A_P \subseteq K_P$ der Kreisscheibe K_P mit Flächeninhalt π berechnet:

$$I_P := \int_{A_P} w(x,y)\, d(x,y). \tag{1.18}$$

Im vorigen ungewichteten Fall ist w konstant $1/\pi$, der Volumenanteil ist gleich dem relativen Flächenanteil

$$\int_{A_P} \frac{1}{\pi}\, d(x,y) = \frac{\text{Fläche}(A_P)}{\pi}. \tag{1.19}$$

Im allgemeinen, gewichteten Fall ist w etwa eine Kegelfunktion (vgl. Abbildung 1.36).

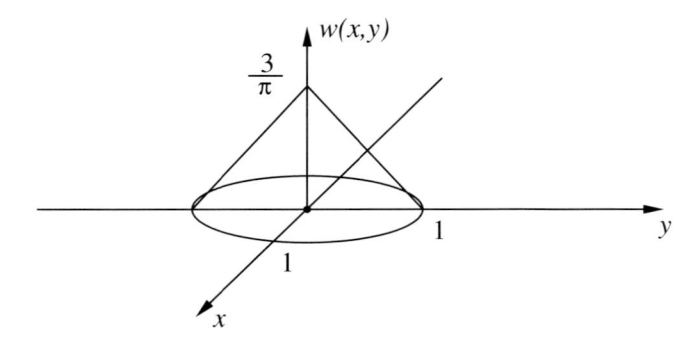

Abbildung 1.36 Gewichtsfunktion beim Weighted Area Sampling

Eine effiziente Implementierung der Gewichtung wurde im Algorithmus von Gupta und Sproull [GuSp81] realisiert, einer Antialiasing-Variante des Bresenham-Algorithmus aus Abschnitt 1.5.1. Die Breite der zu zeichnenden Linie sei wieder eins. Als Gewichtsfunktion $w(x,y)$ dient hier die Kegelfunktion aus Abbildung 1.36. In diesem Fall hängt die Intensität I_P eines Pixels P gemäß (1.18) aufgrund der Rotationssymmetrie von w nur vom Abstand d der Pixelmitte zur Mittelachse m der zu zeichnenden Linie ab, wobei d Werte zwischen 0 und 1.5 annehmen kann (siehe Abbildung 1.37). Anstelle der aufwändigen Berechnung der jeweiligen Integrale (1.18) werden die Intensitätswerte in Abhängigkeit von d für 24 Werte von d ($d = i/16$, $i = 0, \ldots, 23$) einmal berechnet und in einer Tabelle gespeichert. Für das aktuelle Pixel kann der Abstand d wieder inkrementell berechnet werden. Beim Zeichnen der Linie wird dann d jeweils aktualisiert, und aus der Tabelle wird der entsprechende Intensitätswert abgelesen.

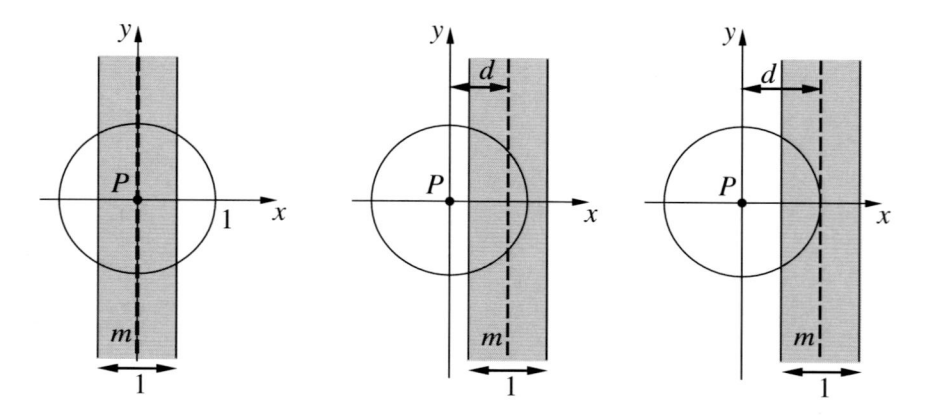

Abbildung 1.37 Algorithmus von Gupta und Sproull: Abhängigkeit der Intensität I_P vom Abstand d, $0 \leq d \leq 1.5$: $d = 0$ (links), $d = 0.75$ (Mitte), $d = 1.0$ (rechts)

1.6 Graustufen- und Farbdarstellung

Insbesondere an rasterorientierten Ausgabegeräten ist die Möglichkeit der Darstellung vieler verschiedener Graustufen bzw. Farben für die Erzeugung realistischer und hochqualitativer Bilder von großer Bedeutung. In diesem Abschnitt sollen deshalb die hierzu wichtigsten Grundkenntnisse bereitgestellt werden.

1.6.1 Graustufendarstellung

Bei achromatischem Licht, das heißt bei Licht ohne Farbinformation (z. B. Schwarz-Weiß-Fernsehen), ist eine Differenzierung nur hinsichtlich der Lichtmenge möglich. Dabei bieten sich zwei unterschiedliche Betrachtungsweisen

1.6 Graustufen- und Farbdarstellung

an: Zum einen kann man die freigesetzte Lichtmenge messen (*Intensität*, engl. *Intensity*, *Luminance* oder *Luminosity*), zum anderen die vom menschlichen Auge wahrgenommene Lichtstärke (*Helligkeit*, engl. *Lightness* oder *Brightness*). Dass zwischen gemessener Intensität und empfundener Helligkeit kein direkt proportionaler Zusammenhang besteht, sieht man beispielsweise daran, dass der Mensch den Übergang von einer 25-W- zu einer 50-W-Glühbirne als ebenso groß empfindet wie den von 50 W zu 100 W. Der Wahrnehmung des menschlichen Auges liegt also gewissermaßen ein in Relation zur Energie logarithmischer Maßstab zugrunde.

Dieser Zusammenhang muss nun bei der Definition von Graustufen berücksichtigt werden. Seien n die Anzahl der gewünschten Graustufen, $E_{min} > 0$ die kleinste realisierbare Intensität ($E_{min} = 0$, d. h. völlige Dunkelheit, lässt sich im Allgemeinen nicht erzielen) und $E_{max} = 1$ die maximale darstellbare Intensität. Die n Graustufen $E_0 < E_1 < \ldots < E_{n-1}$ werden dann wie folgt festgelegt:

$$\begin{aligned} E_0 &:= E_{min}, \\ E_i &:= \alpha^i \cdot E_0 \quad (i = 1, \ldots, n-1), \\ \text{wobei} \quad E_{n-1} &= E_{max} = 1, \end{aligned} \qquad (1.20)$$

woraus für den Faktor α unmittelbar $\alpha = E_0^{-1/(n-1)}$ folgt (siehe Abbildung 1.38).

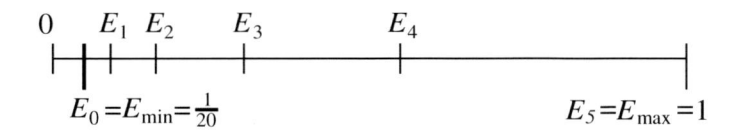

Abbildung 1.38 Logarithmische Graustufenfunktion für $E_{min} = 0.05$ und $n = 6$

Der Wert für E_{min} hängt vom Ausgabemedium ab. Bei Bildschirmen liegt er im Bereich zwischen 0.005 und 0.025, bei Photoabzügen bzw. Dias ist er ca. 0.01 bzw. 0.001, und bei Zeitungspapier ist E_{min} mit 0.1 sogar recht groß. Da der Mensch im Allgemeinen benachbarte Graustufen E_j und E_{j+1} nur unterscheiden kann, wenn $\alpha > 1.01$ [WySt82], folgen damit aus der Beziehung $\alpha = E_{min}^{-1/(n-1)}$ für verschiedene Ausgabemedien Obergrenzen für die sinnvolle Anzahl von Graustufen:

$$n < 1 - \frac{\ln(E_{min})}{\ln(1.01)}. \qquad (1.21)$$

Somit ist als näherungsweiser Richtwert die Zahl der vom Menschen unterscheidbaren Graustufen bei Bildschirmen durch Werte zwischen 372 und 533, bei Photoabzügen durch 464, bei Dias durch 695 und bei herkömmlichem Zeitungspapier durch 232 beschränkt.

Bei der Realisierung von Graustufen am Rasterbildschirm bedient man sich vornehmlich zweier Techniken. Am nächsten liegt es, für jedes Pixel mehrere Bits zu investieren, gemäß deren Werte dann das Pixel am Bildschirm gesetzt wird. So lassen sich im sogenannten *Bildschirmspeicher* (*Frame-Buffer*), der aus einzelnen *Bit-Planes*[7] besteht, beispielsweise durch ein Byte pro Pixel 256 verschiedene Intensitätsstufen darstellen (siehe Abbildung 1.39 sowie die Farbtafeln 5 - 7).

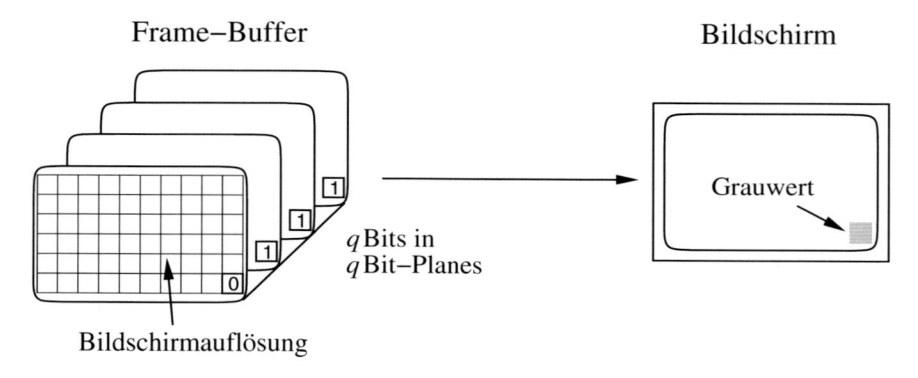

Abbildung 1.39 Realisierung von 2^q Graustufen über q Bit-Planes im Frame-Buffer

Einen alternativen Zugang stellt das sogenannte *Halftoning* oder *Dithering* dar. Hierbei wird die Fläche eines Pixels entsprechend der gewünschten Intensität anteilig schwarz bzw. weiß dargestellt. Beim Druck von Zeitungen erreicht man dies durch einen variablen Radius der einzelnen mit Tinte bzw. Druckerschwärze eingefärbten Kreisflächen, auf einem Rasterbildschirm werden mehrere (Bildschirm-)Pixel zur Darstellung eines (Bild-)Pixels verwendet. Da das Auge aus großer Entfernung mittelt, lassen sich so auch mit einem Bit pro Gerätepixel (Schwarz-Weiß-Darstellung) verschiedene Graustufen realisieren[8]. Werden etwa neun Gerätepixel für ein Bildpi-

---

[7] Eine Bit-Plane ist dabei ein zweidimensionales Feld von einzelnen Bits, dessen Größe der Bildschirmauflösung entspicht (also z. B. 1280 × 1024).

[8] Dithering-Techniken sind nicht auf Schwarz-Weiß-Darstellungen beschränkt. Sie können auch mit der Graustufendarstellung über Bit-Planes kombiniert werden, um so die Qualität der Darstellung zu erhöhen.

1.6 Graustufen- und Farbdarstellung

xel verwendet, können durch Angabe einer sogenannten *Dither-Matrix* zehn Graustufen dargestellt werden (siehe Abbildung 1.40). Die Dither-Matrix ist dabei so zu wählen, dass keine optischen Artefakte (z. B. Linienmuster, siehe Abbildung 1.41 a)) entstehen. Manche Ausgabegeräte (z. B. Laserdrucker) erfordern zudem, dass nur benachbarte Pixel gesetzt werden. Dann sind Stufen wie in Abbildung 1.41 b) nicht mehr erlaubt. Zur Wahl der Dither-Matrix siehe z. B. [Holl80]. Der wesentliche Nachteil des Ditherings ist, dass die Bildauflösung reduziert werden muss, wenn die Bildschirmauflösung nicht hoch genug ist, um die Verwendung von mehreren Bildschirmpixeln für ein Bildpixel zu gestatten. Hier kann das Prinzip der *Fehlerdiffusion* im Algorithmus von Floyd und Steinberg [FlSt75] Abhilfe schaffen (siehe Farbtafel 8).

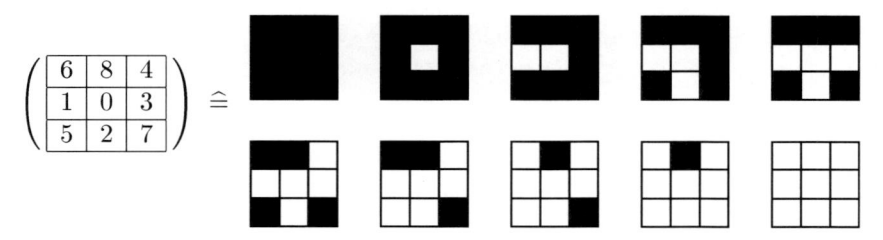

Abbildung 1.40 Dither-Matrix und zugehörige Graustufen: Die jeweils gesetzten Pixel sind weiß dargestellt.

Abbildung 1.41 Zur Graustufendarstellung ungeeignete Pixelmuster: Die jeweils gesetzten Pixel sind weiß dargestellt.

1.6.2 Farbdarstellung

Im Gegensatz zum achromatischen Fall, bei dem die Differenzierung nur hinsichtlich der Lichtmenge (Intensität) erfolgt, ist farbiges Licht als Überlagerung elektromagnetischer Wellen verschiedener Frequenzen durch ein im Allgemeinen kompliziertes Spektrum charakterisiert und somit nicht ohne Informationsverlust auf wenige Parameter zu reduzieren. Im Hinblick auf die synthetische Erzeugung von Farben benötigt man aber eine Möglichkeit, diese knapp und handhabbar zu beschreiben. Gewisse Verluste kann man dabei in Kauf nehmen – schließlich ist die optische Wahrnehmung des Menschen ebenfalls begrenzt. Bereits zu Beginn des zwanzigsten Jahrhunderts wurden daher erste Farbmodelle entwickelt, die auf einem im Wesentlichen bis heute gültigen dreidimensionalen Parameterraum mit den drei zentralen Größen

- *Farbton* (*Hue*),
- *Sättigung* (*Saturation*) oder *Farbreinheit* sowie
- (wahrgenommene) *Intensität* (*Lightness* oder *Brightness*)

basieren. Für den Farbton ist die *Wellenlänge* bzw. – bei nicht rein monochromatischem Licht – die *dominante Wellenlänge* ausschlaggebend. Der Parameter Farbreinheit bzw. Sättigung gibt den Anteil von weißem bzw. grauem Licht an: intensive Farben wie Rot oder Blau sind hoch gesättigt, Pastelltöne dagegen gering[9]. Für die Intensität gilt wieder das in Abschnitt 1.6.1 Gesagte.

Zunächst wollen wir uns kurz mit den Grundlagen der Farbenlehre befassen. Licht tritt in der Natur als Mischung elektromagnetischer Wellen unterschiedlicher Wellenlänge auf. Der Bereich des sichtbaren Lichts liegt dabei ungefähr zwischen 400 nm (Violett) und 700 nm (Rot)[10]. Das Spektrum wird beispielsweise sichtbar beim Regenbogen oder beim Durchgang von weißem Licht durch ein Prisma. Ist die Mischung wie bei weißem Licht sehr homogen, so gibt es keine dominante Wellenlänge, und die Sättigung ist sehr gering. Bei monochromatischem oder nahezu monochromatischem Licht bestimmt die dominante Wellenlänge den Farbeindruck, und die Sättigung (die Reinheit der Farbe) ist sehr hoch. Abbildung 1.42 zeigt typische spektrale Energieverteilungen in beiden Fällen.

Man kann verschiedene Farben auch künstlich mischen. Überlagert man das Licht aus einem roten, einem grünen und einem blauen Lichtstrahler, so überlagern sich auch die jeweiligen spektralen Energieverteilungen, das Licht wird *additiv* gemischt (siehe Farbtafel 13).

Beim *subtraktiven* Mischen (siehe Farbtafel 14), das man vom Malen her kennt, verhalten sich die Farben jedoch anders. Schüttet man hier Rot, Grün und Blau zusammen, so werden die jeweiligen komplementären Farbanteile

---

[9] Dies ist eine grobe und umgangssprachliche Definition dessen, was sich aus Sicht der Farbmetrik hinter dem Phänomen *Sättigung* verbirgt. Dort unterscheidet man noch feiner, z. B. zwischen *Saturation* und *Chroma* als verschiedene Maße für die Reinheit von Farben.

[10] Zum Bereich des sichtbaren Lichts finden sich in der Literatur unterschiedliche Angaben (300 - 400 nm für die untere Grenze und 700 - 800 nm für die obere). Wir halten uns hier und im Folgenden an die Werte aus [FDFH97].

1.6 Graustufen- und Farbdarstellung

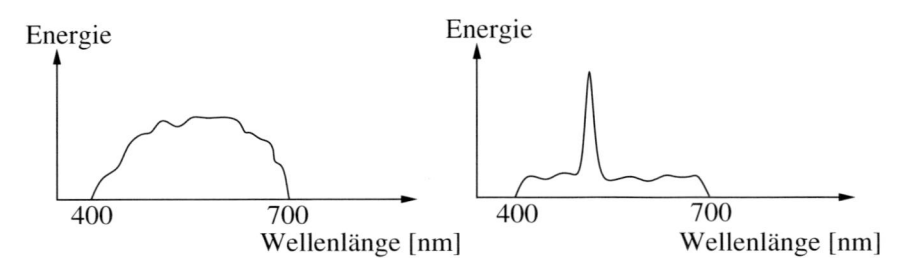

Abbildung 1.42 Spektrale Energieverteilung bei geringer (links) und hoher Sättigung (rechts)

ausgeblendet (vgl. Abbildung 1.47), und man erhält nicht Weiß, sondern ein dunkles Braun.

Wie nimmt nun das menschliche Auge Farben wahr? Hierzu ist festzustellen, dass dessen Empfindlichkeit farbabhängig ist. Das gängige Modell kennt drei Arten von Rezeptoren auf der Netzhaut (ein weiteres Indiz dafür, dass ein dreidimensionaler Parameterraum zur Beschreibung von Farben sinnvoll ist), die ihre maximale Empfindlichkeit in verschiedenen Farbbereichen haben. Im Blaubereich ist dabei die Empfindlichkeit am geringsten. Man beachte, dass die drei Rezeptorenklassen üblicherweise mit Rot, Grün und Blau bezeichnet werden, obwohl die maximale Empfindlichkeit der ersten beiden im gelben Bereich liegt (vgl. Abbildung 1.43).

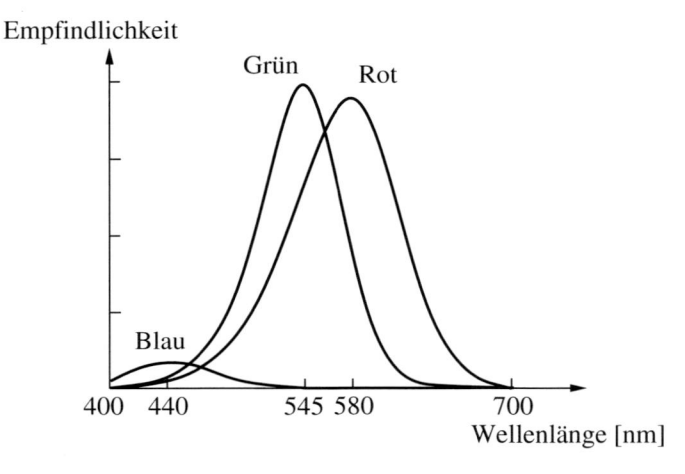

Abbildung 1.43 Empfindlichkeit der Rezeptoren des menschlichen Auges

Eine weitere interessante Frage ist, wie viele Farben der Mensch unterscheiden kann. Hier gilt Folgendes: Bei mittlerer Intensität und voller Sättigung sind etwa 128 verschiedene Farbtöne wahrnehmbar. Die Trennschärfe ist dabei mit mehr als 10 nm am Rande des Spektrums schlechter als im Innern (weniger als 2 nm). Bei kleiner werdender Sättigung nimmt die Zahl der unterscheidbaren Farben kontinuierlich ab, bei Sättigung 0 erhalten wir nur noch Weiß bzw. Grau. Umgekehrt sind bei vorgegebenem Farbton zwischen 16 (im Innern des Spektrums) und 23 (am Rand des Spektrums) unterschiedliche Sättigungsstufen auszumachen (vgl. Abbildung 1.44). Berücksichtigt man schließlich noch die verschiedenen Intensitätsstufen, so erhält man als groben Näherungswert eine Zahl von ca. 350 000 vom Menschen unterscheidbaren Farbeindrücken.

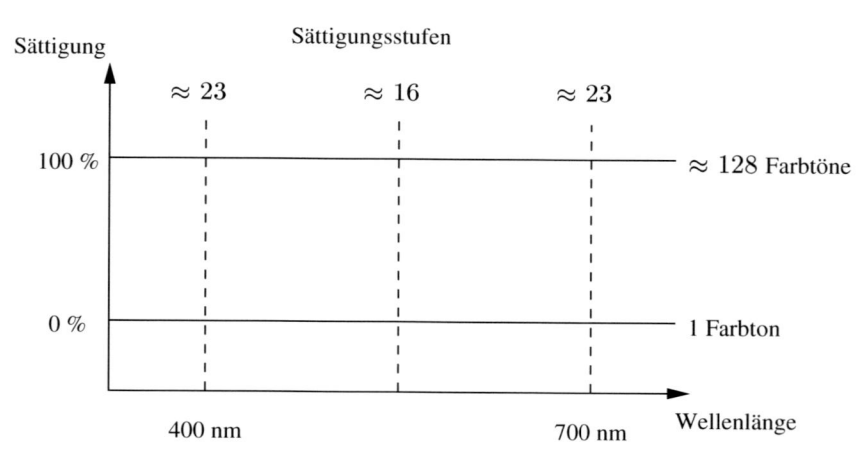

Abbildung 1.44 Unterscheidbare Farb- und Sättigungsstufen bei mittlerer Intensität

Wenden wir uns nun der Frage nach der konkreten Darstellung von Farben etwa am Bildschirm zu. Durch additives Mischen der drei Grundfarben Rot (R), Grün (G) und Blau (B) lässt sich theoretisch jede sichtbare Farbe F erzeugen:

$$F = r \cdot R + g \cdot G + b \cdot B, \quad r, g, b \in \mathbb{R}. \qquad (1.22)$$

Am Monitor darstellbar sind aber nur diejenigen Farben, für die die Koeffizienten r, g und b nicht negativ sind[11]. Deshalb wurden 1931 durch die

---
[11] In der Natur gibt es dagegen auch Farben mit negativen Koeffizienten r, g oder b in der RGB-Darstellung. Dies bedeutet, dass solche Farben technisch nicht durch additives Mischen der Primärfarben Rot, Grün und Blau erzeugt werden können. Im Falle $r < 0$

1.6 Graustufen- und Farbdarstellung

Commission Internationale de l'Éclairage (CIE) drei künstliche Grundfarben X, Y, Z definiert, so dass für jede sichtbare Farbe F gilt:

$$F = x \cdot X + y \cdot Y + z \cdot Z, \quad x, y, z \geq 0. \tag{1.23}$$

Dies führt zum sogenannten *CIE-Kegel der sichtbaren Farben* (siehe Abbildung 1.45 und Farbtafel 12). Normiert man die Koeffizienten x, y und z dort

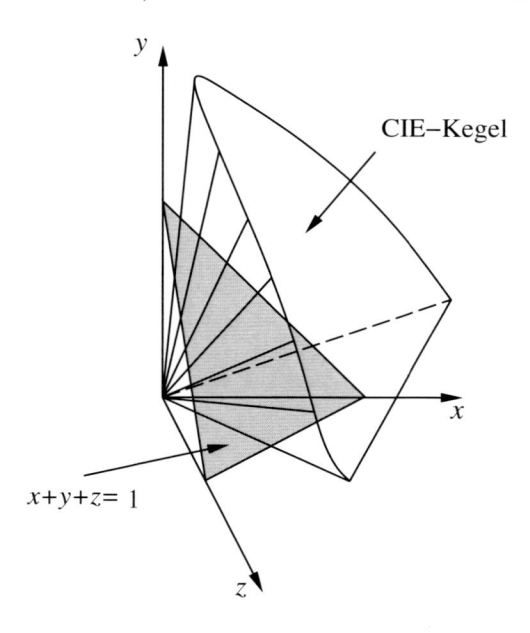

Abbildung 1.45 CIE-Kegel ohne und mit Normierung auf $x + y + z = 1$

auf $x + y + z = 1$, so tragen sie nur noch Information bezüglich Farbton und Sättigung, nicht jedoch hinsichtlich der Intensität. Die Projektion des Schnitts des CIE-Kegels mit der Ebene $x+y+z = 1$ auf die xy-Ebene ergibt die in Abbildung 1.46 gezeigte Darstellung der Farbinformation (das grau gefärbte Gebiet im Inneren bezeichnet dabei den gemäß Gleichung (1.22) mit $r, g, b \geq 0$ auf einem typischen Farbmonitor darstellbaren Farbbereich).

Für das Arbeiten mit rasterorientierten Ausgabegeräten wie Bildschirmen ist das CIE-Modell mit seinem künstlichen (X, Y, Z)-System unhandlich. Deshalb haben sich in der Praxis – trotz der erwähnten Nachteile hinsichtlich

---

und $g, b \geq 0$ etwa entsteht jedoch durch Addition eines entsprechenden Rotanteils r zur gegebenen Farbe eine durch additives Mischen von Grün und Blau erzeugbare Farbe.

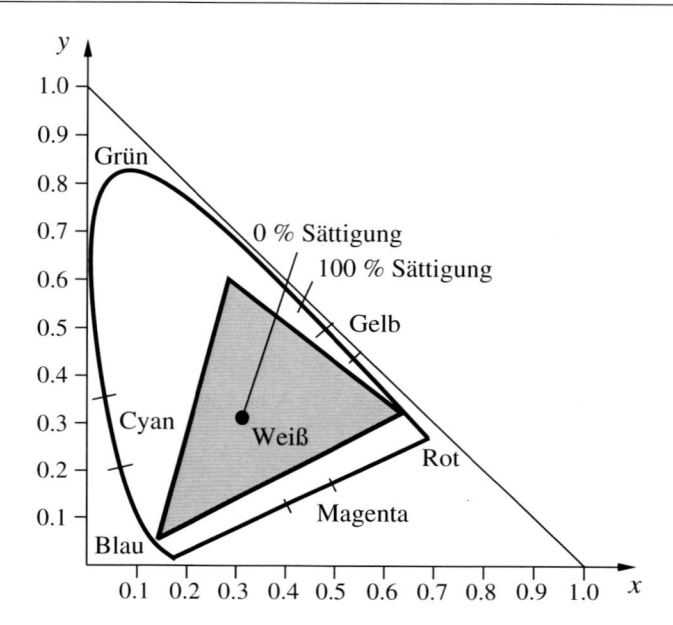

Abbildung 1.46 Projektion des Schnitts des CIE-Kegels mit der Ebene $x + y + z = 1$ auf die xy-Ebene. Der auf einem typischen Farbmonitor darstellbare Farbbereich ist grau gezeichnet.

der Mächtigkeit – andere Farbmodelle durchgesetzt. Wir wollen hier sieben davon vorstellen: Das schon erwähnte RGB-Modell sowie die Modelle CMY, CMYK, YIQ, HSV, HLS und CNS.

- **Das RGB-Modell**
  Hier werden die Primärfarben Rot, Grün und Blau additiv gemischt. Die Farben werden in Form von Zahlen-Tripeln $(R, G, B)^T$ mit Werten zwischen 0 und 1 gespeichert, die die Intensität der Rot-, Grün- und Blau-Anteile angeben. Grautöne mit 0% Sättigung werden durch $(\alpha, \alpha, \alpha)^T$ mit $\alpha \in [0, 1]$ dargestellt: $\alpha = 0$ entspricht Schwarz, $\alpha = 1$ Weiß. Bildschirme arbeiten im Prinzip mit dem RGB-Modell. Abbildung 1.47 sowie die Farbtafeln 9 und 10 zeigen die RGB-Grundfarben Rot, Grün und Blau und ihre jeweiligen (im Würfel gegenüberliegenden) Komplementärfarben Cyan (Türkis), Magenta (Purpur) und Yellow (Gelb).

- **Das CMY-Modell**
  Als Primärfarben dienen hier Cyan, Magenta und Gelb. Diese werden subtraktiv gemischt, die entsprechenden komplementären Farbanteile wer-

1.6 Graustufen- und Farbdarstellung

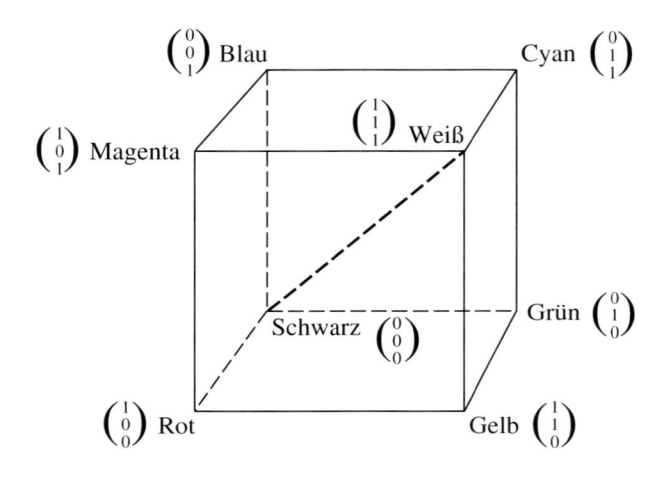

Abbildung 1.47 Die RGB-Grundfarben und ihre Komplementärfarben

den also ausgeblendet. Zur Umrechnung von additiver zu subtraktiver Primärfarbenmischung und umgekehrt dient dabei folgende Formel:

$$\underbrace{\begin{pmatrix} C \\ M \\ Y \end{pmatrix}}_{\text{Darstellung im CMY-Modell}} = \begin{pmatrix} 1 \\ 1 \\ 1 \end{pmatrix} - \underbrace{\begin{pmatrix} R \\ G \\ B \end{pmatrix}}_{\text{Darstellung im RGB-Modell}} \qquad (1.24)$$

Reines Rot wird im RGB-Modell durch $(1, 0, 0)^T$ beschrieben, im CMY-Modell stellt der Vektor $(0, 1, 1)^T$ reines Rot dar: Grün und Blau werden als Komplementärfarben von Magenta und Gelb ausgeblendet. Mit dem CMY-Modell arbeiten Farbdrucker wie etwa Tintenstrahldrucker.

- **Das CMYK-Modell**
  Dieses Modell ist eine Erweiterung des CMY-Modells und benutzt Schwarz (K) als vierte Farbe. Es wird vor allem im Vierfarbendruck auf Druckerpressen eingesetzt [SCB88]. Ausgehend von einer CMY-Darstellung, werden die Größen C, M, Y und K wie folgt pixelweise (neu) definiert:

$$\begin{aligned} K &:= \min\{C, M, Y\}, \\ C &:= C - K, \\ M &:= M - K, \\ Y &:= Y - K. \end{aligned} \qquad (1.25)$$

Man beachte, dass dabei (mindestens) einer der drei Werte C, M, Y zu Null wird und man folglich wie zuvor mit (maximal) drei Größen arbeitet. Dieser Prozess (1.25), bei dem Schwarz (K) gleiche Anteile von Cyan, Magenta und Gelb ersetzt, wird *Undercolour Removal* genannt. Dadurch wird zum einen ein „dunkleres" Schwarz möglich, als man es sonst durch subtraktives Mischen erhält, zum anderen wird die insgesamt zum Druck erforderliche Menge an Farbe reduziert, was geringere Kosten und ein schnelleres Trocknen zur Folge hat.

- **Das YIQ-Modell**
  Dieses Modell findet Anwendung in der amerikanischen NTSC-Fernsehnorm [Prit77]. Es ist abwärtskompatibel zum Schwarz-Weiß-Fernsehen, da das Y-Signal (die Y-Grundfarbe im CIE-System) die Intensität beschreibt und somit auf Schwarz-Weiß-Bildschirmen ausgegeben wird. Die Farbinformation ist in den I- und Q-Signalen kodiert. Das Umschalten von RGB- auf YIQ-Darstellung erfolgt mit der linearen Abbildung

$$\begin{pmatrix} Y \\ I \\ Q \end{pmatrix} = \begin{pmatrix} 0.299 & 0.587 & 0.114 \\ 0.596 & -0.275 & -0.321 \\ 0.212 & -0.528 & 0.311 \end{pmatrix} \cdot \begin{pmatrix} R \\ G \\ B \end{pmatrix}. \qquad (1.26)$$

Das YIQ-Modell bietet einen weiteren Vorteil. Es erlaubt, die Helligkeitsinformation in Y mit höherer Auflösung darzustellen und zu übertragen als die Farbinformation in I und Q, was dem menschlichen Sehvermögen Rechnung trägt, das gegen Änderungen in der Helligkeit wesentlich empfindlicher ist als gegen Farbwechsel.

- **Das HSV-Modell**
  Hier erfolgt die Beschreibung der Farbe über die drei Parameter Farbton (Hue), Sättigung (Saturation) und Helligkeit/Intensität (Value) [Smit78]. Der HSV-Farbraum ist eine Pyramide mit einem regelmäßigen Sechseck als Grundfläche und der Höhe eins. Die Spitze entspricht der Farbe Schwarz, und ein Querschnitt parallel zur Grundfläche und im Abstand α von der Spitze ($0 < \alpha \leq 1$) entsteht, indem vom Teilwürfel $[0, \alpha]^3$ des RGB-Würfels (Abbildung 1.47) die drei Flächen, die die schwarze

1.6 Graustufen- und Farbdarstellung

Ecke $(0,0,0)^T$ nicht enthalten, projiziert werden auf die Ebene durch den Punkt $(\alpha, \alpha, \alpha)^T$ orthogonal zur Diagonalen zwischen schwarzer und weißer Ecke (siehe Abbildung 1.48 sowie Farbtafel 11). Offensichtlich werden die Intensität durch die Höhe und der Farbton durch den Winkel angegeben. Die Sättigung nimmt auf den Außenkanten jeder Sechseckfläche (Horizontalschnitt durch die HSV-Pyramide) und somit auf den Seitenflächen der HSV-Pyramide ihren Maximalwert 1 an. Auf zu den Außenkanten parallelen Linien ist sie konstant. Näherungsweise lässt sich die Sättigung über den Relativabstand zur Mittelachse charakterisieren.

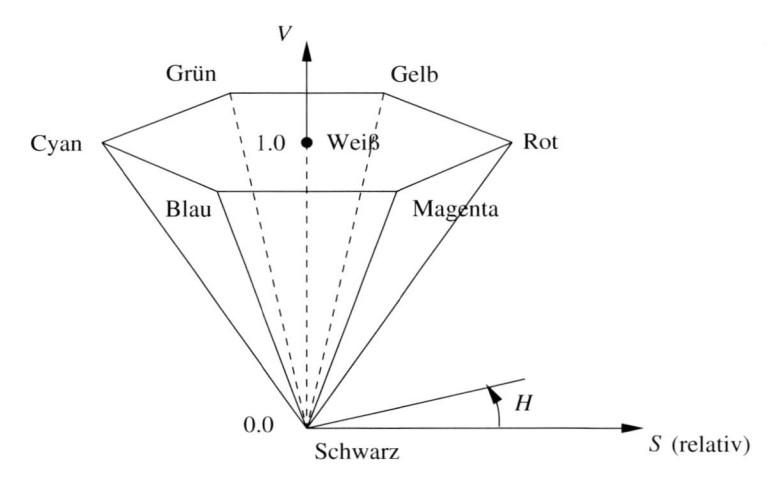

Abbildung 1.48 Das HSV-Modell (mit näherungsweiser Charakterisierung der Sättigung über den Relativabstand von der Mittelachse: auf den Seitenflächen der Pyramide nimmt die Sättigung ihren Maximalwert 1 an)

- **Das HLS-Modell**
  Das von der Firma Tektronix entwickelte HLS-Modell ist dem HSV-Modell sehr ähnlich. Wie bei diesem entsteht der zugehörige Farbraum aus dem RGB-Farbraum durch eine nichtlineare Transformation, zudem werden ebenfalls drei Parameter Farbton (Hue), Helligkeit/Intensität (Lightness) und Sättigung (Saturation) benutzt. Dargestellt wird der HLS-Farbraum jedoch meistens als Doppelkegel mit einer schwarzen ($L = 0.0$) und einer weißen ($L = 1.0$) Spitze, in denen keinerlei Differenzierung bezüglich der Parameter H und S möglich ist (siehe Abbildung 1.49). Während die Parameter H und L im Wesentlichen ihren HSV-Pendants H und V entsprechen (Darstellung über die vertikale Koordinate bzw. den Winkel), unterscheiden sich die beiden im HSV-

bzw. im HLS-Modell verwendeten Sättigungsbegriffe. Zwar gilt auch hier, dass die Sättigung auf der Mittelachse ihren Minimalwert 0 und auf der Außenfläche ihren Maximalwert 1 annimmt. Eine Farbe mit Weißanteil (min(R,G,B)>0) gilt im HSV-Modell jedoch stets als nicht voll gesättigt; im HLS-Modell dagegen enthält die Mantelfläche des oberen Kegels Farben mit $S = 1$ und min(R,G,B)>0. Wir wollen es an dieser Stelle allerdings mit diesem Hinweis bewenden lassen.

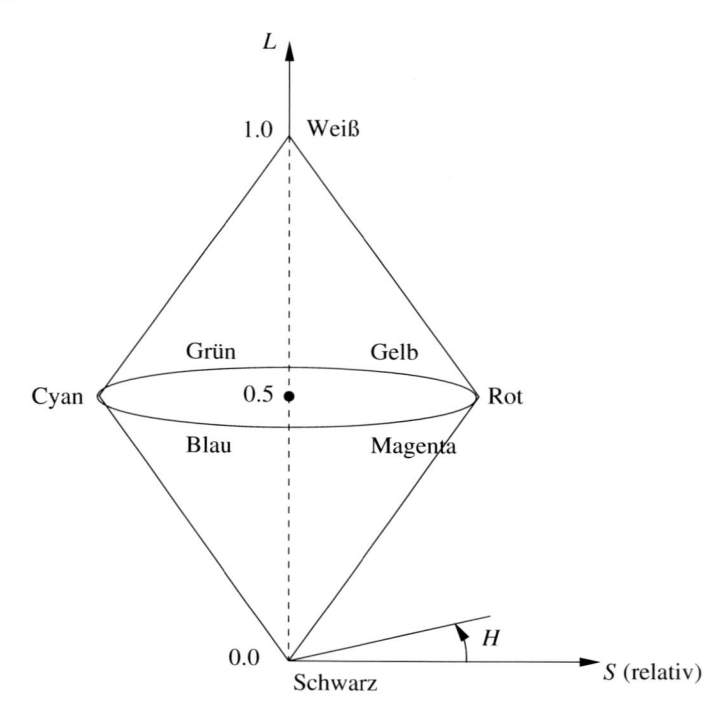

Abbildung 1.49 Das HLS-Modell (Darstellung der Sättigung über den Relativabstand von der Mittelachse: auf der Außenfläche des Doppelkegels nimmt S seinen Maximalwert 1 an)

Die beiden letztgenannten Modelle HSV und HLS sind benutzerorientiert, da sie für den Menschen am natürlichsten sind. Durch Modifikation der Parameter lässt sich der Farbeindruck intuitiv, einfach und schnell verändern. Deshalb finden diese Modelle Anwendung bei Farbeditoren. Die vier zuerst aufgeführten Modelle RGB, CMY, CMYK und YIQ sind dagegen an speziellen Bedürfnissen von Ausgabegeräten orientiert und zum interaktiven

1.6 Graustufen- und Farbdarstellung

Arbeiten weniger geeignet. Noch einen Schritt weiter in Richtung Benutzerfreundlichkeit als das HSV- bzw. das HLS-Modell geht das sogenannte CNS-Modell (Color Naming System [BBK82]).

- **Das CNS-Modell**
  Als zugrunde liegende Parameter werden auch hier Farbton, Sättigung und Helligkeit verwendet, der Benutzer kann die gewünschte Farbe jedoch in englischer Sprache beschreiben. Hierzu dienen fünf Intensitätswerte (very dark, dark, medium, light, very light), vier Sättigungswerte (grayish, moderate, strong, vivid) sowie sieben Farbabstufungen (purple, red, orange, brown, yellow, green, blue), die jeweils noch vierfach unterteilt werden können (beispielsweise zwischen yellow und green: yellowish-green, green-yellow und greenish-yellow). Mit dem CNS-Modell können Farben sehr treffsicher vom Benutzer ausgewählt werden, es stehen allerdings nur 560 verschiedene Kombinationen zur Verfügung.

Hat man sich für ein Farbmodell entschieden, muss die entsprechende Farbinformation geeignet gespeichert werden. In der Praxis ist dabei die Farbdarstellung mit beliebiger Genauigkeit weder möglich noch notwendig, da der Mensch nur eine begrenzte Anzahl von Farben unterscheiden kann und außerdem Geschwindigkeit und Speicherplatz für die Realisierung auf dem Rechner entscheidend sind. Eine Darstellung mit 8 Bits für jede Grundfarbe, wie sie etwa bei 24-Bit-Graphiksystemen eingesetzt wird, ermöglicht beispielsweise die gleichzeitige Darstellung von ca. 16.78 Millionen Farben. Bei einer Bildschirmauflösung von 1280 × 1024 Pixeln führt dies allerdings zu einem Speicheraufwand von fast 4 MByte pro Bild. Angesichts des bereits erwähnten Sachverhalts, dass vom Menschen nur ungefähr 350 000 Farben unterschieden werden können, und angesichts der Tatsache, dass auf 1.3 Millionen Pixeln innerhalb eines Bildes über 16 Millionen Farben gar nicht gleichzeitig dargestellt werden können, erscheint dieser Aufwand als übertrieben. Zudem ist diese direkte Farbkodierung unflexibel, da einzelne Farben nicht schnell und ohne Modifikation der Bilddaten geändert werden können. Deshalb wählt man oft folgende Vorgehensweise: Anstelle von $3r$ Bits ($r = 8$ im obigen Beispiel) werden jedem Pixel im Frame-Buffer nur q Bits ($q < 3r$) zugewiesen, die Zahl der Bit-Planes wird also reduziert. Damit lassen sich 2^q verschiedene Einträge in der sogenannten *Farbtabelle* adressieren. Dort steht nun für jede der 2^q Farben die volle 24-Bit-Kodierung, aufgrund derer dann die Farbauswahl am Bildschirm erfolgt (siehe Abbildung 1.50).

Somit können nur noch 2^q anstelle von 2^{3r} Farben gleichzeitig dargestellt werden. Das Spektrum der insgesamt darstellbaren Farben bleibt jedoch

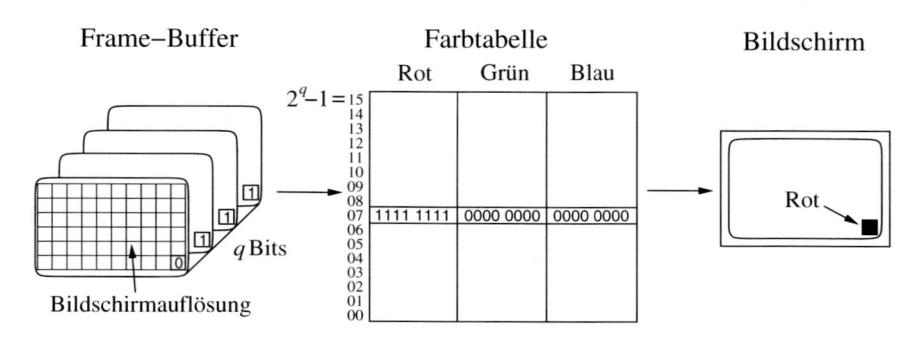

Abbildung 1.50 Farbdarstellung am Bildschirm mit Frame-Buffer und Farbtabelle

unverändert. Der Speicheraufwand sinkt vom $3r$-fachen der Pixelanzahl auf das q-fache. Damit wird ein Ausgleich geschaffen zwischen erforderlicher Leistung sowie Rechenzeit- und Speicherbedarf.

Die geschilderte Vorgehensweise erweist sich auch als äußerst flexibel. So kann eine Farbänderung einfach durch Änderung des entsprechenden Eintrags in der Farbtabelle realisiert werden. Soll die Zahl der potenziell darstellbaren Farben erhöht werden (also der Parameter r), dann erfordert das ebenfalls nur Änderungen in der Farbtabelle (die Größe der Einträge muss angepasst werden).

Es ergeben sich allerdings mit der Farbtabelle manchmal Probleme in der Praxis. So modifiziert z. B. *eine* Änderung in der Farbtabelle *alle* Pixel der zugehörigen Farbe auf dem Bildschirm. Dies kann insbesondere bei Fenstersystemen mit unterschiedlichen Anwendungen in den verschiedenen Fenstern zu ungewollten Seiteneffekten führen. Unter anderem deshalb, aber auch aus Gründen der realistischen Darstellung, wird in der Praxis den 24-Bit-Graphiksystemen trotz des größeren Aufwands der Vorzug gegeben.

2 Geometrische Modellierung dreidimensionaler Objekte

Das *geometrische Modellieren* [BaRi74, BEH79, Mort85, Fari87, Mänt88, AbMü91, Hage91] (CAGD: *Computer Aided Geometric Design*) ist ein Teilaspekt des *Computer Aided Design* (CAD), der sich mit der Theorie, den Techniken und den Systemen für die rechnergestützte Beschreibung und Darstellung dreidimensionaler Körper befasst. Es erlaubt (zumindest im Prinzip) bzw. schafft die Grundlagen für

- die Berechnung geometrischer Eigenschaften von Körpern (Volumen, Oberfläche usw.);

- die graphische Darstellung von Körpern;

- weitergehende graphische Anwendungen (Spiegelungseffekte, Schattierung usw.);

- die Berechnung des physikalisch-geometrischen Verhaltens der Körper nach einer weiteren Attributierung der Körper mit physikalischen Eigenschaften bzw. Materialparametern (Masse etc.). Beispiele hierfür sind die bereits im Vorwort erwähnten Ingenieuranwendungen wie Berechnungen von Elastizität, Festigkeit oder Resonanz durch Finite-Element-Programme.

Der Weg vom gegebenen Objekt bis zu seiner Darstellung auf dem Bildschirm gliedert sich dabei in mehrere Arbeitsschritte (vgl. Abbildung 2.1). Während der letzte Schritt im dritten Kapitel behandelt werden wird, wollen wir uns nun mit der Modellierung von geometrischen Körpern und mit ihrer Darstellung im Rechner befassen. Dabei stellen sich drei Fragen:

- Was ist eigentlich ein Körper?

- Wie wird er (mathematisch) dargestellt?

- Wie wird er (informatisch) realisiert?

Wir wollen uns hier auf *starre Körper* [Requ77, Requ80b] beschränken, die insbesondere translations- und rotationsinvariant sind sowie echt dreidimensionale Strukturen darstellen, also keine isolierten Punkte bzw. keine

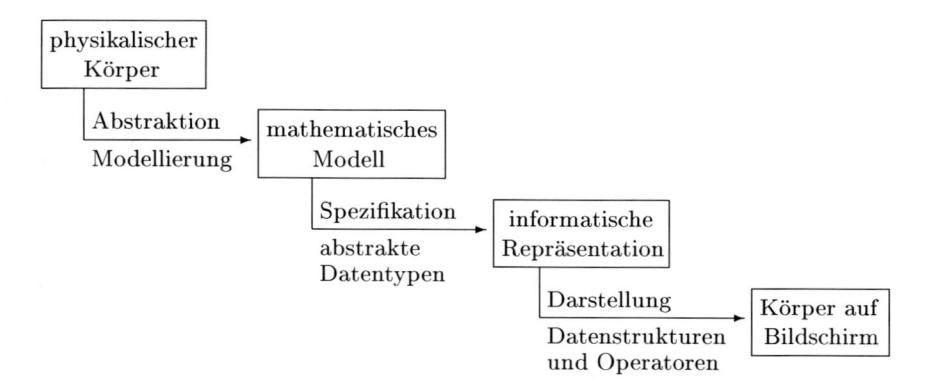

Abbildung 2.1 Vom physikalischen Körper zum Bild auf dem Bildschirm

isolierten oder baumelnden Kanten und Flächen aufweisen (vgl. Abbildung 2.2). Zur mathematischen Beschreibung starrer Körper müssen wir etwas weiter ausholen. Für detailliertere Ausführungen zum geometrischen Modellieren verweisen wir auf die eingangs zitierten Übersichtswerke sowie auf [Requ77, ReTi78, Requ80a, Requ80b, Grie84, Requ88, Mänt89, HoRo95].

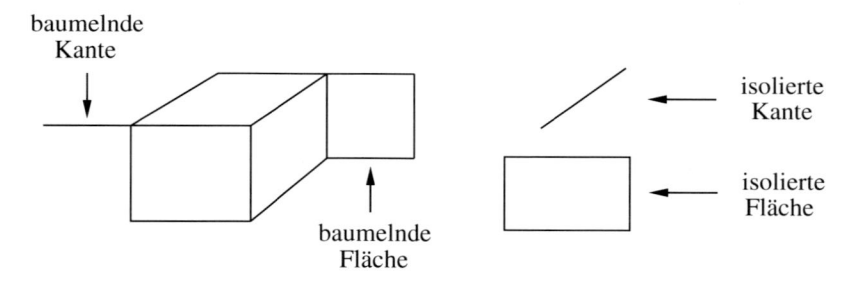

Abbildung 2.2 Baumelnde und isolierte ein- und zweidimensionale Strukturen

2.1 Mathematische Modelle für starre Körper

Zunächst führen wir die erforderlichen Begriffe aus der Topologie ein. Sei $X \subseteq \Omega$ eine Menge von Punkten im Gebiet $\Omega \subseteq \mathbb{R}^3$.

2.1 Mathematische Modelle für starre Körper

- x heißt *Randpunkt* von X genau dann, wenn jede Umgebung von x Punkte von X und von $\Omega \setminus X$ enthält. Dabei ist auch $x \notin X$ möglich.
- $x \in X$ heißt *innerer Punkt* von X genau dann, wenn es eine Umgebung U von x gibt mit $U \subseteq X$.
- Der *Rand* von X ist definiert als $\delta X := \left\{ x \in \Omega : x \text{ Randpunkt von } X \right\}$.
- Das *Innere* von X ist definiert als $\overset{\circ}{X} := X \setminus \delta X$.
- X heißt *offen* genau dann, wenn $\overset{\circ}{X} = X$.
- Der *Abschluss* von X ist definiert als $\overline{X} := X \cup \delta X$.
- X heißt *abgeschlossen* genau dann, wenn $\overline{X} = X$.
- Unter der *Regularisierung* von X versteht man die Menge $\text{reg}(X) := \overline{\overset{\circ}{X}}$.
- X heißt *regulär* genau dann, wenn $\text{reg}(X) = X$.

Abbildung 2.3 veranschaulicht obige Definitionen anhand eines Beispiels. Dabei wird klar, dass man sich isolierter Punkte sowie isolierter oder baumelnder Kanten und Flächen über die Regularisierung einer Menge X entledigen kann.

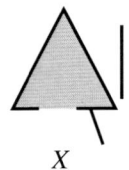

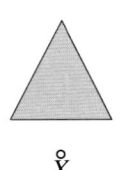

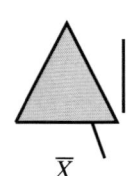

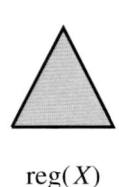

X δX $\overset{\circ}{X}$ $\overline{X}$ $\text{reg}(X)$

Abbildung 2.3 Rand, Inneres, Abschluss und Regularisierung an einem Beispiel

Zum Arbeiten mit Mengen stehen die bekannten Mengenoperationen *Vereinigung* ($\cup$), *Durchschnitt* ($\cap$) und *Differenz* ($\setminus$) zur Verfügung. Um isolierte Punkte bzw. isolierte oder baumelnde Kanten und Flächen zu vermeiden, gehen wir zu den sogenannten *regularisierten Mengenoperationen* op* [Requ77] über, op $\in \{\cup, \cap, \setminus\}$:

$$X_1 \text{ op}^* X_2 := \text{reg}(X_1 \text{ op } X_2).$$

Man könnte nun unter starren Körpern einfach beschränkte reguläre Mengen verstehen. Dabei tauchen aber noch folgende Schwierigkeiten auf:

1. Die endliche Beschreibbarkeit solcher Mengen ist nicht unbedingt gewährleistet. Diese ist aber nötig für die Darstellung im Computer.
2. Die Oberfläche des Körpers muss eindeutig bestimmen, was innen und was außen ist. Dies ist ebenfalls noch nicht sichergestellt.

Deshalb geht man noch einen Schritt weiter und betrachtet semi-analytische Mengen:

- X heißt *semi-analytisch* genau dann, wenn X durch eine endliche Kombination von Mengen $F_i := \{x \in \mathbb{R}^3 : f_i(x) \geq 0, f_i \text{ analytisch}^1\}$ mit Hilfe der regularisierten Mengenoperatoren $\cup^*$, $\cap^*$ oder $\setminus^*$ entsteht.

Im Folgenden verstehen wir also unter starren Körpern beschränkte, reguläre und semi-analytische Teilmengen des $\mathbb{R}^3$. Man beachte, dass diese Definition etwa auch die beiden Körper in Abbildung 2.4 einschließt.

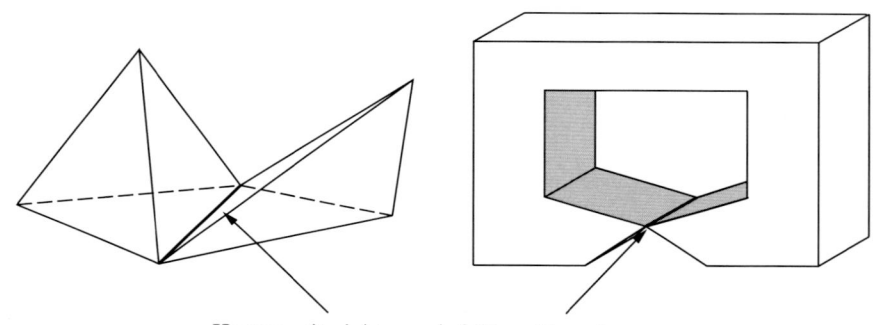

Kanten mit nichtmannigfaltiger Umgebung

Abbildung 2.4 Grenzfälle starrer Körper

2.2 Darstellungsarten eines Körpers

Ein *Darstellungsschema* S bezeichnet eine Relation $S \subseteq M \times R$, wobei M den mathematischen Modellraum der starren Körper und R den jeweiligen Repräsentationsraum (syntaktisch korrekte Symbolstrukturen (Terme) über einem endlichen Alphabet [Requ80a]), also beispielsweise die Menge aller

---

[1] Eine Funktion $f : \mathbb{R}^3 \to \mathbb{R}$ heißt *analytisch*, wenn es zu jedem $x_0 \in \mathbb{R}^3$ eine Umgebung $U(x_0)$ gibt, in der f in eine konvergente Potenzreihe entwickelbar ist. Eine analytische Funktion f ist insbesondere beliebig oft nach allen Variablen differenzierbar.

2.2 Darstellungsarten eines Körpers

aus Bauklötzchen erstellbaren Objekte, bezeichnet. Der abstrakte Begriff des starren Körpers wird somit über das Darstellungsschema mit Leben erfüllt.

Bei der Wahl eines geeigneten Darstellungsschemas werden generell verschiedene Ziele verfolgt (siehe z. B. [Requ80a, Requ80b]):

- S soll eine (partielle) Abbildung sein, d. h.

$$(m, r_1), (m, r_2) \in S \implies r_1 = r_2. \qquad (2.1)$$

  Kein Körper soll durch zwei verschiedene Repräsentanten beschrieben werden.

- S soll möglichst mächtig sein, damit sich viel darstellen lässt. Im Idealfall gilt:

$$\forall m \in M \ \exists r \in R \ \text{mit} \ (m, r) \in S. \qquad (2.2)$$

- Die Abbildung soll eineindeutig sein: Kein Repräsentant soll zwei Körper beschreiben.

$$(m_1, r), (m_2, r) \in S \implies m_1 = m_2. \qquad (2.3)$$

- Der Wertevorrat von S als Abbildung soll ganz R sein. Jeder Repräsentant $r \in R$ soll folglich einen Körper $m \in M$ beschreiben:

$$\forall r \in R \ \exists m \in M \ \text{mit} \ (m, r) \in S. \qquad (2.4)$$

- S soll exakt sein, d. h. die Darstellung ohne Approximation erlauben.

- Die Beschreibung der Repräsentanten soll möglichst kompakt erfolgen können.

- Der Einsatz effizienter Algorithmen für verschiedene Anwendungen (Berechnungen, Manipulation, graphische Darstellung) soll möglich sein und unterstützt werden.

Im Folgenden stellen wir einige der verbreitetsten Darstellungsschemata vor. Diese gliedern sich in *direkte Darstellungsschemata*, welche das Volumen selbst beschreiben, und *indirekte Darstellungsschemata*, bei welchen die Beschreibung über Kanten oder Oberflächen erfolgt.

2.2.1 Direkte Darstellungsschemata: Volumenmodellierung

A) Normzellen-Aufzählungsschema:

Hier wird der Raum in ein Gitter gleich großer dreidimensionaler Zellen (*Voxel*), meistens Würfel der Kantenlänge h, aufgeteilt. Ein Körper wird dann durch eine Menge von Zellen dargestellt (siehe Abbildung 2.5 sowie Farbtafel 17), wobei eine Zelle durch die Koordinaten ihres Mittelpunktes repräsentiert wird. Ausschlaggebend ist dabei, ob der Mittelpunkt der Zelle im Körper liegt oder nicht. Bei vorgegebener Größe der Normzellen ist der Repräsentant zu einem gegebenen Körper also eindeutig bestimmt. Dies führt zu einer Bit-Matrix oder einer Liste von Zellen als Datenstruktur. Die erreichbare Genauigkeit ist dabei abhängig von der gewählten Zellmaschenweite h. Je feiner die Maschenweite, desto besser ist die Approximation des gegebenen Körpers. Geht man mit der Maschenweite h gegen Null, so wird der gesamte mathematische Modellraum M ausgeschöpft, das heißt, dieses Beschreibungsschema ist theoretisch sehr mächtig. Allerdings ist es auch recht teuer im Speicherplatzbedarf. Insbesondere bei kleinem h führt es zu einer großen Bit-Matrix – ein Nachteil, dem durch Lauflängenkodierung[2] und ähnliche Methoden zur komprimierten (langfristigen) Speicherung dünn besetzter Bit-Matrizen zum Teil begegnet werden kann.

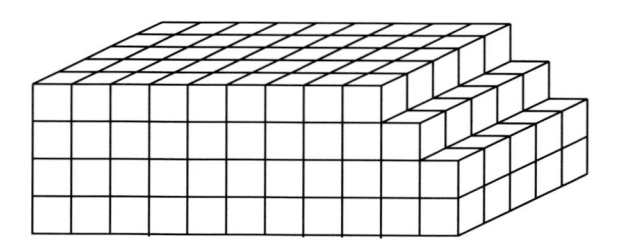

Abbildung 2.5 Modellierung eines Körpers durch Normzellen

B) Zellzerlegungsschema:

Hier erfolgt der Aufbau des Körpers aus gewissen (evtl. parametrisierten)

---

[2] Die Lauflängenkodierung speichert Bit-Vektoren – also insbesondere die Zeilen einer Bit-Matrix – als Folgen von Paaren (Wert, Länge) bzw. (Position, Länge). Im ersten Fall werden dabei die jeweilige Anzahl aufeinander folgender Nullen und Einsen gespeichert, im zweiten Fall werden nur die Länge und die Position der Einser-Sequenzen festgehalten.

Grundobjekten. Die Grundobjekte werden wie beim Spielen mit Klötzchen durch wiederholte „Klebeoperationen" (Vereinigungen) zu komplizierteren Gebilden zusammengesetzt (siehe die Farbtafeln 15 und 16). Neben quaderförmigen bzw. eben berandeten Grundobjekten können dabei auch Grundobjekte mit gekrümmten Kanten oder Flächen verwendet werden. Durch die größere Vielfalt bei der Wahl der Grundobjekte handelt es sich um eine Verallgemeinerung von A). Man beachte aber, dass S hier im Allgemeinen keine Abbildung ist: Zu einem gegebenem Körper lassen sich unter Umständen mehrere Repräsentanten angeben (siehe Abbildung 2.6).

Körper   Primitive   Repräsentanten

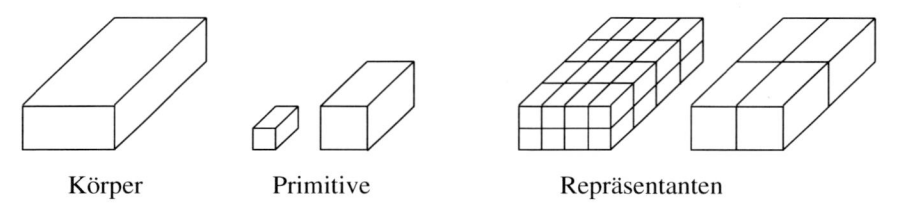

Abbildung 2.6 Mehrdeutige Darstellung beim Zellzerlegungsschema

C) Oktalbäume (Octrees):

Das hierarchische und rekursive *Oktalbaumschema* (siehe z. B. [Same84]) ist so mächtig wie das Aufzählungsschema, vermeidet aber dessen enormen Speicherplatzbedarf. Sein zweidimensionales Analogon ist das Quadtree-Schema.

Zunächst wird ein ausreichend großer, den Körper umschließender Würfel gewählt. Dieser Würfel wird solange rekursiv in Teilwürfel halber Kantenlänge unterteilt, bis entweder der jeweilige Würfel ganz innerhalb oder ganz außerhalb des darzustellenden Körpers liegt bzw. bis eine vorgegebene Genauigkeit h für die feinste Kantenlänge erreicht ist. Die entscheidende und effizient zu realisierende Operation ist also der Test, ob ein gegebener Würfel innerhalb (in) oder außerhalb (off) des zu beschreibenden Körpers liegt oder dessen Rand schneidet (on). Abbildung 2.7 veranschaulicht an einem zweidimensionalen Beispiel die Vorgehensweise. Als Datenstruktur wird eine Baumstruktur verwendet mit vierfacher bzw. achtfacher Verästelung (Quadtree, Octree) im zwei- bzw. dreidimensionalen Fall (vgl. Abbildung 2.8).

Nach der Terminierung sind alle Blätter mit „in", „off" oder „on" markiert. Mit einem Baum der Tiefe t lässt sich somit die Genauigkeit $h = O(2^{-t})$ erzielen. Beispielsweise wird für $1\,\text{m}^3$ Raumvolumen bei einer Auflösung bis auf $1\,\text{mm}$ eine Tiefe von $t = 10$ für den Baum benötigt.

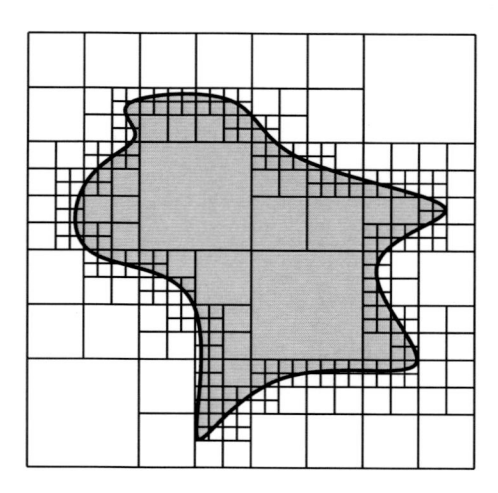

Abbildung 2.7 Modellierung eines Objekts mit krummlinigem Rand mittels Quadtrees

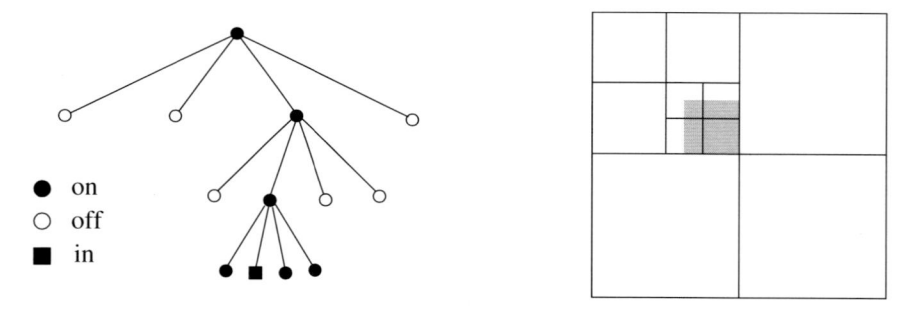

Abbildung 2.8 Baumstruktur eines Quadtrees der Tiefe 3

Zur langfristigen Speicherung kann eine Linearisierung des Baums mittels bekannter Depth-First- bzw. Breadth-First-Techniken erfolgen. Dazu werden auch die Ursprungskoordinaten des Startwürfels sowie die feinste Genauigkeit h abgespeichert.

Im Hinblick auf den erforderlichen Arbeitsspeicher ist der hierarchische Zugang über Oktalbäume um eine Größenordnung effizienter als das einfache Normzellen-Aufzählungsschema. Im Falle „gutartiger" Berandungen von Flächen bzw. Körpern[3] wie in Abbildung 2.7 werden für eine Auflösung der

---
[3] Für stark oszillierende Berandungen oder fraktale Strukturen, wie sie in Abschnitt 4.4.1 besprochen werden, gelten obige Aufwandsbetrachtungen nicht mehr unbedingt.

2.2 Darstellungsarten eines Körpers

Ordnung $O(h)$ im zweidimensionalen Fall statt $O(h^{-2})$ Zellen nur $O(h^{-1})$ Knoten und im dreidimensionalen Fall statt $O(h^{-3})$ Zellen nur $O(h^{-2})$ Knoten benötigt. Der erforderliche Speicherplatz im Arbeitsspeicher wird somit bestimmt durch den Rand (2D) bzw. die Oberfläche (3D) des darzustellenden Körpers. Bei der langfristigen Speicherung können in beiden Fällen Komprimierungstechniken zum Einsatz kommen.

Das Oktalbaumschema weist jedem Körper einen eindeutigen Repräsentanten zu. Außerdem ist es billiger als das Normzellen-Aufzählungsschema und kann effizient in der Graphik sowie bei vielen Berechnungsalgorithmen eingesetzt werden, zum Beispiel zur Volumen- oder Schwerpunktberechnung.

D) CSG-Schema (*Constructive Solid Geometry*):

Dieses Schema ist stark konstruktionsinspiriert und dadurch leicht interaktiv bedienbar. Ein Körper wird hier als Ergebnis der sukzessiven regularisierten Mengenoperationen $\cap^*$, $\cup^*$ und $\setminus^*$ über vorgegebenen Grundkörpern (Primitiven) dargestellt (siehe hierzu die Farbtafeln 18-23). Der Konstruktionsprozess wird durch einen Binärbaum mit Primitiven in den Blättern und Operatoren in den inneren Knoten beschrieben (siehe Abbildung 2.9; analog zum aus der Informatik bekannten Kantorovic-Baum bei Formeln). Werden Halbräume als Primitive zugelassen, so entstehen während eines Konstruktionsprozesses nicht notwendig starre Körper gemäß Abschnitt 2.1. Die Beschränktheit und die Abgeschlossenheit müssen dann separat sichergestellt werden. Generell muss für die Grundkörper gewährleistet sein, dass die erforderlichen Berechnungen (Durchschnitt etc.) schnell und effizient realisiert werden können.

Eine mögliche Erweiterung besteht im Zulassen affiner Transformationen (Rotationen, Translationen usw.; vgl. Abschnitt 1.3) nach jeder regulären Mengenoperation.

Das Konstruktionsprinzip im CSG-Schema kann auch durch eine Grammatik beschrieben werden. Deren Wortschatz entspricht dann genau dem Repräsentationsraum:

$$
\begin{array}{rcl}
<\text{Objekt}> & ::= & <\text{Primitiv}> \mid <\text{Objekt}><\text{Transformation}> \\
& & \mid <\text{Objekt}><\text{Operation}><\text{Objekt}> \\
<\text{Transformation}> & ::= & \text{Translation} \mid \text{Rotation} \mid \text{Skalierung} \\
<\text{Operation}> & ::= & \cup^* \mid \cap^* \mid \setminus^* \\
<\text{Primitiv}> & ::= & \text{Würfel} \mid \text{Zylinder} \mid \text{Kugel} \mid \text{Halbraum} \mid \ldots
\end{array}
$$

Objekt: Konstruktionsbaum:

Primitive:

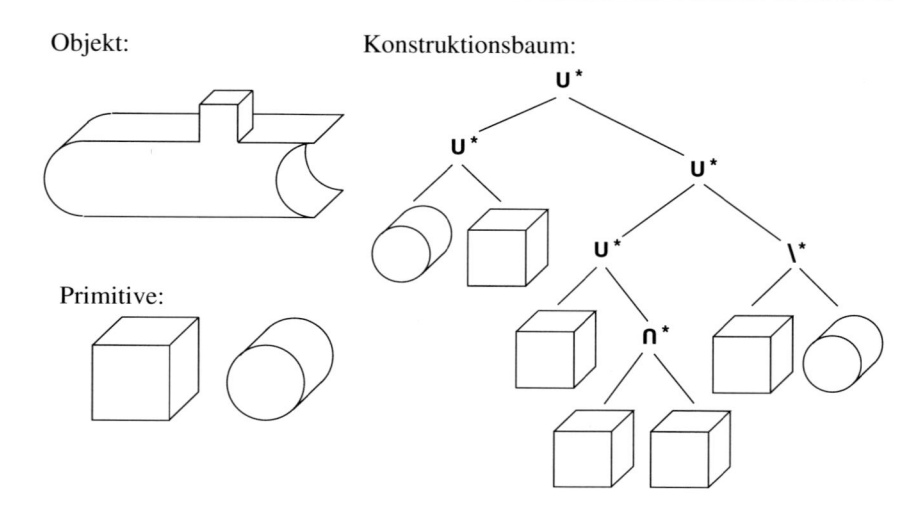

Abbildung 2.9 Konstruktionsbaum beim CSG-Schema

Aufgrund von Kommutativität und Assoziativität beschreiben im Allgemeinen mehrere Konstruktionsbäume einen Konstruktionsprozess mit demselben Ergebnis. Eindeutigkeit kann hier durch den Übergang zur *disjunktiven Normalform*[4] mit den Operationen $\cap^*$, $\cup^*$ und $^{-*}$ (Komplement) und durch die Einführung von Regeln, die den Konstruktionsprozess weiter einschränken, erzielt werden.

E) Primitiven-Instantiierung:

Für spezielle Anwendungen, bei denen immer dieselben (unter Umständen komplizierten) Objekte auftreten, kann es sinnvoll sein, auf Grundfunktionen wie (reguläre) Mengenoperationen ganz zu verzichten und stattdessen alle auftretenden Objekte zu (parametrisierbaren) Primitiven zu erklären. Dadurch wird die Modellierung erheblich effizienter. Beispielsweise genügen einige wenige Parameter, um Zahnräder einer bestimmten Klasse zu beschreiben. Müssten diese jeweils aus „echten" Primitiven (Quader etc.) zusammengesetzt werden, wäre der Aufwand höher.

---

[4] Jede Formel, bestehend aus den Operatoren $\cap^*, \cup^*$ und $\setminus^*$ sowie aus Operanden $A_1, \ldots, A_n$, kann in ihre (eindeutig bestimmte) sogenannte *disjunktive Normalform* der Gestalt $\bigcup_{j=1}^{*\,k} (B_1 \cap^* B_2 \cap^* \ldots \cap^* B_n)$ mit $B_i \in \{A_i, \overline{A_i}\}, i = 1, \ldots, n$, gebracht werden. Für Details sei etwa auf die Standardliteratur zur mathematischen Logik bzw. Booleschen Algebra verwiesen.

2.2 Darstellungsarten eines Körpers

F) Verschiebegeometrieschema:

Hier erfolgt die Körperbeschreibung, indem ein vorgegebenes zweidimensionales Objekt (eine Fläche) längs einer Verschiebelinie oder allgemeiner längs einer Verschiebekurve bewegt und der überstrichene Raum als Volumen betrachtet wird. Zur Beschreibung dient das Paar (F, L), wobei F die zu bewegende Fläche und L die Verschiebekurve bezeichnet. Auf diese Weise entstehen beispielsweise *Translationskörper* (siehe Abbildung 2.10) und *Rotationskörper* (siehe Abbildung 2.11). Anwendung findet dieses Verfahren etwa in der Werkzeugmaschinensteuerung, aber auch in den meisten CAD-Programmen.

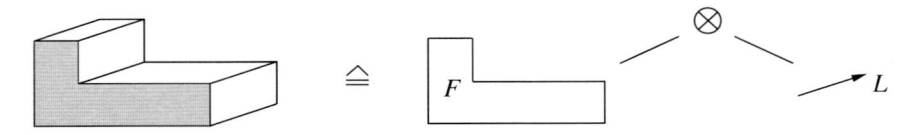

Abbildung 2.10 Verschiebegeometrieschema: Die Verschiebung längs einer Strecke ergibt einen Translationskörper.

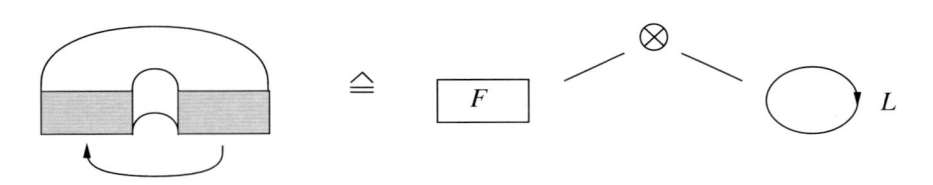

Abbildung 2.11 Verschiebegeometrieschema: Die Verschiebung längs einer Kreislinie ergibt einen Rotationskörper.

G) Interpolationsschema:

Bei diesem Schema werden als Ausgangspunkt zwei Flächen F_1 und F_2 im dreidimensionalen Raum herangezogen. Der resultierende Körper K wird dann definiert als Menge der Punkte, die auf einer Linie (siehe Abbildung 2.12) oder auch auf einer allgemeineren Kurve zwischen zwei beliebigen Punkten P_1 auf F_1 und P_2 auf F_2 liegen:

$$K := \left\{ x \in \mathbb{R}^3 : \exists P_1 \in F_1, P_2 \in F_2, t \in [0, 1] : x = tP_1 + (1-t)P_2 \right\}. \quad (2.5)$$

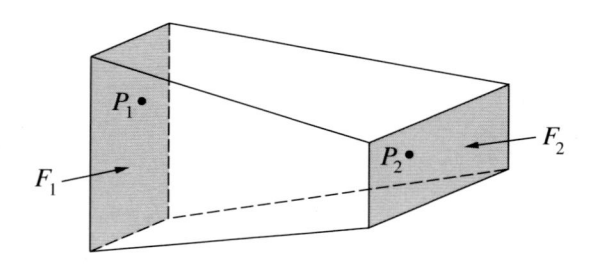

Abbildung 2.12 Darstellung dreidimensionaler Körper durch Flächeninterpolation

Schemata wie die beiden letztgenannten werden oftmals auch als $2\frac{1}{2}D$-*Modelle* bezeichnet, da hier Volumenmodelle aus zweidimensionalen Strukturen (Konstruktionszeichnungen) gewonnen werden sollen.

2.2.2 Indirekte Darstellung: Kanten- und Oberflächenmodellierung

Bei den indirekten Darstellungsschemata wird das Volumen nicht unmittelbar modelliert. Grundlage der Modellierung bilden vielmehr Kanten beim *Drahtmodellschema* oder Oberflächen in der *Oberflächendarstellung*.

A) Drahtmodellschema:

Hier erfolgt die Definition eines Körpers über seine (eventuell gekrümmten) Kanten (daher der Name *Drahtmodell* oder *Wireframe*; siehe hierzu die Farbtafeln 1-4, 24 sowie 26-29). Diese linienorientierte Vorgehensweise hat weite Verbreitung gefunden, da sie zu sehr effizienten Realisierungen führt. Dementsprechend basieren viele der kommerziellen 3D-Systeme der Ingenieurwelt auf dem Drahtmodellschema, insbesondere in Verbindung mit der Oberflächendarstellung.

Allerdings ist dieses Schema mit Mehrdeutigkeit behaftet. Es gibt Beispiele dafür, dass mehrere Elemente des mathematischen Modellraumes M auf denselben Repräsentanten aus R abgebildet werden (vgl. Abbildung 2.13). In solch einem Fall stellt sich die Frage, welcher nun der beschriebene Körper ist. Infolgedessen ist die eindeutige Elimination verdeckter Linien ebenso wenig möglich wie etwa die Berechnung von Schnittpunkten, -linien oder -flächen mit anderen Körpern. Das heißt aber, dass dieses Schema alleine nur eingeschränkt für CAGD und dessen Anwendungen tauglich ist.

2.2 Darstellungsarten eines Körpers

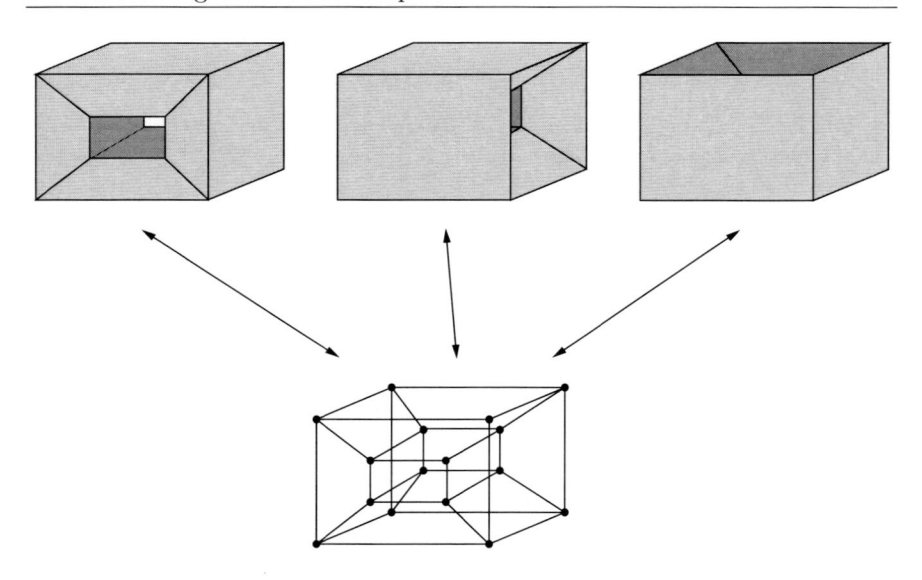

Abbildung 2.13 Mehrdeutigkeit beim Drahtmodellschema

B) Oberflächendarstellung:

Dieses Darstellungsschema ist wie das Drahtmodellschema aus der vektororientierten Graphik entstanden. Die Darstellung des Körpers erfolgt hier indirekt über die Beschreibung der Körperoberfläche. Dazu wird diese in eine endliche Menge von (durch Kanten begrenzten) Teilflächen unterteilt. Für diese muss nun wiederum eine Darstellungsform gefunden werden. Im einfachen planaren Fall geschieht die Beschreibung der Teilflächen durch die sie begrenzenden Kanten und Punkte (im Spezialfall der Dreiecksfläche sind drei Punkte nötig). Es handelt sich hierbei also um ein mehrschichtiges und hierarchisches Vorgehen, denn als Teil der Repräsentation müssen Darstellungen für Teilflächen, Kanten und Punkte gefunden werden. Ein Beispiel für die Auflösung der Oberfläche eines Körpers in Teilflächen sieht man in Abbildung 2.14.

Die Vorteile etwa gegenüber dem CSG-Verfahren sind:

- Flächen, Kanten und Punkte sind explizit gegeben, das heißt, das Verfahren unterstützt das Zeichnen von Linien und die Bilderzeugung.

- Lokale Modifikationen der Oberfläche sind leicht auszuführen.

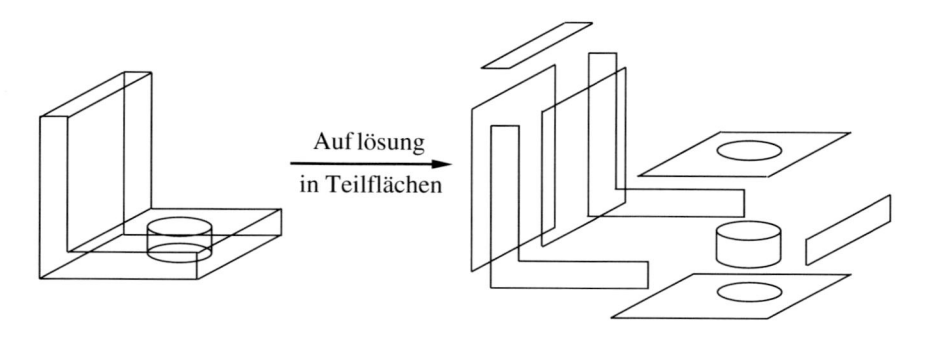

Abbildung 2.14 Beschreibung eines Körpers über seine (in Teilflächen zerlegte) Oberfläche

- Die Integration der Technik der *Freiformkurven* bzw. *Freiformflächen* (B-Splines und B-Spline-Flächen, Bézier-Kurven und -Flächen, NURBS; siehe Abschnitt 2.4 oder [Fari90, Fari94]) ist einfacher möglich als etwa im CSG-Modell [ReVo82].

- Die Darstellung ist eindeutig (d. h., S ist eine Abbildung), wenn die Teilflächendarstellung eindeutig ist, aber sie ist im Allgemeinen nicht eineindeutig.

- Zusammen mit den Freiformflächen erreicht man eine sehr große Mächtigkeit der Darstellung, ohne Freiformflächen ergibt sich eine ähnliche Mächtigkeit wie beim Drahtmodell.

Die Nachteile des Verfahrens sind:

- Umfangreiche und komplizierte Datenstrukturen sind notwendig.

- Nicht jede Sammlung von Flächen spannt auch einen Körper auf, es müssen gewisse Gültigkeitsbedingungen erfüllt sein.

- Bestimmte Klassen von Körpern sind unbequem darzustellen. Beispielsweise lassen sich hohle oder nicht zusammenhängende Objekte beschreiben, aber diese sind nicht leicht voneinander zu unterscheiden, da es nicht einfach zu bestimmen ist, ob es sich bei einem Rand um einen „inneren" Rand (hohler Körper) oder einen weiteren „äußeren" Rand (nicht zusammenhängender Körper) handelt (vgl. Abbildung 2.15) [BEH79, Mänt81].

Um für eine gegebene Oberflächendarstellung entscheiden zu können, ob durch sie ein starrer Körper im Sinne von Abschnitt 2.1 repräsentiert wird,

2.2 Darstellungsarten eines Körpers

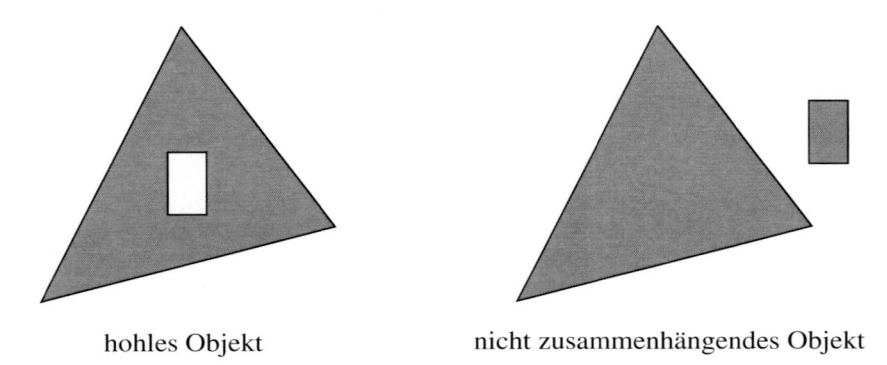

hohles Objekt   nicht zusammenhängendes Objekt

Abbildung 2.15 Zur Problematik der Unterscheidbarkeit von hohlen und nicht zusammenhängenden Körpern ohne geometrische Zusatzinformation

benötigen wir Gültigkeitsbedingungen. Dazu studieren wir drei mögliche Eigenschaften von Flächen bzw. Oberflächen[5]: die Geschlossenheit, die Orientierbarkeit sowie die Existenz von Punkten, in denen sich die Oberfläche selbst schneidet. Das führt zu den folgenden drei hinreichenden Gültigkeitsbedingungen:

I) Die Oberfläche eines Körpers muss *geschlossen* sein. Dies schließt Unterbrechungen in den Kanten oder echte Löcher in den Teilflächen aus, nicht jedoch Löcher durch den Körper wie beim Torus. Geschlossenheit ist im zweidimensionalen Fall der Randdarstellung mit Kanten und Punkten z. B. dann sichergestellt, wenn jede Kante genau zwei Randpunkte besitzt und zum Rand von genau zwei Flächen gehört. Geschlossenheit bewirkt weiter, dass der Rand jeder Fläche genauso viele Kanten wie Eckpunkte besitzt und dass zu jedem Punkt die gleiche Zahl von Flächen wie Kanten gehört.

II) Die Oberfläche eines Körpers muss *orientierbar* sein (eine orientierbare Fläche besitzt zwei wohlunterscheidbare Seiten). Das *Möbiusband* (vgl. Abbildung 2.16) ist beispielsweise nicht orientierbar.

Die Geschlossenheit ist keine hinreichende Bedingung für die Orientierbarkeit einer Fläche. Bestimmte Flächen wie zum Beispiel die *Kleinsche Flasche* (vgl. Abbildung 2.17) sind geschlossen, aber nicht orientierbar.

---

[5] Obwohl eine Fläche eigentlich erst durch die Eigenschaft, dass sie etwa einen starren Körper begrenzt, zur Oberfläche wird, bezeichnen wir in Anlehnung an den Begriff der Oberflächendarstellung jede in diesem Schema dargestellte Fläche als Oberfläche.

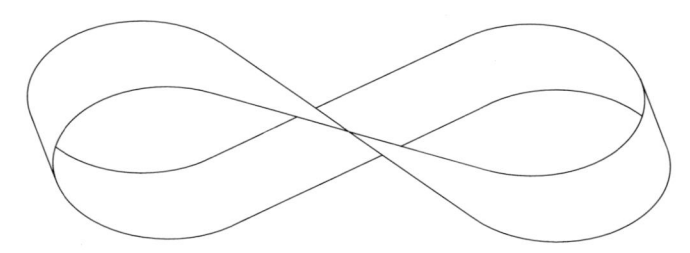

Abbildung 2.16 Möbiusband

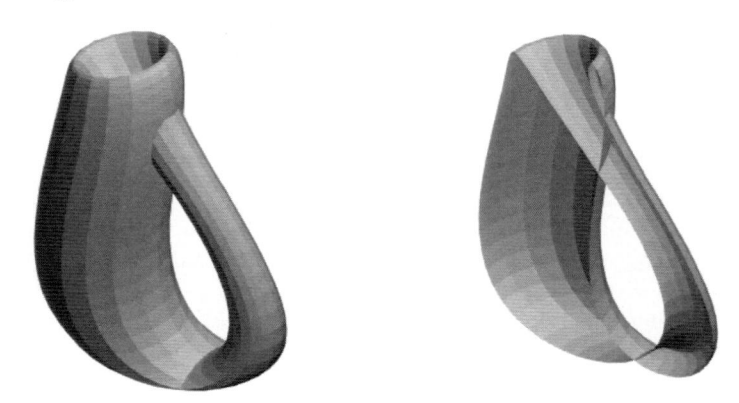

Abbildung 2.17 Die Kleinsche Flasche in der Ansicht von vorne (links) und im Querschnitt (rechts)

Die Frage der Orientierbarkeit einer geschlossenen Fläche ist mit Hilfe des im Folgenden beschriebenen Verfahrens von Möbius entscheidbar. Man betrachtet dazu die Orientierung der Kanten.

Test auf Orientierbarkeit:

Sei $\{e_1, \ldots, e_n\}$ die Menge aller Kanten der Oberfläche.

1. Orientiere für jedes Flächenstück die angrenzenden Kanten gegen den Uhrzeigersinn.
2. Für alle Kanten $e_i \in \{e_1, \ldots, e_n\}$ gilt: Sind die zu den beiden an e_i angrenzenden Flächenstücken gehörigen Kantenorientierungen entgegengesetzt (gegenläufig), so wird die Kante e_i aus der Menge $\{e_1, \ldots, e_n\}$ eliminiert (vgl. Abbildung 2.18).
3. Ist die Menge der Kanten am Schluss leer, dann ist die gegebene Fläche orientierbar, andernfalls nicht.

2.2 Darstellungsarten eines Körpers

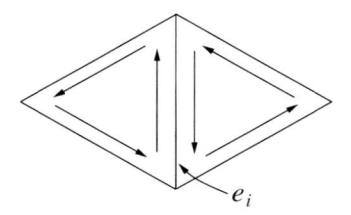

Abbildung 2.18 Kantenorientierung beim Möbius-Verfahren: Die mittlere Kante wird entfernt.

Geschlossenheit und Orientierbarkeit reichen aber immer noch nicht zur eindeutigen Bestimmung eines Körpers durch eine gegebene Oberfläche. Deshalb betrachten wir noch eine dritte Eigenschaft von Oberflächen:

III) Die Oberfläche eines Körpers darf sich nicht selbst schneiden. Ist die Oberfläche wieder mit Hilfe von Flächen, Kanten und Punkten beschrieben, so bedeutet das:

- Jede einzelne Teilfläche darf sich selbst nicht schneiden.

- Je zwei Teilflächen dürfen sich nicht in ihrem Inneren, sondern nur am Rand schneiden. Damit kann auch eine Kante eine Fläche nie im Inneren schneiden. Zudem kann ein Eckpunkt nie im Inneren einer Fläche liegen.

- Eine Kante darf sich selbst nicht schneiden. Damit kann ein (Eck-)Punkt nie im Inneren einer Kante liegen.

- Je zwei Kanten dürfen sich in ihrem Inneren nicht schneiden.

Mit dieser dritten Bedingung können wir nun ein hinreichendes Kriterium angeben: Eine Fläche, die geschlossen sowie orientierbar ist und sich selbst nicht schneidet, begrenzt einen starren Körper im Sinn von Abschnitt 2.1 und teilt so den Raum in zwei disjunkte Gebiete, wovon eines endlich ist (eben das Innere des Körpers). Man kann zeigen, dass dies auch schon für Flächen gilt, die die Bedingungen I) und III) erfüllen: Geschlossene und sich nicht selbst schneidende Flächen sind orientierbar.[6]

Besteht die Oberfläche aus zwei oder mehr nicht miteinander verbundenen Teilflächen, die jeweils geschlossen sind, so ist die Oberfläche nicht mehr zusammenhängend. Die Oberfläche eines hohlen Körpers besitzt beispielsweise

---

[6] Mit Hilfe des Klassifizierungssatzes der geschlossenen Flächen sowie mit der Tatsache, dass sich die projektive Ebene nicht in den $\mathbb{R}^3$ einbetten lässt, kann gezeigt werden, dass jede geschlossene Fläche, die sich in den $\mathbb{R}^3$ einbetten lässt, auch orientierbar ist.

diese Eigenschaft, denn sie besteht aus einer äußeren und aus einer inneren Teilfläche. Hier wird wieder die Problematik der Unterscheidbarkeit von hohlen und nicht zusammenhängenden Körpern in der Oberflächendarstellung ohne geometrische Zusatzinformation deutlich (vgl. Abbildung 2.15).

2.2.3 Hybridschemata

Je nach Anwendung haben die verschiedenen Darstellungsschemata unterschiedliche Vor- und Nachteile. Deswegen verwendet man in Modelliersystemen oft mehrere Schemata und transformiert die einzelnen Objekte bei Bedarf von einer Darstellungsart in eine andere. Vorstellbar wäre etwa das in Abbildung 2.19 angegebene Hybridschema.

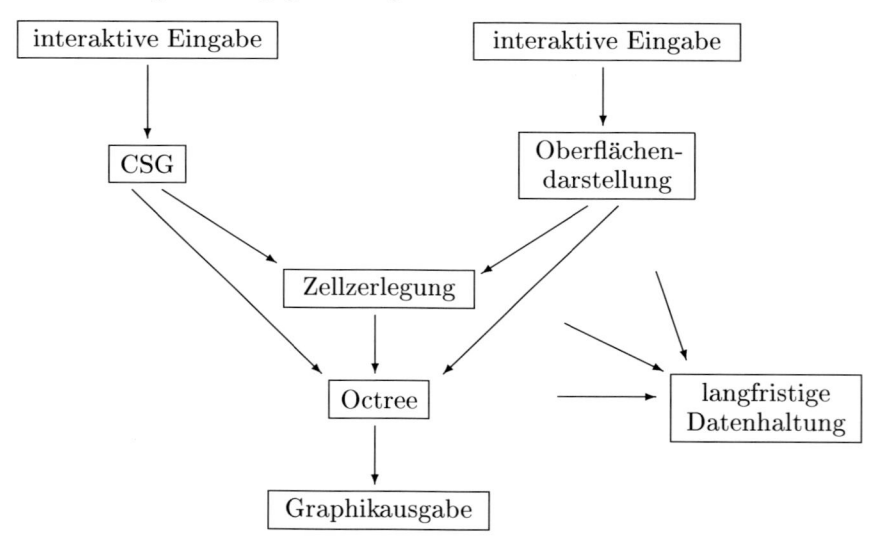

```
   interaktive Eingabe           interaktive Eingabe
          |                              |
          v                              v
        ┌─────┐                   ┌──────────────┐
        │ CSG │                   │ Oberflächen- │
        └─────┘                   │ darstellung  │
            \                     └──────────────┘
             \                         /
              v                       v
            ┌──────────────┐
            │ Zellzerlegung│
            └──────────────┘
                    |                    \
                    v                     v
               ┌────────┐          ┌──────────────┐
               │ Octree │─────────>│  langfristige│
               └────────┘          │ Datenhaltung │
                    |              └──────────────┘
                    v
            ┌──────────────┐
            │ Graphikausgabe│
            └──────────────┘
```

Abbildung 2.19 Beispiel für ein Hybridschema

Natürlich ergeben sich in einem Hybridschema aufgrund der verschiedenen Mächtigkeiten der Schemata sowohl Gültigkeits- als auch Konsistenzprobleme. Zudem ist nach einer Datenkonversion in ein weniger mächtiges Schema ein Informationsverlust erfolgt. Ferner ist der Wechsel von einer Darstellungsart in eine andere nicht für alle Schemata gleich gut und einfach möglich.

Wichtig ist also, sowohl für die langfristige Datenhaltung als auch für den

Austausch von Geometriedaten zwischen verschiedenen Modelliersystemen[7] ein möglichst neutrales Datenaustauschformat zu finden (Forderung nach Standards). Gerade dies macht in der Praxis jedoch die meisten Probleme.

2.3 Die topologische Struktur eines Körpers in der Oberflächendarstellung

Die Oberflächendarstellung eines Körpers trägt *topologische Information*[8] (Nachbarschaftsbeziehungen zwischen Punkten, Kanten und Flächen) und *geometrische Information* (Form der Flächenstücke, Lage der Punkte, gerade oder krummlinige Verbindung benachbarter Punkte) [Baum74, BEH79]. Die Topologie ist dabei grundlegender als die Geometrie, da zwei Körper mit derselben topologischen Information, d. h. demselben Beziehungsgeflecht aus Punkten, Kanten und Flächen, unterschiedliche geometrische Information tragen, also von unterschiedlicher Gestalt sein können (siehe Abbildung 2.20).

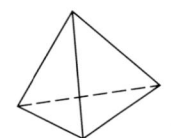

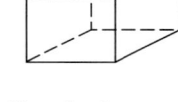

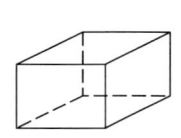

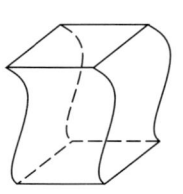

verschiedene Topologie
verschiedene Geometrie

gleiche Topologie
verschiedene Geometrie

Abbildung 2.20 Topologie und Geometrie von Körpern

Für die Beschreibung der topologischen Struktur von Körpern beschränken wir uns auf Polyeder. Geometrisch kompliziertere Gebilde derselben Topologie können dann durch entsprechende geometrische Attributierung (siehe Abschnitt 2.4) realisiert werden.

---

[7] Ein Beispiel für ein Modelliersystem ist etwa das insbesondere im Automobilbau verwendete CAD-System CATIA (Computer Aided Three-Dimensional Interactive Applications, Dassault Systems, 1982).

[8] Der hier verwendete (kombinatorische) Topologiebegriff ist nicht zu verwechseln mit dem klassischen aus Abschnitt 2.1. Die Topologie beschreibt jetzt das Beziehungsgeflecht aus Punkten, Kanten und Flächen – im Gegensatz zur Geometrie, die deren Lage bzw. Verlauf oder Gestalt im Raum angibt. Damit sind etwa Tetraeder und Würfel nicht topologisch äquivalent – im klassischen Sinne (Existenz eines Homöomorphismus) wären sie es.

2.3.1 Der *vef*-Graph

Die Beschreibung der topologischen Struktur erfolgt nun mit Hilfe des sogenannten *vef*-Graphen $G = (V, E, F; R)$. Hier bezeichnet $V := \{v_1, \ldots, v_{n_V}\}$ die Menge der *(Eck-)Punkte* oder *Knoten* (*Vertices*), $E := \{e_1, \ldots, e_{n_E}\}$ die Menge der *Kanten* (*Edges*) und $F := \{f_1, \ldots, f_{n_F}\}$ die Menge der *Flächenstücke* (*Faces*). Knoten in G sind die Elemente aus V, E oder F. Die Kanten im Graphen werden durch eine geeignete Adjazenzrelation R festgelegt. Einige mögliche Relationen sind dabei

$vv \subseteq V \times V$: Punkte sind benachbart (haben gemeinsame Kante);
$ve \subseteq V \times E$: Punkt begrenzt Kante;
$vf \subseteq V \times F$: Punkt ist Eckpunkt von Fläche;

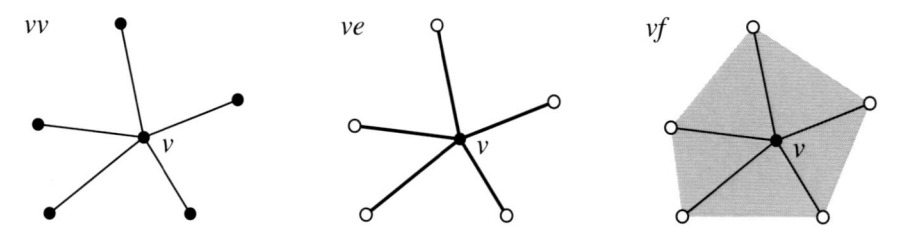

Abbildung 2.21 Zu den Relationen vv, ve und vf

$ev \subseteq E \times V$: Kante hat Punkt als Eckpunkt;
$ee \subseteq E \times E$: Kanten sind benachbart (haben gemeinsamen Eckpunkt);
$ee' \subseteq E \times E$: Kanten sind benachbart und begrenzen dieselbe Fläche (ee' ist ein Spezialfall (eine Teilmenge) der Relation ee und wird aus praktischen Gründen in der Regel anstelle von ee verwendet);
$ef \subseteq E \times F$: Kante begrenzt Fläche;

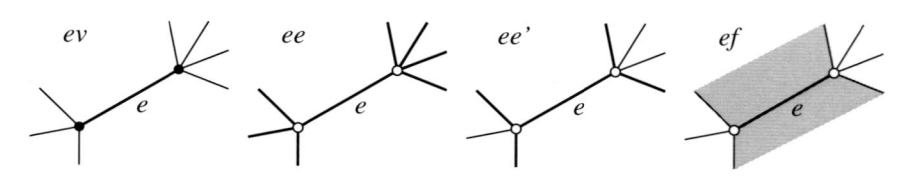

Abbildung 2.22 Zu den Relationen ev, ee, ee' und ef

2.3 Die topologische Struktur in der Oberflächendarstellung

$fv \subseteq F \times V$: Fläche stößt an Punkt;
$fe \subseteq F \times E$: Fläche stößt an Kante;
$ff \subseteq F \times F$: Flächen sind benachbart (haben gemeinsame Kante).

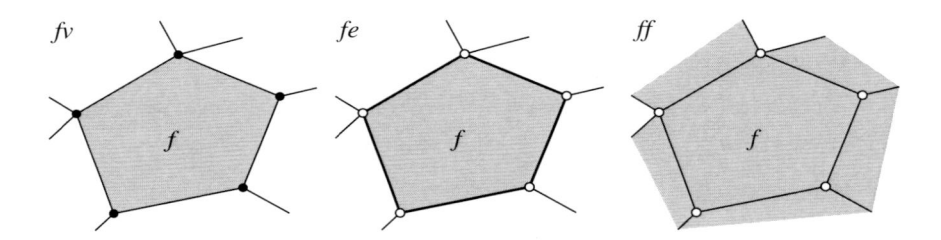

Abbildung 2.23 Zu den Relationen fv, fe und ff

Im Folgenden schreiben wir kurz $v_i v_j$ für $(v_i, v_j) \in vv$ usw.

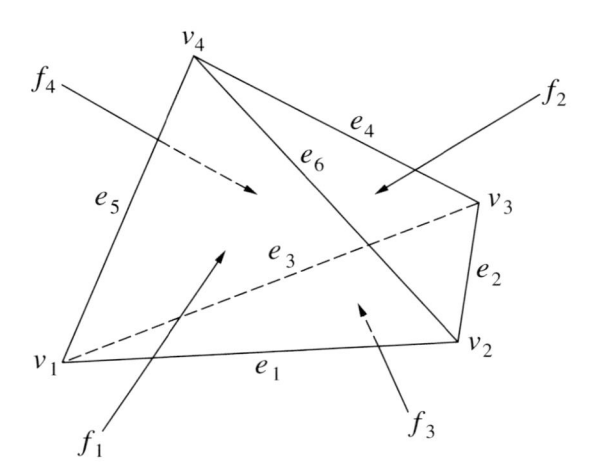

Abbildung 2.24 Topologie des Tetraeders

Als erstes konkretes Beispiel betrachten wir die Tetraedertopologie (siehe Abbildung 2.24). Hier gilt $n_V = 4, n_E = 6$ und $n_F = 4$. Die jeweiligen *vef*-Graphen für die beiden Relationen vv und ef sind in Abbildung 2.25 bzw. Abbildung 2.26 dargestellt. Außerdem gilt hier beispielsweise für ff:

$$f_i f_j \iff i \neq j. \tag{2.6}$$

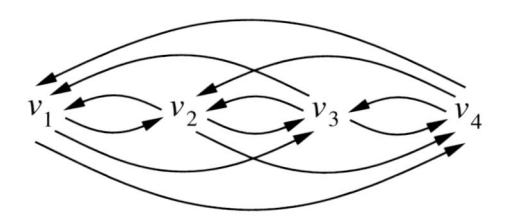

Abbildung 2.25 *vef*-Graph für die *vv*-Relation

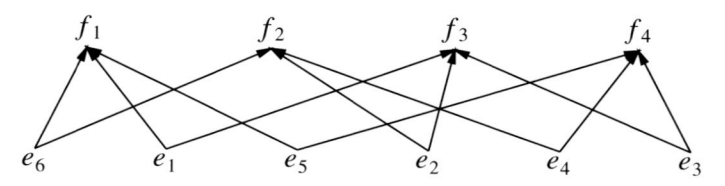

Abbildung 2.26 *vef*-Graph für die *ef*-Relation

Für *ee* ergibt sich:

$$e_4e_i, e_1e_i \quad \text{für} \quad i \notin \{1,4\},$$
$$e_5e_i, e_2e_i \quad \text{für} \quad i \notin \{2,5\}, \tag{2.7}$$
$$e_6e_i, e_3e_i \quad \text{für} \quad i \notin \{3,6\}.$$

Der Speicheraufwand für die einzelnen Relationen, d. h. die Anzahl der zu speichernden Paare, ist von großer Bedeutung und soll daher näher betrachtet werden. Dies erscheint auf den ersten Blick als kompliziert. So ist etwa bei der Relation *ff* die Anzahl der zu einer Fläche benachbarten Flächen von der Flächenform (Dreiecke, Vierecke) abhängig, was die Angabe der Mächtigkeit in *ff* in Abhängigkeit von n_F erschwert. Die Mächtigkeit von *vv* in Abhängigkeit von n_V anzugeben bereitet ebenfalls Schwierigkeiten, da hier die Zahl der Nachbarknoten eines Knotens von der Zahl der angrenzenden Flächen abhängt (siehe Abbildung 2.27). Einfacher gestaltet sich dagegen die Angabe der Speicherkomplexitäten in Abhängigkeit von der Anzahl n_E der Kanten. Die folgende Tabelle zeigt die Speicherkomplexitäten der verschiedenen Relationen als Funktion von n_E.

Relation	*vv*	*ve*	*vf*	*ev*	*ee'*	*ef*	*fv*	*fe*	*ff*
Komplexität	$2n_E$	$2n_E$	$2n_E$	$2n_E$	$4n_E$	$2n_E$	$2n_E$	$2n_E$	$2n_E$

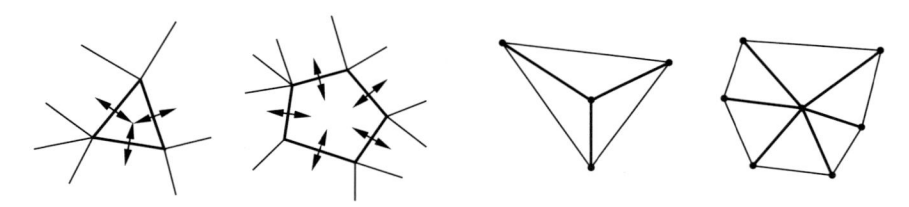

2.3 Die topologische Struktur in der Oberflächendarstellung 77

Abbildung 2.27 Speicherkomplexität der Relationen ff und vv. Die Angabe bezüglich n_F bzw. n_V ist nicht allgemein möglich, da die Anzahl der an eine Fläche angrenzenden Flächen (links) und die Anzahl der zu einem Punkt benachbarten Punkte (rechts) vom konkreten Beispiel abhängen.

Zum Nachweis der einzelnen oben angegebenen Komplexitäten betrachten wir kurz die verschiedenen Relationen und untersuchen jeweils die Anzahl von auftretenden Paaren pro Kante in jeder Relation:

- vv: Jede Kante e führt zu genau zwei Paaren $v_i v_j, v_j v_i$.
- ve: Jede Kante e wird von genau zwei Eckpunkten v_i, v_j begrenzt.
- ev: Jede Kante e hat genau zwei Eckpunkte v_i, v_j.

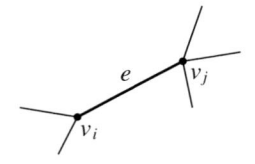

Abbildung 2.28 Zur Speicherkomplexität der Relationen vv, ve und ev

- ef: Jede Kante e begrenzt genau zwei Flächen f_i, f_j.
- fe: Jede Kante e dient genau zwei Flächen f_i, f_j als Begrenzung.
- ff: Jede Kante e führt zu genau zwei Paaren $f_i f_j, f_j f_i$.

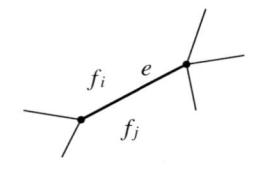

Abbildung 2.29 Zur Speicherkomplexität der Relationen ef, fe und ff

- vf: Es gilt

$$v_i f_l \iff \exists_2\, e_1, e_2 : v_i e_1 \land v_i e_2 \land e_1 f_l \land e_2 f_l. \qquad (2.8)$$

Da jede Kante e von zwei Punkten v_i, v_j begrenzt wird und selbst zwei Flächen f_k, f_l begrenzt, führt jedes $e \in E$ somit zu vier Paaren $v_i f_k$, $v_j f_k$, $v_i f_l$ und $v_j f_l$ (siehe Abbildung 2.30). Wegen (2.8) kommt dabei jedes Paar genau zweimal vor.

- fv: Analoge Argumentation wie bei vf führt zur Komplexität $2\,n_E$.

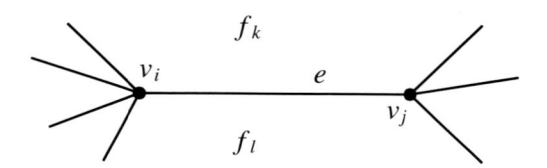

Abbildung 2.30 Zur Speicherkomplexität der Relationen vf und fv

- ee': Jede Kante begrenzt zwei Flächen f_1, f_2; bezüglich jeder Fläche hat e zwei Nachbarkanten e_{1a} und e_{1b} bzw. e_{2a} und e_{2b} (vgl. Abbildung 2.31).

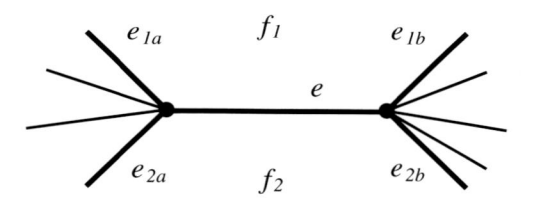

Abbildung 2.31 Zur Speicherkomplexität der Relation ee'

Es ist natürlich unnötig, alle zuvor angeführten Relationen explizit zu speichern, da sich dabei hochgradige Redundanz ergeben würde [Mänt81]. Bestimmte Relationen lassen sich nämlich durch andere ausdrücken:

$$\begin{aligned}
vf &\equiv ve \times ef, \\
fv &\equiv fe \times ev, \\
vv &\equiv ve \times ev \setminus \{v_i v_i, i = 1, \ldots, n_V\}, \\
ff &\equiv fe \times ef \setminus \{f_i f_i, i = 1, \ldots, n_F\}, \\
ee' &\equiv ev \times ve \cap ef \times fe \setminus \{e_i e_i, i = 1, \ldots, n_E\}.
\end{aligned}$$

2.3 Die topologische Struktur in der Oberflächendarstellung 79

Dabei bezeichnet $ve \times ef$ die Menge aller Paare $v_i f_j$, zu denen es eine Kante $e \in E$ gibt mit $v_i e$ und ef_j, also $(v_i, e) \in ve$ und $(e, f_j) \in ef$ [9].

Die über e verknüpften zusammengesetzten Relationen vf, fv, vv, ff und ee' lassen sich also aus ve, ev, fe und ef berechnen. Für Verknüpfungen über v oder f gilt dies im Allgemeinen jedoch nicht. Beispielsweise setzt $fv \times ve$ im Gegensatz zu fe auch Flächen mit Kanten in Beziehung, die erstere nicht begrenzen (siehe Abbildung 2.32).

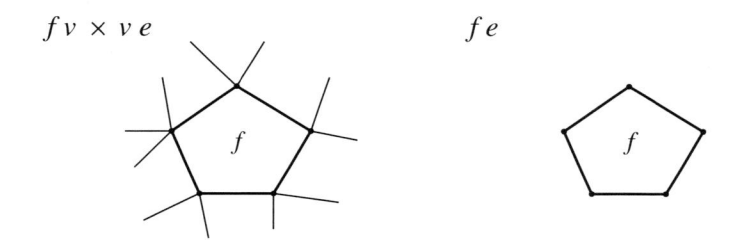

Abbildung 2.32 Unterschiedliche Mächtigkeit der Relationen $fv \times ve$ (links) und fe (rechts): Alle eingezeichneten Kanten stehen jeweils mit der Fläche f in Beziehung.

Die zentrale Frage auf der Suche nach einer effizienten Datenstruktur und einer damit verbundenen Speicherplatzreduzierung ist die folgende: Welche Relationen sind zu speichern, und welche Relationen können dann aus den gespeicherten schnell und günstig errechnet werden[10]. Hier stellt sich das Problem des Tradeoff zwischen Speicherplatz und Rechenzeit. Erste Hinweise hierzu geben uns die bisherigen Betrachtungen. Von entscheidender Bedeutung sind dabei die Kanten. Wir betrachten vier mögliche Vorgehensweisen:

Variante 1:

Gespeichert werden hier nur die Relationen ev und ef, was zu einer Speicherkomplexität von $4 n_E$ führt. Offensichtlich ist dies der minimale Speicherplatzbedarf, um noch alle anderen Relationen berechnen zu können. In diesem Sinne ist das Verfahren optimal. Allerdings ist der Zeitaufwand, um nicht gespeicherte Relationen zu berechnen, sehr hoch. Um beispielsweise

---

[9] Es handelt sich bei der Operation $ve \times ef$ also gerade um die von den relationalen Datenbanken her bekannte Join-Operation.

[10] Auf das Problem der geeigneten Speicherung von Graphen bzw. Relationen wollen wir an dieser Stelle nicht eingehen. Hier gibt es mehrere Möglichkeiten, etwa über Zeiger und Geflechte oder über relationale Datenbanken.

zu einem gegebenen Knoten v_i alle angrenzenden Flächen zu ermitteln, sind $O(n_E)$ Zugriffe auf die Datenstruktur erforderlich. Insbesondere für Polyeder mit großer Kantenzahl n_E wird die Berechnung von Relationen damit sehr zeitintensiv.

Im Hinblick auf die Implementierung erweist sich Variante 1 dagegen als sehr bequem: Operationen wie das Hinzufügen und das Löschen von Elementen sind einfach zu realisieren, und es genügen statische Datenstrukturen, da für jede Kante e in ev zwei Knoten und in ef zwei Flächen einzutragen sind.

Variante 2:

Um die Zeitkomplexität günstiger zu gestalten, speichert man jetzt neben ev und ef auch noch die Relationen ve und fe ab. Die Speicherkomplexität wächst dadurch von $4\,n_E$ auf $8\,n_E$ an, was im Vergleich zur Speicherung aller eingeführten Relationen ($20\,n_E$) immer noch günstig ist. Wie man sich leicht überlegen kann, hängt die etwa für die Ermittlung aller an einen Knoten v_i angrenzenden Flächen erforderliche Anzahl von Zugriffen auf die Datenstruktur nun nicht mehr von n_E ab, sondern ist nur noch (linear) abhängig von lokalen Größen, z. B. der Anzahl der von einem Eckpunkt v ausgehenden Kanten. Da diese Zahl sowie die Anzahl der Kanten pro Fläche im Allgemeinen nicht konstant sind, ist nun eine dynamische Datenstruktur erforderlich, was im Hinblick auf die Implementierung von Nachteil ist.

Bei den bisher vorgestellten zwei Varianten verlaufen im vef-Graphen Kanten (Pfeile) nur zwischen Elementen von E und V, E und F oder V und F (nach Berechnung) und umgekehrt. Pfeile zwischen Elementen von V, Elementen von E oder Elementen von F gibt es aber nicht. Solche Graphen nennt man auch *tripartite Graphen*.

Variante 3: *Winged-Edge*-Datenstruktur [Baum72, Baum75]

Hier werden die Relationen ev, ef sowie ee' gespeichert. Zusätzlich sind eine Knotenliste (für jeden Knoten ein Verweis auf eine von ihm begrenzte Kante) und eine Flächenliste (für jede Fläche ein Verweis auf eine sie begrenzende Kante) erforderlich. Somit beträgt die Speicherkomplexität $8\,n_E + n_V + n_F$. Der Zeitaufwand zur Berechnung nicht gespeicherter Relationen, also z. B. die erforderliche Anzahl von Zugriffen auf die Datenstruktur, um zu einem gegebenen Knoten v_i alle angrenzenden Flächen zu ermitteln, hängt wie bei Variante 2 nicht von n_E, sondern nur von lokalen Größen ab. Wie bei Variante 1 kommt man jetzt wieder mit statischen Datenstrukturen aus, weshalb diese Variante für die Implementierung gut geeignet ist.

2.3 Die topologische Struktur in der Oberflächendarstellung 81

Zur Veranschaulichung wenden wir uns nochmals dem Beispiel der Tetraedertopologie aus Abbildung 2.24 zu. In Abbildung 2.33 sind die entsprechenden Relationen und ihre Listen dargestellt.

ev:

e_1	v_1	v_2
e_2	v_2	v_3
e_3	v_1	v_3
e_4	v_3	v_4
e_5	v_1	v_4
e_6	v_2	v_4

ef:

e_1	f_1	f_3
e_2	f_2	f_3
e_3	f_3	f_4
e_4	f_2	f_4
e_5	f_1	f_4
e_6	f_1	f_2

ee':

e_1	e_2	e_3	e_5	e_6
e_2	e_1	e_3	e_4	e_6
e_3	e_1	e_2	e_4	e_5
e_4	e_2	e_3	e_5	e_6
e_5	e_1	e_3	e_4	e_6
e_6	e_1	e_2	e_4	e_5

v-Liste:

v_1	e_1
v_2	e_2
v_3	e_3
v_4	e_4

f-Liste:

f_1	e_5
f_2	e_2
f_3	e_2
f_4	e_4

Abbildung 2.33 Relationen und Listen der Winged-Edge-Datenstruktur für den Tetraeder

Variante 4: *Half-Winged-Edge*-Datenstruktur [Star89]

Neben ev und ef speichert man nun anstelle von ee' die neue Relation ee'' ab. Von den vier Kanten e_1, e_2, e_3 und e_4, die zu jeder Kante e in ee' abgespeichert sind, begrenzen jeweils zwei dieselbe Fläche wie e. Aus jedem dieser beiden Kantenpaare wird jeweils diejenige Kante ausgewählt und abgespeichert, die bezüglich der entsprechenden Fläche auf e im Uhrzeigersinn folgt. Im Beispiel von Abbildung 2.34 werden zu e also e_2 und e_3 gespeichert.

Die Knoten- und Flächenlisten werden unverändert von der Winged-Edge-Datenstruktur übernommen. Somit ergibt sich als Speicherkomplexität $6 n_E + n_V + n_F$. Der Zeitaufwand zur Berechnung nicht gespeicherter Relationen, also z. B. die erforderliche Anzahl von Zugriffen auf die Datenstruktur, um zu einem gegebenen Knoten v_i alle angrenzenden Flächen zu ermitteln, hängt nach wie vor nicht von n_E ab, ist allerdings etwas größer als bei der Winged-Edge-Datenstruktur. Auch hier kann ausschließlich mit statischen Datenstrukturen gearbeitet werden.

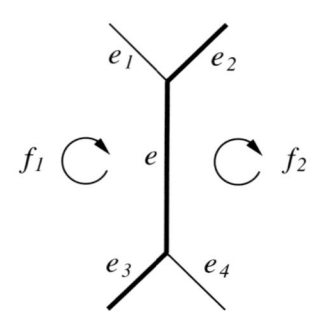

Abbildung 2.34 Die Relation ee'' bei der Half-Winged-Edge-Datenstruktur. Zur Kante e werden die Kanten e_2 und e_3 abgespeichert.

2.3.2 Euler-Operatoren

Bisher haben wir uns mit der Darstellung der topologischen Struktur eines Körpers beschäftigt und zu diesem Zweck die *vef*-Graphen eingeführt und im Hinblick auf ihre effiziente Realisierung untersucht. Es ist aber klar, dass nicht jeder beliebige *vef*-Graph auch wirklich die topologische Struktur eines Körpers beschreibt. Damit drängt sich die Frage auf, welche Kriterien ein *vef*-Graph zu erfüllen hat, um einem starren Körper zu entsprechen. Darüber hinaus sind Regeln für die Konstruktion der Graphen gesucht, um sicherzustellen, dass die entsprechenden Kriterien nicht verletzt werden.

Für den Fall konvexer Polyeder bildet die *Formel von Euler* (1752) ein notwendiges Kriterium. Jeder *vef*-Graph eines konvexen Polyeders erfüllt die Gleichung

$$n_V - n_E + n_F = 2. \tag{2.9}$$

Für Körper mit Löchern oder Hohlräumen wurde die Euler-Formel von H. Poincaré 1893 wie folgt verallgemeinert:

$$n_V - n_E + n_F = 2 \cdot (n_S - n_H) + n_R. \tag{2.10}$$

Dabei bezeichnen n_S die Anzahl der Zusammenhangskomponenten der Oberfläche, n_H die Anzahl der Löcher durch den Körper (wie beim Torus) und n_R die Anzahl der Löcher in den einzelnen Flächen. Zur Veranschaulichung der Größen n_H und n_R wollen wir einige Beispiele betrachten.

Abbildung 2.35 zeigt einen Torus und eine mögliche Beschreibung seiner topologischen Struktur. Hier gilt $n_V = 4$, $n_E = 8$, $n_F = 4$, $n_S = 1$, $n_H = 1$ und $n_R = 0$, also $4 - 8 + 4 = 2 \cdot (1 - 1) + 0$. Eine weitere mögliche Beschreibung

2.3 Die topologische Struktur in der Oberflächendarstellung

der Torustopologie ist in Abbildung 2.36 (links) dargestellt. Im Gegensatz zu Abbildung 2.35 treten jetzt auch Löcher in Flächen auf: Die Flächenstücke, die den Torus oben und unten begrenzen, sind Ringflächen. Es gilt $n_V = 8$, $n_E = 12$, $n_F = 6$, $n_S = 1$, $n_H = 1$ und $n_R = 2$. Wie man sieht, kann die topologische Struktur eines Körpers auf verschiedene Weise beschrieben werden.

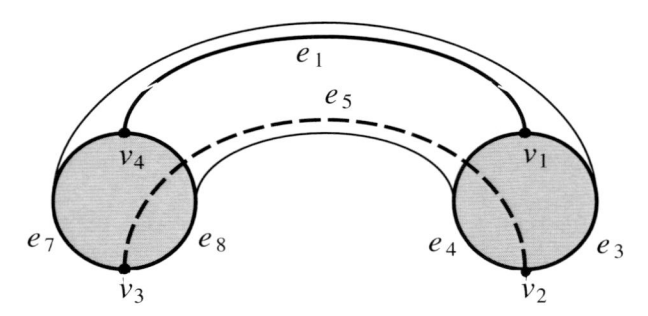

Abbildung 2.35 Zur Beschreibung der topologischen Struktur eines Torus (im Querschnitt betrachtet)

Dass Löcher in Flächen nicht an Löcher durch den Körper gebunden sind, zeigt Abbildung 2.36 (rechts). Hier ist das zugrunde liegende Objekt ein massiver Zylinder, auf dessen Ober- und Unterseite aber ebenfalls Ringflächen auftreten. Es gilt $n_V = 8$, $n_E = 10$, $n_F = 6$, $n_S = 1$, $n_H = 0$ und $n_R = 2$.

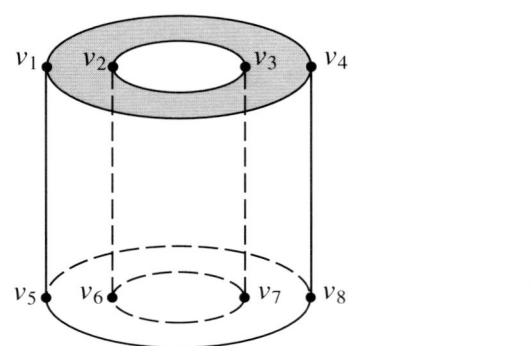

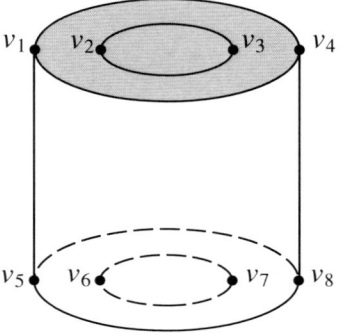

Abbildung 2.36 Zur Beschreibung der topologischen Struktur eines Torus und eines Zylinders

Auch hier wird wieder klar, dass die topologische Information zur vollständigen Beschreibung von Körpern nicht ausreicht. Bei zwei nicht zusammenhängenden Oberflächen ist nicht unterscheidbar, ob sie zusammen zum Beispiel eine Hohlkugel oder zwei getrennte Kugeln darstellen (siehe Abbildung 2.37). Dies lässt sich nur mit zusätzlicher geometrischer Information klären.

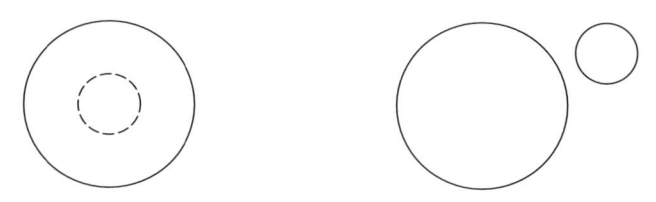

Abbildung 2.37 Hohlkugel oder zwei getrennte Kugeln?

Wir wollen jetzt *Aufbauoperatoren* für die *vef*-Graphen angeben, die sicherstellen, dass das Ergebnis der Aufbauoperationen stets die Euler-(Poincaré)-Formel erfüllt. Dazu betrachten wir den sechsdimensionalen Gitterraum mit den Elementen $(n_V, n_E, n_F, n_S, n_H, n_R) \in \mathbb{N}^6$. Die Euler-(Poincaré)-Formel ist dann die Gleichung einer fünfdimensionalen Hyperebene in diesem Raum:

$$n_V - n_E + n_F - 2 \cdot (n_S - n_H) - n_R = 0. \tag{2.11}$$

Diese Hyperebene wird auch *Euler-Ebene* genannt. Alle gültigen Darstellungen von Körpern entsprechen notwendigerweise Punkten in der Euler-Ebene (umgekehrt gilt dies nicht!). Die in der Euler-Ebene liegenden Vektoren heißen *Euler-Operatoren* (siehe z. B. [Baum74, BHS78, Mänt88]). Gesucht ist jetzt eine Basis der Euler-Ebene (d. h. fünf linear unabhängige Euler-Operatoren, die die Euler-Ebene aufspannen), die leicht implementierbar ist und eine (eindeutige) semantische Bedeutung hat. Der Benutzer arbeitet dann nur noch mit dieser Basis aus Euler-Operatoren. Durch diese Verschattung wird ihm der direkte Zugriff auf den *vef*-Graphen mit den nur schwer vorstell- und kontrollierbaren Auswirkungen auf die Topologie des Körpers verwehrt (siehe Abbildung 2.38).

Im Folgenden geben wir eine Beispiel-Basis von fünf linear unabhängigen Euler-Operatoren an. Zur Verdeutlichung wird die Wirkung des jeweiligen Operators anhand eines Gummiballmodells veranschaulicht. Um den rein topologischen Charakter der Euler-Operatoren herauszustellen, stellen wir uns dabei vor, dass Punkte, Kanten und Flächen auf einem verformbaren

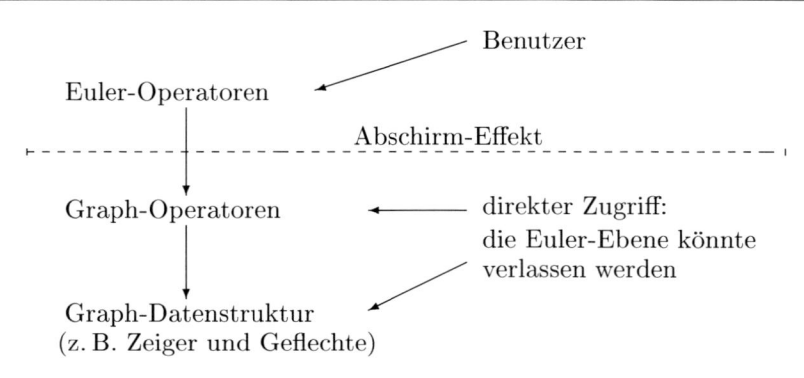

2.3 Die topologische Struktur in der Oberflächendarstellung 85

```
                          ┌─── Benutzer
   Euler-Operatoren ◄─────┤
   ─────────┬──────────── Abschirm-Effekt ─────────────
            ▼
   Graph-Operatoren ◄───── direkter Zugriff:
            │              die Euler-Ebene könnte
            ▼         ┌──  verlassen werden
   Graph-Datenstruktur ◄
   (z. B. Zeiger und Geflechte)
```

Abbildung 2.38 Abschirmung des *vef*-Graphen durch die Euler-Operatoren

Gummiball aufgetragen sind. Der Gummiball selbst wird in den nachfolgenden Abbildungen als gestrichelter Kreis dargestellt.

1. *mvsf* (f, v): make vertex shell face (siehe Abbildung 2.39).

   Dieser Operator bildet einen Anfangskörper, der aus einer Schale (Zusammenhangskomponente), einer Fläche f und einem Punkt v besteht:

   $$\longmapsto (1, 0, 1, 1, 0, 0). \tag{2.12}$$

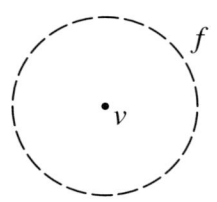

Abbildung 2.39 Der Operator *mvsf* im Gummiballmodell

2. a) *mev* (v_1, v_2, e): make edge and vertex (siehe Abbildung 2.40).

   Dieser Operator fügt eine neue Kante e ein, die einen schon existierenden Punkt v_1 mit einem neuen Punkt v_2 verbindet:

   $$(V, E, F, S, H, R) \longmapsto (V + 1, E + 1, F, S, H, R). \tag{2.13}$$

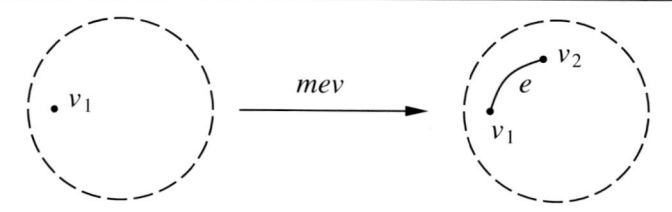

Abbildung 2.40 Der Operator *mev* im Gummiballmodell

b) *semv* $(v_1, v_2, v_3, e_1, e_2)$: split edge make vertex (siehe Abbildung 2.41).

Dieser Operator teilt eine existierende Kante e_1 zwischen den Punkten v_1 und v_2 durch einen neuen Punkt v_3 und erzeugt so die neue Kante e_2 von v_2 nach v_3:

$$(V, E, F, S, H, R) \longmapsto (V + 1, E + 1, F, S, H, R). \qquad (2.14)$$

Man beachte, dass (2.14) dieselbe Transformation wie (2.13) beschreibt. Jedoch liegt den beiden Euler-Operatoren *mev* und *semv* eine unterschiedliche Semantik zugrunde.

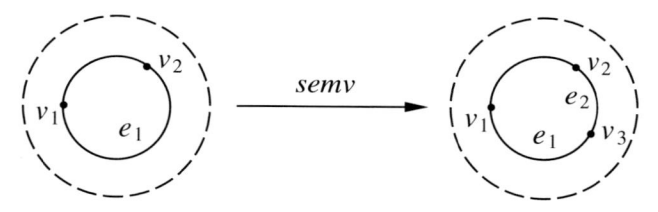

Abbildung 2.41 Der Operator *semv* im Gummiballmodell

3. *mef* (v_1, v_2, f_1, f_2, e): make edge and face (siehe Abbildung 2.42).

   Dieser Operator teilt eine existierende Fläche f_1 durch eine neue Kante e zwischen zwei existierenden Punkten v_1 und v_2 und erzeugt so eine neue Fläche f_2. Die beiden Punkte können dabei auch identisch sein:

$$(V, E, F, S, H, R) \longmapsto (V, E + 1, F + 1, S, H, R). \qquad (2.15)$$

4. *kemr* (e): kill edge make ring (siehe Abbildung 2.43).

   Dieser Operator teilt den Rand einer Fläche durch das Entfernen einer Kante e in zwei Komponenten. *kemr* ist nur in Situationen wie in Abbildung 2.43 anwendbar:

$$(V, E, F, S, H, R) \longmapsto (V, E - 1, F, S, H, R + 1). \qquad (2.16)$$

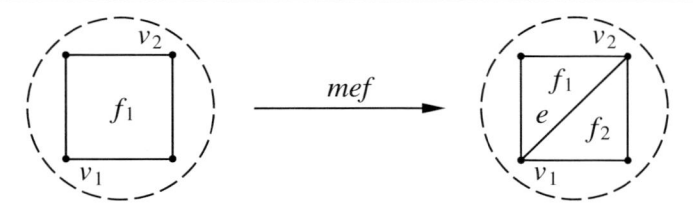

2.3 Die topologische Struktur in der Oberflächendarstellung

Abbildung 2.42 Der Operator *mef* im Gummiballmodell

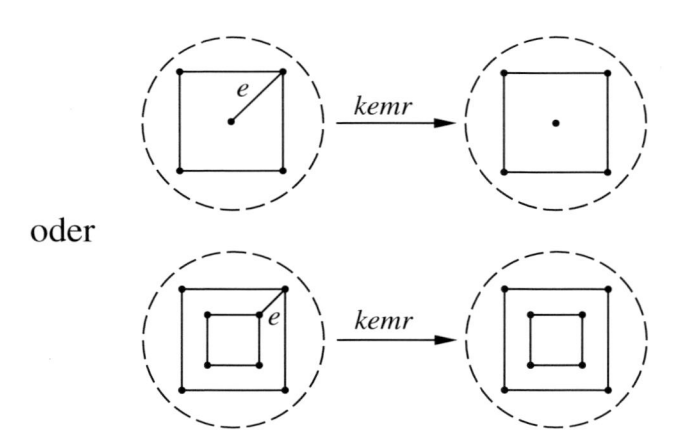

oder

Abbildung 2.43 Der Operator *kemr* im Gummiballmodell

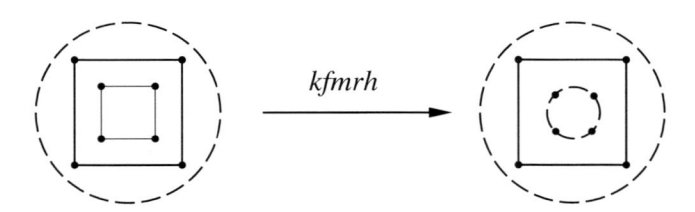

Abbildung 2.44 Der Operator *kfmrh* im Gummiballmodell

5. $kfmrh\,(f_1, f_2)$: kill face make ring and hole (siehe Abbildung 2.44).

    Dieser Operator verbindet zwei Flächen so, dass der Rand der Fläche f_1 eine weitere Komponente (Ring) im Rand der anderen Fläche f_2 wird. Es kommt so zur Bildung eines Toruslochs:

$$(V, E, F, S, H, R) \longmapsto (V, E, F-1, S, H+1, R+1). \qquad (2.17)$$

Dieser Operator ist leider nicht leicht anhand des Gummiballmodells darstellbar. Am besten stellt man sich in Abbildung 2.44 vor, dass das zunächst auf der Gummiballrückseite angebrachte, dünn gezeichnete Viereck durch das Innere nach vorne gezogen und so zu einem Torusloch wird.

Weitere Euler-Operatoren sind etwa kev (kill edge and vertex), $mekr$ (make edge kill ring), $mfkrh$ (make face kill ring and hole), kef (kill edge and face) oder $kvsf$ (kill vertex shell face; Schlussoperator, vernichtet den Anfangskörper).

Als Beispiel soll hier die Konstruktion einer Pyramide dienen (siehe die Abbildungen 2.45 und 2.46).

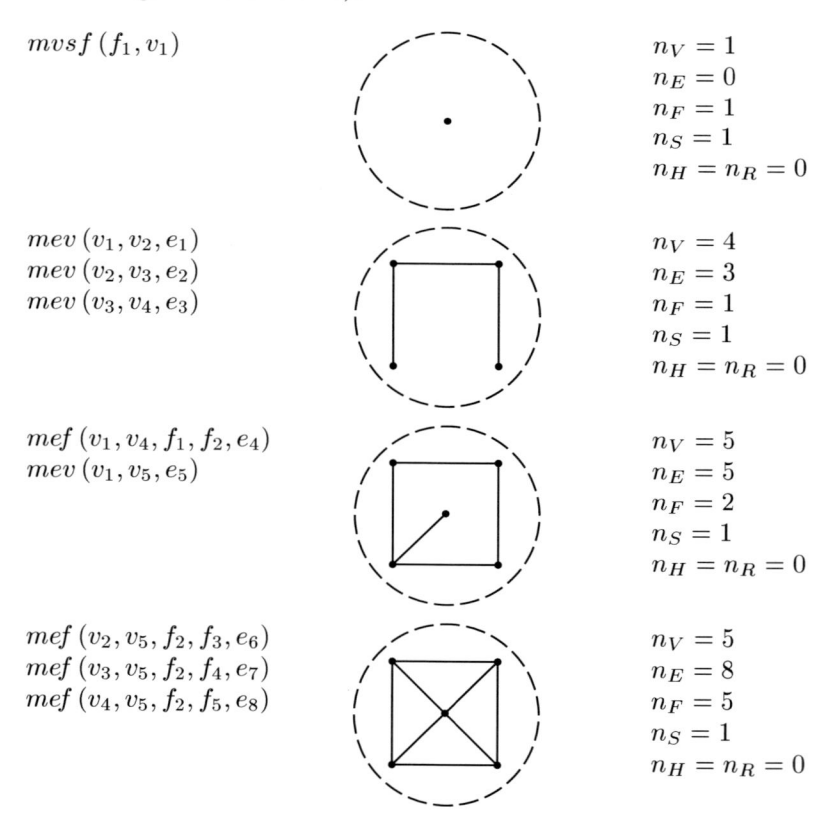

$mvsf\,(f_1, v_1)$

$n_V = 1$
$n_E = 0$
$n_F = 1$
$n_S = 1$
$n_H = n_R = 0$

$mev\,(v_1, v_2, e_1)$
$mev\,(v_2, v_3, e_2)$
$mev\,(v_3, v_4, e_3)$

$n_V = 4$
$n_E = 3$
$n_F = 1$
$n_S = 1$
$n_H = n_R = 0$

$mef\,(v_1, v_4, f_1, f_2, e_4)$
$mev\,(v_1, v_5, e_5)$

$n_V = 5$
$n_E = 5$
$n_F = 2$
$n_S = 1$
$n_H = n_R = 0$

$mef\,(v_2, v_5, f_2, f_3, e_6)$
$mef\,(v_3, v_5, f_2, f_4, e_7)$
$mef\,(v_4, v_5, f_2, f_5, e_8)$

$n_V = 5$
$n_E = 8$
$n_F = 5$
$n_S = 1$
$n_H = n_R = 0$

Abbildung 2.45 Konstruktion einer Pyramide mittels Euler-Operatoren

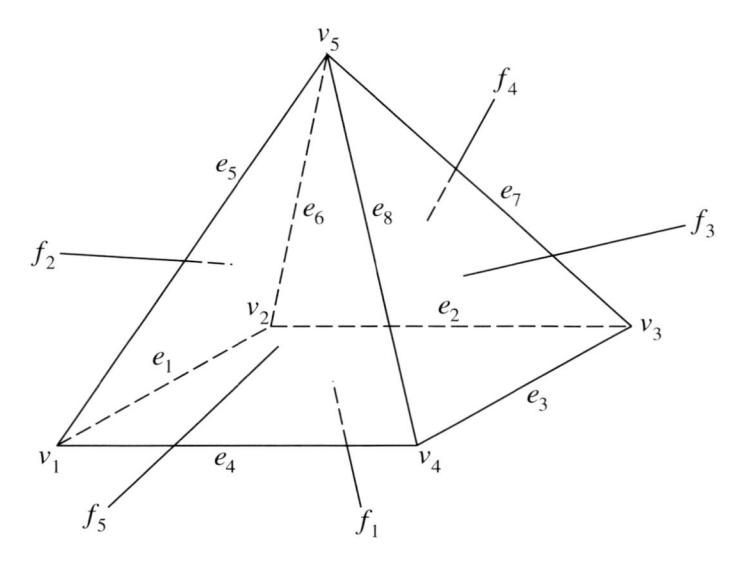

2.3 Die topologische Struktur in der Oberflächendarstellung 89

Abbildung 2.46 Bezeichnung der Punkte, Kanten und Flächen in der Pyramide

Der *vef*-Graph jedes „vernünftigen" starren Körpers ist mit den Euler-Operatoren einer Basis der Euler-Ebene endlich beschreibbar. Wie das Beispiel der Pyramide zeigt, können Zwischenstufen in diesem Prozess jedoch auch nicht sinnvolle Objekte sein. Zudem ist klar, dass die eingangs geforderte eindeutige Semantik noch nicht gegeben ist (siehe Abbildung 2.47). Erst durch zusätzliche Information über Parameterlisten kann diese erzielt werden.

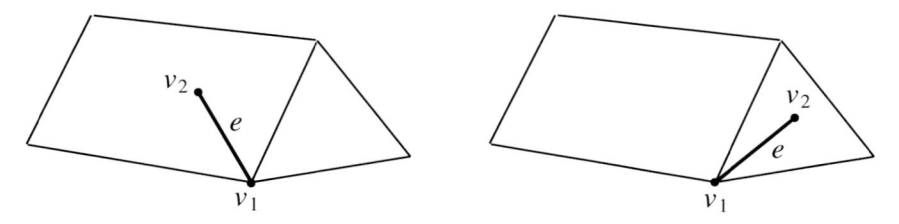

Abbildung 2.47 Zur Mehrdeutigkeit der Semantik ohne Zusatzinformation, hier am Beispiel des Euler-Operators *mev*

2.4 Geometrische Attributierung der topologischen Oberflächendarstellung

2.4.1 Beschreibungen für Kurven- und Flächenstücke

Im vorigen Abschnitt erfolgte die Beschreibung der topologischen Struktur eines Körpers über den *vef*-Graphen, für den als Konstruktionsmechanismus die Euler-Operatoren eingeführt wurden. Nun folgt die Attributierung des Systems, also der bisher rein topologisch eingeführten Punkte, Kanten und Flächen, mit geometrischer Information.

- Der einfachste Fall ist die geometrische Attributierung der topologischen Punkte $v_i \in V$ mit den geometrischen Punkten $\mathbf{P}_i := (x_i, y_i, z_i) \in \mathbb{R}^3$. Dann ist im Fall von Polyedern die Kantengeometrie automatisch definiert durch die Strecke zwischen den Punkten (lineare Interpolation):

$$\mathbf{g}(t) := \mathbf{P}_1 + t \cdot (\mathbf{P}_2 - \mathbf{P}_1), \quad t \in [0, 1]. \tag{2.18}$$

- Außerdem ist für dreieckige planare Flächenstücke auch die Flächengeometrie durch die Geometrie der drei Eckpunkte definiert:

$$\mathbf{F}(t_1, t_2, t_3) := t_1 \mathbf{P}_1 + t_2 \mathbf{P}_2 + t_3 \mathbf{P}_3, \tag{2.19}$$

wobei $t_i \in [0, 1]$ und $\sum t_i = 1$ gilt. Bei einer gegebenen (topologischen) Triangulation im *vef*-Graphen (d. h., zu jeder Fläche f_i gibt es genau drei Kanten e_j mit $(f_i, e_j) \in fe$) ist also für eine geometrische Attributierung die Angabe der Punktegeometrie ausreichend. Der Rest ist dann implizit durch lineare Interpolation definiert.

- Für viereckige Flächenstücke gibt es die Möglichkeit der bilinearen Interpolation (siehe Abbildung 2.48):

$$\begin{aligned}\mathbf{F}(t_1, t_2) :=& (1 - t_1)(1 - t_2) \cdot \mathbf{P}_1 + \\ & t_1(1 - t_2) \cdot \mathbf{P}_2 + (1 - t_1)t_2 \cdot \mathbf{P}_3 + t_1 t_2 \cdot \mathbf{P}_4,\end{aligned} \tag{2.20}$$

wobei $t_1, t_2 \in [0, 1]$. Man beachte, dass das durch bilineare Interpolation entstehende Flächenstück (Patch) nicht mehr linear und damit planar, sondern bilinear und damit im Allgemeinen gekrümmt ist.

- n-eckige Flächen lassen sich durch (wiederholte) Unterteilung auf drei- und viereckige Flächen zurückführen.

2.4 Geometrische Attributierung

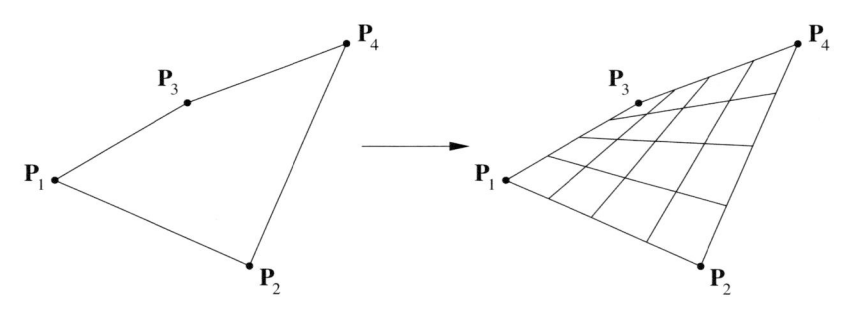

Abbildung 2.48 Bilineare Interpolation bei viereckigen Flächenstücken

Im Allgemeinen wird man sich jedoch nicht mit den beschränkten Möglichkeiten der polygonalen Modellierung zufrieden geben wollen: Die Patch-Geometrie ist zu einfach, die entstehenden Knicke an den Patch-Grenzen sind oftmals störend. Insbesondere im CAD-Bereich sind Modelliersysteme zur effizienten Realisierung gekrümmter Kurven und Flächen unerlässlich. Bezeichnenderweise fanden viele der bahnbrechenden Entwicklungen im Bereich der sogenannten *Freiformkurven* und *Freiformflächen* wie *Bézier-Kurven, Bézier-Flächen, Coons Patch* oder *transfinite Interpolation* in der Automobilindustrie statt: Bézier-Kurven und -Flächen wurden unabhängig von P. de Casteljau bei Citroën und P. Bézier bei Renault entwickelt[11]. S. Coons beriet Ford, und der Urheber der transfiniten Interpolation, W. Gordon, war für General Motors tätig.

Aufgrund ihrer herausragenden Bedeutung wollen wir uns zum Abschluss dieses Kapitels über geometrische Modellierung noch mit verschiedenen Ansätzen zur Realisierung von Freiformkurven und Freiformflächen beschäftigen (siehe z. B. [Dahm89] oder die ausführliche Darstellung in [Fari90] bzw. [Fari94]). Dabei sollte man immer im Hinterkopf behalten, dass es um ganz unterschiedliche Aufgabenstellungen gehen kann: Bei einer *Interpolationsaufgabe* sind vorgegebene Punkte geeignet zu verbinden, bei einer *Approximationsaufgabe* dagegen ist eine vorgegebene Kurve bzw. Fläche möglichst gut anzunähern, wobei es keine gemeinsamen Punkte von Original und Näherung geben muss. Interpolation und Approximation sind Probleme der *Rekonstruktion*, im CAGD hingegen ist oftmals der *Entwurf* von Kurven und Flächen gefragt (ohne konkretes Vorbild). Gedanklich starten wir jedoch zunächst von der Rekonstruktionsaufgabe aus.

---

[11] De Casteljaus Arbeiten waren etwas früher, wurden aber aus Gründen der Geheimhaltung nie veröffentlicht.

2.4.2 Freiformkurven

Gegeben seien $n+1$ Raumpunkte $\mathbf{x}_i(t_i) \in \mathbb{R}^d$ ($d = 1$, 2 bzw. 3) oder kurz $\mathbf{x}_i$, $i = 0, \ldots n$, entweder als diskrete Samples einer analytisch definierten parametrisierten Kurve oder als Satz von Messpunkten. Wurden diese Raumpunkte bislang einfach durch Linien verbunden, so wollen wir nun diesen stückweise linearen Fall verlassen. Von der hier zunächst nahe liegenden Möglichkeit, die Raumpunkte $\mathbf{x}_i, i = 0, \ldots, n$, durch ein Polynom n-ten Grades zu interpolieren, wurde in der Computergraphik aufgrund der aus der Numerik bekannten schlechten Eigenschaften der Polynominterpolation bei wachsendem Polynomgrad n nie ernsthaft Gebrauch gemacht. So ist das Interpolationsproblem für große Werte n im Allgemeinen schlecht konditioniert, und kleine (lokale) Änderungen in den Stützwerten $\mathbf{x}_i, i = 0, \ldots, n$, können große (globale) Änderungen im Kurvenverlauf nach sich ziehen. Zudem treten oftmals starke Oszillationen auf (siehe Abbildung 2.49), was bei Anwendungen in der Computergraphik bzw. im CAD in der Regel unerwünscht ist. Hier sind vielmehr zwei Aspekte von großer Bedeutung:

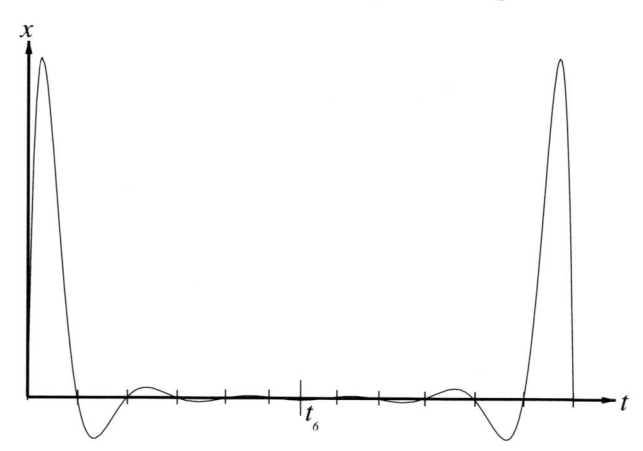

Abbildung 2.49 Oszillationen bei der Polynominterpolation: Obwohl alle Stützwerte $x_i, 0 \leq i \leq 12$, mit Ausnahme von x_6 null sind, führt dieser Stützwert $x_6 = -1$ zu starken Oszillationen am Rand des betrachteten Intervalls $[t_0, t_{12}]$.

- *Kontrollierbarkeit*: Der Benutzer eines CAD-Systems verändert intuitiv den Kurvenverlauf durch das Einstellen verschiedener Parameter. Bei einer interpolierenden Kurve etwa bewirkt eine Änderung der Stützstellen t_i bzw. der Stützwerte $\mathbf{x}_i$ einen geänderten Verlauf des Interpolanten.

2.4 Geometrische Attributierung

Wichtig ist nun, dass eine Manipulation dieser Parameter (Freiheitsgrade) einen voraussagbaren und kontrollierbaren Effekt auf die Gestalt der Kurve hat. Nur unter dieser Bedingung kann schnell und präzise interaktiv am Bildschirm entworfen werden.

- *Lokalitätsprinzip*: Eine lokale Veränderung der Eingabedaten (beispielsweise eines Stützwertes $\mathbf{x}_i$) darf – wenn überhaupt – nur kleine globale Auswirkungen haben. Im Idealfall ändert sich die Kurvengestalt nur in einem kleinen Bereich um den Stützpunkt $(t_i, \mathbf{x}_i)$. Auch dies ist besonders wichtig für das interaktive Arbeiten. Beim Entwurf einer Auto-Karosserie etwa darf eine lokale Modifikation des Kotflügels nicht die Gestalt der Türen beeinflussen!

Um diesen beiden Zielen der Kontrollierbarkeit und der Lokalität möglichst nahe zu kommen, sind eine Reihe von Ansätzen zur Freiformkurvenmodellierung entwickelt worden. Die drei wohl wichtigsten Konzepte, *Bézier-Kurven* (siehe z. B. [Bezi70, Bezi74]), *B-Splines* (siehe dazu die Literatur zur numerischen Mathematik oder speziell [deBo78, BBB87, Dier95]) und *NURBS* (siehe z. B. [Forr80, PiTi87]) sollen im Folgenden kurz angesprochen werden. Für Details sei auf das eingangs erwähnte Standardwerk von Farin verwiesen.

2.4.2.1 Bézier-Kurven

Zur Definition von Bézier-Kurven benötigen wir zunächst den Begriff der *Bernstein-Polynome*. Bernstein-Polynome vom Grad n sind wie folgt definiert:

$$B_i^n(t) := \binom{n}{i} \cdot (1-t)^{n-i} \cdot t^i$$
$$\text{mit } t \in [0,1], \ i = 0, \ldots, n. \tag{2.21}$$

Wie man leicht zeigen kann, gilt $B_i^n(t) \in [0,1]$ für alle $n \in \mathbb{N}$, $0 \leq i \leq n$, $t \in [0,1]$. Ferner hat $B_i^n(t)$ eine i-fache Nullstelle in $t = 0$ sowie eine $(n-i)$-fache Nullstelle in $t = 1$. Für die Bernstein-Polynome gilt außerdem

$$\sum_{i=0}^{n} B_i^n(t) = 1 \quad \forall t \in [0,1], \tag{2.22}$$

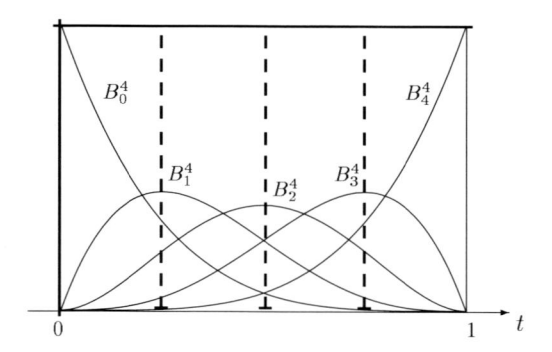

Abbildung 2.50 Beispiel: Bernstein-Polynome vom Grad 4

da

$$\sum_{i=0}^{n} B_i^n(t) = \sum_{i=0}^{n} \binom{n}{i}(1-t)^{n-i}t^i = \Big((1-t)+t\Big)^n = 1. \qquad (2.23)$$

Die Kurve

$$\mathbf{x}(t) := \sum_{i=0}^{n} \mathbf{b}_i \cdot B_i^n(t) \quad \text{mit } t \in [0,1] \text{ und } \mathbf{b}_i \in \mathbb{R}^d \qquad (2.24)$$

heißt *Bézier-Kurve* vom Grad n, die Punkte $\mathbf{b}_0, \ldots, \mathbf{b}_n$ heißen *Bézier-Punkte* (*Kontrollpunkte*) und spannen mit ihrer konvexen Hülle den *Kontrollpolyeder* ($d=3$) bzw. das *Kontrollpolygon* ($d=2$) der Kurve auf. $\mathbf{x}(t)$ besitzt unter anderem die folgenden wichtigen Eigenschaften:

1. $\mathbf{x}(0) = \mathbf{b}_0$ und $\mathbf{x}(1) = \mathbf{b}_n$. Das heißt, die Bézier-Kurve interpoliert $\mathbf{b}_0$ und $\mathbf{b}_n$. Man beachte jedoch, dass die anderen Kontrollpunkte im Allgemeinen nicht auf der Bézier-Kurve liegen.

2. $\dot{\mathbf{x}}(0)$ und damit die Tangente von $\mathbf{x}$ in $t=0$ ist $n \cdot (\mathbf{b}_1 - \mathbf{b}_0)$, die in $t=1$ ist $n \cdot (\mathbf{b}_n - \mathbf{b}_{n-1})$.

3. Wegen (2.22) und (2.24) sind die Werte $\mathbf{x}(t)$ eine Konvexkombination[12] der Kontrollpunkte (mit Koeffizient $B_i^n(t)$ zum Kontrollpunkt $\mathbf{b}_i$) von $\mathbf{x}(t)$. Deshalb sind Bézier-Kurven invariant unter affinen Abbildungen.

4. Aufgrund von (2.22) verläuft die Bézier-Kurve ganz im Kontrollpolyeder bzw. -polygon.

---
[12] Eine Konvexkombination ist eine Darstellung eines Punktes $\mathbf{P}$ in der konvexen Hülle von $n+1$ Punkten $\mathbf{P}_0, \ldots, \mathbf{P}_n$ als $\mathbf{P} = \Sigma_{i=0}^n \omega_i \mathbf{P}_i$ mit $\Sigma_{i=0}^n \omega_i = 1$ und $\omega_i \geq 0$.

2.4 Geometrische Attributierung

5. Bézier-Kurven sind symmetrisch in den Kontrollpunkten (für die Anordnungen $\mathbf{b}_0, \ldots, \mathbf{b}_n$ und $\mathbf{b}_n, \ldots, \mathbf{b}_0$ ergibt sich dieselbe Kurve).
6. Für zwei nicht negative Zahlen α und β mit $\alpha + \beta = 1$ und zwei Sätze $\mathbf{b}_j$ bzw. $\mathbf{c}_j$ von Kontrollpunkten gilt ($0 \leq j \leq n$): Die Kurve zu den Kontrollpunkten $\alpha\mathbf{b}_j + \beta\mathbf{c}_j$ stimmt mit dem entsprechend gewichteten Mittel der beiden Einzelkurven überein.
7. Liegen alle Bézier-Punkte auf einer Geraden, so wird die Bézier-Kurve zu einer Strecke. Auch Parabelbögen lassen sich exakt erzeugen, Kreisbögen sind zumindest gut approximierbar.
8. Bézier-Kurven sind *formerhaltend* (*shape-preserving*) : Ein nicht negativer (monotoner, konvexer) Datensatz führt zu einer nicht negativen (monotonen, konvexen) Kurve.

$$\begin{aligned} \text{alle } \mathbf{b}_i \geq 0 &\implies \mathbf{x}(t) \geq 0, \\ \text{alle } \mathbf{b}_{i+1} - \mathbf{b}_i \geq 0 &\implies \dot{\mathbf{x}}(t) \geq 0, \\ \text{alle } \mathbf{b}_{i+1} - 2\mathbf{b}_i + \mathbf{b}_{i-1} \geq 0 &\implies \ddot{\mathbf{x}}(t) \geq 0, \end{aligned} \quad (2.25)$$

wobei die Relation „$\geq$" komponentenweise zu verstehen ist.

Von großer Bedeutung ist die effiziente Auswertung von $\mathbf{x}(t)$ für einen Parameterwert t, also die Bestimmung eines Kurvenpunkts. Hierzu gibt es verschiedene Techniken:

- rekursiv mittels

$$\begin{aligned} B_i^{r+1}(t) &:= (1-t) \cdot B_i^r(t) + t \cdot B_{i-1}^r(t), \\ B_i^0(t) &:= \begin{cases} 1 & : \ i = 0, \\ 0 & : \ \text{sonst}, \end{cases} \end{aligned} \quad (2.26)$$

- oder durch fortgesetzte lineare Interpolation mit dem *Algorithmus von de Casteljau*, der eigentlichen Initialzündung der Bézier-Kurven:

$$\begin{aligned} &i = 0, \ldots, n: \\ &\quad \mathbf{b}_i^0 := \mathbf{b}_i; \\ &k = 1, \ldots, n: \\ &\quad i = k, \ldots, n: \\ &\quad\quad \mathbf{b}_i^k := (1-t) \cdot \mathbf{b}_{i-1}^{k-1} + t \cdot \mathbf{b}_i^{k-1}; \end{aligned}$$

Man erhält schließlich $\mathbf{x}(t) = \mathbf{b}_n^n$. Hierbei ist zu beachten, dass der Parameter t nicht auf $[0,1]$ begrenzt ist, sondern eine beliebige reelle Zahl sein kann. Zur Veranschaulichung zeigt Abbildung 2.51 das Neville-artige Schema[13], das dem Algorithmus von de Casteljau zugrunde liegt.

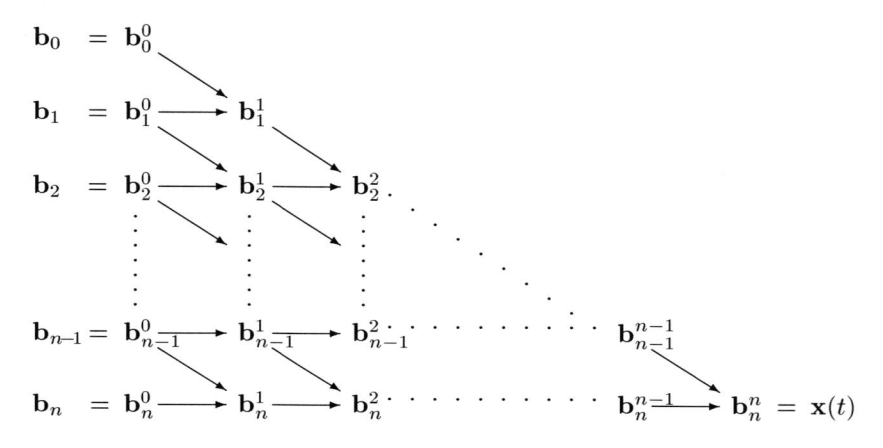

$$
\begin{array}{llllll}
\mathbf{b}_0 & = \mathbf{b}_0^0 & & & & \\
\mathbf{b}_1 & = \mathbf{b}_1^0 \longrightarrow \mathbf{b}_1^1 & & & & \\
\mathbf{b}_2 & = \mathbf{b}_2^0 \longrightarrow \mathbf{b}_2^1 \longrightarrow \mathbf{b}_2^2 & & & \\
& \vdots & \vdots & \vdots & \ddots & \\
\mathbf{b}_{n-1} & = \mathbf{b}_{n-1}^0 \longrightarrow \mathbf{b}_{n-1}^1 \longrightarrow \mathbf{b}_{n-1}^2 \cdots \cdots \cdots \mathbf{b}_{n-1}^{n-1} & \\
\mathbf{b}_n & = \mathbf{b}_n^0 \longrightarrow \mathbf{b}_n^1 \longrightarrow \mathbf{b}_n^2 \cdots \cdots \cdots \mathbf{b}_n^{n-1} \longrightarrow \mathbf{b}_n^n & = \mathbf{x}(t)
\end{array}
$$

Abbildung 2.51 Berechnung von $\mathbf{x}(t)$ nach de Casteljau

In Abbildung 2.52 ist für den Fall $n = 3$ ein Schema zur geometrischen Konstruktion von $\mathbf{b}_3^3 = \mathbf{x}(t)$ angegeben, das die Bedeutung der $\mathbf{b}_i^k$ im Algorithmus von de Casteljau verdeutlicht.

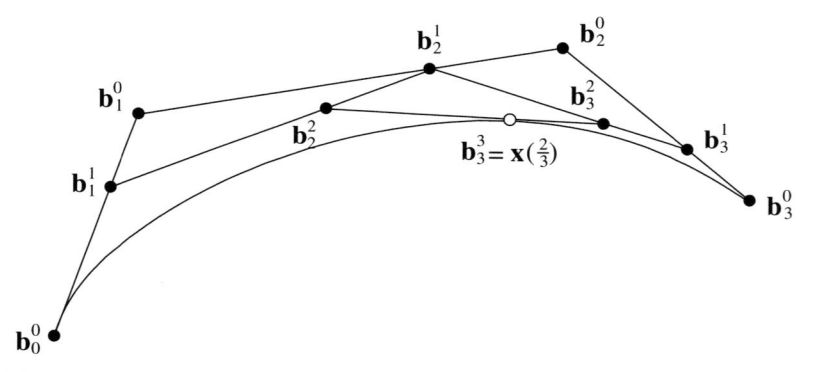

Abbildung 2.52 Geometrische Konstruktion nach de Casteljau für $n = 3$ und $t = 2/3$

---

[13] Das aus der Numerik bekannte *Schema von Aitken und Neville* dient zur effizienten rekursiven Auswertung von Polynom-Interpolanten (siehe z. B. [Stoe94]).

2.4 Geometrische Attributierung

Der Aufwand für die Auswertung liegt in beiden Fällen insgesamt bei $O(n^2)$, da $n + (n-1) + \ldots + 1 = n(n+1)/2$ Berechnungsschritte nötig sind, wobei bei der rekursiven Berechnung der Bernstein-Polynome gemäß (2.26) zusätzlich noch die Summation zu $\mathbf{x}(t)$ gemäß (2.24) auszuführen ist.

Bei einer Menge von k zusammengefügten Bézier-Kurvenstücken ist der Auswertungsaufwand nur vom lokalen Polynomgrad n abhängig und nicht von k. Zudem wirken sich bei der Technik des Aneinanderfügens von Bézier-Kurven lokale Änderungen auch nur lokal aus, was vorteilhaft ist. Die Frage des glatten Übergangs bei aneinandergefügten Bézier-Kurven behandeln wir in Abschnitt 2.4.4.

Unangenehm bei Bézier-Kurven ist allerdings, dass bei bestimmter Lage der Kontrollpunkte Berührpunkte oder allgemein Doppelpunkte der Bézier-Kurve möglich sind. Damit ist die Abbildung $t \mapsto \mathbf{x}(t)$ nicht mehr bijektiv (siehe Abbildung 2.53). Es gibt nützliche Kriterien zur Erkennung bzw. Vermeidung solcher Situationen, zum Beispiel die Bedingung der Doppelpunktfreiheit:

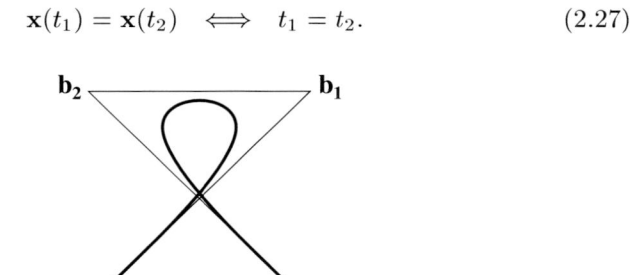

$$\mathbf{x}(t_1) = \mathbf{x}(t_2) \iff t_1 = t_2. \quad (2.27)$$

Abbildung 2.53 Bézier-Kurve vom Grad 4 mit einem Doppelpunkt

Bis zum Grad 4 gibt es direkte Formeln zur Ermittlung von Doppelpunkten, für höheren Grad Iterationsverfahren (analog zur Nullstellenbestimmung bei Polynomen).

Lokale Änderungen in den Daten (Kontrollpunkten) schließlich wirken sich zwar global aus, ihr Einfluss ist jedoch nur lokal von Bedeutung:

$$\mathbf{b}_i \mapsto \mathbf{b}_i + \mathbf{e}_i \implies \mathbf{x}(t) \mapsto \mathbf{x}(t) + B_i^n(t) \cdot \mathbf{e}_i.$$

Somit ist die Änderung $B_i^n(t) \cdot \mathbf{e}_i$ nur im Einflussbereich des Kontrollpunkts $\mathbf{b}_i$ signifikant (siehe Abbildung 2.50). Im Hinblick auf unsere beiden Ziele *Lokalität* und *Kontrollierbarkeit* ist die Situation also akzeptabel, aber noch nicht optimal.

2.4.2.2 B-Splines

Bézier-Kurven sind noch nicht das Ende der Entwicklung. Sowohl Lokalität als auch Kontrollierbarkeit sind verbesserungsfähig. Wenn ferner die zu modellierende Kurve eine sehr komplizierte Gestalt hat, dann führt die große Zahl der erforderlichen Kontrollpunkte zu einem sehr hohen Polynomgrad n. Spätestens ab $n = 10$ ist dies nicht meht praktikabel. Deshalb geht man über zu *zusammengesetzten* oder *stückweisen* Bézier-Kurven oder *Bézier-Splines* $\mathbf{s}(u)$. Dieses Vorgehen ist ganz analog zur *Polynominterpolation* in der Numerik, wo man die einfache Lagrange-Interpolation auch zugunsten etwa stückweise kubischer Splines aufgibt. Im Gegensatz zur Interpolationsaufgabe „kleben" wir jetzt allerdings lokal definierte Bézier-Kurven $\mathbf{s}_i(t)$ mit jeweils lokalem Parameter $t = (u - u_i)/(u_{i+1} - u_i), i = 0, \ldots, N$ aneinander. Als Funktion des globalen Parameters u lebt $\mathbf{s}_i(t(u))$ somit auf $[u_i, u_{i+1}]$. Die Nahtstellen u_i werden dabei *Knoten* genannt, die zugehörigen Kontrollpunkte $\mathbf{s}(u_i)$ heißen *Knotenpunkte*, die restlichen Kontrollpunkte *innere Bézier-Punkte*. Die Knotenpunkte werden von der Spline aufgrund der Eigenschaften von Bézier-Kurven interpoliert, siehe auch Abbildung 2.54. Wie wir sehen werden, ist die Lage der Kontrollpunkte nun Design-Kriterien unterworfen (z. B. Glattheitsbedingungen an den Nahtstellen), sie sind *nicht* mehr das Steuerinstrument. Diese Rolle werden vielmehr zusätzliche Punkte $\mathbf{d}_i$ übernehmen.

Der glatte Übergang an den Knoten u_i ist natürlich der zentrale Punkt bei den Splines – schließlich soll trotz des reduzierten lokalen Polynomgrads ein Höchstmaß an globaler Glattheit ermöglicht werden können. Nehmen wir an, zwei Bézier-Kurven mit den Kontrollpunkten $\mathbf{b}_0, \ldots, \mathbf{b}_n$ bzw. $\mathbf{b}_n, \ldots, \mathbf{b}_{2n}$, die über $[u_0, u_1]$ bzw. $[u_1, u_2]$ parametrisiert seien, sollen in u_1 glatt verklebt werden. Man kann zeigen, dass die „globale" Kurve auf $[u_0, u_2]$ in der Nahtstelle u_1 genau dann r-mal stetig differenzierbar ist, wenn

$$\mathbf{b}_{n+j} = \mathbf{b}_{n-j}^{j}(t), \qquad j = 0, \ldots, r, \tag{2.28}$$

gilt mit $t = (u_2 - u_0)/(u_1 - u_0)$. Die $\mathbf{b}_{n-j}^{j}(t)$ sind dabei die Zwischengrößen aus dem de-Casteljau-Schema (siehe Abbildung 2.51).

Man kann auch die Ableitungen der resultierenden globalen Kurve an der Nahtstelle von links und rechts betrachten. Will man etwa $\mathcal{C}^1$-Stetigkeit an den Knoten u_i haben, so ist

$$\left.\frac{\mathrm{d}\mathbf{s}(u)}{\mathrm{d}u}\right|_{u\uparrow u_i} = \left.\frac{\mathrm{d}\mathbf{s}(u)}{\mathrm{d}u}\right|_{u\downarrow u_i}, \tag{2.29}$$

2.4 Geometrische Attributierung

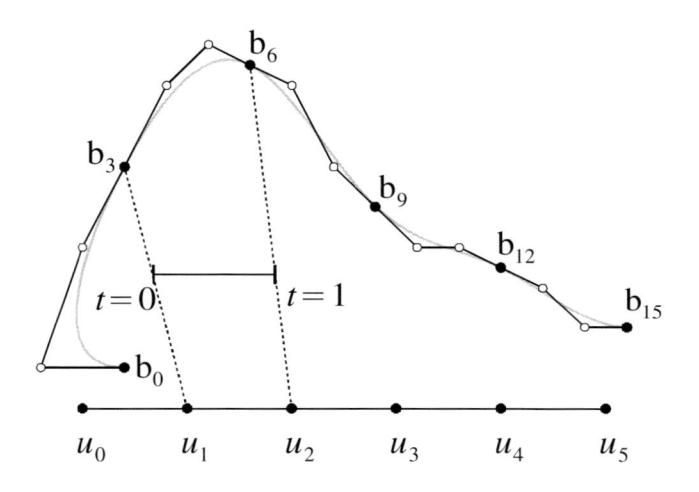

Abbildung 2.54 Bézier-Splines: Knotenpunkte (schwarz) und innere Bézier-Punkte (weiß)

also

$$\frac{1}{u_i - u_{i-1}} \cdot \frac{\mathrm{d}\mathbf{s}_{i-1}(t)}{\mathrm{d}t}\bigg|_{t=1} = \frac{1}{u_{i+1} - u_i} \cdot \frac{\mathrm{d}\mathbf{s}_i(t)}{\mathrm{d}t}\bigg|_{t=0} \quad (2.30)$$

sicherzustellen. Aufgrund der oben erwähnten Eigenschaften von Bézier-Kurven (Tangenten in den Endpunkten) erfordert dies die Kollinearität der zugehörigen drei Kontrollpunkte sowie ein bestimmtes Abstandsverhältnis

$$\frac{\alpha}{\beta} = \frac{u_i - u_{i-1}}{u_{i+1} - u_i} \quad (2.31)$$

der Kontrollpunkte (siehe Abbildung 2.55), also eine geeignete globale Para-

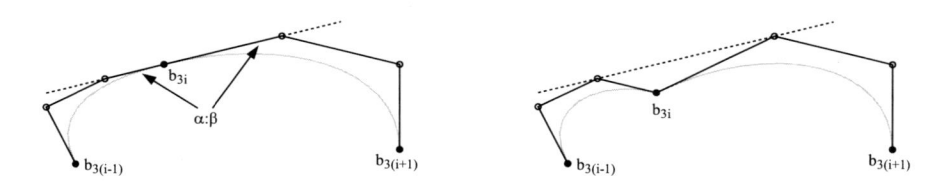

Abbildung 2.55 Erfüllte (links) und nicht erfüllte (rechts) $\mathcal{C}^1$-Bedingung (n=3)

metrisierung der Kurve $\mathbf{s}(u)$. Will man bei dem in Abbildung 2.54 angedeuteten Fall *kubischer Splines* $\mathcal{C}^2$-Stetigkeit haben, so erfordern die resultierenden Glattheitsbedingungen die eindeutige Existenz zusätzlicher Hilfspunkte $\mathbf{d}_i$, die im Schnittpunkt der Geraden durch $\mathbf{b}_{3i-2}$ und $\mathbf{b}_{3i-1}$ mit der Geraden durch $\mathbf{b}_{3i+2}$ und $\mathbf{b}_{3i+1}$ liegen, wobei jeweils gleiche Längenverhältnisse gelten müssen (siehe Abbildung 2.56).

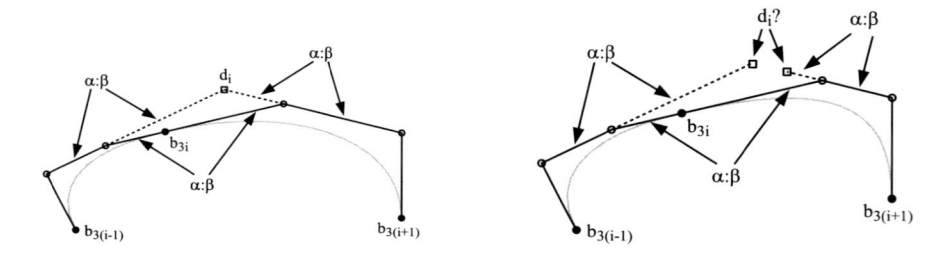

Abbildung 2.56 Erfüllte (links) und nicht erfüllte (rechts) $\mathcal{C}^2$-Bedingung

Bei allgemeinem Grad n schließlich ist offensichtlich $\mathcal{C}^{n-1}$-Stetigkeit die maximal mögliche Glattheit.

Soll die Bézier-Spline die maximale globale Glattheit $\mathcal{C}^{n-1}$ haben, ist sie durch die Wahl der Knoten u_i und durch die Punkte $\mathbf{c}_i$ des sog. *B-Spline-Polygons* eindeutig bestimmt. Für $n = 2$ sind die $\mathbf{c}_i$ gerade die Randkontrollpunkte $\mathbf{b}_0$ und $\mathbf{b}_{2N}$ sowie die inneren Bézier-Punkte (d. h. die $\mathbf{b}_{2i-1}$), im kubischen Fall ($n = 3$) sind auf jeder Seite die beiden äußersten Kontrollpunkte $\mathbf{b}_0$, $\mathbf{b}_1$, $\mathbf{b}_{3N-1}$ und $\mathbf{b}_{3N}$ sowie die oben eingeführten Hilfspunkte $\mathbf{d}_i$ die Punkte des B-Spline-Polygons. Aus den Knoten u_i und dem B-Spline-Polygon ergeben sich die jeweiligen Kontrollpunkte $\mathbf{b}_i$ und ihre zugehörigen Parameterabszissen dann alleine aus den Glattheitsbedingungen. Deshalb werden solche Bézier-Splines auch B-Splines genannt. Man startet jetzt also von den Knoten und dem B-Spline-Polygon und konstruiert sich dazu die B-Spline inklusive der Kontrollpunkte.

B-Splines erben viele Eigenschaften von den Bézier-Kurven:

- Die B-Spline liegt in der konvexen Hülle der Bézier-Punkte; schärfer: sie liegt in der Vereinigung der konvexen Hüllen der lokalen Kontrollpolygone bzw. Kontrollpolyeder.

- B-Splines sind invariant unter affinen Abbildungen.

- Es gilt die Symmetrie in den Punkten des B-Spline-Polygons.

2.4 Geometrische Attributierung

- Wieder haben wir Endpunkt-Interpolation.

Das „B" in den Bezeichnungen B-Spline und B-Spline-Polygon rührt übrigens daher, dass für B-Splines eine *Basis*darstellung aus *Minimum-Support-Splines* $N_i^n(u)$ als Basisfunktionen existiert,

$$\mathbf{s}(u) := \sum_{i=0}^{N+n-1} \mathbf{c}_i \cdot N_i^n(u), \qquad (2.32)$$

wobei die $\mathbf{c}_i$ wie zuvor die Punkte des B-Spline-Polygons sind. Im Gegensatz zu den nur lokal definierten aneinandergeklebten Beźier-Kurven sind die einzelnen Minimum-Support-Splines $N_i^n(u)$ *global* über dem ganzen Parameterbereich von u definiert, und zwar so, dass erstens $N_i^n(u_i) = 1$ gilt, dass zweitens $\mathcal{C}^{n-1}$-Glattheit sichergestellt ist und dass drittens der *Träger (support)* von $N_i^n(u)$ (der u-Bereich, über dem $N_i^n(u)$ nicht verschwindet) eine minimale Anzahl von Knoten umfasst. Im Falle linearer B-Splines ($n = 1$) mit globaler Stetigkeit ($\mathcal{C}^0$) sind die $N_i^n(u)$ also die bekannten Hutfunktionen (siehe Abbildung 2.57). Diese Konstruktion ist ganz analog zur aus der

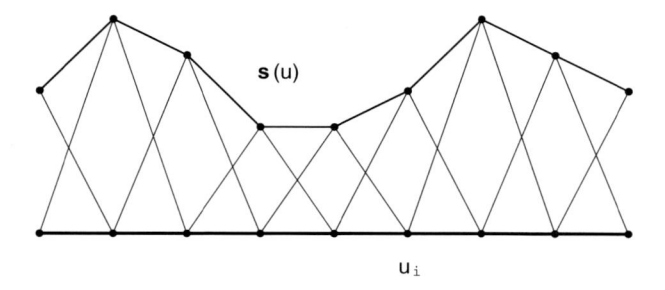

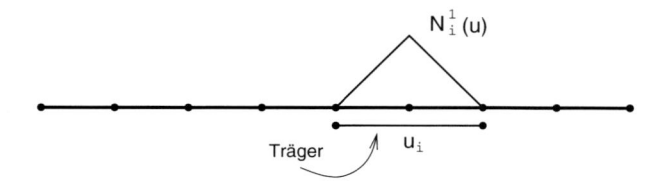

Abbildung 2.57 Lineare B-Spline mit zugehöriger Basisfunktion $N_i^1(u)$

Numerik bekannten Spline-Interpolation. Dort werden Splines zunächst als

stückweise Polynomkurven lokal definiert und verklebt, bevor dann mit Hilfe von Minimum-Support-Splines eine globale Basisdarstellung angegeben wird.

Der entscheidende Vorteil des Spline-Ansatzes ist die Lokalität: Jetzt sind lokale Änderungen in einem Kontrollpunkt wirklich lokal begrenzt (auf die lokale Bézier-Kurve und – glattheitsabhängig – einen Teil der beiden benachbarten Bézier-Kurven). Bezüglich Lokalität und Kontrollierbarkeit sind wir jetzt zufrieden.

2.4.2.3 NURBS

Ein Problem bleibt: Die bisher studierten (stückweisen) Polynomkurven sind zwar invariant unter affinen Abbildungen, nicht jedoch unter *projektiven* Abbildungen. Solche Projektionen sind aber in der Computergraphik wichtig: Schließlich ist i. A. eine dreidimensionale Szene mittels einer perspektivischen Projektion auf eine Ebene abzubilden. Wie man von *Kegelschnitten* (Projektionen von im Raum gegebenen Parabeln auf eine Ebene) weiß, entstehen bei der Projektion im Raum gegebener polynomialer Kurven auf eine Ebene *rationale* Kurven in der Ebene (Polynomausdrücke in Zähler und Nenner). Unsere zum Modellieren verwendeten Polynomkurven ergeben also auf dem Bildschirm rationale Kurven. Dann kann man auch gleich die größere Mächtigkeit des rationalen Ansatzes ausnutzen und mit *rationalen Bézier-Kurven* oder *rationalen Splinekurven* im Raum modellieren – diese sind nämlich abgeschlossen unter projektiven Abbildungen. Rationale B-Splines werden auch *NURBS* genannt (*Non Uniform Rational B-Splines*) und sind heute Standard bei der Kurven- und Flächenmodellierung.

Zunächst zu den dreidimensionalen rationalen Bézier-Kurven vom Grad n, die wir uns als Projektion von rationalen Bézier-Kurven vom Grad n im $\mathbb{R}^4$ mit den Punkten (x, y, z, w) auf die Hyperebene $w = 1$ vorstellen. Man kann zeigen, dass eine solche rationale Bézier-Kurve durch

$$\mathbf{x}(t) := \frac{\sum_{i=0}^{n} w_i \cdot \mathbf{b}_i \cdot B_i^n(t)}{\sum_{i=0}^{n} w_i \cdot B_i^n(t)}, \qquad \mathbf{x}(t), \mathbf{b}_i \in \mathbb{R}^3, \qquad (2.33)$$

mit *Gewichten* w_i gegeben ist. Wie im polynomialen Fall bilden die $\mathbf{b}_i$ den Kontrollpolyeder, der jetzt gerade die Projektion des vierdimensionalen Kontrollpolyeders der Punkte $(w_i \mathbf{b}_i^T, w_i)^T$ des polynomialen Urbilds von $\mathbf{x}(t)$ ist. Falls alle Gewichte gleich eins sind, so liefert (2.33) gerade die gewöhnliche polynomiale Bézier-Kurve. Üblicherweise lässt man nur nicht

2.4 Geometrische Attributierung

negative Gewichte zu, um Singularitäten zu vermeiden. Rationale Bézier-Kurven besitzen alle wesentlichen Eigenschaften ihrer polynomialen Pendants (affine Invarianz etc.). Die Gewichte w_i werden üblicherweise als *Formparameter* verwendet. Ein vergrößertes Gewicht w_i erhöht den Einfluss des Kontrollpunkts $\mathbf{b}_i$. Der Effekt einer Veränderung des Gewichts unterscheidet sich deutlich vom Effekt des Verschiebens des Kontrollpunkts. Die Gewichte bringen also zusätzliche Modellierfreiheit ins Spiel (siehe Abbildung 2.58).

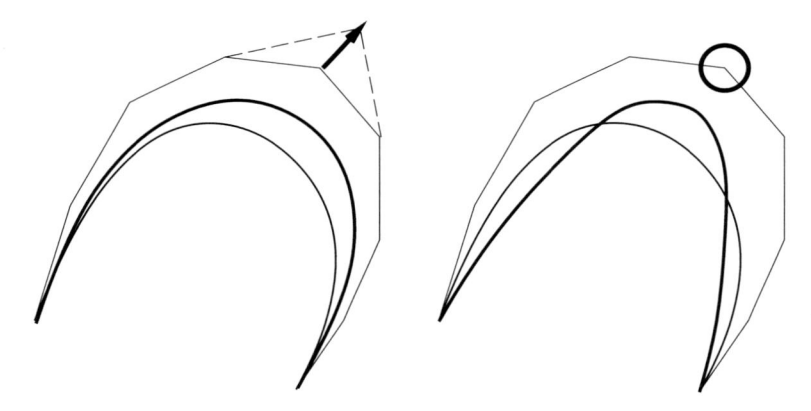

Abbildung 2.58 Einfluss der Kontrollpunktverschiebung (links) im Vergleich zum Einfluss der Gewichtserhöhung (qualitativ)

Ganz analog sind dreidimensionale rationale B-Splines n-ten Grades Projektionen vierdimensionaler rationaler B-Splines auf die Hyperebene $w = 1$. Sie lassen sich somit darstellen als

$$\mathbf{s}(u) := \frac{\sum_{i=0}^{N+n-1} w_i \cdot \mathbf{c}_i \cdot N_i^n(u)}{\sum_{i=0}^{N+n-1} w_i \cdot N_i^n(u)}, \quad (2.34)$$

wobei die $N_i^n(u)$ wie zuvor die (polynomialen) Basis-Splines und die $\mathbf{c}_i$ die Punkte des B-Spline-Polygons bezeichnen. Wiederum sind die $\mathbf{c}_i$ die Projektionen der Punkte des entsprechenden vierdimensionalen B-Spline-Polygons.

Das Modellieren mit rationalen Splines unterscheidet sich nicht besonders vom Modellieren mit ihren polynomialen Pendants. Die Gewichte bringen zusätzliche Flexibilität, die Auswirkung ihrer Modifikation ist lokal begrenzt. Deshalb sind NURBS heute der Standard bei der Modellierung von Freiformkurven.

2.4.3 Freiformflächen

Ausgehend von den verschiedenen Ansätzen zur Freiformkurvenmodellierung im vorigen Abschnitt kann man sich nun an die Modellierung von Freiformflächen machen. Eine nahe liegende Möglichkeit zur Gewinnung von Freiformflächen aus Freiformkurven stellt der *Tensorproduktansatz* dar. Den linearen Fall hat Abbildung 2.48 mit der *bilinearen Interpolation* gezeigt. Die so definierte Fläche $\mathbf{x}_{st}(s,t)$, $s, t \in [0,1]$ – gewissermaßen die einfachste Möglichkeit der Definition einer Fläche zwischen vier Punkten – kann interpretiert werden als die überstrichene Fläche, die durch Bewegung der beiden Punkte $\mathbf{P}_1$ und $\mathbf{P}_2$ auf geradem Weg nach $\mathbf{P}_3$ bzw. $\mathbf{P}_4$ unter Mitführung der jeweiligen geraden Verbindung der Endpunkte entsteht:

$$\mathbf{x}_{st}(s,t) := (1-s) \cdot (1-t) \cdot \mathbf{P}_1 + s \cdot (1-t) \cdot \mathbf{P}_2 \\ + (1-s) \cdot t \cdot \mathbf{P}_3 + s \cdot t \cdot \mathbf{P}_4, \tag{2.35}$$

wobei für die Parameter $s, t \in [0,1]$ gelte. Allgemein, d. h. unter Verzicht auf die Linearität, gelangt man zu der intuitiven Definition einer Tensorproduktfläche als dem geometrischen Ort einer Kurve, die sich durch den Raum bewegt und dabei ihre Gestalt ändert.

Doch der Reihe nach: Wir starten vom bilinearen Patch in Abbildung 2.48, lassen jetzt aber allgemeine Kurven $\mathbf{x}(s,0) := \gamma_0(s)$ von $\mathbf{P}_1$ nach $\mathbf{P}_2$ (also $\gamma_0(0) = \mathbf{P}_1$, $\gamma_0(1) = \mathbf{P}_2$) und $\mathbf{x}(s,1) := \gamma_1(s)$ von $\mathbf{P}_3$ nach $\mathbf{P}_4$ (also $\gamma_1(0) = \mathbf{P}_3$, $\gamma_1(1) = \mathbf{P}_4$) zu, $s \in [0,1]$. Anschließend lassen wir wieder $\mathbf{P}_1$ und $\mathbf{P}_2$ auf Geraden nach $\mathbf{P}_3$ bzw. $\mathbf{P}_4$ wandern und erhalten eine sog. *Regelfläche*:

$$\mathbf{x}(s,t) := (1-t) \cdot \mathbf{x}(s,0) + t \cdot \mathbf{x}(s,1), \tag{2.36}$$

wobei wiederum $s, t \in [0,1]$ gelte. In t-Richtung wird also nach wie vor linear interpoliert – allerdings nicht mehr diskrete Punkte, sondern ganze Kurven (siehe Abbildung 2.59). Dieser Vorgang wird auch *transfinite Interpolation* genannt.

Noch einen Schritt weiter geht der *Coons Patch* [Coon67]. Jetzt können alle vier Randkurven $\gamma_0(s)$ von $\mathbf{P}_1$ nach $\mathbf{P}_2$, $\gamma_1(s)$ von $\mathbf{P}_3$ nach $\mathbf{P}_4$, $\delta_0(t)$ von $\mathbf{P}_1$ nach $\mathbf{P}_3$ sowie $\delta_1(t)$ von $\mathbf{P}_2$ nach $\mathbf{P}_4$ beliebig vorgegeben werden:

$$\begin{aligned} \mathbf{x}(s,0) &:= \gamma_0(s), & \mathbf{x}(s,1) &:= \gamma_1(s), \\ \mathbf{x}(0,t) &:= \delta_0(t), & \mathbf{x}(1,t) &:= \delta_1(t), \end{aligned} \tag{2.37}$$

wieder mit $s, t \in [0,1]$. Darauf aufbauend, konstruieren wir die zwei Regelflächen $\mathbf{x}_s(s,t)$ und $\mathbf{x}_t(s,t)$:

2.4 Geometrische Attributierung

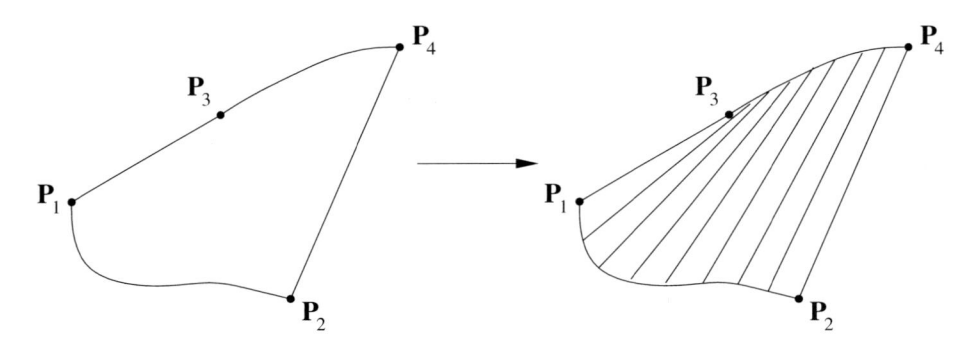

Abbildung 2.59 Regelfläche (transfinite Interpolation in einer Richtung)

$$\mathbf{x}_s(s,t) := (1-t) \cdot \mathbf{x}(s,0) + t \cdot \mathbf{x}(s,1) \qquad (2.38)$$

und

$$\mathbf{x}_t(s,t) := (1-s) \cdot \mathbf{x}(0,t) + s \cdot \mathbf{x}(1,t), \qquad (2.39)$$

$s,t \in [0,1]$. Offensichtlich interpoliert $\mathbf{x}_s$ die γ-Kurven, kann aber die δ-Kurven nicht reproduzieren. Für $\mathbf{x}_t$ gilt das Umgekehrte. Jede der beiden Regelflächen verhält sich also an zwei Seiten korrekt, an zwei Seiten jedoch falsch, genauer linear. Die Summe $\mathbf{x}_s + \mathbf{x}_t$ enthält demnach – zumindest am Rand – genau die linearen Anteile zuviel. Subtraktion des bilinearen Interpolanten $\mathbf{x}_{st}$, definiert wie in (2.35), liefert demzufolge am Rand das gewünschte Ergebnis. Als *Coons Patch* wird deshalb definiert

$$\mathbf{x}(s,t) := \mathbf{x}_s(s,t) + \mathbf{x}_t(s,t) - \mathbf{x}_{st}(s,t), \qquad (2.40)$$

$s,t \in [0,1]$. Auch für (2.40) ist der Name *transfinite Interpolation* gebräuchlich.

Die nächste Verallgemeinerung liegt auf der Hand: Anstelle der linearen Faktoren $1-s, s, 1-t, t$ in (2.35) – (2.39) können auch allgemeinere Interpolationsfunktionen $f_0(s)$ und $f_1(s)$ bzw. $g_0(t)$ und $g_1(t)$ verwendet werden, sofern sie

$$\begin{aligned} f_0(s) + f_1(s) &= 1 \quad \forall s \in [0,1], \\ g_0(t) + g_1(t) &= 1 \quad \forall t \in [0,1], \\ f_0(0) &= f_1(1) = 1, \\ g_0(0) &= g_1(1) = 1 \end{aligned}$$

erfüllen. Unter Beachtung von Differenzierbarkeitsbedingungen an die entstehende Fläche gelangt man so zur allgemeinen Form des Coons Patch [Gord83, Fari90, Fari94]. Besondere Bedeutung hat hier das sogenannte *bikubische Coons Patch* erlangt. Oder man lässt gleich Bernstein-Polynome zu und erhält somit viereckige oder Tensorprodukt-*Bézier-Flächen* vom Grad (m,n):

$$\mathbf{x}(s,t) := \sum_{i=0}^{n}\sum_{k=0}^{m} \mathbf{b}_{ik} \cdot B_i^n(s) \cdot B_k^m(t), \qquad s,t \in [0,1]. \qquad (2.41)$$

Dabei sind die $\mathbf{b}_{ik} \in \mathbb{R}^3$ die *Bézier-Punkte* der Fläche, sie spannen (analog zum Kontrollpolygon bei Bézier-Kurven) jetzt ein *Kontrollnetz* für die Fläche auf (siehe Abbildung 2.60).

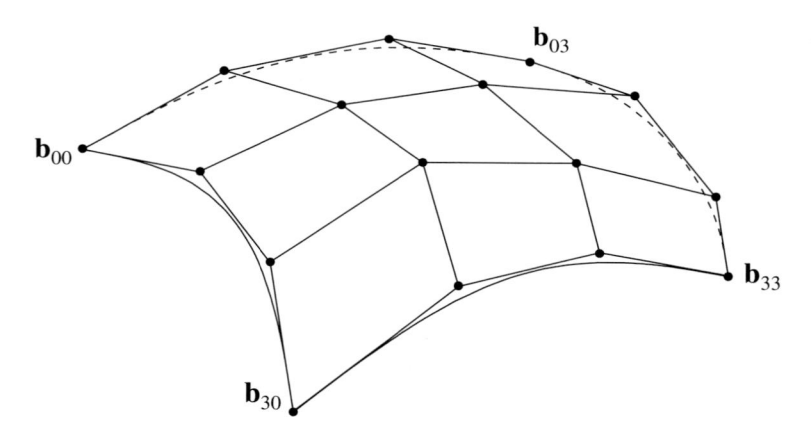

Abbildung 2.60 Bikubische Bézier-Fläche mit zugehörigem Kontrollnetz

An Eigenschaften halten wir fest:

- Die vier Eckpunkte $\mathbf{b}_{00}$, $\mathbf{b}_{0m}$, $\mathbf{b}_{n0}$ und $\mathbf{b}_{nm}$ liegen auf der Fläche, die anderen Punkte im Allgemeinen nicht.

- Die Kurven mit konstantem t sind Bézier-Kurven bezüglich s mit den Bézier-Punkten $\mathbf{b}_i(t) := \sum_{k=0}^{m} \mathbf{b}_{ik} B_k^m(t)$. Für die Kurven mit konstantem s gilt das Entsprechende. Insbesondere sind also die vier Randkurven der Bézier-Fläche Bézier-Kurven, die durch die Kontrollpunkte $\mathbf{b}_{0k}$ bzw. $\mathbf{b}_{i0}$ bzw. $\mathbf{b}_{nk}$ bzw. $\mathbf{b}_{im}$ ($0 \leq k \leq m, 0 \leq i \leq n$) beschrieben werden.

2.4 Geometrische Attributierung

- Die Bézier-Fläche liegt in der konvexen Hülle ihres Kontrollnetzes.

Nun wenden wir uns der Bestimmung eines Flächenpunktes $\mathbf{x}(s,t)$ für gegebene Parameter s und t zu. Ausgehend von den zwei Möglichkeiten im Fall der Bézier-Kurven (rekursiv gemäß (2.26) oder nach de Casteljau), bieten sich nun vier Vorgehensweisen an: in beiden Parametern rekursiv gemäß (2.26), in beiden Parametern nach de Casteljau oder einmal rekursiv und einmal nach de Casteljau. Die letztgenannte Möglichkeit wollen wir uns etwas näher anschauen. Zunächst wertet man – wie in (2.26) in Abschnitt 2.4.2.1 angegeben – die Bernstein-Polynome in s aus und berechnet so die Werte $B_i^n(s)$, $i = 0, \ldots, n$. Damit kann man nun die Bézier-Punkte

$$\mathbf{b}_k(s) := \sum_{i=0}^{n} \mathbf{b}_{ik} B_i^n(s) \tag{2.42}$$

ermitteln, die zur Kurve mit festem ersten Parameter s gehören. Schließlich kann der gesuchte Wert $\mathbf{x}(s,t)$,

$$\mathbf{x}(s,t) = \sum_{k=0}^{m} \mathbf{b}_k(s) \cdot B_k^m(t), \tag{2.43}$$

analog zu Abschnitt 2.4.2.1 nach de Casteljau berechnet werden.

Die bisher beschriebenen Bézier-Flächen hatten vier Randkurven. Allerdings gibt es oftmals Anwendungen, bei denen dreieckige Flächenstücke nötig sind (vgl. Abbildung 2.61). Auch für solche Flächen mit drei Randkurven können approximierende Bézier-Flächen angegeben werden. Hierfür sind jetzt auch im Parameterraum baryzentrische, das heißt schwerpunktsorientierte Koordinaten nötig. Wir haben somit drei Parameter $t_1, t_2, t_3 \in [0,1]$ mit der Nebenbedingung $t_1 + t_2 + t_3 = 1$.

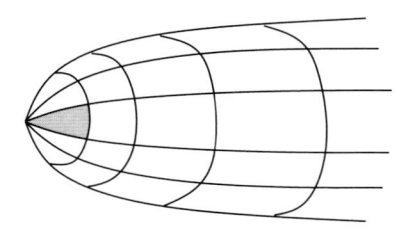

Abbildung 2.61 Zerlegung in drei- und viereckige Bézier-Flächen

Davon ausgehend, definieren wir die folgenden speziellen Bernstein-Polynome vom Grad n:

$$B_{ijk}^n(t_1, t_2, t_3) := \frac{n!}{i!j!k!} \cdot t_1^i t_2^j t_3^k,$$

wobei $t_i \in [0,1]$, $t_1 + t_2 + t_3 = 1$, $i + j + k = n$, $i, j, k \geq 0$. (2.44)

Die *dreieckige Bézier-Fläche vom Grad n* ist dann für alle Parameter t_1, t_2 und t_3, die obiger Bedingung genügen, durch folgende Definition gegeben:

$$\mathbf{x}(t_1, t_2, t_3) := \sum_{\substack{i,j,k \geq 0 \\ i+j+k=n}} \mathbf{b}_{ijk} \cdot B_{ijk}^n(t_1, t_2, t_3). \qquad (2.45)$$

Die Punkte $\mathbf{b}_{ijk} \in \mathbb{R}^3$ heißen wieder *Bézier-Punkte* und spannen das dreieckige Kontrollnetz auf (vgl. Abbildung 2.62).

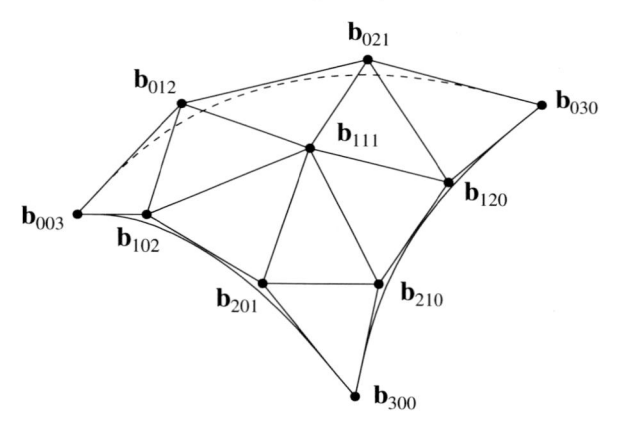

Abbildung 2.62 Kubische dreieckige Bézier-Fläche mit zugehörigem Kontrollnetz

Als wichtige Eigenschaften halten wir fest:

- Die drei Eckpunkte $\mathbf{b}_{00n}$, $\mathbf{b}_{0n0}$ und $\mathbf{b}_{n00}$ liegen auf der Fläche, die anderen Punkte im Allgemeinen nicht.

- Die Linien mit festem t_1 sind wieder Bézier-Kurven, analog sind die Linien mit festem t_2 bzw. t_3 auch Bézier-Kurven. Insbesondere sind folglich die drei Randkurven der Bézier-Fläche Bézier-Kurven, die durch die Kontrollpunkte $\mathbf{b}_{0jk}$ bzw. $\mathbf{b}_{i0k}$ bzw. $\mathbf{b}_{ij0}$ ($0 \leq i, j, k \leq n$) beschrieben werden.

- Die Fläche liegt in der konvexen Hülle ihres Kontrollnetzes.

2.4 Geometrische Attributierung

Zur Bestimmung eines Flächenpunktes $\mathbf{x}(t_1, t_2, t_3)$ zu gegebenen t_1, t_2 und t_3 gibt es wiederum mehrere Möglichkeiten:

- durch rekursive Berechnung der Werte von $B_{ijk}^n(t_1, t_2, t_3)$ mittels

$$B_{ijk}^r(t_1, t_2, t_3) := t_1 \cdot B_{i-1,jk}^{r-1} + t_2 \cdot B_{i,j-1,k}^{r-1} + t_3 \cdot B_{ij,k-1}^{r-1} \qquad (2.46)$$

- oder durch fortgesetzte lineare Interpolation nach de Casteljau:

$$\begin{aligned} \mathbf{b}_{ijk}^r &= t_1 \cdot \mathbf{b}_{i+1,jk}^{r-1} + t_2 \cdot \mathbf{b}_{i,j+1,k}^{r-1} + t_3 \cdot \mathbf{b}_{ij,k+1}^{r-1} \\ \text{mit} \quad & i+j+k = n-r \quad \text{und} \quad i,j,k \geq 0. \end{aligned} \qquad (2.47)$$

Hierbei ist $\mathbf{b}_{ijk}^0 = \mathbf{b}_{ijk}$ und $\mathbf{x}(t_1, t_2, t_3) = \mathbf{b}_{000}^n$.

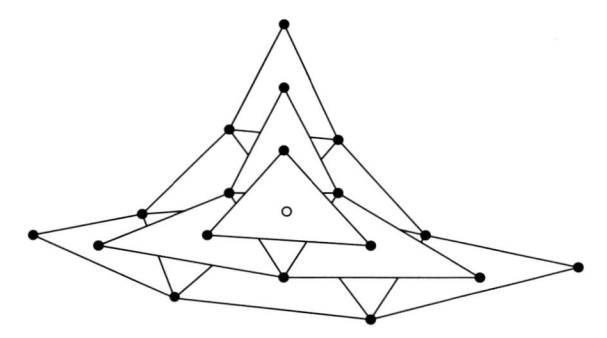

Abbildung 2.63 Konstruktion von de Casteljau für $n = 3$

Wie zuvor bei den Bézier-Kurven ist auch bei den drei- und viereckigen Bézier-Flächen die Möglichkeit der Berührung oder Selbstdurchdringung gegeben. Um solche Situationen zu erkennen, sind wieder entsprechende Tests erforderlich. Im Allgemeinen handelt es sich dabei um iterative Verfahren.

Die Schnittlinien zweier Bézier-Flächen sind darstellbar als Menge von Bézier-Kurven höheren Grades. Es gibt Algorithmen, die die Kontrollpunkte dieser Bézier-Kurven errechnen.

2.4.4 Attributierung und glatter Übergang an Nahtstellen

Nun muss die geometrische Information der drei- und viereckigen Bézier-Flächen noch der topologischen Information im *vef*-Graphen zugeordnet werden [BEH79]. Dazu nehmen wir an, dass die durch den *vef*-Graphen beschriebene topologische Struktur des gegebenen Körpers nur drei- oder viereckige Flächenstücke (d. h. Flächenstücke mit drei oder vier angrenzenden Kanten) aufweist. Jedes dieser Flächenstücke ist nun mit einer drei- bzw. viereckigen Bézier-Fläche zu attributieren. Dazu erfolgt – wie in den Abbildungen 2.64 und 2.65 veranschaulicht – eine Parkettierung der Bézier-Punkte des jeweiligen Kontrollnetzes. Die Punkte, Kanten und Flächenstücke im *vef*-Graphen werden dann mit den jeweiligen Bézier-Punkten bzw. Mengen von Bézier-Punkten attributiert (siehe die Abbildungen 2.64 und 2.65).

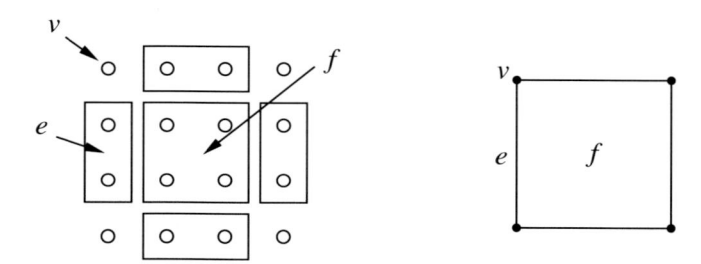

Abbildung 2.64 Parkettierung der Bézier-Punkte eines Kontrollnetzes im viereckigen Fall ($n = 3$)

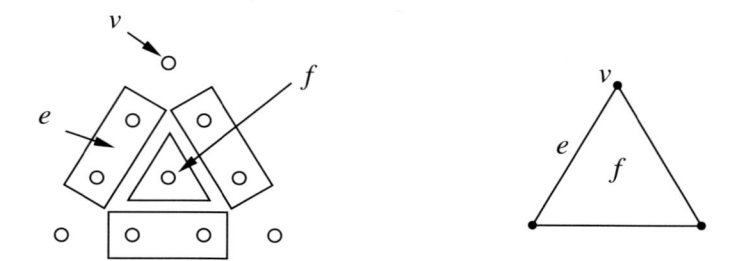

Abbildung 2.65 Parkettierung der Bézier-Punkte eines Kontrollnetzes im dreieckigen Fall ($n = 3$)

Dadurch wird automatisch ein stetiger Übergang zwischen zwei benachbarten Flächen erreicht, da die gemeinsame Kante und die gemeinsamen Punkte nur *eine* geometrische Attributierung haben können (siehe Abbildung 2.66). Höhere Glattheit erhält man durch kompliziertere Nebenbedingungen, die im Umfeld der Grenzpunkte mehrere Punkte in Betracht ziehen. Dabei sind dieselben Dinge zu beachten wie bei der Konstruktion glatter Splines (vgl. die Diskussion in Abschnitt 2.4.2.2).

2.4 Geometrische Attributierung

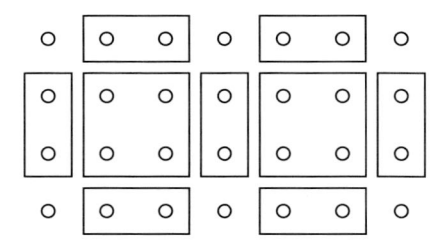

Abbildung 2.66 Parkettierung der Bézier-Punkte zweier Kontrollnetze mit nur einer geometrischen Attributierung für die gemeinsame Kante und die gemeinsamen Punkte

3 Graphische Darstellung dreidimensionaler Objekte

Nachdem im letzten Kapitel erläutert wurde, wie dreidimensionale Objekte modelliert werden können, ist es nun das Ziel dieses Kapitels zu erklären, wie zweidimensionale Bilder, also beispielsweise Daten des virtuellen Bildes oder gleich Bildschirmdaten, durch geeignete Transformationen (z. B. Projektionen) aus den dreidimensionalen Ergebnisdaten des geometrischen Modellierprozesses erzeugt werden können (vgl. Abbildung 3.1).

| Daten des Modellierprozesses | → Transformation → | Bilddaten |

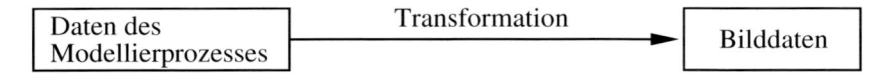

Abbildung 3.1 Von der modellierten Szene zum Bild

Wir beschränken uns im Folgenden mit wenigen Ausnahmen auf Darstellungsschemata, bei denen die Oberflächen sämtlicher Objekte durch lauter drei- oder viereckige, ebene Flächenstücke beschrieben sind bzw. bei denen die Volumina in lauter entsprechend berandete Normzellen aufgeteilt sind. Liegt das Resultat des Modellierprozesses bezüglich eines anderen Darstellungsschemas vor, so muss ein geeigneter Transformationsalgorithmus die Umwandlung in eines der drei folgenden Schemata leisten:

- Oberflächendarstellung mit drei- oder viereckigen, ebenen Flächenstücken,

- Normzellen-Aufzählungsschema (Voxelschema),

- Oktalbaumdarstellung.

Der wesentliche Vorteil einer polygonalen Darstellung liegt in der Möglichkeit der Hardwareunterstützung beim Umgang mit Polygonen, wodurch die zugehörigen Bilddaten sehr schnell und effizient erzeugt werden können.

Die Transformation der dreidimensionalen Daten der Szene in zweidimensionale (Bildschirm-)Daten, d. h. die Projektion der Szene auf die Bildebene, ist aber nur ein Schritt bei der Erzeugung realistischer Bilder, unserem eigentlichen Ziel. Von zentraler Bedeutung sind hierfür ferner Fragen der Sichtbarkeit, die Modellierung der lokalen Beleuchtung samt Reflexionen sowie der Problemkreis der Schattierung. Aufbauend auf die nachfolgende Diskussion dieser Grundlagen, gehen wir dann – nach einer kurzen Behandlung von Transparenz – auf die Thematik der globalen Beleuchtung der Szene ein und stellen hierzu exemplarisch zwei leistungsfähige Verfahren zur Erzeugung photorealistischer Bilder vor: Die Methode des Ray-Tracings, das insbesondere Glanzlicht und spiegelnde Reflexion hervorragend wiedergibt, sowie Radiosity-Verfahren, die sich vor allem zur realistischen Darstellung von (ansichtsunabhängigem) diffusem Licht eignen.

3.1 Parallel- und Zentralprojektion

Aufgrund der obigen Einschränkung auf Oberflächen, die aus lauter ebenen, drei- und viereckigen Flächenstücken bestehen, wird die Oberfläche vollständig durch die Lage der Eckpunkte und die topologische Kanteninformation beschrieben. Die Projektion der Objekte auf die Bildebene reduziert sich somit auf die Projektion der Eckpunkte.

Unter einer *Projektion* P versteht man allgemein eine Abbildung aus einem Raum V in einen niedrigerdimensionalen (affinen Teil-)Raum U, wobei P auf U (aufgefasst als Einbettung in V) die Identität ist:

$$\begin{aligned} P : V &\to U \subset V, \\ P|_U &= \mathrm{Id}, \\ P^2 &= P. \end{aligned} \quad (3.1)$$

In unserer Situation umfasst V gerade die modellierte Szene (Teilmenge des $\mathbb{R}^3$, Welt- bzw. Modellkoordinaten), und U enthält die Projektionsebene (jetzt aufgefasst als Teilmenge des $\mathbb{R}^2$, virtuelle Bildkoordinaten):

$$P : \begin{pmatrix} x \\ y \\ z \end{pmatrix} \longmapsto \begin{pmatrix} u \\ v \end{pmatrix}. \quad (3.2)$$

Im einfachsten Fall spannt die Projektionsebene (uv-Ebene) die xy-Ebene auf, ist also in z-Richtung ausgerichtet, und enthält den Ursprung des xyz-Systems (siehe Abbildung 3.2).

Die am nächsten liegende Projektion lässt nun einfach die z-Koordinaten weg und benutzt die x- und y-Koordinaten unmittelbar als virtuelle Bildkoordinaten. Bei dieser speziellen *Parallelprojektion* ist die *Projektionsrichtung* $(x_P, y_P, z_P)^T$ also orthogonal zur *Projektionsebene* (xy-Ebene), und

3.1 Parallel- und Zentralprojektion

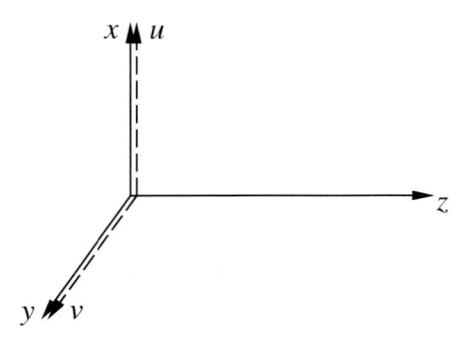

Abbildung 3.2 Bildschirmebene (uv) und Szene (xyz) im einfachsten Fall

alle Projektionsstrahlen verlaufen parallel zur Projektionsrichtung (siehe Abbildung 3.3). Wir haben also

$$\begin{pmatrix} u \\ v \end{pmatrix} = \begin{pmatrix} x \\ y \end{pmatrix} = P \cdot \begin{pmatrix} x \\ y \\ z \end{pmatrix}, \; P := \begin{pmatrix} 1 & 0 & 0 \\ 0 & 1 & 0 \end{pmatrix}, \quad (3.3)$$

mit der Projektionsrichtung

$$\begin{pmatrix} x_P \\ y_P \\ z_P \end{pmatrix} := \begin{pmatrix} 0 \\ 0 \\ 1 \end{pmatrix}. \quad (3.4)$$

Im Gegensatz dazu wählt man bei der *allgemeinen Parallelprojektion* eine beliebige, in der Regel nicht zur Darstellungsfläche orthogonale Projektionsrichtung $(x_P, y_P, z_P)^T$ mit $z_P \neq 0$ (vgl. Abbildung 3.3). Um die Abbildungsmatrix zu erhalten, berechnen wir das Bild eines beliebigen Punktes $(x, y, z)^T, z \neq 0$, also den Schnittpunkt $(u, v, 0)^T$ des *Projektionsstrahls*

$$g(t) := \begin{pmatrix} x \\ y \\ z \end{pmatrix} + t \cdot \begin{pmatrix} x_P \\ y_P \\ z_P \end{pmatrix} \quad (3.5)$$

mit der Darstellungsebene. Da hier die z-Komponente verschwinden muss, gilt für den reellen Parameter t wegen $z_P \neq 0$

$$z + t \cdot z_P = 0 \iff t = -\frac{z}{z_P} \quad (3.6)$$

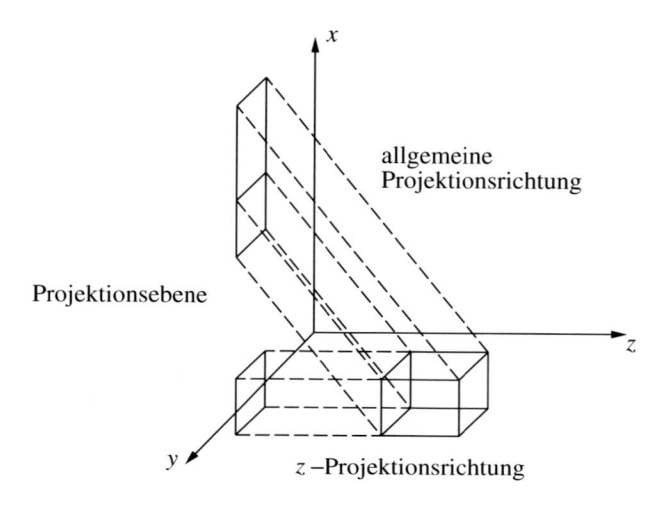

Abbildung 3.3 Parallelprojektion mit z- und allgemeiner Projektionsrichtung

und somit für u und v

$$u := x - \frac{z}{z_P} \cdot x_P,$$
$$v := y - \frac{z}{z_P} \cdot y_P. \qquad (3.7)$$

Als zugehörige Projektionsmatrix P erhalten wir damit

$$\begin{pmatrix} u \\ v \end{pmatrix} = P \cdot \begin{pmatrix} x \\ y \\ z \end{pmatrix}, \quad P := \begin{pmatrix} 1 & 0 & -x_P/z_P \\ 0 & 1 & -y_P/z_P \end{pmatrix}, \qquad (3.8)$$

bzw. in homogenen Koordinaten

$$\begin{pmatrix} u \\ v \\ w \\ 1 \end{pmatrix} = \overline{P} \cdot \begin{pmatrix} x \\ y \\ z \\ 1 \end{pmatrix}, \quad \overline{P} := \begin{pmatrix} 1 & 0 & -x_P/z_P & 0 \\ 0 & 1 & -y_P/z_P & 0 \\ 0 & 0 & 1 & 0 \\ 0 & 0 & 0 & 1 \end{pmatrix}. \qquad (3.9)$$

Die w-Komponente wird bei der Darstellung ignoriert (uv-Ebene). Dennoch empfiehlt es sich, die z-Koordinaten der Urbildvektoren auf diese Weise aufzuheben, da sie etwa für Verfahren zum Sichtbarkeitsentscheid, wie sie in Abschnitt 3.2 vorgestellt werden, von Bedeutung sind.

3.1 Parallel- und Zentralprojektion

Die bisherigen Betrachtungen haben sich auf die xy-Ebene ($z = 0$) als Projektionsebene beschränkt (vgl. Abbildung 3.2). Eine beliebige Projektionsebene im dreidimensionalen Raum kann durch die in Abschnitt 1.3 besprochenen affinen Transformationen (Translationen, Rotationen, Spiegelungen) realisiert werden. Dazu wird die gesamte Szene einschließlich der Projektionsebene einer geeigneten affinen Transformation unterzogen, die die Projektionsebene auf die Ebene $z = 0$ abbildet. Eine nachfolgende Parallelprojektion wie oben beschrieben liefert dann das gewünschte Resultat.

Der größte Nachteil der Parallelprojektion ist das Fehlen von Perspektive. Der parallele Verlauf aller Projektionsstrahlen bewirkt, dass Objekte unabhängig von ihrer Entfernung zur Projektionsebene stets in derselben Größe abgebildet werden, und verhindert so das Entstehen eines perspektivischen und damit mit räumlicher Tiefe versehenen Bildeindrucks.

Deshalb gehen wir nun zur realistischeren *Zentralprojektion* über, bei der die Perspektive berücksichtigt wird (siehe Farbtafel 24). Die Objekte erscheinen dabei umso kleiner, je weiter sie vom Betrachter entfernt sind. Bei der Zentralprojektion ist daher neben der Projektionsebene auch die Angabe des *Beobachterstandpunktes* (*Projektionszentrums*) B erforderlich (vgl. Abbildung 3.4).

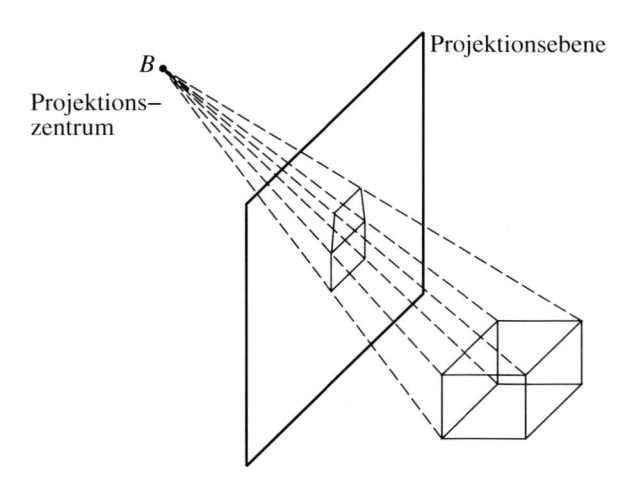

Abbildung 3.4 Zentralprojektion mit Projektionsebene und Projektionszentrum

Die Zentralprojektion kennt keine einheitliche Projektionsrichtung. Vielmehr ergeben sich die projizierten Bildpunkte als die Schnittpunkte der vom

Projektionszentrum zu den Objektpunkten laufenden Projektionsstrahlen mit der Bildebene. Eine ähnliche Situation hat man beispielsweise beim menschlichen Auge oder bei einer Kamera. Dabei ist aber die Bildebene jeweils *hinter* dem Projektionszentrum statt vor ihm. Das Bild steht dann auf der Netzhaut am Augenhintergrund auf dem Kopf und ist spiegelverkehrt, wobei man beim Sehvorgang die verschiedenen Projektionen des Sehens und Blickens unterscheiden muss, siehe Abbildung 3.5.

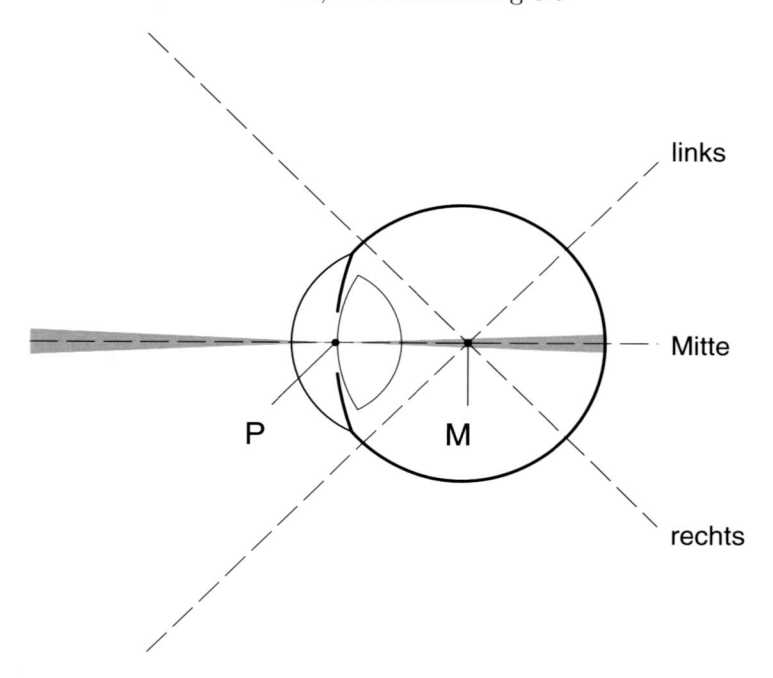

Abbildung 3.5 Abbildungen im menschlichen Auge. Beim Sehen gibt es zwei Zentralprojektionen: zum einen wird bei ruhendem Auge das Objekt durch Lichtbrechung an Hornhaut und Linse auf die Netzhaut reell abgebildet, was der graue Kegel in der Zeichnung andeutet. Bei diesem Vorgang, der der Abbildung in einer Kamera ähnelt, ist der Mittelpunkt P der Augenpupille das Projektionszentrum, und es wird nur ein kleiner Teil des Blickfeldes scharf erfasst. Bei ruhendem Kopf kann das Blickfeld durch Drehen des Auges wahrgenommen werden, ein wesentlich größerer Bereich, in der Zeichnung begrenzt durch die gestrichelten Linien. Bei diesem Vorgang, der eher mit der Bilderfassung in einem Scanner als in einer Kamera vergleichbar ist, liegt das Projektionszentrum im Augenmittelpunkt M. Im Gehirn entsteht durch ständige Augenbewegung und Verarbeitung der Wahrnehmungen für verschiedene Blickrichtungen der Eindruck, das ganze Blickfeld scharf zu sehen. Dieser Eindruck wird auch durch Kopfbewegungen nicht gestört.

3.1 Parallel- und Zentralprojektion

Zwei einfache Eigenschaften der Zentralprojektion folgen unmittelbar aus dem bisher Gesagten: Geraden bzw. Strecken durch das Projektionszentrum B degenerieren auf der Projektionsebene zu einem Punkt, und alle anderen Geraden oder Strecken im dreidimensionalen Raum werden auf Geraden bzw. Strecken auf der zweidimensionalen Projektionsebene abgebildet.

Im einfachsten Spezialfall der Zentralprojektion befindet sich der Beobachter im Ursprung, und die Projektionsebene ist die Ebene $z = 1$. Als Bild eines Punktes $Q := (x, y, z)^T, z \neq 0$, erhalten wir den Punkt $(x/z, y/z, 1)$ (vgl. Abbildung 3.6). Hier lässt sich also die Zentralprojektion vollständig

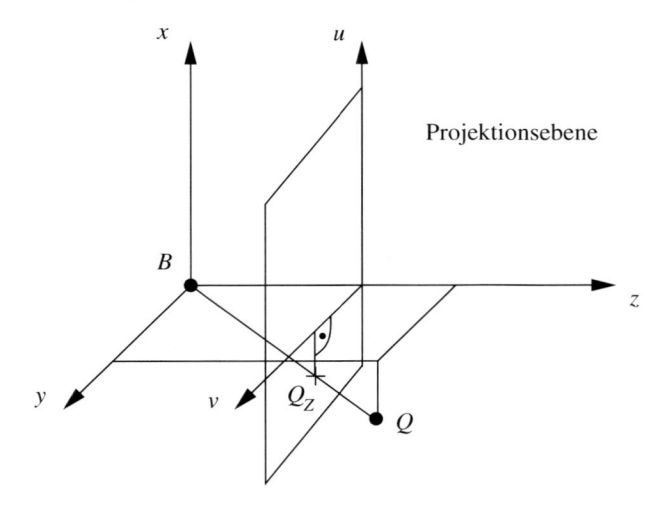

Abbildung 3.6 Zentralprojektion mit Projektionsebene $z = 1$: Bild des Punktes Q ist der Punkt Q_Z.

beschreiben durch

$$\begin{aligned} u &:= x/z, \\ v &:= y/z, \\ w &:= 1. \end{aligned} \quad (3.10)$$

Im allgemeinen Fall nun ist die Lage des Projektionszentrums B beliebig, und die Projektionsebene wird durch den sogenannten *optischen Achsenpunkt* A festgelegt. Die *optische Achse*, d. h. der von B ausgehende Strahl durch A, gibt dabei die Blickrichtung des Betrachters an und steht senkrecht auf der Projektionsebene, die im Allgemeinen A enthält (vgl. Abbildung 3.7).

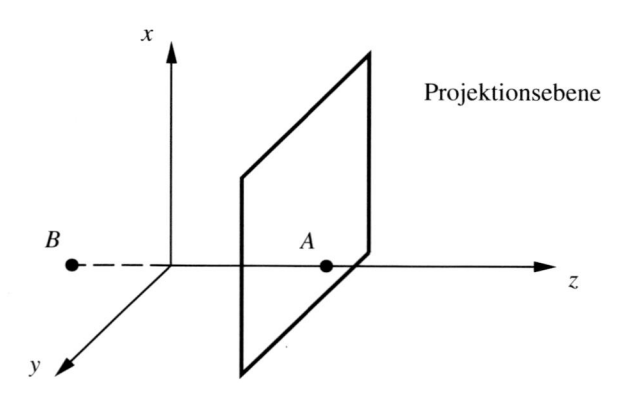

Abbildung 3.7 Projektionszentrum B, optischer Achsenpunkt A und optische Achse BA

Zur Behandlung der allgemeinen Situation ist nun zunächst eine affine Transformation gesucht, die

1. B in den Ursprung verschiebt (Translation),
2. die Strecke BA auf die z-Achse abbildet (dreidimensionale Rotation) und
3. das uv-Koordinatensystem in seiner Lage bezüglich der z-Achse sowie in seiner Orientierung fixiert (siehe Abbildung 3.8; zweidimensionale Rotation, evtl. Spiegelung).

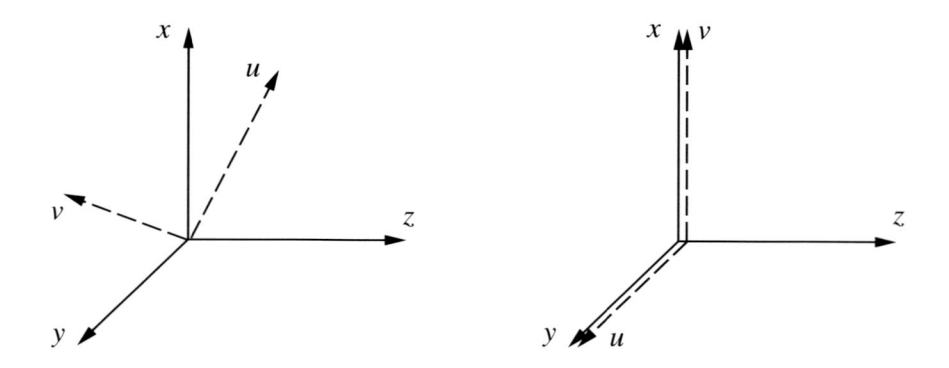

Abbildung 3.8 Festlegung der u- und v-Richtung: Durch die optische Achse steht nur die Projektionsebene fest, nicht jedoch die Lage bzw. Orientierung der u- und der v-Achse.

3.1 Parallel- und Zentralprojektion

Eine mögliche Realisierung und Darstellung einer solchen affinen Transformation, in die zusätzlich aus praktischen Erwägungen eine (verzerrungsfreie) Skalierung eingebaut ist, zeigt die folgende Definition:

$$\begin{pmatrix} \overline{x} \\ \overline{y} \\ \overline{z} \end{pmatrix} := P \cdot \begin{pmatrix} x - x_B \\ y - y_B \\ z - z_B \end{pmatrix}, \tag{3.11}$$

$$P := \begin{pmatrix} s \cdot q & -t \cdot q & 0 \\ -t \cdot c & -s \cdot c & p \\ a & b & c \end{pmatrix},$$

wobei

$$\begin{aligned}
A &:= (x_A, y_A, z_A)^T, \\
B &:= (x_B, y_B, z_B)^T, \\
a &:= x_A - x_B, \\
b &:= y_A - y_B, \\
c &:= z_A - z_B, \\
p &:= \sqrt{a^2 + b^2}, \\
q &:= \begin{cases} \sqrt{a^2 + b^2 + c^2} & : p \neq 0 \\ c & : p = 0 \end{cases}, \\
s &:= \begin{cases} b/p & : p \neq 0 \\ 1 & : p = 0 \end{cases}, \\
t &:= \begin{cases} a/p & : p \neq 0 \\ 1 & : p = 0 \end{cases}.
\end{aligned}$$

In beiden Fällen ($p = 0, p \neq 0$) sind die Spalten der Matrix P orthogonal, als Determinante ergibt sich $-2c^3$ ($p = 0$) bzw. $-q^3$ ($p \neq 0$). Um die Wirkung der in (3.11) definierten Transformation klar zu machen, betrachten wir die beiden Punkte A und B näher. B wird auf den Ursprung abgebildet, A durch die Translation zunächst auf $(a, b, c)^T$ und durch die anschließende Multiplikation mit P schließlich auf $(0, 0, q^2)$, einen Punkt auf der $\overline{z}$-Achse. Damit haben wir die allgemeine Situation auf den zuerst besprochenen Spezialfall zurückgeführt, und wir erhalten die Bildkoordinaten aus $u := \overline{x}/\overline{z}$ und $v := \overline{y}/\overline{z}$ (vgl. (3.10)).

Insgesamt ergibt sich folgende Berechnungsvorschrift:

Zentralprojektion (Beobachter in B, Blickrichtung nach A):
$$\begin{aligned} D &:= a \cdot (x - x_B) + b \cdot (y - y_B) + c \cdot (z - z_B), \\ u &:= \Big(s \cdot q \cdot (x - x_B) - t \cdot q \cdot (y - y_B)\Big)/D, \\ v &:= \Big(-t \cdot c \cdot (x - x_B) - s \cdot c \cdot (y - y_B) + p \cdot (z - z_B)\Big)/D. \end{aligned} \quad (3.12)$$

Wir wollen diesen Abschnitt zur Zentralprojektion mit einigen grundsätzlichen Bemerkungen abschließen:

1. Am Vorzeichen des Werts D kann abgelesen werden, ob ein gegebener Punkt $(x, y, z)^T$ in Blickrichtung des Betrachters vor ($D > 0$) oder hinter ($D < 0$) diesem steht.

2. Mittels $x - x_B = x - x_A + x_A - x_B = x - x_A + a$ können die Formeln zur Zentralprojektion auch bezüglich A angegeben werden. Anstelle von (3.12) erhalten wir dann:

Zentralprojektion (A und B wie bisher, Angabe bezüglich A):
$$\begin{aligned} D &:= a \cdot (x - x_A) + b \cdot (y - y_A) + c \cdot (z - z_A) + q^2, \\ u &:= \Big(s \cdot q \cdot (x - x_A) - t \cdot q \cdot (y - y_A)\Big)/D, \\ v &:= \Big(-t \cdot c \cdot (x - x_A) - s \cdot c \cdot (y - y_A) + p \cdot (z - z_A)\Big)/D. \end{aligned} \quad (3.13)$$

3. Wählt man B extrem weit von der Szene entfernt, so ist D nahezu konstant, und alle Projektionsstrahlen verlaufen fast parallel. Man kann die Parallelprojektion also auch als Zentralprojektion mit unendlich weit entferntem Projektionszentrum betrachten. Dementsprechend liefern obige Formeln (3.12) und (3.13) mit konstantem D gerade eine Parallelprojektion.

4. Rundungsfehler sind bei der Zentralprojektion normalerweise unerheblich. Je weiter allerdings B aus der Szene wandert, desto problematischer werden die Formeln bezüglich B (3.12), je weiter A von der Szene entfernt gewählt wird, desto problematischer werden die Formeln bezüglich A (3.13). Folglich sollten nicht sowohl das Projektionszentrum als auch der optische Achsenpunkt weit außerhalb der Szene liegen.

5. Für die Wahl von A und B sind auch noch andere Aspekte maßgeblich. Große Entfernungen von A und B führen zu kleinen Bildern (alles wird

in einen kleinen Bereich abgebildet). Befinden sich dagegen A und B zu nah an der Szene, so werden die Bilder sehr groß, womöglich sind nur Ausschnitte der Szene zu sehen. Eine geeignete Wahl ist daher, A in die Szene zu legen und B hinreichend weit entfernt zu positionieren. Mit den Formeln (3.13) erhält man dann optisch zufrieden stellende und zuverlässige (genaue) Resultate.

Nachdem nun mittels einer geeigneten Projektion aus den dreidimensionalen Daten der Szene zweidimensionale, in virtuellen Bildkoordinaten angegebene Bilddaten erzeugt sind, muss in einem abschließenden Schritt noch die Transformation auf die ganzzahligen Gerätekoordinaten realisiert werden (vgl. Abschnitt 1.5). Dieser Schritt wird oftmals auch *Window-Viewport-Transformation* genannt. Dabei bezeichnet das Window den abzubildenden Bildausschnitt in Welt- bzw. virtuellen Bildkoordinaten, und unter dem Viewport versteht man den entsprechenden Zielausschnitt in Gerätekoordinaten.

3.2 Sichtbarkeitsentscheid

Die Darstellung der vollständigen modellierten Szene auf dem Bildschirm führt in der Regel zu äußerst unüberschaubaren Bildern: Beim Zeichnen aller Kanten etwa in der Oberflächendarstellung entsteht bei komplizierteren Objekten leicht ein Gewirr aus Linien von Vorder- und Rückseiten. Allgemein ist es bei ganz oder teilweise verdeckten Objekten zunächst völlig offen, was geschieht (z. B. kann unter Umständen die Reihenfolge des Zeichnens eine entscheidende Rolle dabei spielen, was letztendlich zu sehen ist). Um hier Klarheit zu schaffen und um dem Ziel realistischer Bilder näher zu kommen, ist es daher erforderlich, die (von anderen Objekten) verdeckten und somit normalerweise nicht sichtbaren Linien und Flächen zu eliminieren bzw. vor der Darstellung auf dem Ausgabemedium auszusortieren[1].

Die damit verbundenen Probleme des *Sichtbarkeitsentscheids* (*Visible-Line-/ Visible-Surface-Determination*) sowie der *Elimination verdeckter Kanten und Flächen* (*Hidden-Line-/ Hidden-Surface-Removal*) zählen deshalb zu den wichtigsten Aufgabenstellungen bei der graphischen Darstellung

---

[1] Andere Techniken benutzt man dagegen bei Drahtmodellen (hier wird beim sogenannten *Depth-Cueing* die Darstellungsintensität in Abhängigkeit von der Entfernung gewählt, wodurch rückseitige Kanten schwächer als vorderseitige Kanten dargestellt werden; siehe Farbtafel 26) oder bei transparenten Objekten (siehe Abschnitt 3.5), die die hinter ihnen liegenden Objekte nicht ganz verdecken.

dreidimensionaler Objekte. Prinzipiell ist dabei für jeden Projektionsstrahl, also für jedes Pixel, zu entscheiden, ob ein und gegebenenfalls welches Objekt sichtbar ist. Oftmals können jedoch ganze Flächenstücke oder sogar Objekte von vornherein vernachlässigt werden, wenn sie völlig verdeckt sind. In diesem Abschnitt wollen wir nun einige grundlegende Techniken zum Sichtbarkeitsentscheid studieren. Wir kommen dabei zunächst nochmals auf das bereits in Abschnitt 1.4 diskutierte Clipping zurück. Aufgrund seiner Position und seines Blickwinkels sieht der Betrachter nur einen Ausschnitt aus der darzustellenden Szene. Diesem Sachverhalt wird durch das dreidimensionale Clipping Rechnung getragen.

Der Sichtbarkeitsentscheid muss im dreidimensionalen Raum gefällt werden, bevor die Projektion ins Zweidimensionale die benötigte Tiefeninformation zerstört. Andererseits steht der Entscheid pixelweise an – schließlich muss für jedes Bildschirmpixel entschieden werden, welches Objekt der Szene sichtbar ist. Aus diesem Grund schiebt man in der Regel eine zusätzliche Transformation ein: Zunächst wird die Szene derart dreidimensional perspektivisch transformiert, dass eine anschließende einfache Parallelprojektion zum selben Resultat wie die Zentralprojektion der Szene führt. Diese zusätzliche Transformation erhält die relative Tiefeninformation der Szene, und sie ist linien- und ebenenerhaltend. Aus einem in Projektionsrichtung ausgerichteten Würfel bspw. wird dabei ein Pyramidenstumpf mit zum Betrachter gewandter Basis. Der entscheidende Vorteil dieser Vorgehensweise ist, dass nun – bei geeigneter Normierung – die Pixelkoordinaten u und v identisch mit den Szenekoordinaten x und y gewählt werden können. Ein die Pixel abarbeitender Sichtbarkeitsalgorithmus hat somit direkten Zugriff auf die Tiefeninformation der Szene. Dies werden wir beim z-Buffer- und beim Scan-Line-Verfahren ausnützen. Doch wenden wir uns zuerst dem dreidimensionalen Clipping zu.

3.2.1 Dreidimensionales Clipping

Durch die beschränkten Ausmaße der Bildebene bzw. des Bildschirms und durch die Festlegung der Projektionsrichtung (bei der Parallelprojektion) bzw. des Projektionszentrums (bei der Zentralprojektion) kann nur ein Teil der Welt bzw. der Szene dargestellt werden. Dieser potenziell sichtbare und somit abbildbare Bereich ist im Fall der Parallelprojektion ein in Projektionsrichtung unendliches Parallelepiped, und für die Zentralprojektion ergibt sich eine in Richtung der positiven optischen Achse unendliche Pyramide (siehe Abbildung 3.9).

3.2 Sichtbarkeitsentscheid 125

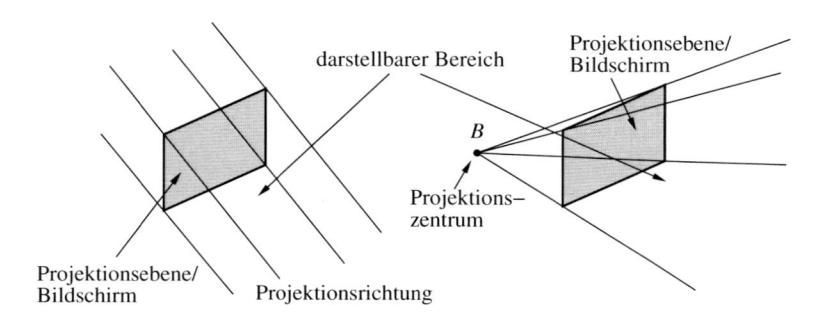

Abbildung 3.9 Darstellbarer Bereich bei der Parallel- und der Zentralprojektion

In der Praxis ist es dagegen oftmals sinnvoll, den in beiden Fällen zunächst unendlich großen darstellbaren Bereich zu begrenzen, da man sich meistens ohnehin lediglich für einen bestimmten Tiefenausschnitt interessiert und weitere Objekte hier nur stören würden. Bei der Zentralprojektion neigen außerdem sehr nahe am Betrachter befindliche Gegenstände dazu, den gesamten Bildschirm einzunehmen, wohingegen sehr weit entfernte Objekte oft zu winzig kleinen Bildern führen können. Aus diesen Gründen führt man als Begrenzung des darzustellenden Bereichs die sogenannte *vordere* und *hintere Clippingebene* ein (siehe die Farbtafeln 24 und 25). Im Allgemeinen liegt dabei erstere relativ zum Projektionszentrum vor und letztere hinter der Projektionsebene. Alle drei Ebenen sind parallel zueinander. Somit erhält man als darstellbaren Bereich bei der Parallelprojektion ein Parallelepiped und bei der Zentralprojektion einen Pyramidenstumpf (siehe Abbildung 3.10).

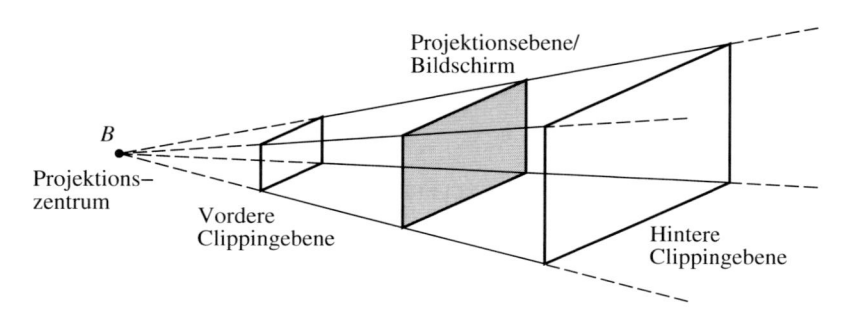

Abbildung 3.10 Vordere und hintere Clippingebene bei der Zentralprojektion

Das Clipping von Objekten in der dreidimensionalen Szene muss nun zum einen bezüglich der beiden Clippingebenen, zum anderen bezüglich der restlichen vier Seiten des Pyramidenstumpfs erfolgen. Während letzteres unter anderem aus Gründen der Einfachheit meistens nach der Projektion der Objekte auf die Bildebene als zweidimensionales Clipping realisiert wird (vgl. Abschnitt 1.4), muss das Tiefenclipping in z-Richtung bezüglich der vorderen und hinteren Clippingebene noch im dreidimensionalen Raum erfolgen.

Wir wollen uns an dieser Stelle auf den Hinweis beschränken, dass die gängigen Algorithmen zum zweidimensionalen Clipping von Cohen und Sutherland (siehe Abschnitt 1.4) sowie von Cyrus und Beck [CyBe78], von Liang und Barsky [LiBa84] und von Sutherland und Hodgman [SuHo74] auf den dreidimensionalen Fall verallgemeinert werden können. Ein einfacher und sehr effizienter Algorithmus zum dreidimensionalen Clipping wurde zudem von Blinn [Blin91] veröffentlicht.

Nach dem Clipping sind alle auch außerhalb des darstellbaren Bereichs liegenden Objekte ganz bzw. teilweise eliminiert. Anschließend (oder auch schon verschränkt damit) ist nun die Frage der Sichtbarkeit im Inneren des darstellbaren Bereichs zu klären.

3.2.2 Rückseitenentfernung

In einem ersten, vorbereitenden Schritt zur Elimination verdeckter Kanten und Flächen werden bei der sogenannten *Rückseitenentfernung* (*Back-Face-Culling*) zunächst alle Rückseiten von Objekten entfernt, da diese für den Beobachter im Projektionszentrum B sicher unsichtbar sind (siehe die Farbtafeln 27 und 28). Es ist jedoch klar, dass damit die Aufgabe noch nicht gelöst ist, da natürlich auch Vorderseiten durch davor liegende andere Objekte verdeckt und damit unsichtbar sein können. Jedoch lässt sich durch die Rückseitenentfernung die Anzahl der anschließend zu betrachtenden Objekte bzw. Flächen oftmals deutlich reduzieren.

Als *Rückseite* wird dabei ein Oberflächenstück f bezeichnet, dessen (in Bezug auf den jeweiligen Körper) äußere Normale n_f vom Betrachter wegweist. Um nun festzustellen, ob es sich bei einer Fläche f um eine Rückseite handelt, berechnet man das Skalarprodukt der äußeren Flächennormale n_f mit dem Vektor $P_f - B$, wobei B das Projektionszentrum und P_f einen Punkt im Inneren von f (etwa den Schwerpunkt) bezeichnen. Ergibt sich ein negativer Wert, so weist n_f zum Betrachter hin, und f wird nicht entfernt. Ist das Skalarprodukt dagegen positiv, wird f als Rückseite erkannt und eliminiert. Im Falle eines rechten Winkels ist das Skalarprodukt Null, und die Fläche degeneriert zur Kante (siehe Abbildung 3.11).

3.2 Sichtbarkeitsentscheid

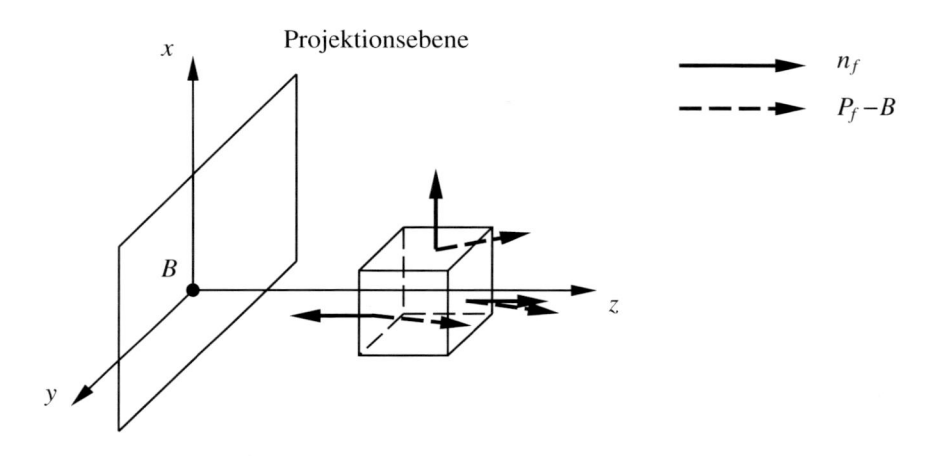

Abbildung 3.11 Bestimmung von Rückseiten

Zur Bestimmung der äußeren Normalenvektoren ebener Flächenstücke gibt es nun verschiedene Möglichkeiten. Sind die n Kantenvektoren $e_0, \ldots, e_{n-1}$ eines Oberflächenpolygons von außen betrachtet entgegen dem Uhrzeigersinn ausgerichtet und nummeriert, so liefert das *Vektorprodukt* $e_i \times e_{(i+1) \bmod n}$ einen äußeren Normalenvektor. Wie aus der linearen Algebra bekannt, ist das Vektorprodukt dabei definiert als

$$a \times b = \begin{pmatrix} a_1 \\ a_2 \\ a_3 \end{pmatrix} \times \begin{pmatrix} b_1 \\ b_2 \\ b_3 \end{pmatrix} := \begin{pmatrix} a_2 b_3 - a_3 b_2 \\ a_3 b_1 - a_1 b_3 \\ a_1 b_2 - a_2 b_1 \end{pmatrix}, \quad (3.14)$$

wobei $|a \times b| = |a| \cdot |b| \cdot |\sin \varphi(a, b)|$. Der Vektor $a \times b$ steht senkrecht auf der von a und b aufgespannten Ebene und ist so orientiert, dass $(a, b, a \times b)$ ein rechtshändiges System bilden (falls a und b linear unabhängig sind).

Eine zweite Möglichkeit der Normalenbestimmung liefert die sogenannte *Eckpunktsumme*. Hierzu seien die n Eckpunkte $v_0, \ldots, v_{n-1}$ eines Oberflächenpolygons von außen betrachtet entgegen dem Uhrzeigersinn angeordnet. Dann ist mit $v_i = (x_i, y_i, z_i)^T$, $i = 0, \ldots, n-1$,

$$\begin{pmatrix} \sum_{i=0}^{n-1} (y_{(i+1) \bmod n} - y_i) \cdot (z_{(i+1) \bmod n} + z_i) \\ \sum_{i=0}^{n-1} (z_{(i+1) \bmod n} - z_i) \cdot (x_{(i+1) \bmod n} + x_i) \\ \sum_{i=0}^{n-1} (x_{(i+1) \bmod n} - x_i) \cdot (y_{(i+1) \bmod n} + y_i) \end{pmatrix} \quad (3.15)$$

ein äußerer Normalenvektor des betrachteten Oberflächenpolygons.

Abschließend halten wir fest, dass eine Kante im Rahmen der Rückseitenentfernung natürlich nur dann entfernt werden darf, wenn sämtliche durch sie begrenzten Flächen als Rückseiten identifiziert worden sind.

Nachdem durch das dreidimensionale Clipping der sichtbare Bereich eingeschränkt und durch die Rückseitenentfernung die Komplexität der Szene reduziert worden ist, wenden wir uns nun den eigentlichen Verfahren zum Sichtbarkeitsentscheid zu.

3.2.3 z-Buffer-Verfahren

Ausgangspunkt für dieses Verfahren [Catm74] ist die Abbildung auf einen Rasterbildschirm. Unter dem *z-Buffer* (*z-Puffer, Tiefenpuffer*) versteht man dabei ein zweidimensionales Feld entsprechend der Pixelauflösung des Bildschirms. Eingetragen wird für jedes Pixel seine z-Koordinate, d. h. die z-Koordinate des an diesem Pixel sichtbaren Polygonpunkts bzw. des Hintergrunds. Gleichzeitig wird im eigentlichen Bildschirmspeicher (Frame-Buffer, siehe die Abbildungen 1.39 und 1.50 in Abschnitt 1.6) die entsprechende Farbe bzw. Helligkeitsinformation gehalten. Der Basisalgorithmus hat eine recht einfache Gestalt:

z-Buffer-Algorithmus:
    setze alle Einträge im z-Buffer auf z_{max} (Hintergrund);
    setze alle Einträge im Frame-Buffer auf die Hintergrundfarbe;
    $\forall$ Polygone P:
    begin
        projiziere das Polygon P auf die Bildschirmebene;
        transformiere das Resultat in Rasterkoordinaten (Pixel);
        $\forall$ betroffenen Pixel (u,v):
        begin
            $pz := z$-Koordinate des Polygons im Pixel (u,v);
            $zz := $ Eintrag im z-Buffer für das Pixel (u,v);
            if $pz < zz$:
            begin
                z-Buffer$(u,v) := pz$;
                Frame-Buffer$(u,v) := $ Farbe(P,u,v);
            end
        end
    end;

3.2 Sichtbarkeitsentscheid

Zu Beginn werden also alle Einträge des z-Buffers auf einen maximalen Wert (Hintergrund) und alle Einträge des Frame-Buffers auf die Hintergrundintensität bzw. -farbe gesetzt. Dann geht man in einer Schleife über alle Polygone und führt dabei die folgenden drei Schritte aus:

1. Projektion des Polygons auf die Bildebene;
2. Rasterkonvertierung des projizierten Polygons in eine Pixelmenge;
3. Vergleich der z-Werte mit den Werten im z-Buffer für jedes betroffene Pixel: Steht im betrachteten Pixel das neue Polygon P vor dem bisher gespeicherten, so werden der Intensitätswert (die Farbe) des neuen Polygons P in den Bildschirmspeicher und der neue z-Wert in den z-Buffer geschrieben.

Die Berechnung der z-Koordinate von Pixel zu Pixel in einem Polygon kann dabei mittels einfacher inkrementeller Techniken erfolgen, da alle Flächen als Polygone planar sind. Liegt das Polygon etwa nach der zu Beginn des Abschnitts 3.2 erwähnten zusätzlichen perspektivischen Transformation in der Szene in der Ebene

$$ax + by + cz + d = 0, \qquad (3.16)$$

dann entsprechen ja x und y gerade den Bildschirm- oder Pixelkoordinaten u und v. Somit gilt für die z-Komponente $z_{neu} := z_{alt} + \Delta z$ im Pixel $(u+1, v)$, ausgehend von z_{alt} im Pixel (u, v),

$$\begin{aligned} 0 &= a(u+1) + bv + c(z_{alt} + \Delta z) + d \\ &= \underbrace{au + bv + cz_{alt} + d}_{0} + a + c\Delta z \\ &= \phantom{au + bv + cz_{alt} + d}\;0 + a + c\Delta z \end{aligned} \qquad (3.17)$$

und folglich

$$\Delta z = -\frac{a}{c}. \qquad (3.18)$$

Das (reelle) Inkrement Δz ist dabei konstant für das gesamte betrachtete Polygon. Entsprechendes gilt beim Übergang von Pixel (u, v) zum Nachbarpixel $(u, v+1)$.

Abschließend halten wir die wichtigsten Eigenschaften des z-Buffer-Verfahrens fest (siehe die Farbtafeln 27 und 29):

1. Das Verfahren ist speicherintensiv, da für jedes Pixel ein zusätzlicher Eintrag benötigt wird. Als Abhilfe kann man anstelle des gesamten Bildschirminhalts immer nur einige Bildschirmzeilen im z-Buffer halten. In

diesem Fall müssen aber die Polygone mehrfach bearbeitet werden.

2. Das Verfahren ist rechenzeitintensiv: Die Entscheidung wird für jedes Pixel in einem Polygon separat gefällt, nicht für das ganze Polygon auf einmal.

3. z-Buffer-Algorithmen sind leicht zu implementieren. Außerdem ist Hardwareunterstützung möglich: Selbst einfachere Graphikrechner verfügen heute über Hardware-z-Buffer. Dieser Sachverhalt hat wesentlich zur Verbreitung des z-Buffer-Verfahrens beigetragen.

4. Ein Vorsortieren der Objekte ist nicht erforderlich, Vergleiche zwischen verschiedenen Objekten werden nicht benötigt.

5. Da die äußere Schleife im dazugehörigen Algorithmus über die Polygone läuft, ergibt sich als durchschnittlicher Gesamtaufwand

$$N_{Pol} \cdot N_{Pix},$$

wobei N_{Pol} die Anzahl der Polygone und N_{Pix} die durchschnittliche Anzahl der Pixel pro Polygon bezeichnet. Die Bildschirmauflösung fließt also nur mittelbar in den Aufwand ein (vgl. dazu Abschnitt 3.2.7).

6. Das Verfahren ist gut parallelisierbar. Insbesondere ist die Reihenfolge der Abarbeitung der Polygone unerheblich.

7. Eine Erweiterung des z-Buffer-Verfahrens [Will78] erlaubt auch die Realisierung von Schatten. Mit Hilfe eines zweiten z-Buffers, bei dem als Projektionszentrum die Lichtquelle gewählt wird, kann festgestellt werden, ob ein für den Betrachter sichtbarer Punkt im Schatten eines Objekts liegt oder nicht.

8. Die Einschränkung auf Polygone bzw. polygonal berandete Objekte ist keinesfalls zwingend.

3.2.4 List-Priority-Verfahren

Bei dieser Klasse von Verfahren werden die Objekte so vorsortiert, dass das Zeichnen in der entsprechenden Reihenfolge zu einem korrekten Bild führt. Probleme ergeben sich hierbei natürlich im Falle wechselseitiger oder zyklischer Überlappung (siehe Abbildung 3.12), wo keine solche Ordnung existiert. In einer solchen Situation ist ein Aufsplitten der überlappenden Objekte erforderlich (siehe z. B. [NNS72]).

3.2 Sichtbarkeitsentscheid

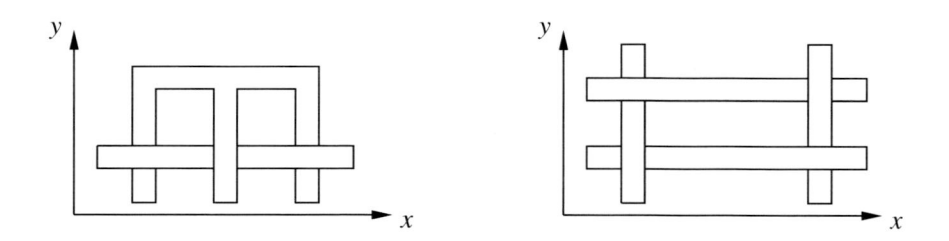

Abbildung 3.12 Wechselseitige (links) und zyklische (rechts) Überlappung von Objekten

Man benötigt also Verfahren, mit deren Hilfe man Überlappungen aufspüren kann. Ein einfaches hinreichendes (aber nicht notwendiges) Kriterium für Überlappungsfreiheit zwischen zwei Objekten kann sofort angegeben werden. Seien $x_{\min}^{(i)}, x_{\max}^{(i)}, y_{\min}^{(i)}$ und $y_{\max}^{(i)}, i \in \{1,2\}$, die minimalen bzw. maximalen x- bzw. y-Koordinaten von Objekt 1 bzw. Objekt 2. Dann gilt:

$$[x_{\min}^{(1)}, x_{\max}^{(1)}] \cap [x_{\min}^{(2)}, x_{\max}^{(2)}] = \{\} \quad \vee \quad [y_{\min}^{(1)}, y_{\max}^{(1)}] \cap [y_{\min}^{(2)}, y_{\max}^{(2)}] = \{\}$$
$$\implies \text{Objekt 1 und Objekt 2 überlappen sich nicht.}$$

Für alle Paare von Objekten, für die aufgrund dieses Kriteriums eine Überlappung nicht ausgeschlossen werden kann, sind weitergehende und kompliziertere Tests nötig, um das erforderliche Aufsplitten der Objekte auf geeignete Weise zu ermöglichen.

Ein einfacher Spezialfall, für den List-Priority-Verfahren sehr gut geeignet sind, sind sogenannte $2\frac{1}{2}D$-*Darstellungen*. Hier haben alle Objekte konstante z-Koordinaten bzw. nehmen konstante und disjunkte z-Intervalle ein. Die Objekte können dann einfach bezüglich ihrer z-Koordinaten sortiert und anschließend von hinten nach vorne gezeichnet werden. Da diese Vorgehensweise der des Malens mit deckender Ölfarbe entspricht, hat sich auch der Name *Maler-Algorithmus* eingebürgert.

3.2.5 Scan-Line-Algorithmen

Rasterorientierte Ausgabegeräte sind aus einer Matrix von einzelnen Bildpunkten (Pixeln) zusammengesetzt. Eine Zeile dieser Matrix, also eine horizontale Linie von solchen Bildpunkten, wird auch als *Scan-Line* bezeichnet.

Scan-Line-Algorithmen[2] [WREE67, Bouk70, BoKe70, Watk70] bauen das Bild demgemäß zeilenweise auf, wobei zur Organisation des Sichtbarkeitsentscheids mehrere Tabellen (Listen) als Datenstrukturen gehalten werden. Die Projektion aller Objekte der Szene in die Projektionsebene (uv-Ebene) sei dabei bereits erfolgt.

- Die *Kantentabelle* (*Edge-Table*, ET) stellt eine Liste aller nicht horizontal verlaufenden Kanten dar, sortiert nach der jeweils kleineren v-Komponente der beiden Kantenendpunkte. Ist diese für mehrere Kanten gleich, so werden sie nach der zugehörigen u-Komponente sortiert. Für jede Kante werden folgende Werte in die Kantentabelle eingetragen: v_{min} (die kleinste v-Komponente), u (die zu v_{min} gehörige u-Komponente; (u, v_{min}) bezeichnet also einen Endpunkt der Kante), v_{max} (die größte v-Komponente), Δu (das u-Inkrement beim Übergang von einer Scan-Line zur nächsten, also von v zu $v + 1$) sowie die Nummern der Polygone, zu denen die Kante gehört:

v_{min}	u	v_{max}	Δu	Polygon-Nummern

- Die *Polygontabelle* (*Polygon-Table*, PT) ist eine Liste aller Polygone. Neben einer Nummer zur eindeutigen Identifikation werden die Koeffizienten a, b, c und d der entsprechenden Ebenengleichung (3.16)[3], Farb- bzw. Helligkeitsinformation sowie ein Flag gespeichert, das angibt, ob man sich an der momentanen Position auf der Scan-Line innerhalb (1) oder außerhalb (0) des Polygons befindet:

Polygon-Nr.	a	b	c	d	Intensität	Flag

Man beachte, dass die hier beschriebenen Scan-Line-Verfahren für ein Polygon eine einheitliche Helligkeit bzw. Farbe voraussetzen.

---

[2] Scan-Line-Verfahren sind in der Literatur auch unter dem Namen *Sweep-Line-Algorithmen* bekannt.
[3] Hier ist wieder die Ebenengleichung *nach* der zu Beginn des Abschnitts 3.2 erwähnten zusätzlichen perspektivischen Transformation gemeint.

3.2 Sichtbarkeitsentscheid

- Die *Tabelle der aktiven Kanten* (*Active-Edge-Table*, AET), eine Liste wechselnder Länge, enthält alle Kanten, welche die momentan bearbeitete Scan-Line schneiden. Die Einträge sind dabei nach der u-Komponente des jeweiligen Schnittpunktes sortiert. Abbildung 3.13 zeigt an einem Beispiel den Inhalt der AET zu drei verschiedenen Zeitpunkten, d. h. an drei unterschiedlichen Scan-Lines.

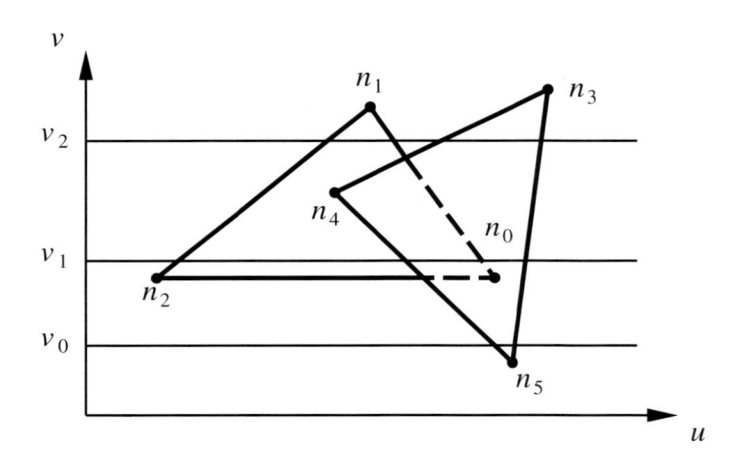

$v_0 : n_5 n_4, n_5 n_3$
$v_1 : n_2 n_1, n_5 n_4, n_0 n_1, n_5 n_3$
$v_2 : n_2 n_1, n_0 n_1, n_4 n_3, n_5 n_3$

Abbildung 3.13 Inhalt der Tabelle der aktiven Kanten für drei Scan-Lines

Mit Hilfe dieser drei Tabellen können wir nun das Grundmuster eines Scan-Line-Algorithmus angeben:

Scan-Line-Algorithmus:
$\forall$ Scan-Lines v ($v = 0 \ldots V$):
begin
    aktualisiere die AET;
    setze alle Flags in PT auf 0;
    $\forall$ Schnitte auf der Scan-Line gemäß AET:
    begin

aktualisiere die Flags in der PT;
bestimme das sichtbare Polygon P;
setze die Farbe gemäß Eintrag für P in der PT;
end
end;

Die Bestimmung des sichtbaren Polygons erfolgt dabei über die Ebenengleichungen aller aktiven Polygone, also aller Polygone, deren Flag auf eins gesetzt ist. Mittels $a u + b v + c z + d = 0$ kann für jedes solche Polygon ein z-Wert berechnet werden. Der kleinste dieser z-Werte kennzeichnet dann das sichtbare Polygon.

Der wichtigste Unterschied der Scan-Line-Algorithmen zu den vorigen Verfahren besteht in der Wahl der äußeren Schleife. Während diese bislang alle Objekte (Polygone bzw. Kanten) abarbeiteten, erfolgt jetzt erstmalig ein Ablaufen des gesamten Bildschirms, unabhängig von der Anzahl oder Lage der zu zeichnenden Objekte. Da man jedoch längs einer Scan-Line nicht von Pixel zu Pixel, sondern nur von einer aktiven Kante zur nächsten fortschreiten muss, ist hier – im Gegensatz zu dem in Abschnitt 3.2.7 besprochenen Ray-Casting-Verfahren – die Bildschirmauflösung noch nicht die entscheidende Größe für den Berechnungsaufwand.

3.2.6 Rekursive Verfahren

Rekursive Verfahren zum Sichtbarkeitsentscheid beruhen auf dem „divide-and-conquer"-Prinzip. Das Grundgebiet wird dabei rekursiv in mehrere Teilgebiete zerlegt. Falls das Problem des Sichtbarkeitsentscheids in einem Teilgebiet gelöst ist, wird dementsprechend gezeichnet. Andernfalls muss weiter unterteilt werden. Da klar ist, dass bei vorgegebener Polygonzahl und kleiner werdenden Teilgebieten in der Regel immer weniger Polygone mit einem Teilgebiet überlappen, wird der Terminierungsfall im Allgemeinen vor Erreichen der kleinsten Auflösung eintreten.

Zwei verbreitete Repräsentanten dieser Klasse von Verfahren sind *Area-Subdivision-Techniken* [Warn69, WeAt77, Catm78a, Carp84] und *Oktalbaummethoden* [DoTo81, Meag82, GWW86]. Bei ersteren wird etwa im Algorithmus von Warnock [Warn69] die Projektionsebene, d. h. der Bildschirm, sukzessive unterteilt. Letztere nutzen die Tiefeninformation, die bereits in der (rekursiven) Oktalbaumdatenstruktur enthalten ist, um die Frage der Sichtbarkeit rekursiv zu entscheiden.

3.2 Sichtbarkeitsentscheid

3.2.7 Ray-Casting-Verfahren

Das generelle Prinzip dieser Klasse von Verfahren beruht auf der *Strahlverfolgung* (erstmalig in [Appe68, MAGI68, GoNa71]; als Übersicht geeignet sind [Glas89, Haen96]). Vom Projektionszentrum aus wird dabei ein Strahl durch jedes Pixel in die dreidimensionale Szene verfolgt. Zur Bestimmung der sichtbaren Punkte im Bild muss man die Schnittpunkte der Projektionsstrahlen mit den Objektoberflächen berechnen und die folgenden Fälle unterscheiden (siehe Abbildung 3.14):

1. Es gibt keinen Schnittpunkt: Dann wird die Hintergrundfarbe benutzt.
2. Es existieren Schnittpunkte: Dann bestimmt man den zur Bildebene nächsten Schnittpunkt. Dieser ist sichtbar, die anderen sind verdeckt.

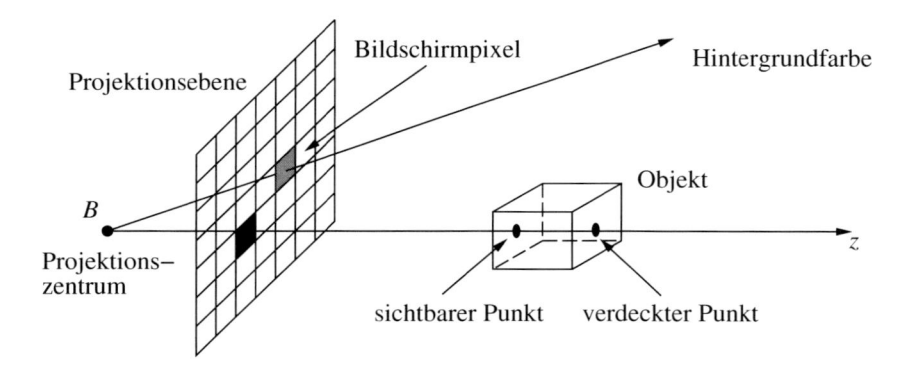

Abbildung 3.14 Strahlverfolgung durch jedes Pixel beim Ray-Casting

Die so gewonnene Information kann über den reinen Sichtbarkeitsentscheid hinaus in Kombination mit Beleuchtungsmodellen oder wiederholter (rekursiver) Strahlverfolgung bei Spiegelungen zur Erzeugung sehr realistischer Bilder verwendet werden (*Ray-Tracing*[4], siehe Abschnitt 3.7).

Die Grundstruktur eines Ray-Casting-Algorithmus ist dabei recht einfach:

---

[4] Die Begriffe *Ray-Casting* und *Ray-Tracing* werden manchmal synonym gebraucht. Wir wollen dagegen im Folgenden unter Ray-Casting Strahlverfolgungsmethoden zum einfachen Sichtbarkeitsentscheid und unter Ray-Tracing Strahlverfolgungsmethoden für weitergehende Anwendungen (Schattierung, Beleuchtung, Spiegelungen) und allgemein für das Erzeugen hochqualitativer, photorealistischer Bilder verstehen.

Ray-Casting-Algorithmus:
    $\forall$ Scan-Lines v ($v = 0 \ldots V$):
    begin
        $\forall$ Pixel (u, v) ($u = 0 \ldots U$):
        begin
            bestimme den Strahl von B durch (u, v);
            $pz := z_{max}$;
            setze Farbe in (u, v) auf Hintergrundfarbe;
            $\forall$ Objekte der Szene:
            begin
                if ein Schnittpunkt $(x, y, z)^T$ Strahl $\leftrightarrow$ Objekt existiert **and if** $z < pz$:
                begin
                    $pz := z$;
                    setze Farbe in (u, v) entsprechend neu;
                end
            end
        end
    end;

Der große Nachteil des Ray-Castings ist, dass es sehr rechenaufwändig und damit langsam ist, da jedes Paar (Strahl, Objekt) auf die Existenz von Schnittpunkten hin untersucht werden muss. Es ist jedoch leicht zu parallelisieren. Bei p Prozessoren teilt man den Bildschirm einfach in p disjunkte sowie gleich große Rechtecke und berechnet die Strahlverfolgung parallel für jeden Teil des Bildschirms. Dabei müssen allerdings die gesamten Daten der dreidimensionalen Szene auf jedem Prozessor separat gehalten werden. Will man dies vermeiden und auch die Daten verteilen, dann wird die Parallelisierung schwieriger.

Dem hohen Berechnungsaufwand stehen jedoch wichtige Vorteile gegenüber. Neben der schon erwähnten Einfachheit und dem großen Potenzial im Hinblick auf realistische und hochqualitative Bilder ist hier vor allem festzuhalten, dass Ray-Casting-Verfahren in einfacher Weise auf verschiedene dreidimensionale Darstellungsschemata wie CSG, Oberflächendarstellung usw. gleich gut anpassbar sind, da lediglich Operationen wie die Berechnung von Schnittpunkten eines Strahles mit einem Objekt oder die Berechnung des Winkels zwischen einem Strahl und einer Flächennormale usw. zu realisieren sind.

3.2 Sichtbarkeitsentscheid

Die Hauptaufgabe stellt bei Ray-Casting-Verfahren also die Berechnung von Schnittpunkten von Strahlen mit den Objekten der Szene dar[5]. Bei komplizierteren Objekten kann es dabei vorkommen, dass eine direkte analytische Bestimmung der Schnittpunkte nicht möglich ist und stattdessen numerische Methoden zur näherungsweisen Nullstellenbestimmung herangezogen werden müssen, wodurch sich der Berechnungsaufwand weiter erhöht. Es liegt deshalb nahe, sich bei Darstellungsschemata wie dem Zellzerlegungs- oder dem CSG-Schema (vgl. Abschnitt 2.2.1) auf Klassen von Objekten zu beschränken, für die eventuelle Durchstoßpunkte von Strahlen leicht ermittelt werden können. Wir betrachten im Folgenden die zwei Beispiele einer Sphäre und einer ebenen, polygonal berandeten Fläche. Zunächst sei ein von B ausgehender Strahl S parametrisiert gegeben als

$$S(t) := B + t \cdot (P - B), \quad t \geq 0, \tag{3.19}$$

bzw.

$$\begin{pmatrix} x \\ y \\ z \end{pmatrix} := \begin{pmatrix} x_B \\ y_B \\ z_B \end{pmatrix} + t \cdot \begin{pmatrix} x_P - x_B \\ y_P - y_B \\ z_P - z_B \end{pmatrix}$$
$$= \begin{pmatrix} x_B \\ y_B \\ z_B \end{pmatrix} + t \cdot \begin{pmatrix} x_S \\ y_S \\ z_S \end{pmatrix}, \quad t \geq 0, \tag{3.20}$$

wobei P den Mittelpunkt eines beliebigen Pixels bezeichne.

Im Falle der Sphäre vom Radius R um den Mittelpunkt M,

$$(x - x_M)^2 + (y - y_M)^2 + (z - z_M)^2 = R^2, \tag{3.21}$$

ergibt sich nach Einsetzen der Werte aus Gleichung (3.20) für x, y und z eine quadratische Gleichung im Parameter t:

$$\begin{aligned} 0 =\ & t^2 \cdot (x_S^2 + y_S^2 + z_S^2) \\ +\ & 2t \cdot \Big(x_S(x_B - x_M) + y_S(y_B - y_M) + z_S(z_B - z_M)\Big) \\ +\ & (x_B - x_M)^2 + (y_B - y_M)^2 + (z_B - z_M)^2 - R^2. \end{aligned} \tag{3.22}$$

Hat (3.22) keine reelle Lösung, so existiert kein Schnittpunkt. Bei genau einer reellen Lösung berührt der Strahl die Sphäre, und bei zwei verschiedenen

---

[5] Von der Gesamtrechenzeit entfallen bei typischen Szenen bis zu 95% auf die Berechnung von Schnittpunkten.

reellen Lösungen liegen ein Eintritts- und ein Austrittspunkt vor. Sichtbar können grundsätzlich nur Punkte mit positivem t sein, gegebenenfalls ist der Punkt mit kleinerem positivem t sichtbar.

Im Falle eines Polygons zerfällt die Schnittpunktberechnung in zwei Teilaufgaben. Zunächst ist die Frage zu klären, ob und gegebenenfalls wo der Strahl die Ebene schneidet, in der das Polygon liegt. Anschließend ist dann zu untersuchen, ob ein eventueller Schnittpunkt innerhalb oder außerhalb des Polygons liegt. Setzt man also die Werte aus (3.20) für x, y und z in die Ebenengleichung

$$a\,x + b\,y + c\,z + d = 0 \tag{3.23}$$

ein, so erhält man

$$t = -\frac{a\,x_B + b\,y_B + c\,z_B + d}{a\,x_S + b\,y_S + c\,z_S}, \tag{3.24}$$

falls der Nenner $a\,x_S + b\,y_S + c\,z_S$ ungleich Null ist. Ansonsten verläuft der Strahl ohne Schnittpunkt parallel zur Ebene (Zähler ungleich Null) oder mit unendlich vielen Schnittpunkten in der Ebene (Zähler gleich Null). Gibt es einen eindeutigen Schnittpunkt gemäß (3.24), dann muss jetzt noch geprüft werden, ob dieser im Polygon liegt oder nicht. Eine solche Problemstellung zählt zu den Standardaufgaben der *Computational Geometry* (siehe z. B. [PrSh85, Nolt88]) und soll hier nicht näher diskutiert werden.

Im Gegensatz zu z-Buffer-Verfahren, bei denen an einem Pixel nur Arbeit bezüglich der Objekte anfällt, die auch tatsächlich unter anderem auf dieses Pixel abgebildet werden, wird beim Ray-Casting ein Test für jedes Paar (Pixel, Objekt) durchgeführt. Bei einer Bildschirmauflösung von 1280 × 1024 Pixeln und bei etwa 100 Flächen ergibt das bereits ca. 131 Millionen Schneide-Operationen. Es muss also das Ziel jeder Optimierung sein, solche Tests entweder von vornherein zu vermeiden oder aber sie möglichst effizient zu realisieren. Hier wird wieder die Bedeutung der in den Abschnitten 3.2.1 und 3.2.2 besprochenen Techniken zum Aussortieren irrelevanter Objekte bzw. Flächenstücke oder Kanten deutlich.

Vermeiden lassen sich Schneide-Operationen beispielsweise, indem sowohl die Projektionsebene (Menge aller Pixel bzw. Strahlen) als auch die Szene derart in disjunkte Teilgebiete zerlegt werden, dass anschließend eine Teilmenge von Strahlen nur noch auf Schnitte mit Objekten in bestimmten Teilgebieten der Szene hin untersucht werden muss (vgl. Abbildung 3.15). Als Prototypen für auf einer solchen räumlichen Partitionierung basierende Verfahren dienen vor allem Techniken auf der Grundlage der Zerlegung der Szene in gleich große Würfel (Voxel, siehe Abschnitt 2.2.1.A) sowie Oktalbaumalgorithmen (siehe Abschnitt 2.2.1.C).

3.2 Sichtbarkeitsentscheid

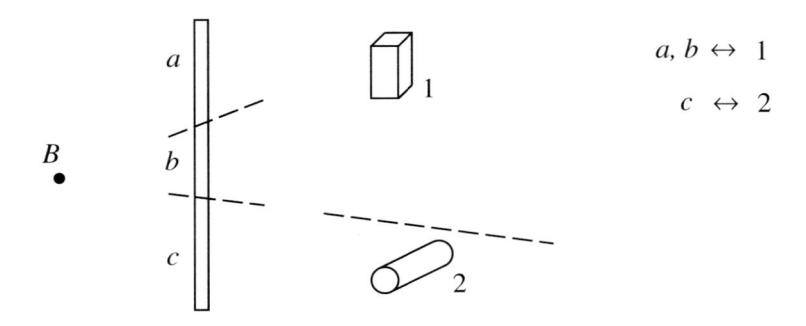

$$a, b \leftrightarrow 1$$
$$c \leftrightarrow 2$$

Abbildung 3.15 Vermeidung von Durchschnittsberechnungen beim Ray-Casting durch Zerlegung der Projektionsebene und der Szene in Teilgebiete. Hier können Objekte in Teilgebiet 1 von Strahlen durch Pixel in Bereich c nicht getroffen werden.

Ferner gestatten hierarchische Konzepte, bei denen ganze Gruppen von Objekten auf einfache Art und Weise umschrieben werden (etwa durch Quader oder Sphären), oftmals viele Tests auf einen zu reduzieren. Trifft ein Strahl die äußere Box nicht, dann trifft er auch die einzelnen in der Box enthaltenen Objekte nicht. Dieses sogenannte *Clustering* kann natürlich auch rekursiv erfolgen (vgl. Abbildung 3.16).

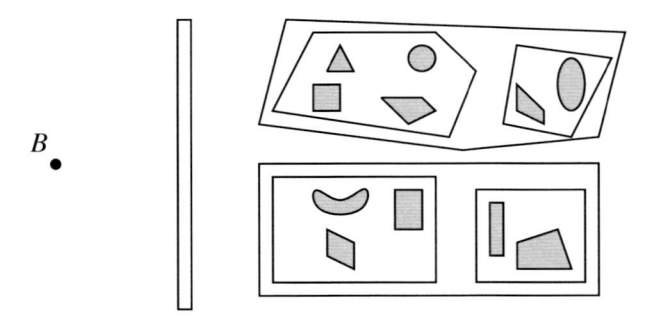

Abbildung 3.16 Rekursives hierarchisches Clustering von Objekten der Szene zur Vermeidung von Durchschnittsberechnungen beim Ray-Casting

Die Effizienz von Schneide-Operationen lässt sich dadurch erhöhen, dass gewisse Terme nur einmal vorneweg berechnet werden. Beispielsweise hängt der quadratische Term $x_S^2 + y_S^2 + z_S^2$ in (3.22) nicht vom konkret beobachteten Objekt ab, ist also für alle Objekte gleich. Der konstante Term $(x_B - x_M)^2 + (y_B - y_M)^2 + (z_B - z_M)^2 - R^2$ in (3.22) hängt dagegen nur von der aktuellen Sphäre, nicht jedoch vom konkret betrachteten Strahl ab. Bei komplizierteren Objekten kann die Schneide-Operation analog zur Vorgehensweise beim Clustering unter Umständen dadurch verbilligt werden, dass die Körper mit einfachen Hüllen umschrieben werden. Schneidet ein Strahl dann die Hülle nicht, muss der aufwändige Test für den Körper selbst gar nicht durchgeführt werden (siehe Abbildung 3.17).

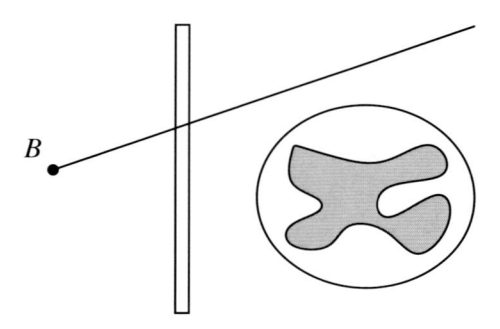

Abbildung 3.17 Effiziente Ermittlung von Schnittpunkten durch Umschreibung einer (einfachen) Hülle

3.3 Lokale Beleuchtung und Reflexion

Die Modellierung der Beleuchtung einer Szene ist für die Realitätsnähe der zu erstellenden Bilder von großer Bedeutung. So erhöhen Intensitätsunterschiede, Glanz- und Spiegelungseffekte sofort die Qualität der Darstellung. In diesem Abschnitt befassen wir uns deshalb zunächst mit der *lokalen* Beleuchtung, d.h. mit den Lichtverhältnissen in einem Punkt der Szene. Die Einflüsse von Wechselwirkungen von Objektoberflächen durch Mehrfachreflexionen und damit Fragen zur Problematik der *globalen* Beleuchtung werden später behandelt. Im Folgenden stellen wir die wichtigsten Beleuchtungsmodelle für ambientes Licht und für idealisiert von punktförmigen Lichtquellen ausgehendes Licht vor.

3.3.1 Ambientes Licht

Beim sogenannten *ambienten Licht* kommt das Licht nicht von einer definierten Quelle, sondern vielmehr aus allen Richtungen. Es handelt sich also

3.3 Lokale Beleuchtung und Reflexion

um ein gleichmäßiges Hintergrundlicht, das – etwa als Folge einer Vielzahl von Reflexionen – alle Objekte ungerichtet oder *diffus* beleuchtet (siehe Farbtafel 30). Insbesondere erhält damit jede Oberfläche unabhängig von ihrer Orientierung dieselbe Menge ambienten Lichts. In Abhängigkeit vom Material und von der Farbe der Oberfläche werden bestimmte Anteile des Lichts reflektiert und andere absorbiert oder sogar transparent durchgelassen (siehe Abschnitt 3.5). Trifft beispielsweise weißes Licht auf ein lichtundurchlässiges rotes Objekt, so wird der Rotanteil des Lichts reflektiert und der Rest absorbiert. Erst dadurch entsteht der rote Farbeindruck.

Zur formalen Beschreibung des geschilderten Zusammenhangs führen wir die Begriffe der *ambienten Lichtintensität* und des *Reflexionskoeffizienten* ein. Die ambiente Lichtintensität I_a,

$$I_a := \begin{cases} I_a \in [0,1] & \text{(Schwarz-Weiß)}, \\ (I_{a,R}, I_{a,G}, I_{a,B})^T \in [0,1]^3 & \text{(Farbe)}, \end{cases} \quad (3.25)$$

beschreibt die Stärke des ambienten Lichts. Der Reflexionskoeffizient $R^{(i)}$,

$$R^{(i)} := \begin{cases} R^{(i)} \in [0,1] & \text{(Schwarz-Weiß)}, \\ (R_R^{(i)}, R_G^{(i)}, R_B^{(i)})^T \in [0,1]^3 & \text{(Farbe)}, \end{cases} \quad (3.26)$$

ein für jede Fläche i definierter Materialparameter, gibt den (gegebenenfalls farbabhängigen) Anteil des Lichts an, der reflektiert wird.

Damit folgt insgesamt für die Intensität $V_a^{(i)}$ des ambienten Lichts einer sichtbaren Fläche i:

$$\begin{aligned} V_a^{(i)} &:= I_a \times R^{(i)} \\ &:= \begin{cases} I_a \cdot R^{(i)} & \text{(Schwarz-Weiß)}, \\ (I_{a,R} \cdot R_R^{(i)}, I_{a,G} \cdot R_G^{(i)}, I_{a,B} \cdot R_B^{(i)})^T & \text{(Farbe)}. \end{cases} \end{aligned} \quad (3.27)$$

Der offenkundige Nachteil eines nur mit ambientem Licht arbeitenden Beleuchtungsmodells ist, dass alle sichtbaren Oberflächen mit gleicher Intensität dargestellt werden, was kaum als realistisch bezeichnet werden kann. Eine erste Abhilfe besteht daher in der Einführung von punktförmigen Lichtquellen.

3.3.2 Punktförmige Lichtquellen mit diffuser Reflexion

Neben dem ambienten Licht berücksichtigt man nun noch zusätzlich eine oder mehrere *punktförmige Lichtquellen* (siehe Farbtafel 31). Beispiele für solche idealisiert auf einen Punkt reduzierten Lichtquellen sind Glühbirnen oder die Sonne. Von der punktförmigen Lichtquelle gehen Lichtstrahlen aus, d. h., das Licht ist gerichtet. Dies soll nun dazu benutzt werden, die einfallende Lichtmenge und damit die Intensität eines Punktes auf einer Fläche von der Position und der Orientierung der Fläche in Bezug auf die Lichtquelle abhängen zu lassen. Die Reflexion erfolgt dagegen nach wie vor diffus, d. h., alle einfallenden Strahlen werden gleichmäßig in alle Richtungen reflektiert. Im Folgenden beschränken wir uns auf den Fall der Farbdarstellung. Die Situation bei achromatischem Licht (Schwarz-Weiß) kann analog zum vorigen Abschnitt behandelt werden.

Die Intensität der punktförmigen Lichtquelle P_j sei I_j,

$$I_j := (I_{j,R}, I_{j,G}, I_{j,B})^T \in [0,1]^3. \tag{3.28}$$

Die aus der Punktquelle P_j resultierende Intensität $V_j^{(i)}$ eines sichtbaren Punktes auf einer Fläche i definiert man nun als

$$V_j^{(i)} := I_j \times R^{(i)} \cdot \langle l_j, n \rangle, \tag{3.29}$$

wobei $R^{(i)}$ wieder die materialabhängigen Reflexionskoeffizienten[6] und $-l_j$ bzw. n den normierten Lichteinfallsvektor[7] bzw. die normierte äußere Flächennormale bezeichnen (siehe Abbildung 3.18). Das Skalarprodukt $\langle l_j, n \rangle = \cos \alpha$ berücksichtigt dabei die Abhängigkeit der Intensität bei Punktquellen vom Einfallswinkel α des Lichts (siehe Abbildung 3.18). Man beachte, dass n für ebene Oberflächen auf der gesamten Fläche i konstant ist, wohingegen sich l_j von Punkt zu Punkt ändert. Nach (3.29) ist also die aus P_j resultierende Intensität $V_j^{(i)}$ Null, wenn l_j auf n senkrecht steht und damit die Fläche i berührt. $V_j^{(i)}$ wird am größten, wenn das Licht aus P_j senkrecht einfällt.

In der Praxis wird Formel (3.29) oft um einen weiteren Parameter $C_j^{(i)}$

---

[6] Anstelle der in (3.26) und (3.29) identischen Parameter $R^{(i)}$ können für ambientes Licht und punktförmige Lichtquellen mit diffuser Reflexion auch unterschiedliche Reflexionskoeffizienten $R_a^{(i)}$ und $R_j^{(i)}$ verwendet werden.

[7] Wir nennen den normierten Lichteinfallsvektor (den Vektor von der Lichtquelle zum Objektpunkt) $-l$, um in den nachfolgenden Abbildungen und Formeln eine einheitliche Orientierung aller Vektoren n, l usw. vom Objektpunkt weg zu erhalten.

3.3 Lokale Beleuchtung und Reflexion

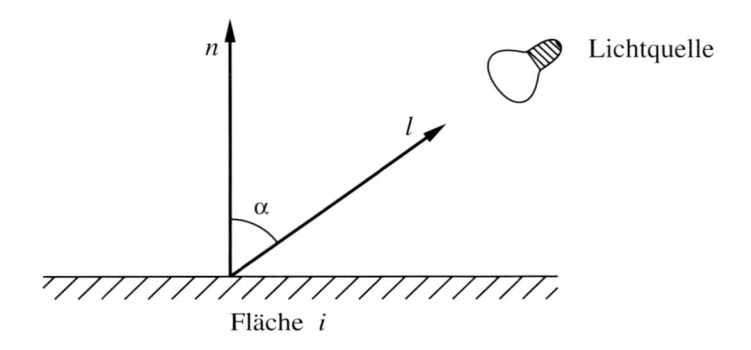

Abbildung 3.18 Einfallswinkel des Lichts bei einer punktförmigen Lichtquelle

ergänzt, um die Entfernung der Lichtquelle P_j von der Szene zu berücksichtigen. So wird z. B.

$$C_j^{(i)} := \min\left\{1, \frac{1}{\alpha_0 + \alpha_1 \cdot d_j^{(i)} + \alpha_2 \cdot (d_j^{(i)})^2}\right\} \quad (3.30)$$

gewählt, wobei $d_j^{(i)}$ die (mittlere) Entfernung der Punktquelle P_j von der Oberfläche i bezeichnet und α_0, α_1 sowie α_2 vom Benutzer zu wählende Parameter sind.

Insgesamt ergibt sich also das folgende verfeinerte Modell für die Lichtintensität $V^{(i)}$ an einer Fläche i, welches nun sowohl ambientes Licht als auch von m punktförmigen Lichtquellen stammendes und diffus reflektiertes Licht berücksichtigt:

$$\begin{aligned} V^{(i)} &:= V_a^{(i)} + \sum_{j=1}^m V_j^{(i)} \\ &= I_a \times R^{(i)} + \sum_{j=1}^m I_j \times R^{(i)} \cdot \langle l_j, n \rangle \cdot C_j^{(i)}. \end{aligned} \quad (3.31)$$

$V_a^{(i)}$ wird hier auch als der *diffuse* und $\sum_{j=1}^m V_j^{(i)}$ als der *punktförmige Anteil* des reflektierten Lichts bezeichnet.

Auch dieses Modell liefert in der Praxis immer noch relativ matte Bilder, aber Schattierungen sind bereits ganz gut erkennbar. Zur weiteren Verbesserung der Qualität soll schließlich neben der diffusen Reflexion, die ja nur vom Einfallswinkel abhängig ist und bei der das reflektierte Licht gleichförmig in alle Richtungen geht, noch die spiegelnde Reflexion besprochen werden.

3.3.3 Spiegelnde Reflexion

Den in diesem Abschnitt behandelten Modellen zur spiegelnden Reflexion liegt die Erkenntnis zugrunde, dass Licht, das auf eine glatte bzw. glänzende Oberfläche trifft, nicht diffus in alle Richtungen, sondern hauptsächlich in eine bestimmte Richtung geworfen wird. Für das reflektierte Licht spielt dabei die Farbe des Objekts im Vergleich zur Farbe des Lichtquellenlichts nur eine untergeordnete Rolle. Die Richtung, in die das Licht bei perfekter Spiegelung reflektiert wird, ergibt sich aus der bekannten Beziehung

$$\text{Ausfallswinkel} = \text{Einfallswinkel}. \tag{3.32}$$

Das Auge wird so lediglich von einem schmalen Strahlenbündel getroffen, da die Lichtquelle nur von einem kleinen Bereich auf der Oberfläche ins Auge gespiegelt wird. Das heißt, in Abbildung 3.19 treffen nur die Strahlen aus dem grau gezeichneten Strahlenbündel das Auge, die anderen Strahlen nicht.

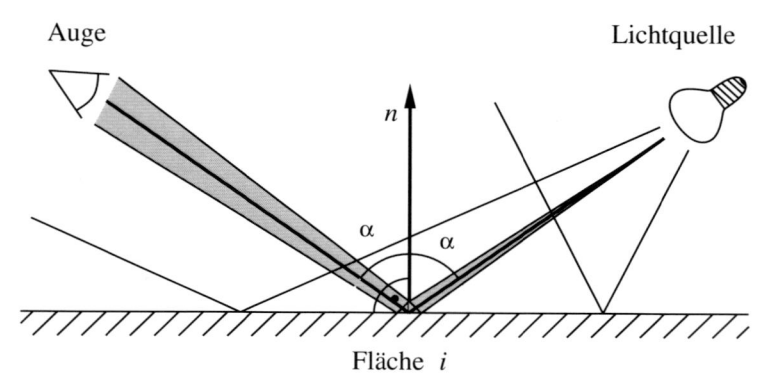

Abbildung 3.19 Einfallende und reflektierte Strahlen beim perfekten Spiegel

Diese Annahme eines perfekten Spiegels ist jedoch nicht realistisch. In der Praxis ist eine Spiegeloberfläche normalerweise nicht absolut eben. Dies zeigt die Betrachtung einer realen Spiegeloberfläche unter dem Mikroskop.

3.3 Lokale Beleuchtung und Reflexion

Um diesen Sachverhalt zu berücksichtigen, gibt es verschiedene Spiegelungsmodelle. Wir wollen hier zwei kurz vorstellen: Das theoretisch fundierte Modell nach Torrance und Sparrow bzw. Blinn bzw. Cook und Torrance sowie das heuristische Modell von Phong Bui-Tong (siehe Farbtafel 32).

Im Folgenden bezeichnen $-l$ den einfallenden und r den (perfekt) reflektierten Strahl[8], n ist wie bisher die äußere Flächennormale, und a bezeichnet den Strahl vom Objektpunkt zum Auge. Zusätzlich wird die Winkelhalbierende h des Winkels zwischen l und a eingeführt (siehe Abbildung 3.20). Alle Vektoren seien zudem auf Länge eins normiert.

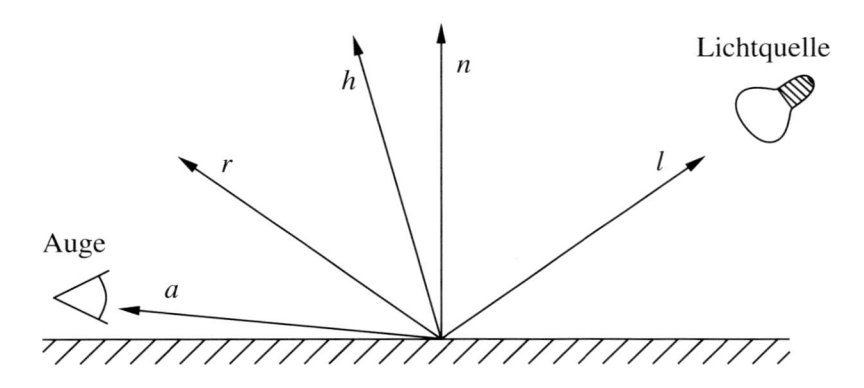

Abbildung 3.20 Die Strahlen l bzw. $-l$ (einfallender Strahl), r (perfekt reflektierter Strahl), a (Strahl vom Objektpunkt zum Auge) und $h := (a+l)/\|a+l\|$

A) **Das Modell nach Torrance-Sparrow bzw. Blinn bzw. Cook-Torrance:**

Diesem Modell [TSB66, ToSp67, Blin77, CoTo82] liegt die Vorstellung zugrunde, dass die Oberfläche aus sehr vielen kleinen, ebenen und unterschiedlich ausgerichteten Facetten besteht, die alle perfekte Spiegel sind (siehe Abbildung 3.21). Ausgehend von dieser Modellvorstellung müssen nun für jeden Objektpunkt bestimmte Sachverhalte berücksichtigt werden:

i) der Anteil der Facetten, die gerade zum Auge hin spiegeln und somit für Spiegelungs- und Glanzeffekte sorgen;

ii) der Anteil der Oberfläche (d. h. die Anzahl von Facetten), der für den Betrachter bzw. das Licht überhaupt „sichtbar" ist;

---
[8] Zur Orientierung der Vektoren vgl. Fußnote 7 in Abschnitt 3.3.2.

iii) die Anteile des ein- und ausfallenden Lichts, die durch die Rauheit der Oberfläche auf dem Weg zum Auge verloren gehen;
iv) der Anteil des Lichts, der überhaupt reflektiert wird.

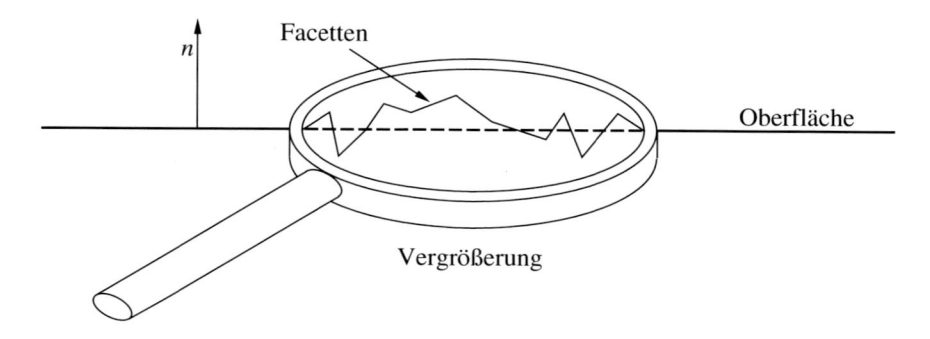

Abbildung 3.21 Zur Struktur von Oberflächen im Facettenmodell

Zu (i):

Bestimmte Facetten, die idealisiert dem Oberflächenpunkt zugeordnet sind, spiegeln aufgrund ihrer Lage gerade zum Auge hin ($a = r$ bzw. $n = h$), andere nicht. Der Anteil der perfekt spiegelnden Facetten wird üblicherweise durch einen Parameter $D \in [0, 1]$ beschrieben. D ist dabei am größten, wenn die Oberfläche exakt ausgerichtet ist ($n = h$), bei denkbar schlechter Ausrichtung ($n \perp h$) nimmt D die kleinsten Werte an. Es gibt zahlreiche Varianten der Modellierung einer Verteilung von D über den Winkel zwischen n und h. Eine Möglichkeit ist

$$D := \left(\frac{K}{K + 1 - \langle n, h \rangle} \right)^2, \qquad (3.33)$$

wobei $K > 0$ einen vom Benutzer zu spezifizierenden Glanzparameter darstellt. Für kleines K erhalten wir eine sehr starke Winkelabhängigkeit und somit viel Glanz, für großes K ergibt sich ein einheitliches Erscheinungsbild. Tabelle 3.1 zeigt für extreme Werte von K und $\langle n, h \rangle$ die resultierenden Werte für D.

Weitere Möglichkeiten für die Wahl des Parameters D sind etwa die *Phong-Verteilung* [Phon75],

$$D := \langle n, h \rangle^k, \quad k \geq 0,$$

3.3 Lokale Beleuchtung und Reflexion

K	$\langle n, h \rangle$	0	1
0.01		0.000098	1
100		0.980296	1

Tabelle 3.1 Werte für D in Abhängigkeit vom Glanzparameter K und vom Winkel zwischen n und h

die *Trowbridge-Reitz-Verteilung* [TrRe75, Blin77],

$$D := \frac{c^2}{\langle n, h \rangle^2 \cdot (c^2 - 1) + 1}, \quad 0 \leq c \leq 1,$$

die *Gauß-Verteilung* [ToSp67],

$$D := d \cdot e^{-(\langle n, h \rangle / m)^2}, \quad d \geq 0,$$

oder die *Beckmann-Verteilung* [BeSp63, CoTo82],

$$D := \frac{1}{4\, m^2 \cdot \langle n, h \rangle^4} \cdot e^{-(\tan \varphi / m)^2}.$$

Hierbei bezeichnet φ den Winkel zwischen n und h (d. h. $\cos \varphi = \langle n, h \rangle$), k ist gerade der Spiegelreflexionsexponent im später unter B) beschriebenen Phongschen Beleuchtungsmodell, c und d sind geeignet zu wählende Konstanten, und m schließlich gibt das quadratische Mittel der Facettenneigungen an.

Zu (ii):

Abhängig vom Einfallswinkel des Lichts bzw. vom Winkel zwischen dem Strahl a zum Betrachter und der Flächennormalen n ist ein variabler Anteil der Fläche für die Lichtquelle bzw. für den Betrachter „sichtbar". Dabei sind die sichtbaren Anteile um so größer, je flacher l bzw. a in Bezug auf die Oberfläche verlaufen, wie man in Abbildung 3.22 sehen kann. Dieser Effekt wird berücksichtigt, indem die Faktoren $1/\langle l, n \rangle$ und $1/\langle a, n \rangle$ in die Formel für die spiegelnde Reflexion mit aufgenommen werden.

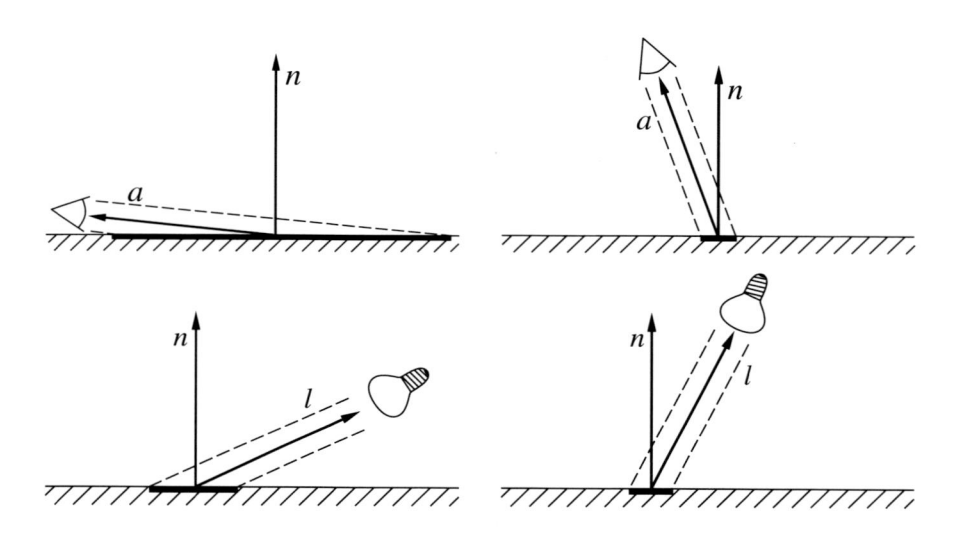

Abbildung 3.22 Für das Auge (oben) bzw. für das Licht (unten) sichtbarer Flächenanteil in Abhängigkeit von $\langle a, n \rangle$ bzw. $\langle l, n \rangle$.

Zu (iii):

Die Rauheit der aus Facetten aufgebauten Oberfläche kann einfallendes oder ausfallendes Licht blockieren, da die Facetten unter Umständen einander verschatten (siehe Abbildung 3.23). Zur Modellierung dieses Sachverhalts wird ein Parameter $G \in [0, 1]$ eingeführt, der den Anteil des ungehindert verlaufenden Lichts insgesamt angibt. G wird dabei berechnet mittels

$$G := \min\left\{1, G_l, G_a\right\}, \tag{3.34}$$

wobei G_l den Anteil des ungestört verlaufenden einfallenden Lichts und G_a den Anteil des ungestört verlaufenden ausfallenden Lichts beschreibt. Bezeichnet l_f die Größe einer Facette und l_b die Größe des Facettenanteils, von dem ausgehend das Licht blockiert wird (siehe Abbildung 3.24), dann gilt

$$G_l := 1 - \frac{l_b}{l_f} \quad \text{bzw.} \quad G_a := 1 - \frac{l_b}{l_f}. \tag{3.35}$$

3.3 Lokale Beleuchtung und Reflexion 149

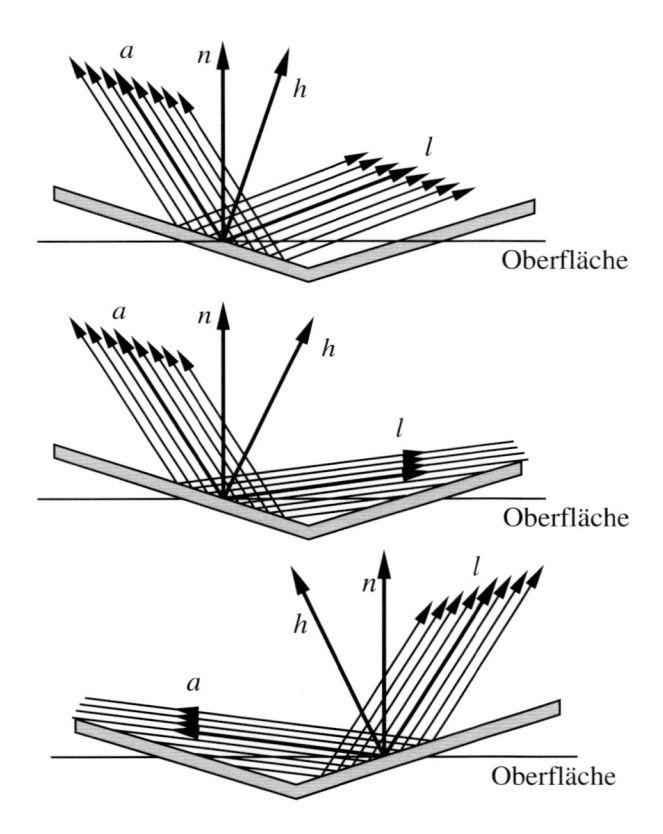

Abbildung 3.23 Ungehinderter Verlauf von ein- und ausfallendem Licht (oben), Blockierung von einfallendem Licht (Mitte), Blockierung von ausfallendem Licht (unten)

Blinn hat für die Berechnung von G_l und G_a folgenden Zusammenhang gezeigt:

$$\begin{aligned} G_l &:= 2 \cdot \frac{\langle n,h \rangle \cdot \langle n,l \rangle}{\langle l,h \rangle}, \\ G_a &:= 2 \cdot \frac{\langle n,h \rangle \cdot \langle n,a \rangle}{\langle a,h \rangle}. \end{aligned} \tag{3.36}$$

Zu (iv):

Abhängig vom Betrachtungswinkel und von der Wellenlänge λ des einfal-

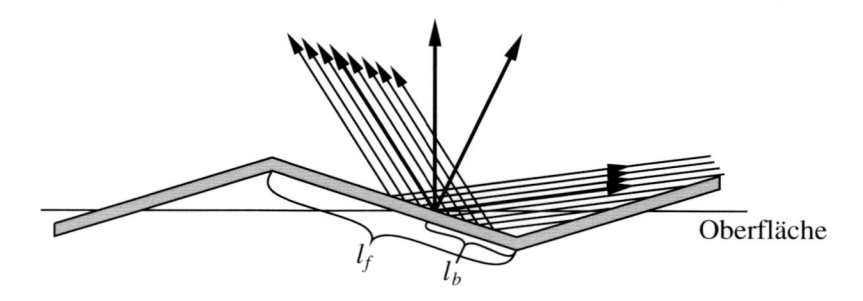

Abbildung 3.24 Facettenanteil des blockierten ein- bzw. ausfallenden Lichts

lenden Lichtes wird nicht das ganze Licht reflektiert, sondern Teile davon werden absorbiert, andere Teile werden transparent durchgelassen (vgl. Abschnitt 3.5). Dieser Zusammenhang wird mit Hilfe eines dritten Parameters $F_\lambda \in [0,1]$ modelliert, dessen Berechnung über die Gleichung von Fresnel erfolgt:

$$F_\lambda := \frac{1}{2} \cdot \left(\frac{g-c}{g+c}\right)^2 \cdot \left(1 + \left(\frac{c(g+c)-1}{c(g-c)+1}\right)^2\right), \qquad (3.37)$$

wobei

$$c := \langle l, h \rangle,$$
$$g = \sqrt{\eta^2 + c^2 - 1},$$
$\eta :=$ effektiver Brechungsindex (Quotient der beiden Brechungsindizes der zwei Medien, abhängig von der Wellenlänge λ).

Der *Brechungsindex* eines Mediums ist dabei das Verhältnis der Lichtgeschwindigkeit im Vakuum zur Lichtgeschwindigkeit im Medium.

Zur Veranschaulichung studieren wir zwei Fälle. Hat der Betrachter das Licht im Rücken, dann verlaufen l und h nahezu parallel, und es gilt $c = \langle l, h \rangle \approx 1$ sowie $g \approx \eta$. Damit folgt

$$F_\lambda \approx \left(\frac{\eta - 1}{\eta + 1}\right)^2 \qquad (3.38)$$

mit einer starken, durch η bedingten Materialabhängigkeit von F_λ. Im Falle von Gegenlicht stehen l und h dagegen nahezu senkrecht aufeinander. Somit gilt $c \approx 0$ und $F_\lambda \approx 1$. Dies entspricht der Erfahrung, dass bei Gegenlicht

3.3 Lokale Beleuchtung und Reflexion

nahezu alle Materialien spiegeln bzw. glänzen, wohingegen bei Beleuchtung „von hinten" Glanz eine sehr stark materialabhängige Eigenschaft ist (siehe Abbildung 3.25).

Da die effektiven Brechungsindizes für beliebige Materialien und Wellenlängen im Allgemeinen nicht bekannt sind, müssen diese näherungsweise bestimmt werden. Üblicherweise ermittelt man hierzu für $l = h$ (d. h. $c = 1$) den Wert von F_λ bei gegebener Wellenlänge λ durch Messung. Wegen

$$F_\lambda = \left(\frac{\eta - 1}{\eta + 1}\right)^2 \tag{3.39}$$

für $c = 1$ lässt sich daraus der effektive Brechungsindex η für die gegebene Wellenlänge λ bestimmen (z. B. für die Grundfarben Rot, Grün und Blau, d. h. $F_\lambda = (F_R, F_G, F_B)^T \in [0, 1]^3$).

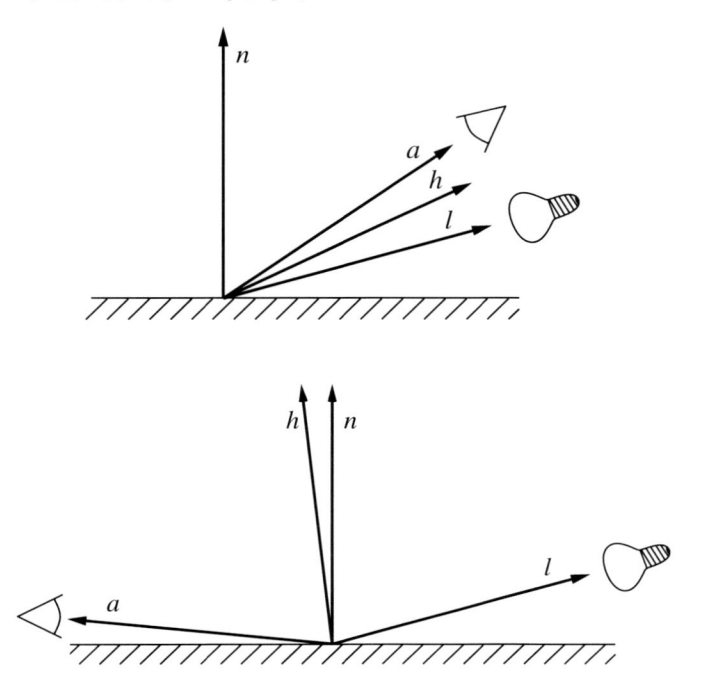

Abbildung 3.25 Materialabhängiger Glanz bei Beleuchtung von hinten (oben), genereller Glanz bei Gegenlicht (unten)

Insgesamt erhalten wir somit folgende Formel für die Intensität der spiegelnden Reflexion $V_{j,r}^{(i)}$ in einem Punkt einer Fläche i bei einer punktförmigen Lichtquelle P_j [9]:

$$V_{j,r}^{(i)} := I_j \times F_{\lambda,j} \cdot R_S^{(i)} \cdot \frac{D_j \cdot G_j}{\langle l_j, n \rangle \cdot \langle a, n \rangle} \cdot C_j^{(i)}. \tag{3.40}$$

Die Intensität I_j der punktförmigen Lichtquelle P_j sowie der Parameter $C_j^{(i)}$ zur Berücksichtigung der Entfernung $d_j^{(i)}$ der Lichtquelle P_j von der Fläche i seien dabei definiert wie in Abschnitt 3.3.2. Über den farbunabhängigen Materialparameter $R_S^{(i)} \in [0,1]$, den sogenannten *Spiegelreflexionskoeffizienten*, kann schließlich die Stärke der Spiegelreflexion gesteuert werden.

Betrachten wir nun ambientes Licht sowie diffuse und spiegelnde Reflexion zusammen, so ergibt sich für die Gesamtintensität $V^{(i)}$ bei m punktförmigen Lichtquellen

$$\begin{aligned} V^{(i)} &:= V_a^{(i)} + \sum_{j=1}^{m}(V_j^{(i)} + V_{j,r}^{(i)}) \\ &= I_a \times R^{(i)} + \\ &\quad \sum_{j=1}^{m} \left(I_j \times R^{(i)} \cdot \langle l_j, n \rangle \;+\; I_j \times F_{\lambda,j} \cdot \frac{R_S^{(i)} \cdot D_j \cdot G_j}{\langle l_j, n \rangle \cdot \langle a, n \rangle} \right) \cdot C_j^{(i)}. \end{aligned} \tag{3.41}$$

Wieder werden wie in (3.31) der erste Summand als diffuser Anteil und die Summe $\sum_{j=1}^{m}$ als punktförmiger Anteil des Lichts bezeichnet.

B) Das Modell von Phong Bui-Tong:

Dieses einfache und weit verbreitete, allerdings rein heuristische Modell [Phon75] geht von der Erkenntnis aus, dass die spiegelnde Reflexion dann am stärksten ist, wenn der perfekt reflektierte Strahl genau ins Auge trifft ($r = a$), und umso schwächer wird, je größer der Winkel φ zwischen r und a wird (vgl. Abbildung 3.26).

Die Stärke der Spiegelreflexion und ihre Winkelabhängigkeit beschreibt man mittels zweier farbunabhängiger Materialparameter, dem bereits eingeführten Spiegelreflexionskoeffizienten $R_S^{(i)}$ sowie dem sogenannten *Spiegelreflexionsexponenten* k. $R_S^{(i)}$ müsste eigentlich vom Winkel α abhängen, wird aber üblicherweise als konstant angenommen, wobei der Wert meist nach ästhetischen Gesichtspunkten experimentell bestimmt wird. k kann

---

[9] Zur Definition des Produkts $I_j \times F_{\lambda,j}$ siehe (3.27).

3.3 Lokale Beleuchtung und Reflexion

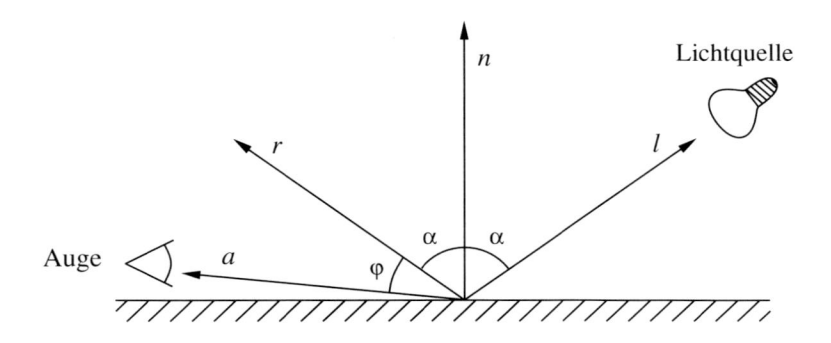

Abbildung 3.26 Strahlen und Winkel beim Modell von Phong

im Allgemeinen Werte zwischen eins und einigen hundert annehmen, beim perfekten Spiegel wäre k unendlich (siehe Abbildung 3.27). Im Modell erhält man für die Intensität $V_{j,r}^{(i)}$ bei spiegelnder Reflexion und einer punktförmigen Lichtquelle P_j in einem Punkt einer Fläche i

$$V_{j,r}^{(i)} := I_j \cdot R_S^{(i)} \cdot \langle r_j, a \rangle^k \cdot C_j^{(i)}, \qquad (3.42)$$

als Lichtintensität insgesamt ergibt sich

$$\begin{aligned} V^{(i)} &:= V_a^{(i)} + \sum_{j=1}^{m}(V_j^{(i)} + V_{j,r}^{(i)}) \\ &= I_a \times R^{(i)} + \\ &\quad \sum_{j=1}^{m}\left(I_j \times R^{(i)} \cdot \langle l_j, n \rangle + I_j \cdot R_S^{(i)} \cdot \langle r_j, a \rangle^k\right) \cdot C_j^{(i)}. \end{aligned} \qquad (3.43)$$

Im Falle farbiger Darstellung wird der Vektor $I_j = (I_{j,R}, I_{j,G}, I_{j,B})^T$ für die Spiegelreflexion $V_{j,r}^{(i)}$ also mit den Skalaren $R_S^{(i)}$, $\langle r_j, a \rangle^k$ und $C_j^{(i)}$ multipliziert.

Als abschließende Bemerkung wollen wir festhalten, dass die Farbe des Objekts i beim Modell von Phong überhaupt nicht und beim Modell nach Torrance und Sparrow bzw. Blinn bzw. Cook und Torrance nur schwach über den Fresnel-Term F_λ in $V_{j,r}^{(i)}$ einfließt, wohingegen die Größen $V_a^{(i)}$ und $V_j^{(i)}$ über die Reflexionskoeffizienten $R^{(i)}$ stark von der Farbe des Ob-

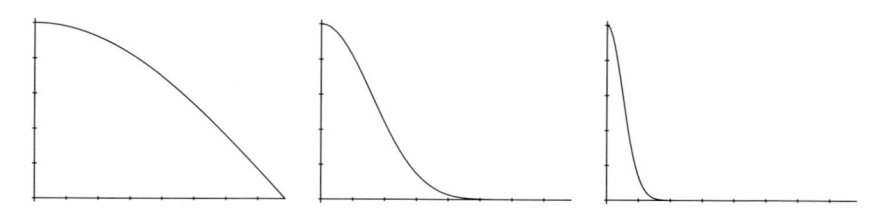

Abbildung 3.27 Winkelabhängigkeit der Spiegelreflexion beim Modell von Phong. Aufgetragen ist der Term $\langle r, a \rangle^k = \cos^k \varphi$ in Abhängigkeit von φ für verschiedene Werte von k: $k = 1$ (links), $k = 10$ (Mitte), $k = 100$ (rechts).

jekts i abhängen[10]. Wenn also die spiegelnde Reflexion dominiert, dann ist vor allem die Farbe des Lichtquellenlichts ausschlaggebend, was zu den in solchen Fällen oft zu beobachtenden hellen bzw. weißen Glanzlichtern auf spiegelnden Oberflächen führt.

3.4 Schattierung

Wir wollen uns auch in diesem Abschnitt wieder auf den Fall beschränken, dass die Oberflächen der darzustellenden Objekte polygonale Netze sind bzw. durch solche angenähert werden. Unter dem Begriff *Schattierung (Shading)* versteht man ganz allgemein die Zuordnung von Helligkeits- bzw. Farbwerten zu den einzelnen Bildpunkten. Die Schattierung umfasst also sowohl die Auswahl eines geeigneten lokalen Beleuchtungsmodells als auch die Entscheidung, in welchen Bildpunkten das jeweilige Modell explizit zur Anwendung gelangen soll und in welchen Punkten billigere Interpolationsmethoden eingesetzt werden sollen. Letztere sind erforderlich, da die explizite Berechnung des aus dem Beleuchtungsmodell resultierenden Intensitäts- bzw. Farbwerts für jedes Pixel, wie sie etwa beim Ray-Tracing erfolgt (vgl. Abschnitt 3.7), insbesondere im Hinblick auf interaktive Echtzeitanwendungen zu aufwändig ist. Im Folgenden besprechen wir daher einige effiziente Schattierungstechniken, die die explizite Ermittlung von Intensität bzw. Farbe nur an wenigen Punkten verlangen oder aber deren Berechnung vereinfachen.

---

[10] Die fehlende Berücksichtigung der Objektfarbe beim Modell von Phong ist bei Oberflächen aus Plastik oder wachsähnlichen Substanzen (Billardkugeln, Äpfel) unproblematisch, bei metallischen Oberflächen ist das unter A) vorgestellte Modell jedoch deutlich überlegen.

3.4 Schattierung

3.4.1 Konstante Schattierung

Der einfachste Ansatz ist dabei die sogenannte *konstante Schattierung*. Hier wird das lokale Beleuchtungsmodell nur in einem Punkt eines Polygons angewendet (z. B. im Schwerpunkt). Der so ermittelte Wert wird anschließend für alle Pixel des Polygons übernommen (siehe Farbtafel 33). Offensichtlich stellt dies eine starke Vereinfachung dar, da etwa die in Beleuchtungsmodellen auftretenden Skalarprodukte $\langle l, n \rangle$ und $\langle a, n \rangle$ im Allgemeinen keineswegs auf einem Polygon konstant sind, es sei denn, Lichtquelle und Betrachter sind unendlich weit von der Szene entfernt. Außerdem können sich starke Intensitätssprünge an den Kanten ergeben, die insbesondere dann unerwünscht sind, wenn das polygonale Netz eine gekrümmte und glatte Oberfläche approximieren soll. Die Unstetigkeiten hinsichtlich Intensität bzw. Farbe werden noch zusätzlich verstärkt durch den sogenannten Effekt der *Machschen Streifen*. Danach erscheint eine dunkle Fläche entlang einer Kante, an der sie auf eine hellere Fläche trifft, als noch dunkler, und die hellere Fläche erscheint an der Kante als noch heller, wodurch die Kante zusätzlich betont wird (siehe Abbildung 3.28).

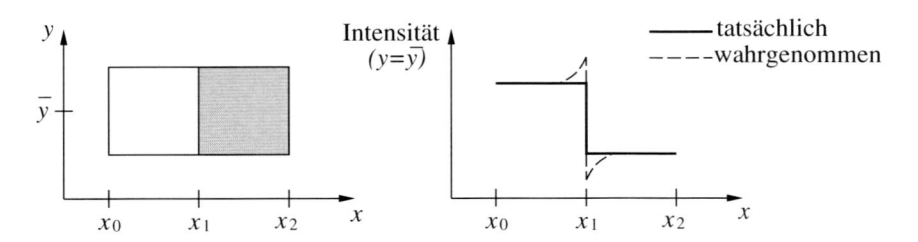

Abbildung 3.28 Der Effekt der Machschen Streifen: Intensitätssprünge werden verstärkt wahrgenommen.

3.4.2 Interpolierte Schattierung

Um die geschilderten Probleme besser in den Griff zu bekommen, geht man von der konstanten zur *interpolierten Schattierung* [WREE67] über. Das Grundprinzip der *Gouraud-Schattierung* [Gour71] ist hierbei, dass das lokale Beleuchtungsmodell nur in den Eckpunkten des Polygons bzw. des polygonalen Netzes explizit angewendet wird. Längs der Kanten wird linear interpoliert, und auch im Inneren der Polygone kommen geeignete Interpolationstechniken zum Einsatz. Man geht also nicht mehr von einem festen Intensitäts- bzw. Farbwert pro Polygon, sondern von einem solchen Wert pro

Eckpunkt aus. Einen anderen Weg geht die *Phong-Schattierung* [Phon75]: Hier werden nicht Intensitäten, sondern Normalenvektoren interpoliert.

3.4.2.1 Gouraud-Schattierung

Bei der Gouraud-Schattierung [Gour71] wird die Intensitäts- bzw. Farbinformation interpoliert. Dadurch lassen sich Unstetigkeiten längs der Kanten bezüglich Intensität bzw. Farbe eliminieren. Zur expliziten Berechnung der Werte in den Eckpunkten sind dort die Normalen erforderlich. Diese können entweder direkt aus einer analytischen Beschreibung der Oberflächen oder über eine Mittelung der Flächennormalen anliegender Polygone gewonnen werden. Es ergeben sich folgende Bearbeitungsschritte:

1. Berechne die Ecknormalen (analytisch oder über Mittelung der Flächennormalen aller anliegenden Polygone).
2. Berechne die Eckintensitäten mittels der Ecknormalen, ausgehend vom jeweiligen lokalen Beleuchtungsmodell.
3. Bestimme die Intensitäten längs der Kanten durch lineare Interpolation der Eckintensitäten.
4. Bestimme die Intensitäten im Inneren der Polygone längs jeder Scan-Line durch lineare Interpolation der Kantenintensitäten (siehe Abbildung 3.29).

Bei nicht glatten Übergängen auch in der Wirklichkeit, z. B. bei der Darstellung der Nahtstelle einer Tragfläche am Flugzeugrumpf, sollen die Kanten explizit sichtbar bleiben. Dies kann dadurch erreicht werden, dass in obigem Algorithmus bei Schritt 1 für einen Eckpunkt zwei Normalen berechnet werden, wobei jeweils nur die Flächennormalen „auf einer Seite" zur Mittelung herangezogen werden. In Abbildung 3.30 soll beispielsweise die Strecke von A nach B als scharfe Kante sichtbar bleiben. Dazu werden im Punkt P die beiden Normalen $n_{P,1}$ und $n_{P,2}$ sowie die zwei resultierenden Intensitäten $I_{P,1}$ und $I_{P,2}$ berechnet. Zur Interpolation in den Polygonen 1 und 2 wird dann $I_{P,1}$, zur Interpolation in den Polygonen 3 und 4 wird $I_{P,2}$ herangezogen. Entlang der Strecke AB entstehen so Intensitätssprünge, die entsprechenden Kanten bleiben sichtbar.

3.4.2.2 Phong-Schattierung

Im Gegensatz zur Gouraud-Schattierung werden hier nicht Intensitäten, sondern Normalenvektoren interpoliert [Phon75], was zu folgendem Algo-

3.4 Schattierung

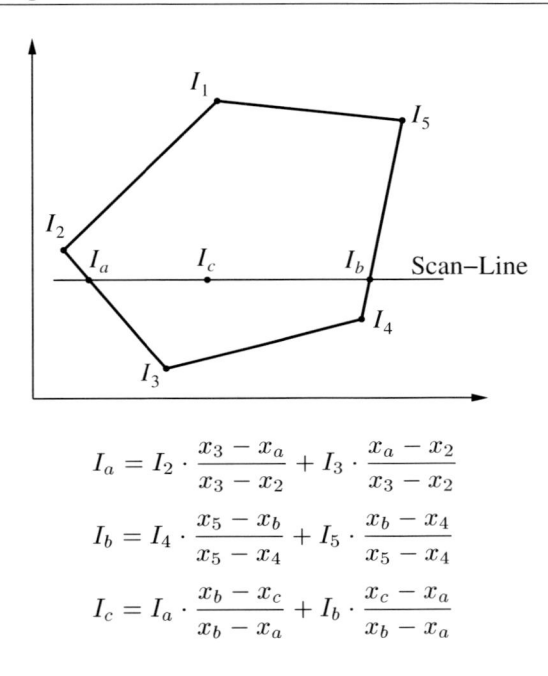

$$I_a = I_2 \cdot \frac{x_3 - x_a}{x_3 - x_2} + I_3 \cdot \frac{x_a - x_2}{x_3 - x_2}$$

$$I_b = I_4 \cdot \frac{x_5 - x_b}{x_5 - x_4} + I_5 \cdot \frac{x_b - x_4}{x_5 - x_4}$$

$$I_c = I_a \cdot \frac{x_b - x_c}{x_b - x_a} + I_b \cdot \frac{x_c - x_a}{x_b - x_a}$$

Abbildung 3.29 Interpolation der Intensitäten bei der Gouraud-Schattierung

rithmus führt:

1. Berechne die Ecknormalen (wie bei der Gouraud-Schattierung).
2. Bestimme die Normalen längs der Kanten durch lineare Interpolation der Ecknormalen mit anschließender Normierung. Berechne daraus die Intensitäten auf der Kante mit Hilfe des lokalen Beleuchtungsmodells.
3. Bestimme die Normalen im Inneren der Polygone längs jeder Scan-Line durch lineare Interpolation der Kantennormalen mit anschließender Normierung. Berechne daraus die Intensitäten im Inneren mit Hilfe des lokalen Beleuchtungsmodells.

Da alle Normalenvektoren zusätzlich normiert werden müssen und das lokale Beleuchtungsmodell explizit in jedem Punkt Anwendung findet, ist die Phong-Schattierung wesentlich aufwändiger als die Gouraud-Schattierung. Dennoch gibt es für die Phong-Schattierung die schnelleren softwaremäßigen Implementierungen. Im Hinblick auf Hardwarelösungen hat jedoch die Gouraud-Schattierung deutliche Vorteile, so dass bei Echtzeitanwendungen meistens die Gouraud-Schattierung benutzt wird.

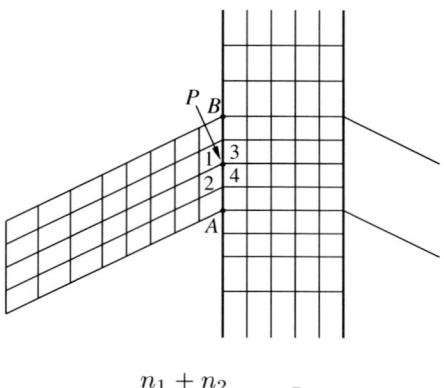

$$n_{P,1} := \frac{n_1 + n_2}{\|n_1 + n_2\|} \Rightarrow I_{P,1}$$

$$n_{P,2} := \frac{n_3 + n_4}{\|n_3 + n_4\|} \Rightarrow I_{P,2}$$

n_i: Flächennormale im Polygon i

Abbildung 3.30 Sichtbare Kanten bei der Gouraud-Schattierung: Damit die Kante AB sichtbar bleibt, werden in allen Punkten P längs AB zwei Normalen und somit zwei Intensitäten berechnet.

Demgegenüber liefert die Phong-Schattierung Bilder von zum Teil erheblich besserer Qualität, insbesondere bei lokalen Beleuchtungsmodellen, die spiegelnde Reflexion berücksichtigen (siehe die Farbtafeln 34 und 35). Durch die bessere Approximation der Normalen werden hier die Krümmung von Flächen und die daraus resultierenden resultierenden Lichteffekte wirklichkeitsnäher wiedergegeben. So erhält die Phong-Schattierung, vor allem in Verbindung mit dem Phongschen Beleuchtungsmodell aus Abschnitt 3.3.3, beispielsweise die lokale Charakteristik von Glanz- und Spiegelungseffekten (Highlights) in Eckpunkten bei hohen Spiegelungsreflexionsexponenten k (vgl. Abbildung 3.27) und erlaubt so die realistische Wiedergabe von Materialeigenschaften glatter Oberflächen, wohingegen die Gouraud-Schattierung durch die lineare Interpolation der Intensitätswerte den Einflussbereich des Glanzeffekts stark vergrößert. Dadurch wird der Glanz abgeschwächt und „verwässert".

3.5 Transparente Objekte

Lichtstrahlen werden nicht nur diffus bzw. spiegelnd reflektiert oder absorbiert, sondern – von manchen Materialien – auch durchgelassen. Man unterscheidet dabei zwischen *durchsichtigen* Materialien (*transparent*) wie Glas, durch die trotz eventueller Brechung Objekte klar gesehen werden können, und *lichtdurchlässigen* Materialien (*translucent*), zu denen zusätzlich zu den durchsichtigen auch Stoffe wie Milchglas zählen, die Licht zwar durchlassen, ein Erkennen von Gegenständen aber unmöglich machen. Wir wollen hier kurz auf die Behandlung durchsichtiger, also transparenter Objekte eingehen.

3.5.1 Transparenz ohne Brechung des Lichts

Einfache Modelle zur Realisierung von Transparenz ignorieren die Brechung des Lichts. Man unterscheidet dabei drei Ansätze: *interpolierte Transparenz*, *Screen-Door-Transparenz* und *gefilterte Transparenz*. Im Folgenden verdecke ein transparentes Objekt (Polygon 1) die Sicht auf ein lichtundurchlässiges Objekt (Polygon 2, siehe Abbildung 3.31).

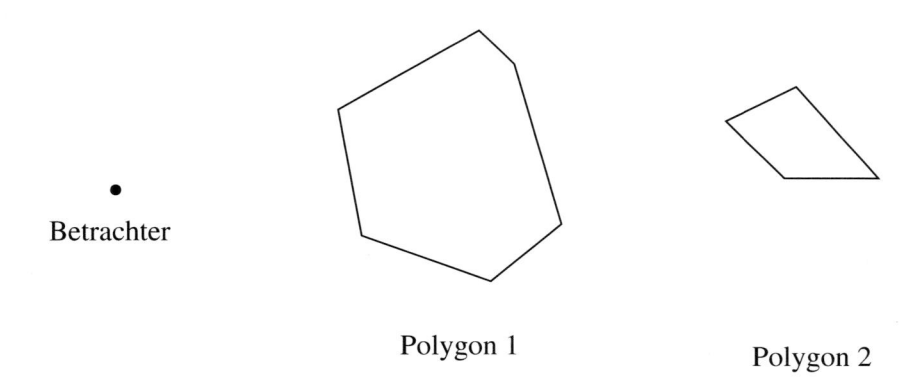

Abbildung 3.31 Zweidimensionales Beispiel zur Transparenz: Polygon 1 (transparent) verdeckt Polygon 2 (lichtundurchlässig).

3.5.1.1 Interpolierte Transparenz

Hier wird die resultierende interpolierte Intensität I_P in einem Pixel bestimmt gemäß

$$I_P := (1 - k_t) \cdot I_1 + k_t \cdot I_2, \tag{3.44}$$

wobei I_1 bzw. I_2 die aus dem verwendeten lokalen Beleuchtungsmodell resultierenden Intensitäts- bzw. Farbwerte in dem betreffenden Pixel für Polygon 1 bzw. Polygon 2 bezeichnen. Der sogenannte *Transmissionskoeffizient* k_t gibt an, wie durchsichtig das Material von Polygon 1 ist: Falls $k_t = 1$, so ist Polygon 1 völlig transparent und somit „unsichtbar", im anderen Extremfall $k_t = 0$ ist Polygon 1 lichtundurchlässig, Polygon 2 ist vollständig verdeckt.

3.5.1.2 Screen-Door-Transparenz

Abhängig vom Ausmaß der Transparenz werden manche Pixel mit dem Intensitäts- bzw. Farbwert I_1 von Polygon 1 besetzt, andere mit dem Wert I_2 von Polygon 2 (vgl. Abbildung 3.32):

$$I_P \in \{I_1, I_2\}. \tag{3.45}$$

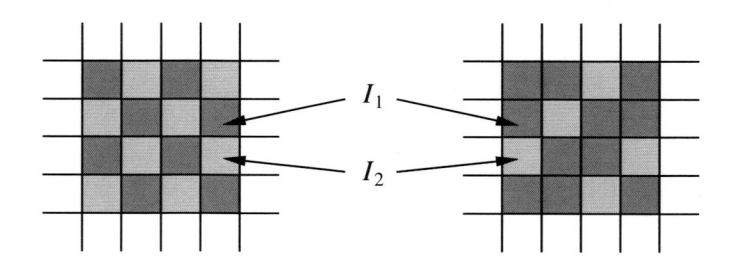

Abbildung 3.32 Zwei Beispiele für Screen-Door-Transparenz: Links werden die Pixel abwechselnd mit der Intensität I_1 und der Intensität I_2 gesetzt, rechts folgt auf zwei Pixel mit I_1 eines mit I_2 (jeweils zeilenweise versetzt).

Bei dieser Vorgehensweise können sich Probleme bei mehreren transparenten Objekten hintereinander ergeben, wenn sich die jeweiligen Muster unglücklich überlagern.

3.5 Transparente Objekte

3.5.1.3 Gefilterte Transparenz

Hier kann Polygon 1 als Filter wirken und Licht gewisser Wellenlängen bevorzugt durchlassen:

$$I_{P,\lambda} := (1 - k_t(\lambda)) \cdot I_1 + k_t(\lambda) \cdot I_2. \tag{3.46}$$

Der Transmissionskoeffizient $k_t(\lambda)$ hängt von der Wellenlänge ab. Damit lässt sich als Material von Objekt 1 etwa rotes Glas modellieren. Im Rotbereich ist $k_t(\lambda)$ dann sehr klein, im komplementären Cyanbereich dagegen groß.

3.5.2 Transparenz mit Brechung des Lichts

Komplizierter wird die Lage, wenn die Brechung des Lichts mit modelliert werden soll (siehe z. B. [Thom86, Musg89]). Dann ist zu berücksichtigen, dass ein Lichtstrahl beim Übergang von einem Medium mit Brechungsindex η_1 in ein anderes mit Brechungsindex η_2 gebrochen wird und sich somit seine Richtung ändert (vgl. Abbildung 3.33). Der Ausfallswinkel β kann hier mit Hilfe des Snelliusschen Gesetzes aus dem Einfallswinkel α und den Brechungsindizes der beiden Materialien berechnet werden:

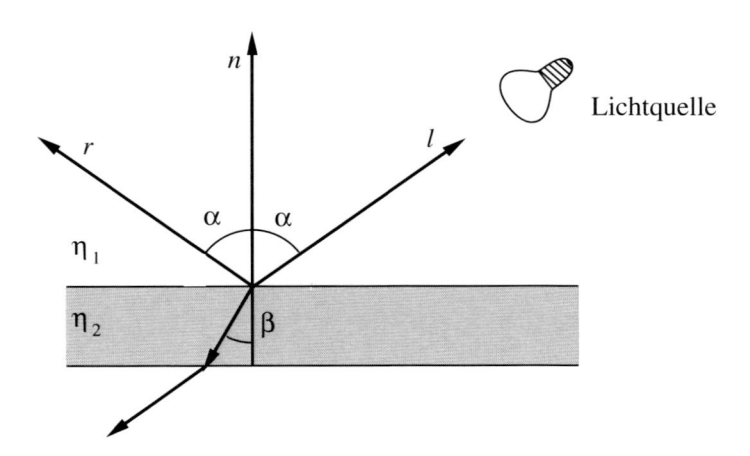

Abbildung 3.33 Brechung eines Lichtstrahls beim Durchgang durch ein anderes Material ($\eta_2 > \eta_1$)

$$\frac{\sin \alpha}{\sin \beta} = \frac{\eta_2}{\eta_1}. \qquad (3.47)$$

Dabei kommt erschwerend hinzu, dass die Brechung von der Wellenlänge abhängt, wie man etwa an der Streuung des Lichts beim Durchgang durch ein Prisma sieht. Außerdem müssen Effekte wie die *totale innere Reflexion* berücksichtigt werden: Beim Übergang in ein optisch dünneres Medium, d. h. ein Medium mit kleinerem Brechungsindex ($\eta_2 < \eta_1$), übersteigt der Ausfalls- den Einfallswinkel ($\beta > \alpha$). Ist letzterer hinreichend groß, so kann wegen (3.47) kein Strahl im optisch dünneren Medium existieren, d. h., der Strahl wird vollständig reflektiert bzw. absorbiert und nicht durchgelassen (siehe Abbildung 3.34). Es ergibt sich also dasselbe Verhalten wie bei lichtundurchlässigen Materialien.

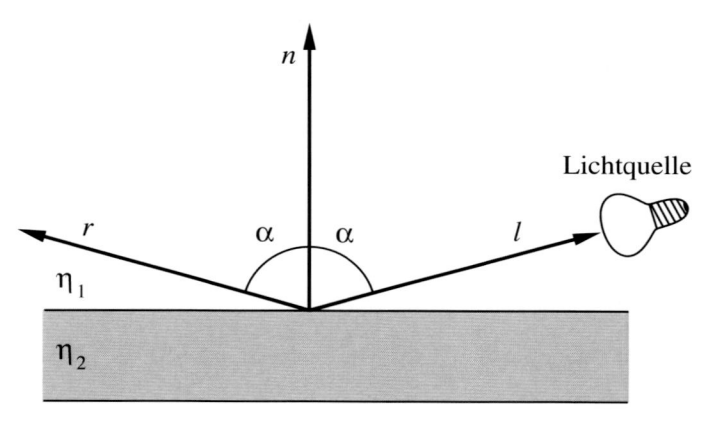

Abbildung 3.34 Totale innere Reflexion: Das grau gezeichnete Material habe den kleineren Brechungsindex ($\eta_2 < \eta_1$).

Weiterhin erfolgt beim Durchgang durch ein transparentes Objekt eine Reduzierung der Lichtintensität. Diese Minderung wird angegeben durch den *Transparenzkoeffizienten*

$$T := te^{-ad}. \qquad (3.48)$$

Dabei bezeichnet d die Länge des Strahls innerhalb des transparenten Objekts. Der *Durchlässigkeitsfaktor* t gibt den Anteil der Lichtmenge an, der nicht reflektiert wird. Der *Absorptionsfaktor* a schließlich zeigt an, wie schnell das Licht von einem Material geschwächt wird (a und t sind Materialeigenschaften). Damit ist die Berechnung von Transparenz-Eigenschaften bei der Strahlverfolgung möglich. Beträgt beim Eintritt in das betreffende Objekt die Lichtintensität I_{ein}, so verlässt das Licht das Objekt wieder mit der Intensität I_{aus}:

$$I_{aus} := T \cdot I_{ein}. \qquad (3.49)$$

3.6 Globale Beleuchtung

In Abschnitt 3.3 haben wir verschiedene *lokale* Beleuchtungsmodelle studiert, um die Lichtverhältnisse an einem bestimmten Punkt der Szene beschreiben zu können. Für die Erzeugung photorealistischer Bilder ist aber auch die Modellierung der *globalen Beleuchtung*, also der Licht-Wechselwirkungen aller Objekte der Szene miteinander, von herausragender Bedeutung. Sie soll im Folgenden diskutiert werden.

Der erste Ansatz, das sog. *Ray-Tracing*, geht auf Whitted (1980) und Appel (1968) zurück [Appe68, Whit80]. Es kann spiegelnde Reflexion perfekt wiedergeben, diffuse Beleuchtung bzw. ambientes Licht dagegen überhaupt nicht. Die resultierenden Bilder wirken synthetisch und zu perfekt. Gewissermaßen das Gegenstück, das *Radiosity-Verfahren*, wurde 1984 von Goral et al. vorgestellt [GTGB84] und gibt diffuse Beleuchtung perfekt wieder. Spiegelnde Reflexionen sind allerdings nicht möglich. Die resultierenden Bilder wirken natürlicher, aber noch nicht realistisch – es fehlen eben Spiegelungs- und Glanzeffekte. In der Folge wurden zahlreiche Ansätze zur Kombination von Ray-Tracing und Radiosity entwickelt, ausgehend von der einfachen Hintereinanderschaltung bis hin zu komplizierteren Verfahren. Trotzdem bleiben Probleme bei der Wiedergabe indirekter spiegelnder Beleuchtungen (etwa über einen Spiegel), sog. *Caustics*. Weitere Entwicklungsstufen waren *Path-Tracing* [Kaji86] und *Light* oder *Backward Ray-Tracing* [Arvo86]. Beide sind prinzipiell in der Lage, das globale Beleuchtungsproblem zu lösen, haben jedoch Probleme hinsichtlich Aufwand bzw. Einschränkungen bei der Geometriebeschreibung. Eine signifikante Verbesserung stellt *Monte Carlo Ray-Tracing mit Photon Maps* dar [Jens96], das auch sogenannte Caustics in befriedigender Qualität effizient wiedergeben kann.

3.6.1 Größen aus der Radiometrie

Radiometrie ist die Lehre von der (physikalischen) Messung elektromagnetischer Energie. Einige wichtige Größen hieraus sind für das Folgende von

164   3 Graphische Darstellung dreidimensionaler Objekte

Bedeutung. Bezugsgröße ist dabei eine Oberfläche A in der Szene. $x \in A$ bezeichne einen Punkt auf der betrachteten Oberfläche, $\omega \in S^2$ mit der Einheitssphäre S^2 bzw. $\omega \in H^2$ mit der Einheitshemisphäre H^2 eine Strahlrichtung. Ferner führen wir das Konzept des *Raumwinkels* (*Solid Angle*) ein, der im Allgemeinen über die Fläche auf der Oberfläche von H^2 gemessen wird, maximal also den Wert 2π annimmt, bzw. $2\pi sr$ mit der künstlichen Einheit *Steradiant* (*Steradian*). Zu einem Flächenstück auf einer Hemisphäre mit beliebigem Radius r ergibt sich der Raumwinkel einfach durch Division des Flächeninhalts durch r^2. Der Winkel $\theta = \theta(x, \omega)$ bezeichne schließlich den Winkel zwischen Flächennormale in x und der Strahlrichtung ω (siehe Abb. 3.35). Doch jetzt zu den radiometrischen Größen, für die wir im Folgen-

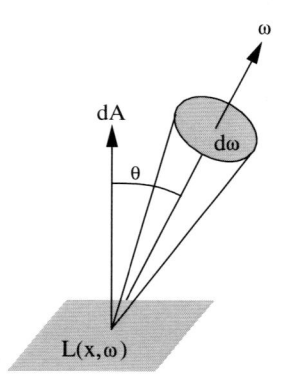

Abbildung 3.35 Orientiertes Flächenstück und Raumwinkel

den grundsätzlich die in der Literatur üblichen englischen Bezeichnungen verwenden werden:

- Mit *Radiant Energy Q* bezeichnet man die elektromagnetische Energie bzw. Lichtenergie (Einheit Joule).

- Unter dem *Radiant Flux* Φ versteht man den Energiefluss, -eintritt oder -ausgang pro Zeit (Einheit Watt; üblicherweise wird nur der statische Fall betrachtet, und die Begriffe Radiant Energy und Radiant Flux werden synonym verwandt):

$$\Phi := \frac{\partial Q}{\partial t}. \qquad (3.50)$$

- *Radiance* $L(x, \omega)$ wird der Radiant Flux in einem infinitesimal dünnen Strahl bzw. der Radiant Flux pro Flächeneinheit $dA \cos \theta$ senkrecht

3.6 Globale Beleuchtung

zum Strahl und pro Raumwinkel dω in Strahlrichtung ω (Einheit $W/m^2 sr$) genannt. Die Größen L_i, L_o, L_r, L_e bezeichnen jeweils die eintreffende, ausgehende, reflektierte und emittierte Radiance.

- Unter der *Irradiance E* versteht man den auftreffenden Radiant Flux pro Flächeneinheit (Einheit W/m^2; Summation bzw. Integration über alle eingehenden Richtungen ω_i):

$$\begin{aligned} dE &:= L_i(x, \omega_i) \cos\theta_i \, d\omega_i, \\ E(x) &:= \int_{H^2} L_i(x, \omega_i) \cos\theta_i \, d\omega_i. \end{aligned} \quad (3.51)$$

- Mit *Radiosity B* wird dagegen der ausgehende Radiant Flux pro Flächeneinheit bezeichnet (Einheit ebenfalls W/m^2; Summation bzw. Integration nun über alle ausgehenden Richtungen ω_o):

$$\begin{aligned} dB &:= L_o(x, \omega_o) \cos\theta_o \, d\omega_o, \\ B(x) &:= \int_{H^2} L_o(x, \omega_o) \cos\theta_o \, d\omega_o. \end{aligned} \quad (3.52)$$

- *Radiant Intensity I* nennt man den ausgehenden Radiant Flux pro Raumwinkel, d. h. pro Richtung im Raum (Einheit W/sr; Summation bzw. Integration über alle Flächenelemente A, also über $\Omega := \cup A$):

$$\begin{aligned} dI &:= L_o(x, \omega_o) \cos\theta_o \, dA, \\ I(\omega_o) &:= \int_{\Omega} L_o(x, \omega_o) \cos\theta_o \, dA. \end{aligned} \quad (3.53)$$

Die Beziehungen der Größen untereinander werden durch nochmalige Integration klar:

$$\begin{aligned} \Phi_o &= \int_{H^2} I(\omega_o) \, d\omega_o = \int_{\Omega} B(x) \, dA = \int_{\Omega} \int_{H^2} L_o(x, \omega_o) \cos\theta_o \, d\omega_o \, dA, \\ \Phi_i &= \int_{\Omega} E(x) \, dA = \int_{\Omega} \int_{H^2} L_i(x, \omega_i) \cos\theta_i \, d\omega_i \, dA. \end{aligned}$$

Im Falle vollständiger Reflexion (keine Transparenz oder Brechung, keine Absorption) gilt für eine Oberfläche A stets $\Phi_o = \Phi_i$.

Die Radiance hat zwei wichtige Eigenschaften: Sie ist konstant entlang eines Strahls, solange dieser auf keine Oberfläche trifft, und sie ist die ausschlaggebende Größe für die Antwort eines lichtempfindlichen Sensors (Ka-

meras, Auge).
Schließlich hängen alle genannte Größen eigentlich von der *Wellenlänge des Lichts* ab. Theoretisch tritt also ein weiteres Integral über die Wellenlänge hinzu, praktisch beschränkt man sich auf den dreidimensionalen RGB-Vektor (R, G, B) für die Grundfarben Rot, Grün und Blau.

3.6.2 Die Rendering-Gleichung

Wir kommen nochmals kurz zur lokalen Beleuchtung zurück. Wie wir bereits in Abschnitt 3.3 gesehen haben, ist die Beschreibung der *Reflexion* entscheidend für die Modellierung der optischen Erscheinung von Flächen. Die Reflexion hängt ab von der Richtung des einfallenden und des ausgehenden Lichts, von der Wellenlänge des Lichts sowie vom jeweiligen Punkt auf der Oberfläche. Wichtigstes Beschreibungsmittel in diesem Zusammenhang sind die *Bidirectional Reflection Distribution Functions (BRDF)* $f_r(x, \omega_i \to \omega_r)$, die die Abhängigkeit des ausgehenden (reflektierten) Lichts von der einfallenden Lichtstärke angeben:

$$\mathrm{d}L_r = f_r(x, \omega_i \to \omega_r)\,\mathrm{d}E = f_r(x, \omega_i \to \omega_r) L_i(x, \omega_i) \cos\theta_i\,\mathrm{d}\omega_i\,. \quad (3.54)$$

Man beachte, dass die reflektierte Radiance mit der eingehenden Irradiance in Bezug gesetzt wird, nicht mit der eingehenden Radiance (die Begründung hierfür würde an dieser Stelle zu weit führen). Im Allgemeinen sind die BRDF anisotrop, ein Drehen der Oberfläche kann also (bei unveränderten Ein- und Ausgangsrichtungen) zu einer veränderten reflektierten Lichtmenge führen.

Aus (3.54) kann die sog. *Reflectance-Gleichung* abgeleitet werden

$$L_r(x, \omega_r) = \int_{H^2} f_r(x, \omega_i \to \omega_r) L_i(x, \omega_i) \cos\theta_i\,\mathrm{d}\omega_i\,, \quad (3.55)$$

die den (lokalen) Zusammenhang zwischen einfallendem und reflektiertem Licht herstellt. Die BRDF stellen eine sehr allgemeine Beschreibungsmöglichkeit der Reflexion dar. Aus Komplexitätsgründen werden in der Praxis einfache (lokale) Reflexionsmodelle für die unterschiedlichen Klassen von BRDF verwendet, die vor allem die Zahl der Parameter reduzieren sollen (siehe Abbildung 3.36):

- Bei der *idealen spiegelnden Reflexion* wird ein einfallender Strahl in genau eine Richtung reflektiert, gemäß dem Reflexionsgesetz von Snellius. Die Modellierung der BRDFs erfolgt mit Hilfe Diracscher δ-

3.6 Globale Beleuchtung

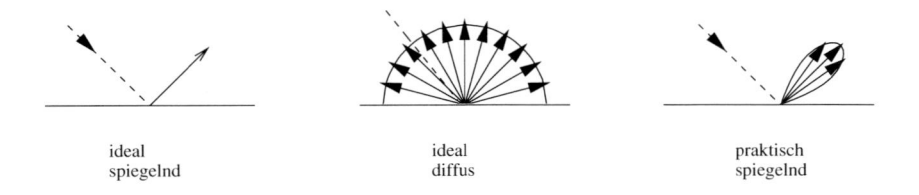

ideal	ideal	praktisch
spiegelnd	diffus	spiegelnd

Abbildung 3.36 Verschiedenes Reflexionsverhalten und verschiedene Typen von BRDF

Funktionen.

- Bei der *praktischen spiegelnden Reflexion* wird Licht einer Verteilung gehorchend reflektiert, die sich stark um die ideale Reflexionsrichtung konzentriert.

- *Lambertsche* oder *diffuse* Reflexion reflektiert einfallendes Licht in alle Richtungen gleichmäßig, die zugehörige Verteilung ist also eine Gleichverteilung.

Allgemeine Reflexions- bzw. Beleuchtungsmodelle kombinieren oft alle Ansätze (vgl. die behandelten Modelle von Torrance-Sparrow, Blinn, Cook-Torrance und Phong). Transparenz und Brechung können leicht eingebaut werden, indem man als mögliche „Reflexionsrichtungen" auch die untere bzw. innere Hemisphäre zulässt. Im Folgenden werden jedoch alle Integrale der Einfachheit halber lediglich bezüglich H^2 formuliert. Hiermit wird aber in jedem Fall nur beschrieben, wie Licht einfällt und was mit einfallendem Licht geschieht. Zur Beantwortung der Frage, wie das jeweils einfallende Licht zustande kommt, muss ein weiterer Schritt getan werden.

Wie setzt sich also das einfallende Licht zusammen? Zur Klärung dieser Frage betrachten wir zunächst den lokalen Fall: Eine Punktlichtquelle in x_s habe die Intensität I_s. Die Radiance L_i in einem Punkt x der Szene bestimmt sich dann gemäß

$$L_i(x,\omega) = \begin{cases} I_s \cdot |x - x_s|^{-2} & \text{für } \omega = \omega_s := x - x_s, \\ 0 & \text{sonst} \end{cases} \quad (3.56)$$

Das Integral (3.55) degeneriert dann zu dem Ausdruck (formal über einen Dirac-Stoß)

$$L_r(x,\omega_r) = \frac{I_s}{|x - x_s|^2} f_r(x, \omega_s \to \omega_r) \cos\theta_s, \quad (3.57)$$

bzw. zu einer Summe über n solche Terme bei n Punktlichtquellen – zugegebenermaßen ein denkbar primitives Beleuchtungsmodell. *Globale* Beleuchtung ist aber mehr als die lokale Betrachtung in allen Punkten der Szene. Das Wechselspiel der einzelnen Flächen muss korrekt wiedergegeben werden. Dieses Wechselspiel ist nichts anderes als Energietransport: Lichtquellen emittieren Strahlung, die in der Szene reflektiert, gebrochen oder absorbiert wird. Berechnet werden muss nun die Lichtmenge, die schließlich das Auge oder die Kamera erreicht. Dazu muss für jedes Bildpixel die Radiance über die entsprechenden sichtbaren Flächen integriert werden. Der resultierende Radiant Flux definiert dann Helligkeit und Farbe des Pixels. Die Radiance, die einen Punkt x in Richtung ω_o verlässt, setzt sich aus (selbst-) emittierter und reflektierter Radiance zusammen:

$$L_o(x,\omega_o) \;=\; L_e(x,\omega_o) \;+\; L_r(x,\omega_o)\,. \tag{3.58}$$

Mit (3.55) erhält man daraus die *Rendering-Gleichung* [Kaji86]:

$$L_o(x,\omega_o) \;=\; L_e(x,\omega_o) \;+\; \int_{H^2} f_r(x,\omega_i \to \omega_o) L_i(x,\omega_i) \cos\theta_i \,\mathrm{d}\omega_i\,, \tag{3.59}$$

die für die Lichtverhältnisse der Szene eine globale Energiebilanz beschreibt. Die Geometrie der Szene, die BRDF der Oberflächen und die Lichtquellen (interpretiert als rein selbst-emittierende Flächen) bestimmen die Lichtverteilung vollständig.

Die Rendering-Gleichung (3.59) stellt noch nicht ganz zufrieden: Zum einen steht unter dem Integral die eintreffende, auf der linken Seite jedoch die ausgehende Radiance, zum anderen ist das Integral über die Hemisphäre etwas unhandlich. Für eine besser handzuhabende Schreibweise der Rendering-Gleichung benötigen wir die *Sichtbarkeitsfunktion* $V(x,y)$,

$$V(x,y) \;:=\; \begin{cases} 1: & x \text{ sieht } y, \\ 0: & \text{sonst}. \end{cases} \tag{3.60}$$

Dabei seien $x \in A_x$ und $y \in A_y$ zwei Punkte auf zwei Oberflächen A_x und A_y der Szene. Mit dieser Sichtbarkeitsfunktion V gilt offensichtlich

$$L_i(x,\omega_i) \;=\; L_o(y,\omega_i)\,V(x,y). \tag{3.61}$$

Um das Integrationsgebiet zu ändern, setzen wir $\mathrm{d}\omega_i$ in Bezug zu dem Flächenstück $\mathrm{d}A_y$, wo das Licht herkommt:

$$\mathrm{d}\omega_i \;=\; \frac{\cos\theta_y\,\mathrm{d}A_y}{|x-y|^2}. \tag{3.62}$$

3.6 Globale Beleuchtung

Mit der Definition

$$G(x,y) := V(x,y) \cdot \frac{\cos\theta_i \cos\theta_y}{|x-y|^2} \qquad (3.63)$$

erhält man dann die folgende zweite Form der Rendering-Gleichung:

$$L_o(x,\omega_o) = L_e(x,\omega_o) + \int_\Omega f_r(x,\omega_i \to \omega_o) L_o(y,\omega_i) G(x,y) \, \mathrm{d}A_y. \qquad (3.64)$$

Mit dem Integraloperator

$$(Tf)(x,\omega_o) := \int_\Omega f_r(x,\omega_i \to \omega_o) f(y,\omega_i) G(x,y) \, \mathrm{d}A_y \qquad (3.65)$$

vereinfacht sich (3.64) zu

$$L_o = L_e + TL_o \quad \text{bzw. kurz} \quad L = L_e + TL. \qquad (3.66)$$

Der *Lichttransportoperator* T wandelt also die Radiance auf A_y um in die Radiance auf A_x (nach *einer* Reflexion). Wendet man (3.66) rekursiv an, so erhält man

$$L = \sum_{k=0}^{\infty} T^k L_e, \qquad (3.67)$$

wobei L_e für emittiertes Licht, TL_e für direkte Beleuchtung und $T^k L_e$, $k > 1$, für indirekte Beleuchtung nach $k-1$ Reflexionen stehen.

Zur Bestimmung der globalen Beleuchtung ist nun die Rendering-Gleichung in der Gestalt der Integralgleichung (3.59) bzw. (3.64) zu lösen. Damit befassen wir uns im nächsten Abschnitt.

3.6.3 Lösung der Rendering-Gleichung

3.6.3.1 Klassifikation der Verfahren

Die meisten Verfahren zur Lösung des globalen Beleuchtungsproblems versuchen mehr oder weniger direkt, die Rendering-Gleichung näherungsweise zu lösen. Dabei können sie anhand ihrer Mächtigkeit bei der Berücksichtigung verschiedener Typen von Licht-Interaktion (charakterisiert mittels einer Folge von Reflexionen auf dem Weg von der Lichtquelle zum Auge) klassifiziert werden. Mit den Bezeichnungen L für Lichtquelle, E für das Auge, D für eine diffuse Reflexion und S für eine spiegelnde Reflexion muss ein optimales Verfahren alle Folgen vom Typ des regulären Ausdrucks

$$L(D|S)^*E \qquad (3.68)$$

berücksichtigen können (siehe Abbildung 3.37 sowie [Kahl99]). Da man auch bei Transparenz zwischen „spiegelnder" Transparenz (*transparent*, z. B. Glas) und diffuser Transparenz (*translucent*, z. B. Milchglas) unterscheiden

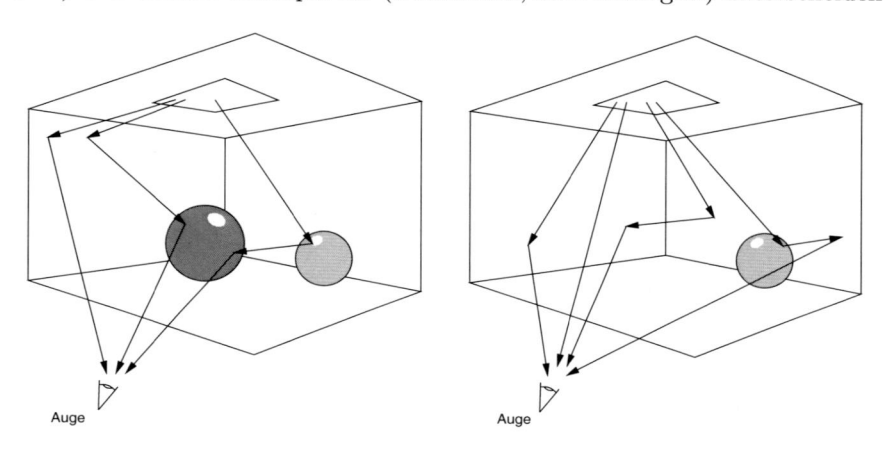

Abbildung 3.37 Unterschiedliche Lichtpfade: LDE, $LDSE$, $LSSE$ und LDE, LE, $LDDE$, $LSDE$ (jeweils von links nach rechts)

kann, sind mit (3.68) wirklich alle Fälle abgedeckt. Bezeichnet ferner X einen Punkt der Szene, so lassen sich für ihn folgende Beleuchtungstypen unterscheiden:

$$\begin{aligned} LX & \quad \text{direkte Beleuchtung,} \\ L(D|S)^+X & \quad \text{indirekte Beleuchtung,} \\ LD^+X & \quad \text{rein diffuse indirekte Beleuchtung,} \\ LS^+X & \quad \text{rein spiegelnde indirekte Beleuchtung.} \end{aligned} \qquad (3.69)$$

Da der letzte Fall besonders „ätzend" ist, werden entsprechende Beleuchtungseffekte *Caustics*[11] genannt.

3.6.3.2 Ray-Tracing

Ray-Tracing ist das älteste und wohl einfachste Verfahren zur globalen Beleuchtung. Schattenwurf sowie ideale spiegelnde Reflexion und Brechung

---
[11] griechisch *Kaustikos*, von *Kaiein* – brennen

3.6 Globale Beleuchtung

werden erfasst, diffuse Beleuchtung dagegen nicht. Die algorithmische Grundlage ist dieselbe wie beim Ray-Casting aus Abschnitt 3.2.7, nämlich die Strahlverfolgung. Verfolgt werden einzelne Lichtstrahlen, die von einem Betrachterstandpunkt ausgehen und beim ersten Treffer mit einem Objekt der Szene oder ggfs. auch nie enden. Energie wird in Form von Radiance transportiert.

Den Algorithmus sowie seine verschiedenen Varianten und Optimierungsmöglichkeiten werden wir in Abschnitt 3.7 genau untersuchen. Hier beschränken wir uns auf seine Qualitäten hinsichtlich der globalen Beleuchtung. Vom Betrachter aus wird durch jedes Bildpixel ein Strahl in die Szene geschossen (*Primärstrahlen*). Trifft ein Strahl kein Objekt, erhält das Pixel die Hintergrundfarbe. Andernfalls starten vom nächstgelegenen Schnittpunkt x dreierlei Typen von *Sekundärstrahlen*: der perfekt reflektierte Strahl (bei nicht völlig mattem Material), der perfekt gebrochene Strahl (bei lichtdurchlässigem Material) sowie die sog. Schattenstrahlen zu allen Lichtquellen. Jede Lichtquelle, die vom entsprechenden Schattenstrahl ohne Hindernis (Objekt in der Szene) erreicht wird, beleuchtet x direkt. Die von x zum Beobachter ausgehende Radiance wird dann rekursiv ermittelt aus den von allen Sekundärstrahlen eingehenden Radiance-Werten, den jeweiligen Richtungen und der BRDF in x gemäß dem lokalen Beleuchtungsmodell nach (3.57). Zum Abbruch der Rekursion muss eine maximale Rekursionstiefe oder eine Mindest-Radiance festgelegt werden. Die fehlende Berücksichtigung diffuser Reflexion wird schließlich durch einen konstanten Term für ambientes Licht modelliert.

Gemäß der Klassifizierung von (3.68) gibt Ray-Tracing alle Pfade vom Typ

$$L D S^* E \tag{3.70}$$

wieder. Das D in (3.70) ist deshalb erforderlich, weil die Schattenstrahlen von der Lichtquelle aus gesehen beliebige und von keiner „Einfallsrichtung" abhängende Richtungen annehmen können. Pfade vom Typ $L S^* E$ können nicht dargestellt werden, da Lichtquellen nicht als Objekte behandelt werden und folglich nur von Schattenstrahlen getroffen werden können.

Die Bestimmung der zum Beobachter ausgehenden Radiance in einem Schnittpunkt x erfolgt wie gesagt auf der Grundlage eines lokalen Beleuchtungsmodells (3.57). Beim ursprünglichen Ray-Tracing wurde die eintreffende Radiance einfach mit einem materialabhängigen Reflexions- bzw. Brechungs-Koeffizienten multipliziert, unabhängig von eintreffender oder ausgehender Richtung. Analog zur Rendering-Gleichung in der Form (3.67) können wir die Funktion von Ray-Tracing jedoch auch in seiner allgemeinen Form beschreiben als

$$L = L_0 + \sum_{k=1}^{\infty} T_0^k L_e, \qquad (3.71)$$

wobei L_0 den ambienten Term bezeichnet. Der Term L_e entfällt, weil Punktlichtquellen nicht als emittierende Objekte behandelt werden. Im Gegensatz zu T ist T_0 kein Integral-, sondern ein einfacher Summenoperator, der über die drei Terme direkte Beleuchtung, reflektiertes Licht und gebrochenes Licht summiert. Aus der Sicht der zu lösenden Rendering-Gleichung betrachtet heißt das, dass wir anstelle des Integrals über *alle* eingehenden Richtungen ein paar fest vorgegebene Richtungen samplen, nämlich die perfekt reflektierte, die perfekt gebrochene und die zu den Lichtquellen führenden.

3.6.3.3 Path-Tracing

Path-Tracing (auch *Monte Carlo Ray-Tracing* oder *Monte Carlo Path-Tracing* genannt) wurde 1986 von Kajiya vorgestellt [Kaji86]. Die Idee ist, die Rendering-Gleichung (3.59) direkt anzugehen und mittels Monte-Carlo-Integration zu lösen. Wie beim Ray-Tracing ersetzen wir also das Integral über alle Richtungen durch Samples in eine endliche Zahl von Richtungen. Die Richtungen zu den Lichtquellen bleiben erhalten (mittels zufälliger Strahlen kann man Punktlichtquellen nicht treffen, obwohl sie sehr wichtig sind), der perfekt reflektierte und der perfekt gebrochene Strahl werden jedoch durch einen einzigen Strahl ersetzt, dessen Richtung zufällig bestimmt wird (daher der Namensteil *Monte Carlo*). Dadurch ergibt sich anstelle der kaskadischen Rekursion beim Ray-Tracing eine lineare Rekursion, ein Pfad von Strahlen (daher der Namensteil *Path*). Die Rekursionstiefe kann fest vorgegeben, adaptiv gewählt oder durch *Russisches Roulette* bestimmt werden, wobei jedesmal zufällig ermittelt wird, ob der Pfad enden oder weitergeführt werden soll (bis zur Maximaltiefe – eben wie beim Russischen Roulette).

Anstelle der Gleichverteilung über alle Richtungen kann auch eine auf der BRDF basierende gewichtete Verteilung benutzt werden, die die aus der BRDF resultierenden wichtigeren Richtungen bei der Auswahl bevorzugt. Mittels

$$\rho(x, \omega_o) := \int_{H^2} f_r(x, \omega_i \to \omega_o) \cos\theta_i \, d\omega_i \qquad (3.72)$$

3.6 Globale Beleuchtung

wird

$$\frac{f_r(x, \omega_i \to \omega_o) \cos \theta_i}{\rho(x, \omega_o)} \qquad (3.73)$$

zur Verteilung auf H^2, als Schätzer für den Integralwert in (3.59) aus einer gemäß dieser Verteilung ermittelten Richtung ω_i ergibt sich dann

$$\rho(x, \omega_o) \cdot L_i(x, \omega_i). \qquad (3.74)$$

Die Einführung einer Verteilung wie in (3.73) ist wichtig, da nur über eine Bevorzugung der Richtungen „in der Nähe" des perfekt reflektierten Strahls wirksam zwischen diffuser und spiegelnder Reflexion unterschieden werden kann.

Da man beim Path-Tracing nur eine einzige Richtung als Sample für die Bestimmung des Integralwerts benutzt, entsteht ein erhebliches Rauschen. Weil die lineare (Pfad-) Rekursion aber aus Effizienzgründen unangetastet bleiben soll, schießt man anstelle eines einzigen Strahls jetzt mehrere Strahlen durch ein Pixel in die Szene und mittelt das Resultat.

Was die Klassifizierung gemäß (3.68) angeht, so kann Path-Tracing theoretisch alle gewünschten Pfade

$$L\,D\,(\,D\,|\,S\,)^*\,E \qquad (3.75)$$

wiedergeben. Das erste D muss aus denselben Gründen wie beim Ray-Tracing aufscheinen. Ansonsten existiert für Path-Tracing aufgrund der zufälligen Richtungswahl der Unterschied zwischen spiegelnder und diffuser Reflexion nicht (bei der Wahl einer Verteilung wie in (3.73) vorgeschlagen werden die Richtungen des perfekt reflektierten bzw. perfekt gebrochenen Strahls nur wahrscheinlicher). Dennoch sind zwei wesentliche Nachteile festzuhalten. Zunächst ist Path-Tracing trotz der nun linearen Rekursion immer noch extrem teuer, da bei typischen Szenen zwischen 25 und 100 Strahlen pro Pixel abgefeuert werden müssen, wenn man ein zufrieden stellendes Ergebnis erzielen will. Zweitens bleiben Probleme bei der Wiedergabe von Caustics. Gemäß (3.69) waren diese charakterisiert als $L\,S^+\,X$ bzw. $L\,S^+\,D\,E$. Betrachten wir das Beispiel eines Spiegels, der eine Oberfläche indirekt beleuchtet. Das direkte Licht von einer Lichtquelle zur Oberfläche wird über die Schattenstrahlen separat berücksichtigt, das Licht, das über den Spiegel ankommt (der jetzt gewissermaßen als sekundäre Lichtquelle fungiert), jedoch nicht. Hier muss der Zufall die Berücksichtigung im Rahmen des Monte-Carlo-Prozesses sicherstellen, was aber nur mit einer bestimmten Wahrscheinlichkeit geschieht.

3.6.3.4 Radiosity-Verfahren

Radiosity ist sowohl der Name der in (3.52) eingeführten Größe als auch eines Verfahrens zur globalen Beleuchtung. Dieses wurde 1984 von Goral et al. vorgestellt [GTGB84] und wählt einen grundlegend anderen Ansatz als den strahlorientierten.

Radiosity verzichtet auf Spiegelungen und geht von ausschließlich diffusen Flächen aus. Auch die Lichtquellen werden nun als Objekte der Szene und somit als Flächen aufgefasst. Somit hängen alle BRDF nicht von der Richtung des einfallenden oder des austretenden Lichts ab, und man kann in der Rendering-Gleichung in der Form (3.64) die BRDF vor das Integral ziehen:

$$\begin{aligned}
L_o(x,\omega_o) &= L_e(x,\omega_o) + \int_\Omega f_r(x,\omega_i \to \omega_o) L_o(y,\omega_i) G(x,y)\, \mathrm{d}A_y \\
&= L_e(x,\omega_o) + \int_\Omega f_r(x) L_o(y,\omega_i) G(x,y)\, \mathrm{d}A_y \qquad (3.76) \\
&= L_e(x,\omega_o) + f_r(x) \cdot \int_\Omega L_o(y,\omega_i) G(x,y)\, \mathrm{d}A_y.
\end{aligned}$$

Weil die ausgehende Radiance einer diffusen Oberfläche keine Richtungsabhängigkeit aufweist, kann man (3.76) auch mittels $B(x)$ formulieren und erhält die sogenannte *Radiosity-Gleichung*, eine Fredholmsche Integralgleichung zweiter Art:

$$B(x) = B_e(x) + \frac{\rho(x)}{\pi} \cdot \int_\Omega B(y) G(x,y)\, \mathrm{d}A_y. \qquad (3.77)$$

Hierbei gilt für die *Reflectance* $\rho(x)$

$$\rho(x) := \int_{H^2} f_r(x) \cos\theta_i\, \mathrm{d}\omega_i = f_r(x) \cdot \int_{H^2} \cos\theta_i\, \mathrm{d}\omega_i = \pi \cdot f_r(x) \qquad (3.78)$$

(vgl. auch (3.72)).

Radiosity ist ansichtsunabhängig, die globale Beleuchtung wird also einmal für die ganze Szene berechnet und nicht nur für eine bestimmte Betrachterposition. Zur Lösung wird die Radiosity-Gleichung (3.78) im Finit-Element-Sinne diskretisiert. Man überzieht alle Oberflächen der Szene mit einem Netz von ebenen Oberflächenstücken f_i mit Flächeninhalt A_i, $1 \leq i \leq n$, wobei nicht mehr zwischen Lichtquellen und eigentlichen Objekten unterschieden wird (beachte die neue Bedeutung von A_i). Zur Beschreibung des Lichttransports von f_i nach f_j werden *Formfaktoren* F_{ij} eingeführt. F_{ij}

3.6 Globale Beleuchtung

gibt dabei den Anteil des Radiant Flux $A_i \cdot B_i$ (der f_i verlassende Flux), der bei f_j ankommt. Offensichtlich gilt also $0 \leq F_{ij} \leq 1$. De facto entsprechen die Formfaktoren im Wesentlichen der Funktion G aus (3.63) bzw. (3.77). Somit wird (3.77) zu

$$B_i = B_{e,i} + \rho_i \cdot \sum_{j=1}^{n} \frac{B_j \cdot A_j \cdot F_{ji}}{A_i} \quad \forall\, 1 \leq i \leq n. \qquad (3.79)$$

Der Faktor π^{-1} ist dabei in die Formfaktoren gewandert. Aufgrund der Beziehung

$$A_i \cdot F_{ij} = A_j \cdot F_{ji} \qquad (3.80)$$

lässt sich (3.79) vereinfachen, und man erhält die *diskrete Radiosity-Gleichung*:

$$B_i = B_{e,i} + \rho_i \cdot \sum_{j=1}^{n} B_j \cdot F_{ij} \quad \forall\, 1 \leq i \leq n. \qquad (3.81)$$

Aus (3.81) ergeben sich die zwei wesentlichen Hauptaufgaben bei Radiosity-Verfahren: Erstens müssen die Formfaktoren berechnet werden, zweitens muss das entstehende System linearer Gleichungen numerisch gelöst werden. Dies werden wir im Abschnitt 3.8 tun. Im Moment interessieren uns nur die Lichtpfade.

Radiosity betrachtet nur diffuse Oberflächen. Deshalb können nur Lichtpfade vom Typ

$$L\, D^*\, E \qquad (3.82)$$

simuliert werden. Der direkte Pfad $L\, E$ ist möglich, da Lichtquellen und Oberflächen gleich behandelt werden. Im Gegensatz zum Ray-Tracing besteht das Ergebnis nicht aus einem Rasterbild für eine bestimmte Ansicht der Szene, sondern aus den Radiosity-Werten aller (diskreter) Oberflächen f_i. Nach der zeitintensiven Radiosity-Berechnung kann deshalb ein (hardwarebeschleunigtes) z-Buffer-Verfahren zur Generierung bestimmter Ansichten benutzt werden, was beispielsweise Echtzeit-Flüge durch die Szene gestattet.

Aber auch Ray-Tracing kann zur Ansichtsgenerierung verwendet werden. Eine solche Hintereinanderschaltung von Ray-Tracing und Radiosity ermöglicht Lichtpfade vom Typ $L\, D^+\, S^*\, E$. Dies ist besser als jede Einzellösung, Caustics sind aber noch immer nicht darstellbar. Deshalb wurden noch weitere Verallgemeinerungen entwickelt (*extended form factors*), die auch Caustics integrieren sollen. Das bleibende Problem ist aber, dass

Radiosity immer mit ebenen Flächenstücken arbeitet, womit viele Caustics nicht wiedergegeben werden können.

3.6.3.5 Light Ray-Tracing

Light Ray-Tracing oder *Backward Ray-Tracing* geht auf Arvo [Arvo86] zurück und wurde speziell für die Simulation indirekter Beleuchtung entwickelt.

In einem ersten Path-Tracing Schritt werden Strahlen von den Lichtquellen in die Szene geschossen. Trifft ein solcher Strahl auf eine zumindest anteilig diffuse Oberfläche, wird seine Radiance nach der Reflexion reduziert, und der Differenzbetrag an Energie wird der Oberfläche gutgeschrieben und in einer *Illumination Map* gespeichert. Das Konzept ist ganz ähnlich wie bei Texture Maps (siehe Abschnitt 4.2). Im zweiten Schritt wird dann ein gewöhnliches Ray-Tracing durchgeführt, wobei die Illumination Maps der Oberflächen in die Beleuchtungsberechnung einfließen.

Light Ray-Tracing ist das erste der bisher diskutierten Verfahren, das mit Caustics umgehen kann. Allerdings ist der Aufwand extrem hoch, da die Auflösung der Illumination Maps hoch und die Anzahl der Strahln im ersten Durchlauf folglich sehr groß sein muss. Außerdem limitiert die Notwendigkeit der Parametrisierung der Oberflächen über die Illumination Map die Gestalt der Oberflächen. Schließlich liegt über die Illumination Map die Energie an einer Stelle vor, aber nicht die Richtung, aus der das Licht einfiel, was für den zweiten Schritt (die Berechnung der ausgehenden Radiance) von Nachteil sein kann.

3.6.3.6 Monte Carlo Ray-Tracing mit Photon Maps

Monte Carlo Ray-Tracing mit Photon Maps oder kurz *Photon Tracing* wurde 1995/1996 von Jensen [Jens96] vorgestellt. Es stellt derzeit eine der besten Methoden zur globalen Beleuchtung dar, und zwar in folgender Hinsicht:

- **Qualität**: Grundbaustein ist Path-Tracing, eine gute Startlösung des Beleuchtungsproblems. Zur Wiedergabe von Caustics wird ein Light Ray-Tracing Schritt hinzugefügt. Gespeichert wird die Information aus diesem Schritt in *Photon Maps*, ähnlich den *Illumination Maps*.

- **Flexibilität**: Photon-Tracing baut nur auf Ray-Tracing-Techniken

3.6 Globale Beleuchtung

auf. Weder eine Beschränkung auf polygonale Objekte (wie bei Radiositiy) noch eine Parametrisierung der Oberflächen (wie bei den Illumination Maps) sind erforderlich. Sogar fraktale Objekte sind verwendbar.

- **Geschwindigkeit**: Der zweite Schritt benutzt einen optimierten Path-Tracer, dessen Laufzeit durch die Information aus der Photon Map reduziert werden kann.

- **Parallelisierbarkeit**: Wie alle Ray-Tracing-Verfahren kann auch Photon-Tracing einfach und effizient parallelisiert werden.

Ähnlich wie beim Light Ray-Tracing besteht der erste Schritt aus einem Path-Tracing von den Lichtquellen aus. *Photonen*, d. h. energiebehaftete Partikel, werden von den Lichtquellen aus in die Szene geschossen. Trifft ein Photon eine Oberfläche, werden sowohl seine Energie als auch seine Einfallsrichtung in die Photon Map eingetragen. Dann wird das Photon zufällig reflektiert, oder es endet (wird absorbiert). Nach Abschluss dieser Phase gibt die Photon Map eine Approximation der Lichtverhältnisse in der Szene: Je höher die Photonendichte, desto mehr Licht. Man beachte den entscheidenden Unterschied zwischen den Illumination Maps und der Photon Map: Erstere sind lokal, assoziiert zu jeder Oberfläche und benötigen eine Parametrisierung, die ein zweidimensionales Array auf diese Fläche abbildet. Letztere ist global und lebt in dreidimensionalen Weltkoordinaten. Außerdem werden sowohl die Energie als auch die Einfallsrichtung gespeichert. Somit ist die Photon Map eine riesige gestreute Datenmenge in 3 D.

Im zweiten Schritt wird ein optimierter Path-Tracer benutzt. Nach nur wenigen Rekursionsstufen wird der Pfad abgebrochen, und die Beleuchtungsverhältnisse werden angenähert durch Schätzung der Dichteverteilung der Photonen in der Umgebung des betreffenden Punkts. Damit kann die Photon Map auch zur Simulation von Caustics benutzt werden.

Erster Pass:

Zunächst muss die Aussendung der Photonen festgelegt werden. Dabei werden die Lichtquellen zufällig ausgewählt, unter Berücksichtigung ihrer Leistung. Bei Punktlichtquellen ist der Startpunkt trivial, bei anderen müssen Größe und sonstige Charakteristik der Lichtquelle einfließen. Die Strahlrichtung ist völlig gleichverteilt bei Punktlichtquellen, bei realistischeren Lampen etc. muss jedoch die Abstrahlcharakteristik der Quelle berücksichtigt werden. Die Leistung aller Photonen ist konstant, manchmal lässt man allerdings Variationen in der RGB-Zusammensetzung zu.

Die „Weiterreise" des Photons kann entweder enden (völlige Absorption, Abbruch des Pfades), oder sie geht in einer zufällig bestimmten Richtung weiter, wobei eine BRDF-basierte Verteilung zugrunde gelegt wird. Die Energie des Photons bleibt je nach Modell entweder erhalten, oder sie wird um einen konstanten bzw. richtungsabhängigen Anteil reduziert.

Mit der Photon Map will man zwei Ziele erreichen: erstens die Lichtverhältnisse approximieren und zweitens Caustics simulieren. Für Ersteres genügt eine geringe Genauigkeit, bei Caustics ist dagegen Präzision erforderlich. Deshalb implementiert man i. d. R. zwei Maps: eine *Global Photon Map* für die indirekte Beleuchtung und eine *Caustics Photon Map* für Caustics. In letzterer werden alle Photonen aufgesammelt, die bislang ausschließlich auf spiegelnde Oberflächen getroffen waren, alle anderen werden in die Global Photon Map eingetragen. Um die erhöhte Genauigkeit für Caustics zu erreichen, müssen zudem in Gebiete mit spiegelnden Flächen gezielt mehr Photonen geschossen werden.

Zweiter Pass:

Der zweite Schritt ist ein Path-Tracer. An zwei Hebeln setzt man zur Verbesserung an. Zunächst wird zur Beschleunigung in jedem Punkt, in dem die ausgehende Radiance zu bestimmen ist, entschieden, ob man sie möglichst genau berechnen oder approximieren will. Genähert wird üblicherweise, sobald der Pfad schon eine diffuse Reflexion hinter sich hat. Außerdem gibt es eine Höchstzahl spiegelnder Reflexionen, ab der ebenfalls genähert wird. „Nähern" heißt in diesem Fall, dass man die Information der Global Photon Map benutzt, „genau berechnen" heißt den Pfad weiterverfolgen. Der zweite Hebel dient zur Qualitätsverbesserung. An allen Punkten, an denen man die Radiance genau haben möchte, addiert man die sich aus der Caustics Photon Map ergebende Radiance dazu.

Zwei Bemerkungen zum Schluss:

- An mehreren Stellen wurde zwischen diffuser und spiegelnder Reflexion unterschieden. Für einen normalen Path-Tracer gibt es diese Unterscheidung (explizit) ja gar nicht, beim Photon-Tracing wird sie jedoch protokolliert.

- Zur Speicherung der Photonen im dreidimensionalen Raum sowie zur schnellen Auffindung von Nachbarn sind spezielle Datenstrukturen erforderlich, etwa kd-Bäume, die Koordinaten-Bisektion realisieren (siehe Abbildung 3.38).

Die Diskussion der verschiedenen Lösungsansätze sowie die Aktualität der Beiträge zeigen, dass die globale Beleuchtung nach wie vor eines der

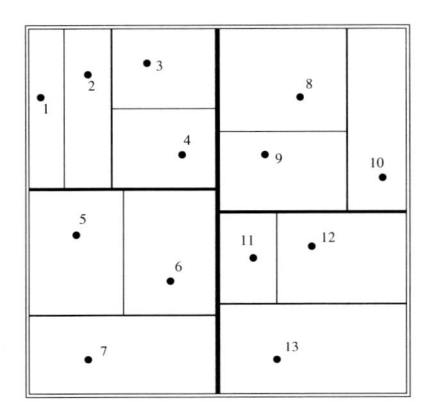

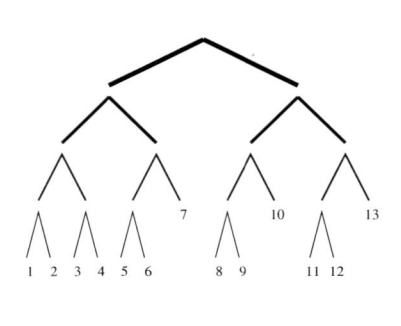

Abbildung 3.38 Raumpartitionierung mit kd-Bäumen

zentralen und spannenden Themen der Computergraphik ist.

Aufgrund ihrer herausragenden Bedeutung wollen wir im Folgenden noch zwei der vorgestellten Verfahren zur Lösung des globalen Beleuchtungsproblems etwas genauer untersuchen, Ray-Tracing und Radiosity.

3.7 Ray-Tracing

Das Prinzip der Strahlverfolgung haben wir bereits in Abschnitt 3.2.7 kennengelernt. Das dort beschriebene *Ray-Casting* dient dabei zur Lösung des Sichtbarkeitsproblems. Wie wir im vorigen Abschnitt gesehen haben, gestatten auf der Strahlverfolgung beruhende Techniken jedoch auch photorealistische Darstellungen, wie sie beispielsweise mit einer Kombination aus z-Buffer-Algorithmus und Gouraud- bzw. Phong-Schattierung nicht zu erzeugen sind (siehe hierzu auch die Farbtafeln 15 - 23, 30 - 32 sowie 38 und 39). Auf die über das einfache Ray-Casting sowie über die Beleuchtungscharakteristik hinausgehenden algorithmischen Aspekte des sogenannten *rekursiven Ray-Tracings*[12] zur Realisierung von Schatten, Spiegelungen und Brechung soll jetzt in diesem Abschnitt näher eingegangen werden (siehe z. B. [KaKa86, Glas89, Haen96]).

---
[12] Zur Abgrenzung der Begriffe Ray-Casting und Ray-Tracing siehe Fußnote 4 in Abschnitt 3.2.7.

Die erste Erweiterung des einfachen Ray-Casting-Algorithmus aus Abschnitt 3.2.7 wurde bereits von Appel [Appe68] zur Darstellung von Schatten entwickelt. Dabei werden von jedem sichtbaren Schnittpunkt P eines Strahls vom Beobachter mit einem Objekt der Szene zusätzliche *Schattenstrahlen* zu allen Lichtquellen verfolgt (siehe Abbildung 3.39). Erreicht ein

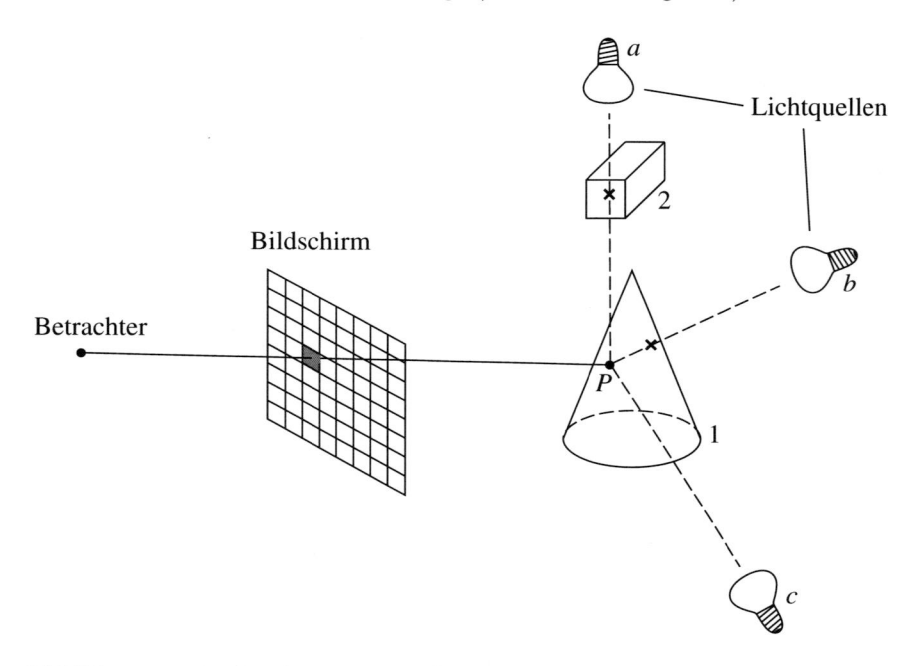

Abbildung 3.39 Bestimmung von Schatten beim Ray-Tracing: Der Schattenstrahl von P zur Lichtquelle a schneidet Objekt 2, der Schattenstrahl von P zur Lichtquelle b schneidet Objekt 1 ein weiteres Mal (Austritt). Der Strahl von P zur Lichtquelle c dagegen erreicht diese ungehindert.

solcher Schattenstrahl ohne Behinderung „seine" Lichtquelle, so wird deren Einfluss bei der Berechnung der Intensität im Punkt P berücksichtigt. Schneidet der Schattenstrahl jedoch auf dem Weg zur Lichtquelle ein Objekt der Szene, so liegt der Punkt P bezüglich dieser Lichtquelle im Schatten, und sie wird bei der Intensitätsberechnung in P vernachlässigt bzw. geht – falls es sich um ein transparentes Material handelt – nur abgeschwächt in die Intensitätsberechnung ein.

Der nächste, von Whitted [Whit80] vollzogene Schritt ermöglicht die Einbeziehung von Spiegelreflexion (vgl. Abschnitt 3.3.3) und von Transparenz

3.7 Ray-Tracing

mit Berücksichtigung der Brechung des Lichts (vgl. Abschnitt 3.5.2). Neben dem Schattenstrahl werden nun von jedem sichtbaren Schnittpunkt P eines Strahls vom Betrachter mit einem Objekt der Szene gegebenenfalls (abhängig von Materialeigenschaften) zwei, im vorigen Abschnitt bereits vorgestellte, weitere Strahlen verfolgt: der (perfekt) reflektierte Strahl (falls das Objekt spiegelnde Reflexion gestattet) sowie der gebrochene Strahl (falls das Objekt transparent ist und keine totale innere Reflexion auftritt, siehe Abschnitt 3.5.2). Die nunmehr maximal drei zusätzlichen Strahlen, die von einem Schnittpunkt ausgehen, werden auch *Sekundärstrahlen* genannt, im Gegensatz zu den vom Beobachter ausgehenden *Primärstrahlen* (siehe Abbildung 3.40).

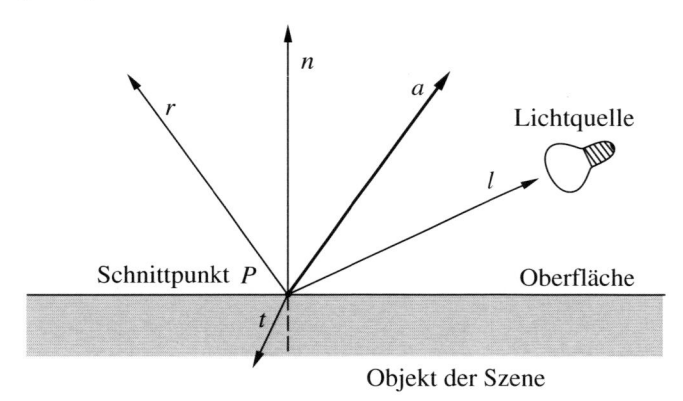

Abbildung 3.40 Primär- und Sekundärstrahlen beim Ray-Tracing: Der primäre Strahl a vom bzw. zum Betrachter sowie die sekundären Strahlen l (zur Lichtquelle), r (perfekt reflektierter Strahl) und t (gebrochener Strahl).

Zum rekursiven Ray-Tracing-Algorithmus gelangt man nun, indem die beiden Sekundärstrahlen r und t wie zuvor a weiterverfolgt werden (siehe Abbildung 3.41). Der Abbruch der Rekursion erfolgt dabei entweder, wenn ein Strahl ohne Schnitt mit einem Objekt aus der darzustellenden Szene läuft (und somit den Hintergrund trifft) oder wenn eine vorgegebene maximale Rekursionstiefe erreicht ist.

Als Beleuchtungsmodell verwendet Whitted [Whit80] das Modell von Phong[13] (vgl. Abschnitt 3.3.3), das er um eine Komponente für den wei-

---

[13] Genau genommen handelt es sich nicht um das in (3.43) angegebene ursprüngliche Modell von Phong, sondern um eine leichte Modifikation von Blinn [Blin77], der anstelle von $\langle r, a \rangle^k$ in (3.42) $\langle h, n \rangle^k$ verwendet. Man beachte, dass der Winkel zwischen r und a doppelt so groß wie der zwischen h und n ist (vgl. Abbildung 3.20).

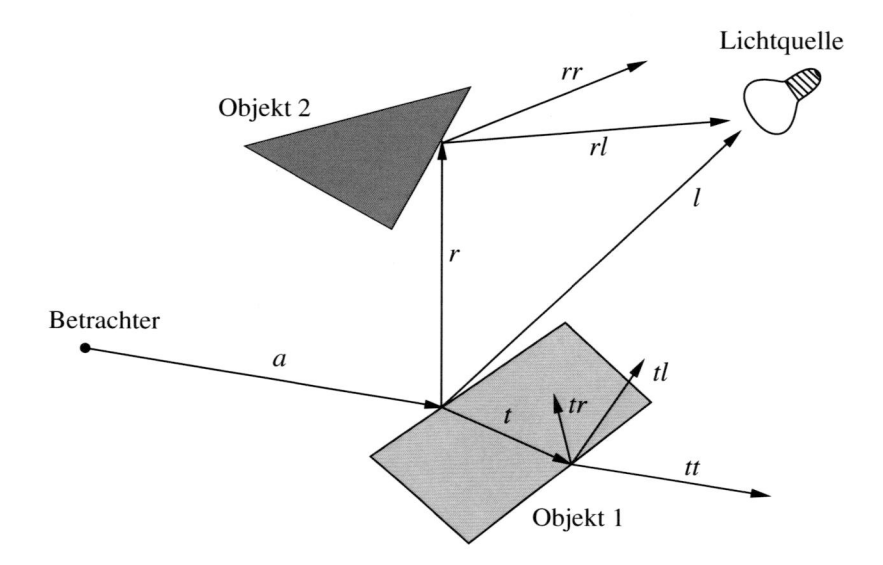

Abbildung 3.41 Rekursive Strahlverfolgung der Rekursionstiefe 2: Objekt 1 ist transparent, Objekt 2 ist lichtundurchlässig.

ter verfolgten reflektierten sowie den weiter verfolgten gebrochenen Strahl ergänzt (zur Definition der Strahlen siehe Abbildung 3.41):

$$\begin{aligned} V^{(i)} & := I_a \times R^{(i)} \\ & + \sum_{j=1}^{m} \left(I_j \times R^{(i)} \cdot \langle l_j, n \rangle + I_j \cdot R_S^{(i)} \cdot \langle h_j, n \rangle^k \right) \cdot C_j^{(i)} \quad (3.83) \\ & + R_S^{(i)} \cdot I_r + R_t^{(i)} \times I_t. \end{aligned}$$

Dabei bezeichnet $R_t^{(i)} \in [0, 1]$ bzw. $[0, 1]^3$ den materialabhängigen *Transmissionskoeffizienten*, und I_r bzw. I_t geben die (rekursiv berechneten) Intensitätswerte an den nächsten Oberflächenstücken an, welche der reflektierte Strahl r bzw. der gebrochene Strahl t treffen. Auch hier können I_r und I_t zur Berücksichtigung der Abschwächung des Lichts mit der Entfernung in Analogie zu Definition (3.30) noch mit einem zusätzlichen Faktor multipliziert werden.

Anstelle des Modells von Phong kann wieder das genauere und etwa für Metalle besser geeignete Modell von Torrance und Sparrow bzw. Blinn bzw. Cook und Torrance verwendet werden (siehe Abschnitt 3.3.3). Auch in diesem Fall wird die entsprechende Gleichung (3.41) analog zu (3.83) um Terme zur Berücksichtigung von I_r und I_t ergänzt.

Abschließend wollen wir nochmals kurz auf die bereits in Abschnitt 3.2.7 diskutierten Möglichkeiten zur Optimierung (Beschleunigung) des Ray-Castings bzw. des Ray-Tracings zurückkommen. Die dort besprochenen Techniken (effiziente Schnittpunktberechnung, hierarchisches Clustering, räumliche Partitionierung, Umhüllung komplizierter Objekte) sind natürlich auch beim rekursiven Ray-Tracing anwendbar. Eine weitere Möglichkeit zur Beschleunigung speziell des rekursiven Ray-Tracings wurde von Hall und Greenberg [HaGr83] vorgeschlagen. Bei der sogenannten *adaptiven Tiefenkontrolle* wird die Rekursionstiefe nicht fest vorgegeben, sondern adaptiv an die Verhältnisse der Szene und an Materialeigenschaften angepasst. Wie in (3.83) zu erkennen ist, wird bei jeder Rekursionsstufe der Beitrag der Sekundärstrahlen durch die Faktoren $R_S^{(i)}$ und $R_t^{(i)}$ weiter abgeschwächt. Für Glas gilt als Näherungswert beispielsweise $R_S^{(i)} \approx 0.2$, so dass bereits nach drei Rekursionsstufen (dreimal reflektiert) der resultierende Strahl nur noch mit einem Gewicht von 0.008 in die Intensitätsberechnung am Schnittpunkt des Primärstrahles mit dem jeweiligen Objekt eingeht. Es liegt deshalb nahe, solche unerheblichen Einflüsse zu vernachlässigen und die Rekursion dann abzubrechen, wenn die Produkte aus den jeweiligen Koeffizienten unter eine vorgegebene Schranke fallen.

3.8 Radiosity-Verfahren

Unabhängig davon, ob zur Ermittlung der Intensitäts- bzw. Farbwerte ein effizientes, polygonales Schattierungsverfahren wie die in Abschnitt 3.4 beschriebenen oder das aufwändige, aber Bilder von höchster Qualität ermöglichende, pixelorientierte Ray-Tracing eingesetzt wird (vgl. Abschnitt 3.7), stützen sich die jeweiligen Beleuchtungsmodelle aus Abschnitt 3.3 auf einen Term zur Modellierung von ambientem Licht. Dem liegt die Erkenntnis zugrunde, dass durchschnittlich etwa 30% des Lichts in einer Szene nicht unmittelbar von einer Lichtquelle stammen, sondern bereits einmal oder mehrfach an Oberflächen reflektiert wurden. Zum Teil werden sogar Spitzenwerte bis zu 80% erreicht. Dass ein einziger konstanter Term I_a bzw. $V_a^{(i)}$ (vgl. Abschnitt 3.3.1) die komplizierten Verhältnisse bei mehrfacher Reflexion und damit bei der Entstehung von ambientem Licht nicht zufrieden stellend beschreiben kann, sieht man beispielsweise an den oftmals zu synthetisch wirkenden Bildern, die mittels Ray-Tracing erzeugt worden sind:

Die Schattenwürfe sind zu scharf, die Übergänge zu hart. Hier schafft das bereits im Abschnitt 3.6.3.4 vorgestellte Radiosity-Verfahren Abhilfe. Nachdem wir dessen Beleuchtungscharakteristik bereits studiert haben, wollen wir uns nun noch mit einigen algorithmischen Aspekten befassen. Für eine detaillierte Darstellung verweisen wir auf [GTGB84, NiNa85, KaKa86, Hanr93, Gepp95], Resultate zeigen die Farbtafeln 36 und 37.

3.8.1 Berechnung der Formfaktoren

Wir kommen zurück zur diskreten Radiosity-Gleichung (3.81). Vor deren Lösung müssen die Formfaktoren F_{ij} ermittelt werden. Da diese jedoch nicht von der Wellenlänge des Lichts, sondern ausschließlich von der Geometrie der Szene abhängen, können sie zu Beginn einmalig berechnet und gespeichert werden. Bei sich ändernden Materialeigenschaften ($B_{e,i}, \rho_i$) oder wechselnder Beleuchtung können sie übernommen werden.

Der Formfaktor F_{ij} bezeichnet den Anteil der von f_i ausgehenden Lichtenergie $B_i A_i$, der bei f_j ankommt. Man kann zeigen (siehe z. B. [FDFH97]), dass für F_{ij} die Beziehung

$$\begin{aligned} F_{ij} &= \frac{1}{A_i} \cdot \int_{f_i} \int_{f_j} \frac{\cos \theta_i(x_i, x_j) \cdot \cos \theta_j(x_i, x_j)}{\pi \cdot r^2(x_i, x_j)} V(x_i, x_j) \, \mathrm{d}A_j \, \mathrm{d}A_i \\ &= \frac{1}{A_i} \cdot \frac{1}{\pi} \cdot \int_{f_i} \int_{f_j} G(x_i, x_j) \mathrm{d}A_j \mathrm{d}A_i \end{aligned} \quad (3.84)$$

gilt, wobei θ_i und θ_j die Winkel zwischen der Verbindungsstrecke von x_i nach x_j und der Flächennormale n_i von f_i in x_i bzw. n_j von f_j in x_j bezeichnen und r den Abstand von x_i und x_j angibt (siehe Abbildung 3.42). Die Funktionen V und G sind wie in (3.60) bzw.(3.63) definiert.

Selbst bei einfachen geometrischen Verhältnissen ist die Berechnung der Integrale in (3.84) sehr aufwändig. Deshalb sind effiziente Verfahren zur näherungsweisen Berechnung der Formfaktoren von großer Wichtigkeit. Eine Möglichkeit der Vereinfachung von (3.84) ist beispielsweise, die Winkel θ_i und θ_j sowie den Abstand r als über die Flächen f_i bzw. f_j konstant anzunehmen, wobei hier aber unter Umständen die Qualitätseinbußen zu groß sind.

Eine weit verbreitete Methode zur näherungsweisen Berechnung der Formfaktoren F_{ij} stammt von Cohen und Greenberg [CoGr85]. Da man zeigen kann, dass die exakte Berechnung des inneren Integrals über f_j in (3.84) der Berechnung des Inhalts der Fläche $\overline{f_j}$ entspricht, die aus einer Zentralprojektion von f_j auf die $x_i \in f_i$ umgebende Einheitshalbkugel (deren

3.8 Radiosity-Verfahren

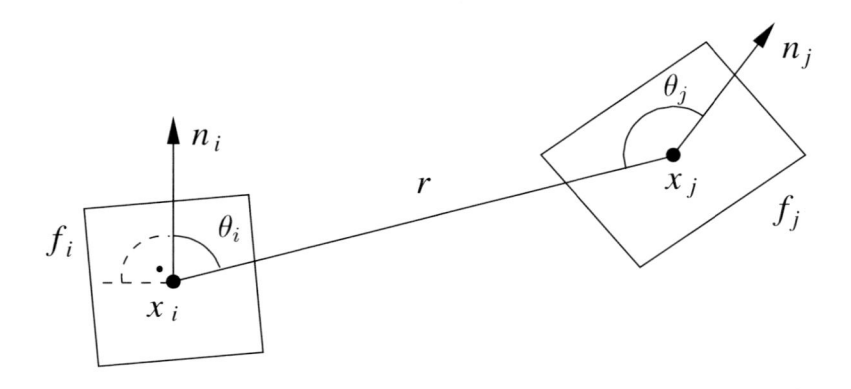

Abbildung 3.42 Flächenstücke f_i und f_j mit ausgezeichneten Punkten x_i und x_j, den Flächennormalen n_i und n_j sowie den Winkeln θ_i bzw. θ_j zwischen n_i bzw. n_j und der Strecke der Länge r von x_i nach x_j

Basiskreis koplanar zu f_i ist) und einer anschließenden orthogonalen Parallelprojektion auf den Basiskreis der Halbkugel entsteht (siehe Abbildung 3.43), haben Cohen und Greenberg die Halbkugel durch einen Halbwürfel ersetzt, dessen Oberfläche in quadratische Flächenelemente aufgeteilt ist (siehe Abbildung 3.44). Die Auflösung beträgt dabei in der Regel zwischen fünfzig und einigen hundert Elementen in jeder Richtung. Für jedes dieser Flächenelemente kann ein Formfaktor vorneweg berechnet und in einer Tabelle gespeichert werden. Anschließend werden dann die Flächenstücke $f_j, j \neq i$, auf die Würfelseiten projiziert, und die im Voraus berechneten Formfaktoren der betroffenen Flächenelemente werden addiert, wobei die Sichtbarkeitsfrage z-Buffer-artig gelöst wird. Das äußere Integral in (3.84) wird oft vernachlässigt, da bei kleinen Patches f_i und im Vergleich zu A_i großen Abständen r die Variation über die verschiedenen $x_i \in f_i$ nur einen kleinen Einfluss hat.

3.8.2 Lösung der Radiosity-Gleichung

Wir wollen uns nun mit der Lösung der Radiosity-Gleichung befassen. Insgesamt stellen die n Bilanzgleichungen ein lineares Gleichungssystem

$$M \cdot B = E \tag{3.85}$$

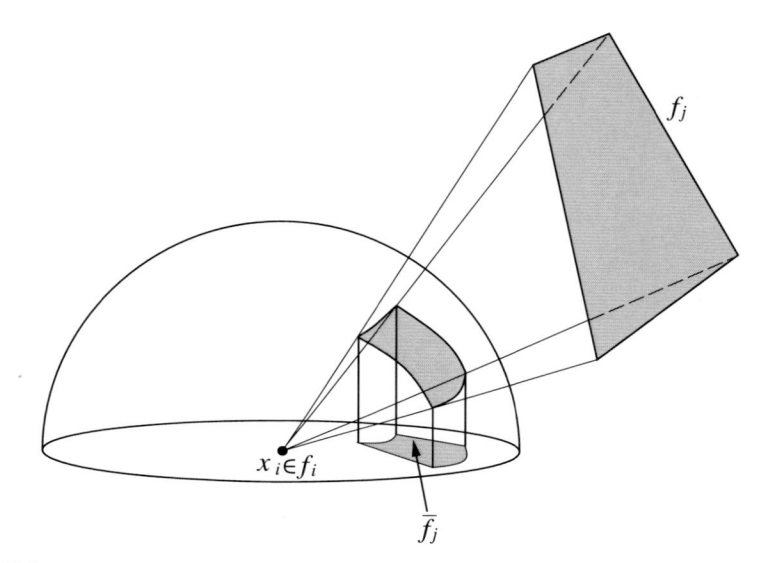

Abbildung 3.43 Berechnung der Formfaktoren über Projektionen

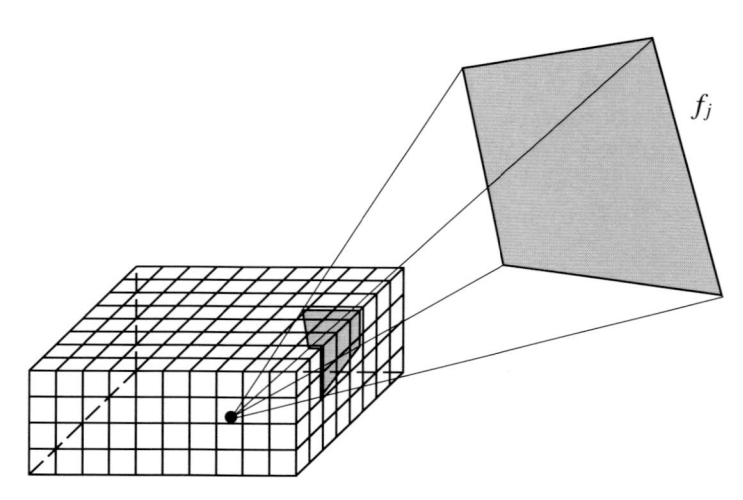

Abbildung 3.44 Formfaktorenapproximation nach Cohen und Greenberg

3.8 Radiosity-Verfahren

dar, wobei

$$B := (B_1, \ldots, B_n)^T \in \mathbb{R}^n,$$
$$E := (E_1, \ldots, E_n)^T := (B_{e,1}, \ldots, B_{e,n})^T \in \mathbb{R}^{n \times n},$$
$$M := (m_{ij})_{1 \leq i,j \leq n} \in \mathbb{R}^{n \times n},$$
$$m_{ij} := \begin{cases} 1 - \rho_i \cdot F_{ii} & \text{für } i = j, \\ -\rho_i \cdot F_{ij} & \text{sonst,} \end{cases}$$
$$M = \begin{pmatrix} 1 - \rho_1 F_{11} & -\rho_1 F_{12} & -\rho_1 F_{13} & \cdots \\ -\rho_2 F_{21} & 1 - \rho_2 F_{22} & -\rho_2 F_{23} & \cdots \\ -\rho_3 F_{31} & -\rho_3 F_{32} & 1 - \rho_3 F_{33} & \cdots \\ \vdots & \vdots & \vdots & \ddots \end{pmatrix}.$$

Die quadratische Matrix M ist dabei wegen $0 < \rho_i < 1$ und wegen $\sum_{j=1}^n F_{ij} \leq 1$ für alle $i = 1, \ldots, n$ strikt diagonaldominant. Allerdings ist M nicht symmetrisch, was für eine Reihe iterativer Lösungsverfahren von Nachteil ist. Um mit einer symmetrischen Matrix arbeiten zu können, multiplizieren wir die Radiosity-Gleichung für f_i mit dem Faktor A_i/ρ_i und betrachten weiterhin R_i als Unbekannte, jetzt aber $E_i \cdot A_i/\rho_i$ als Komponenten der rechten Seite. Damit wird aus (3.85)

$$\overline{M} \cdot B = \overline{E}, \tag{3.86}$$

wobei

$$\overline{E} := (E_1 \cdot A_1/\rho_1, \ldots, E_n \cdot A_n/\rho_n)^T \quad \text{und}$$
$$\overline{M} := \begin{pmatrix} \rho_1^{-1} A_1 - A_1 F_{11} & -A_1 F_{12} & -A_1 F_{13} & \cdots \\ -A_2 F_{21} & \rho_2^{-1} A_2 - A_2 F_{22} & -A_2 F_{23} & \cdots \\ -A_3 F_{31} & -A_3 F_{32} & \rho_3^{-1} A_3 - A_3 F_{33} & \cdots \\ \vdots & \vdots & \vdots & \ddots \end{pmatrix}.$$

Die Matrix $\overline{M}$ ist wieder strikt diagonaldominant und wegen der Symmetriebedingung (3.80) auch symmetrisch, folglich also positiv definit. Zudem sind sowohl M als auch $\overline{M}$ in der Regel schwach besetzt, da in durchschnittlichen Szenen mit sehr vielen Flächenstücken Licht von einer Fläche f_i nur zu wenigen anderen Flächen f_j gelangt. Man beachte schließlich, dass die $F_{ii}, 1 \leq i \leq n$, zwar im allgemeinen nahe Null sind, aber nicht immer ganz verschwinden. Bei einer konkaven Fläche f_i etwa kommt auch von f_i auf direktem Wege Licht zu f_i.

Für die Lösung des Systems (3.85) bieten sich iterative Verfahren wie die Gauß-Seidel- oder die Jacobi-Iteration an. Da die Matrix M strikt diagonaldominant ist, konvergieren beide Iterationsverfahren. Als Startwert wird dabei $R^{(0)} := E$ gewählt. Die Jacobi-Iteration gestattet hierbei eine interessante Deutung: Als Startwert dient allein das emittierte Licht, nach dem ersten Iterationsschritt ist auch das einfach reflektierte Licht berücksichtigt, der zweite Iterationsschritt bringt das zweifach reflektierte Licht ins Spiel usw. Im Folgenden ist das Schema der Jacobi-Iteration bei s Iterationsschritten dargestellt:

it = 1,2,..., s:
    i = 1,2,..., n:
$$S_i := \left(E_i + \rho_i \cdot \sum_{j \neq i} B_j F_{ij}\right) / (1 - \rho_i F_{ii});$$
    i = 1,2,..., n:
$$B_i := S_i;$$

Die Bildqualität steigt dabei mit der Anzahl s der berücksichtigten Interreflexionsstufen, allerdings gilt dies auch für den Berechnungsaufwand, der von der Ordnung $O(n^2 \cdot s)$ ist.

Man beachte, dass das Gleichungssystem (3.85) bzw. (3.86) für jede Wellenlänge λ bzw. jedes Teilband (jeden Bereich $[\lambda_i, \lambda_{i+1}], i = 0, \ldots, n-1$) von Wellenlängen getrennt aufgestellt und gelöst werden muss, da – im Gegensatz zu den Formfaktoren F_{ij} – sowohl ρ_i als auch E_i als Materialparameter von der Wellenlänge λ des Lichts abhängen. Zumindest müssen Radiosity-Werte für die drei (Bildschirm-) Grundfarben Rot, Blau und Grün berechnet werden.

3.8.3 Abschließende Bemerkungen

Bisher wurden für jedes Flächenstück f_i Radiosity-Werte ermittelt. Will man nun die Resultate des Radiosity-Verfahrens mit einem interpolierenden Schattierungsverfahren wie etwa der Gouraud-Schattierung koppeln (vgl. Abschnitt 3.4.2.1), dann werden Radiosity-Werte in den Knoten der polygonalen Oberflächen benötigt. Die übliche Vorgehensweise zur Bestimmung solcher Größen ist dabei, durch geeignete Mittelung der Radiosity-Werte angrenzender Patches zu Radiosity-Werten in den Knoten zu gelangen [CoGr85] und diese Größen dann entsprechend dem Schattierungsverfahren zu interpolieren.

3.8 Radiosity-Verfahren

Das hier vorgestellte klassische Radiosity-Verfahren stellt sehr hohe Anforderungen an Rechenzeit und Speicherplatzbedarf. Schon bei einer Szene mit 10 000 Flächenstücken sind nach (3.80) fünfzig Millionen Formfaktoren zu berechnen, und selbst bei einer schwachen Besetzung der Matrix ergibt sich ein nicht unerheblicher Speicherbedarf. Dieser quadratische Rechenzeit- und Speicheraufwand sowie die Tatsache, dass immer ein vollständiger Gauß-Seidel- bzw. Jacobi-Schritt vor der nächsten Ausgabe abgewartet werden muss, wirken zunächst als Hemmschuh für eine effiziente Implementierung des Radiosity-Verfahrens. Zur Lösung dieses Problems wurden zwei Ansätze entwickelt:

1. Die *schrittweise Verfeinerung* [CCWG88] kehrt die bisherige Vorgehensweise um: Gemäß der im vorigen Abschnitt gezeigten Jacobi-Iteration wurden in jedem Iterationsschritt die Beiträge aus der Umgebung einer Fläche f_i aufgesammelt (*Gathering*) und so zu einer Aktualisierung von R_i verwendet. Jetzt werden dagegen die Flächen f_i sukzessive so behandelt, dass ihre ausgehende Lichtenergie in die Umgebung ausgesendet wird (*Shooting*). Statt in Schritt i die Beiträge

$$\frac{\rho_i \cdot B_j \cdot F_{ij}}{1 - \rho_i F_{ii}} \qquad (3.87)$$

aller $f_j, j \neq i$, zu B_i aufzusummieren, werden jetzt also umgekehrt die Beiträge von f_i zu allen $B_j, j \neq i$, berücksichtigt:

$$\frac{\rho_j \cdot \Delta B_i \cdot F_{ji}}{1 - \rho_j F_{jj}} = \frac{\rho_j \cdot \Delta B_i \cdot F_{ij} \cdot A_i/A_j}{1 - \rho_j F_{jj}}. \qquad (3.88)$$

Hierbei ist ΔB_i die seit dem letzten Aussenden von B_i neu akkumulierte Radiosity von f_i. Zu Beginn werden die ΔB_i bzw. B_i jeweils mit E_i vorbesetzt. Dann wird immer die Lichtmenge derjenigen Fläche f_i ausgesendet, für die der Wert $\Delta B_i \cdot A_i$ maximal ist. Damit ist die schrittweise, inkrementelle Berechnung der Radiosity-Werte möglich: Zunächst werden die Flächen großer Radiosity (vor allem Lichtquellen) behandelt, wodurch sich schon eine gute Näherung für das beleuchtete Bild ergibt. Die Iteration wird abgebrochen, wenn $\Delta B_i \cdot A_i$ für alle i unter eine vorgegebene Schranke ε fällt.

Wir erhalten somit den folgenden Algorithmus:

Schrittweise Verfeinerung:
    ∀ Flächen f_j:
        begin

$$B_j := E_j;$$
$$\Delta B_j := E_j;$$
end
while $\neg(\Delta B_j \cdot A_j < \varepsilon \ \forall j)$:
begin
    bestimme $i : \Delta B_i \cdot A_i \geq \Delta B_j \cdot A_j \quad \forall j;$
    $\forall$ Flächen $f_j \neq f_i$:
    begin
        Beitrag $:= \rho_j \cdot \Delta B_i \cdot F_{ij} \cdot A_i / (A_j \cdot (1 - \rho_j F_{jj}));$
        $\Delta B_j := \Delta B_j \ +$ Beitrag;
        $B_j := B_j \ +$ Beitrag;
    end
    $\Delta b_i := 0;$
end;

2. Die *adaptive Unterteilung* (*rekursive Substrukturierung*) der Flächenstücke [CGIB86, CoWa93] ermöglicht es, mit wenigen Flächen zu beginnen und dann nur dort, wo sich die berechneten Radiosity-Werte auf benachbarten Flächenstücken stark unterscheiden, die Flächen weiter zu unterteilen. An den Stellen, wo feiner aufgelöst wird, müssen dann auch die Formfaktoren neu berechnet werden. Diese adaptive Vorgehensweise ermöglicht die Konzentration des Aufwands auf Bereiche, wo eine hohe Auflösung (d. h. viele Flächenstücke) für eine ansprechende Bildqualität auch erforderlich ist.

In jüngerer Zeit finden ferner moderne numerische Verfahren wie Ansätze höherer Ordnung [TrMa93, Zatz93] oder Wavelets [GSCH93] in Radiosity-Algorithmen Anwendung.

Zusammenfassend halten wir fest, dass das Radiosity-Verfahren eine zwar sehr rechenzeitintensive, aber für photorealistische Bilder geeignete Methode zur Modellierung von diffusem Licht darstellt. Die erzeugten Bilder sind hinsichtlich der Beleuchtung ansichtsunabhängig – diffuses Licht ist nicht gerichtet. Dadurch ist das Verfahren auch sehr gut für interaktive und animierte Anwendungen mit wechselnder Perspektive geeignet (virtuell in Gebäuden gehen, durch Städte fahren oder fliegen etc.; vgl. dazu auch Abschnitt zur Virtual Reality).

Von Nachteil ist allerdings, dass richtungsabhängige Beleuchtungseigenschaften wie Glanzlicht zunächst nicht realisiert werden können. Es gibt jedoch Erweiterungen des Radiosity-Verfahrens [ICG86], die zusätzlich die Berücksichtigung spiegelnder Reflexion gestatten. Außerdem wurde auch

3.8 Radiosity-Verfahren

der kombinierte Einsatz von Ray-Tracing und Radiosity untersucht [Rush86, WCG87, SiPu89, Rush93]. Diese Ansätze beruhen auf zwei getrennten Durchläufen zur Wiedergabe der Szene, einem ersten ansichtsunabhängigen (Radiosity) und einem zweiten ansichtsabhängigen Durchgang (Ray-Tracing). Ohne hier auf Details eingehen zu wollen, sei jedoch darauf hingewiesen, dass die einfache Addition der sich aus den beiden Durchläufen ergebenden Intensitätswerte in den Pixeln zur Realisierung der gewünschten Kombination von Ray-Tracing und Radiosity nicht ausreicht.

4 Ausgewählte Themen und Anwendungen

Nachdem in den ersten drei Kapiteln die grundlegenden Techniken zur Modellierung und Darstellung dreidimensionaler Körper auf dem Rechner behandelt worden sind, wollen wir nun noch einige ausgewählte Themen und Anwendungsgebiete ansprechen, die in der modernen Computergraphik große Bedeutung erlangt haben. Eine detaillierte Diskussion kann dabei nicht das Ziel sein – dies muss den einschlägigen Fachbüchern bzw. der entsprechenden Originalliteratur vorbehalten bleiben. Hier soll der Leser lediglich mit den jeweils wesentlichen Begriffen, Aufgabenstellungen und Lösungsmethoden vertraut gemacht werden.

4.1 Rendering

Der Begriff des *Renderings* zählt wohl zu den am meisten strapazierten Worten der Computergraphik. Im ursprünglichen Sprachgebrauch bedeutete es nichts anderes als Wiedergabe oder Darstellung. Ein *Renderer* ist demzufolge ein Programm oder ein Programmsystem, das aus dreidimensionalen Szenen zweidimensionale Bilder erzeugt und diese beispielsweise auf einem Bildschirm darstellt. Die eigentliche Funktionsweise des jeweiligen Renderers wird dabei durch die sogenannte *Rendering-Pipeline* beschrieben, eine Sequenz von einzelnen Bearbeitungsschritten. Eine sehr einfache Pipeline ergibt sich für das Ray-Tracing (siehe Abbildung 4.1), da hier alle Berechnungen (Beleuchtung etc.) in Weltkoordinaten erfolgen.

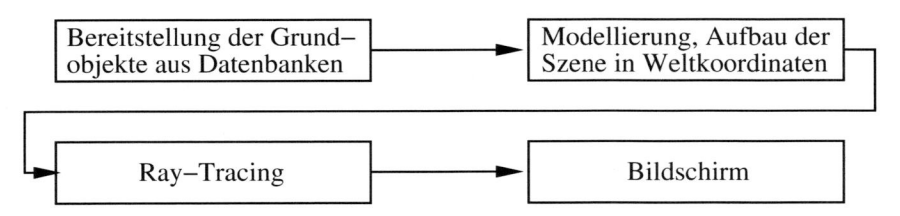

Abbildung 4.1 Rendering-Pipeline beim Ray-Tracing

Bei den effizienten, aber aus vielen Teilschritten aufgebauten Renderern, die etwa mit z-Buffer-Techniken und den Schattierungsverfahren aus Abschnitt 3.4 arbeiten, erhält man dagegen einen komplizierteren Aufbau der Rendering-Pipeline (siehe Abbildung 4.2).

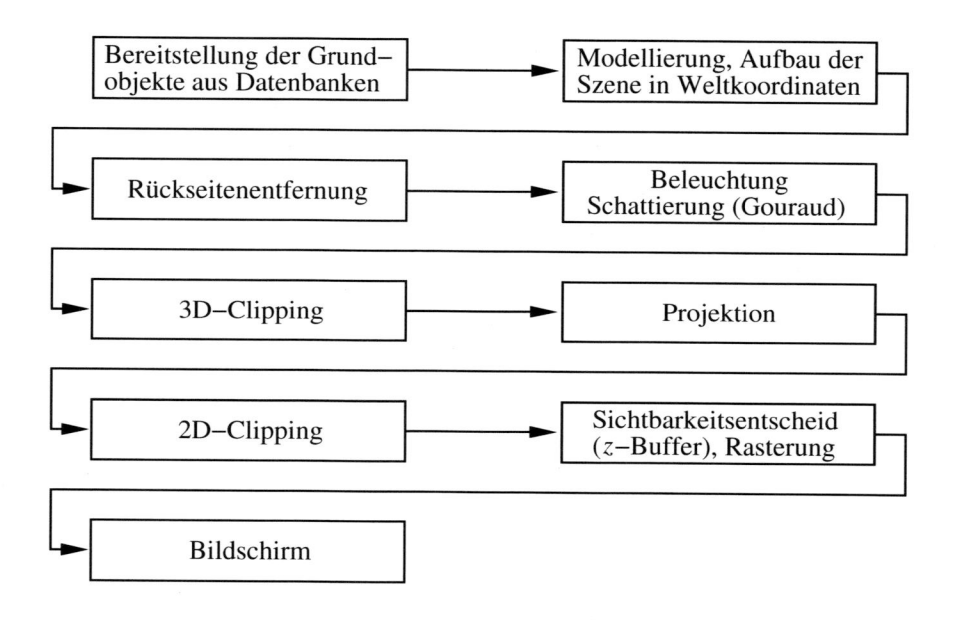

```
Bereitstellung der Grund-    →  Modellierung, Aufbau der
objekte aus Datenbanken         Szene in Weltkoordinaten
            ↓
    Rückseitenentfernung     →  Beleuchtung
                                Schattierung (Gouraud)
            ↓
        3D–Clipping          →  Projektion
            ↓
        2D–Clipping          →  Sichtbarkeitsentscheid
                                ($z$–Buffer), Rasterung
            ↓
        Bildschirm
```

Abbildung 4.2 Rendering-Pipeline im Falle von Rückseitenentfernung, z-Buffer-Verfahren und Gouraud-Schattierung

Neben dieser ursprünglichen und allgemeinen Bedeutung des Begriffs des *Renderings* haben sich jedoch Rendering-Techniken auch als Synonym für schnelle und effiziente Darstellungsmethoden im Gegensatz zum mächtigen, aber zeitaufwändigen Ray-Tracing gemäß Abschnitt 3.7 eingebürgert. Dies gilt insbesondere, seit sich der Schwerpunkt der Aktivitäten in der Computergraphik von der Erzeugung hochqualitativer Bilder hin zu Animation und interaktiven Echtzeitanwendungen sowie den dazu nötigen einfachen, schnellen und hardwaregestützten polygonalen Schattierungsverfahren verlagert hat.

4.2 Mapping-Techniken

Das Streben nach Photorealismus bringt die Notwendigkeit der Berücksichtigung von Details der Szene mit sich. Um den daraus resultierenden Aufwand in Grenzen zu halten, wurden sogenannte *Mapping-Techniken* eingeführt, die die explizite Modellierung solcher Details zu vermeiden gestatten. Einmal mehr gilt also für die Computergraphik: Es darf gemogelt werden, wenn der optische Eindruck stimmt!

4.2.1 Texture-Mapping

Unter einer *Textur* versteht man allgemein Oberflächendetails, also zusätzliche Darstellungsinformation, mit der Oberflächen von Körpern versehen werden können. Darunter fallen beispielsweise Schraffuren, Muster oder ganze Bilder, aber auch reliefartige Strukturen wie der Faltenwurf einer Tischdecke oder die Bebauung sowie der Bewuchs von Landschaften (beispielsweise in Flugsimulatoren).

Der erste Zugang zur Realisierung von Texturen besteht natürlich in der expliziten geometrischen Modellierung. D. h., die Textur wird nicht losgelöst vom Objekt, sondern als Teil des Objekts betrachtet und mit modelliert. Dazu werden zwei Hierarchiestufen von Polygonen eingeführt: große *Basispolygone*, die die Grobstrukturen der Oberfläche des Objekts beschreiben, und kleine *Oberflächendetailpolygone*, mit deren Hilfe dann die Details dargestellt werden. So lassen sich etwa ein rahmenloser Bildhalter als Basispolygon und das eigentliche Bild über viele kleine Oberflächendetailpolygone realisieren, die alle koplanar mit dem Basispolygon sind. Beim Sichtbarkeitsentscheid werden dann zunächst nur die Basispolygone getestet. Ist ein solches ganz sichtbar oder ganz unsichtbar, dann gilt dies auch für alle seine Oberflächendetailpolygone, und der aufwändige Test für alle Detailpolygone kann entfallen. Bei der Schattierung, d. h. bei der Berechnung der Intensitäts- bzw. Farbwerte, sind dann die Oberflächendetailpolygone maßgeblich.

Offensichtlich eignet sich diese Vorgehensweise nur für Grobstrukturen (z. B. Fenster und Türen in einer Hauswand, vgl. Abbildung 4.3), nicht jedoch für komplizierte Details, da in diesem Fall die explizite Modellierung über Polygone viel zu teuer wird. Zudem lassen sich mit Hilfe von (mit dem zugehörigen Basispolygon koplanaren) Oberflächendetailpolygonen nur Muster realisieren, nicht jedoch Deformationen wie etwa beim Faltenwurf von Stoffen.

Basispolygone   Basispolygone mit
                             Oberflächendetailpolygonen

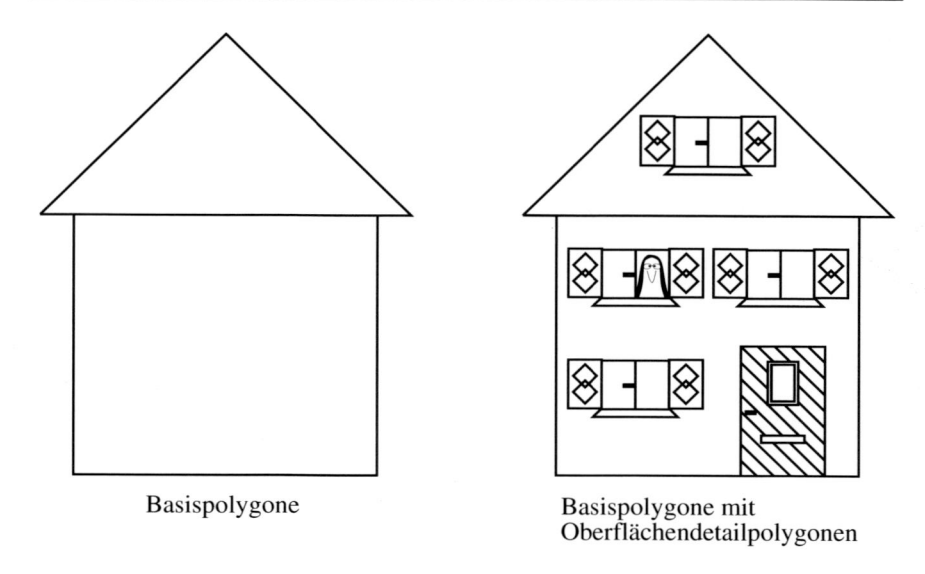

Abbildung 4.3 Realisierung von Texturen über Oberflächendetailpolygone

Für kompliziertere Texturen hat sich als Alternative die Technik des *Texture-Mappings* [Catm74, BlNe76] durchgesetzt. Die aufzutragende Textur wird dabei in einer Matrix (*Texture-Map*) aus einzelnen Bildelementen (*Texel*) gespeichert, die die Intensitäts- bzw. Farbinformation enthält. Diese rechteckige Textur wird dann mittels einer Abbildung T^{-1} auf die entsprechende Oberfläche abgebildet (vgl. Abbildung 4.4 sowie Farbtafel 38).

Der Intensitäts- bzw. Farbwert für ein Pixel i wird nun berechnet, indem dessen vier Eckpunkte mit Hilfe einer Abbildung S zunächst auf die darzustellende Oberfläche des Objektes und sodann mittels der Abbildung T auf die Texture-Map abgebildet werden. Durch die Verbindung der vier Bildpunkte durch gerade Linien entsteht auf der Texture-Map ein Viereck, das das Bild des Pixels i unter der Abbildung $T \circ S$ approximiert und unter Umständen mehrere Texel partiell überdeckt (siehe Abbildung 4.5). Zur Festlegung des gewünschten Werts für Pixel i werden nun die Intensitäts- bzw. Farbwerte der betroffenen Texel gemäß dem Anteil ihrer Überdeckung gewichtet und aufsummiert.

4.2 Mapping-Techniken

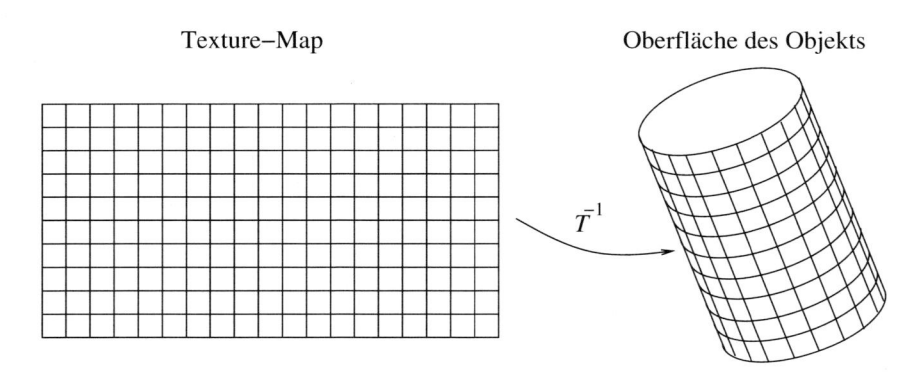

Abbildung 4.4 Texture-Mapping: Abbildung der Texture-Map auf die Oberfläche des Objekts

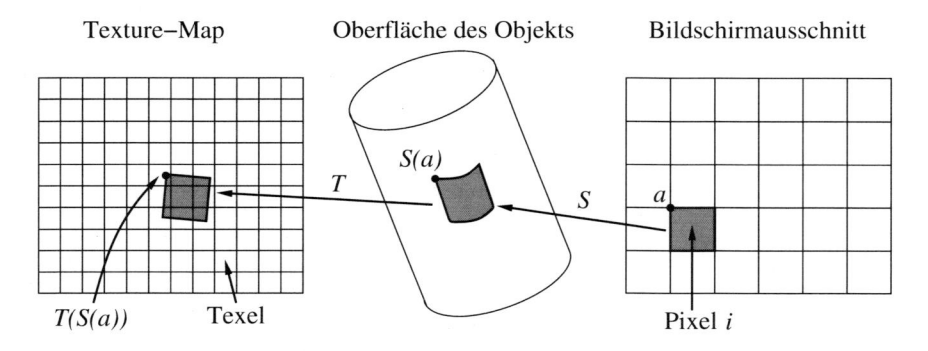

Abbildung 4.5 Texture-Mapping: Abbildung eines Pixels über die Oberfläche auf die Texture-Map

4.2.2 Bump-Mapping

Zur Darstellung reliefartiger Texturen (Deformationen der Oberfläche) wurde als Variante des Texture-Mappings das sogenannte *Bump-Mapping* [Blin78] eingeführt (siehe Farbtafel 39). Analog zur Texture-Map oben enthält jetzt die *Bump-Map* die Informationen zur Textur, d. h. Einträge $B(i,j)$, um wieviel die Oberfläche an einem Gitterpunkt (i,j) der Textur in Normalenrichtung deformiert werden soll (vgl. Abbildung 4.6). Zwischen den Gitterpunkten (i,j) der Textur kann bilinear interpoliert werden, so dass $B(u,v)$ als Funktion auf der gesamten Textur zur Verfügung steht. Ist nun

$P = (x(s,t), y(s,t), z(s,t))$ eine parametrisierte Darstellung eines Punktes P auf der Oberfläche des Objekts, dann kann die Normale n in P mit Hilfe des Vektorprodukts (3.14) der Tangentenvektoren in P gewonnen werden:

$$n := \frac{\partial P}{\partial s} \times \frac{\partial P}{\partial t}. \tag{4.1}$$

Als neuen, verschobenen Punkt P' erhalten wir somit

$$P' := P + B(T(P)) \cdot \frac{n}{\|n\|}. \tag{4.2}$$

Blinn hat schließlich gezeigt, dass

$$n' := \frac{n+d}{\|n+d\|} \tag{4.3}$$

mit

$$d := \left(\frac{\partial B}{\partial u} \cdot \left(n \times \frac{\partial P}{\partial t} \right) - \frac{\partial B}{\partial v} \cdot \left(n \times \frac{\partial P}{\partial s} \right) \right) / \|n\| \tag{4.4}$$

eine gute Approximation für den Normalenvektor n' im verschobenen Punkt P' ergibt.

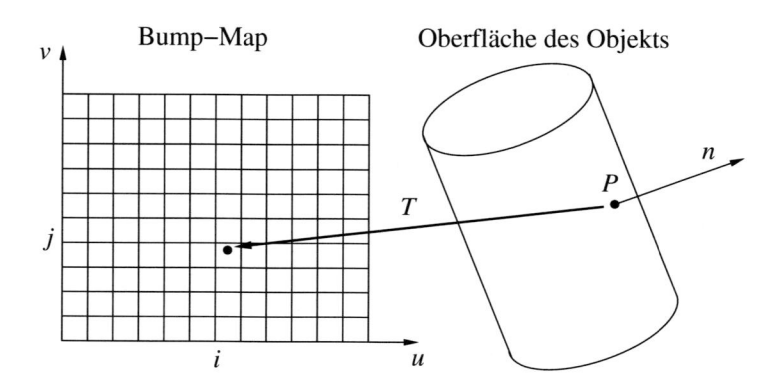

Abbildung 4.6 Bump-Mapping

4.2.3 Environment-Mapping

Eine weitere verwandte Technik stellt das sogenannte *Environment-Mapping* oder *Reflection-Mapping* [BlNe76, Gree86, Hall86] dar, das zur einfachen Realisierung von Spiegelungen eingesetzt wird. Hierbei wird die Umgebung eines Objekts, die sich in dem Objekt spiegeln soll, zunächst auf eine das Objekt umgebende Sphäre projiziert, die dann als zweidimensionale Texture-Map betrachtet wird (sphärische Koordinaten). Damit lassen sich Spiegelungen zwischen Objekten (spiegelnde Interreflexionen) auf einfachere Weise als mittels Ray-Tracing realisieren.

Das Texture-Mapping und seine Derivate haben in jüngster Zeit an Bedeutung gewonnen, da jetzt nicht mehr nur größere Graphikrechner, sondern auch Arbeitsplatzrechner der oberen Preisklasse mit hardwaregestütztem Texture-Mapping angeboten werden. Somit sind Echtzeitanwendungen des Texture-Mappings, die bislang sehr teuren Graphik-Spezialrechnern vorbehalten waren (etwa für Flugsimulatoren), auch in Arbeitsplatzrechnerumgebungen möglich.

4.3 Stereographie

Neben der in Abschnitt 4.5 besprochenen Animation zählt die Erzeugung „echt" dreidimensionaler Bilder, die nicht nur durch eine perspektivische Projektion erstellt werden, sondern vielmehr einen wirklich räumlichen Bildeindruck vermitteln, zu den Problemstellungen der Computergraphik, die die größte Faszination ausstrahlen. Auch aufgrund des riesigen Markts, der sich etwa einem preiswert zu realisierenden dreidimensionalen Fernsehen bietet, wird derzeit an vielen Stellen intensiv an entsprechenden Verfahren gearbeitet. Weitere Anwendungsfelder des Raumbildsehens sind beispielsweise Videospiele, der Bereich der Virtual Reality (Architektur, Medizin, Flugführungssysteme) oder die Visualisierung numerischer Simulationen (siehe hierzu die Farbtafeln 40 und 41).

4.3.1 Grundlegendes

Zunächst wollen wir die Entstehung des Raumbildeindrucks beim natürlichen Sehvorgang betrachten. Hier sind zwei Klassen von Faktoren zu unterscheiden: *physiologische* Effekte, bedingt durch die Überlagerung der zwei (verschiedenen) Bilder, die das linke und das rechte Auge wahrnehmen, sowie *psychologische* Tiefenhinweise. Hierzu zählen etwa Perspektive, Beleuchtungs- und Farbeindrücke (z. B. der sogenannte *atmosphärische Blaustich:* weit Entferntes erscheint oft als blaulastig), Verdeckungen, Größenrelationen oder Tiefeneffekte (nur was nahe ist, ist im Detail zu erkennen). Solche psychologischen Tiefenhinweise können mit den im dritten Kapitel behandelten Techniken sehr gut berücksichtigt werden. So gibt die Zentralprojektion die Perspektive wieder, der atmosphärische Blaustich kann mit Hilfe der z-Werte bei der Schattierung mit eingebaut werden, das Depth-Cueing (vgl. Fußnote 1 in Abschnitt 3.2) gestattet die Verstärkung der Tiefenwirkung, Verdeckungen werden beim Sichtbarkeitsentscheid berücksichtigt, und Texturen auf weit entfernten Objekten können verschwommen dargestellt werden, z. B. durch Glättung (Mittelung) der Intensitäts- bzw. Farbwerte der Pixel.

Schwieriger ist dagegen die Realisierung der physiologischen Effekte. Den üblichen Weg, der zur Erzielung eines Raumbildeindrucks gegangen wird, stellt deshalb die Technik der *Stereographie* dar (siehe z. B. die Übersicht in [Mess94]). Hier werden – analog zum natürlichen Sehvorgang – zwei getrennte Bilder für das linke und das rechte Auge erzeugt. Durch die stereoskopische Überlagerung entsteht dann der räumliche Eindruck.

Zur Erzeugung der beiden getrennten Bilder gibt es nun eine Vielzahl von Lösungsansätzen, angefangen vom klassischen *Stereoskop* aus dem 19. Jahrhundert (vgl. Abbildung 4.7) bis hin zu modernen Head-Mounted-Displays (siehe Farbtafel 46). Das Ziel der Forschungen auf diesem Gebiet ist dabei eine Realisierung mittels billiger Standardgeräte, die eine beliebige Betrachterposition vor dem Bildschirm gestatten und bei denen keine aufwändigen Hilfsgeräte wie etwa Spezialbrillen erforderlich sind. Eine mögliche Klassifizierung stereoskopischer Bildschirmsysteme zeigt Abbildung 4.8 (siehe auch [Hodg92, HoMA93, Lipt93, McAl93]).

Bei den sogenannten *feld-sequentiellen* oder *zeit-multiplexen* Verfahren werden die Bilder für das linke und das rechte Auge abwechselnd auf dem Bildschirm dargestellt. Da dies die eigentliche Bildfrequenz von 60 bzw. 50 Hertz auf 30 bzw. 25 Hertz herabsetzt und somit ein lästiges Flimmern zur Folge haben kann, ist hier oftmals eine höhere Wiederholfrequenz erforderlich. Damit jedes Auge nun auch tatsächlich nur „seine" Bilder sieht, muss ein synchronisiertes Verschlusssystem eingesetzt werden, das jeweils ein Auge abdeckt. Man unterscheidet hier zwischen *aktiven Systemen*, bei denen der Verschlussmechanismus in eine Brille integriert ist, und *passiven Systemen*, bei denen der Verschluss als abwechselnd polarisierender Filter vor dem Bildschirm realisiert ist, wobei der Betrachter dann eine Brille mit

4.3 Stereographie

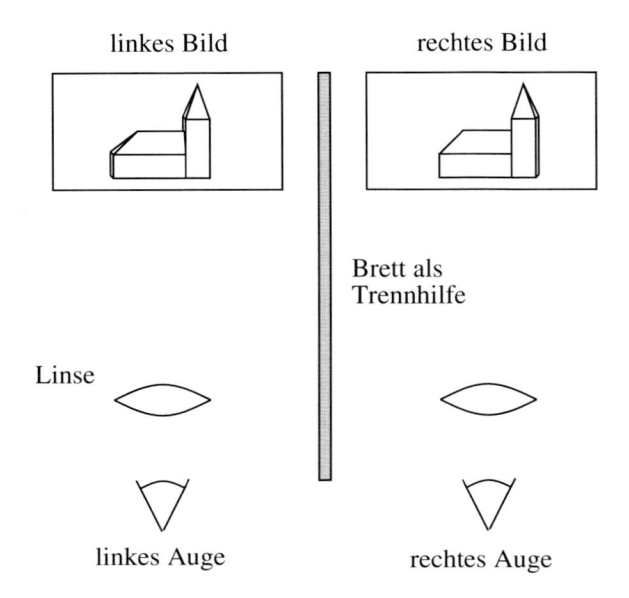

Abbildung 4.7 Schematischer Aufbau eines frühen Stereoskops

entsprechenden Polarisierungsfiltern tragen muss. Neben diesen modernen *elektro-optischen* Systemen gibt es auch die klassische *mechanische* Variante: Hier wird ein Zylinder mit abwechselnd angebrachten Schlitzen für das linke und rechte Auge vor den Augen des Betrachters positioniert und mit entsprechender Geschwindigkeit rotiert.

Bei den sogenannten *zeit-parallelen* Verfahren werden dagegen die beiden Ansichten nicht abwechselnd, sondern gleichzeitig gezeigt. Dies erfordert natürlich optische Sehhilfen für die korrekte Trennung der beiden Bilder. Bei der Methode der *Anaglyphen*[1], auf die wir im Anschluss noch etwas näher eingehen wollen, werden beide Ansichten in Komplementärfarben leicht versetzt auf dem Bildschirm gezeigt. Der Betrachter trägt dabei eine Brille mit zwei entsprechenden Farbfiltern. Bei der Technik der *Prismenmasken* wird vor das Bild bzw. den Bildschirm eine große Zahl auf zweierlei Weise orientierter, kleiner Prismen als Maske angebracht. Durch die unterschiedliche Lichtbrechung entstehen so zwei getrennte Bilder für die beiden Augen. Sowohl das Verfahren der Anaglyphen als auch das der Prismenmasken setzen allerdings eine feste Betrachterposition voraus. Eine alternative Möglichkeit

---
[1] Griechisch für Relief, reliefartige Bildhauerarbeit oder Struktur.

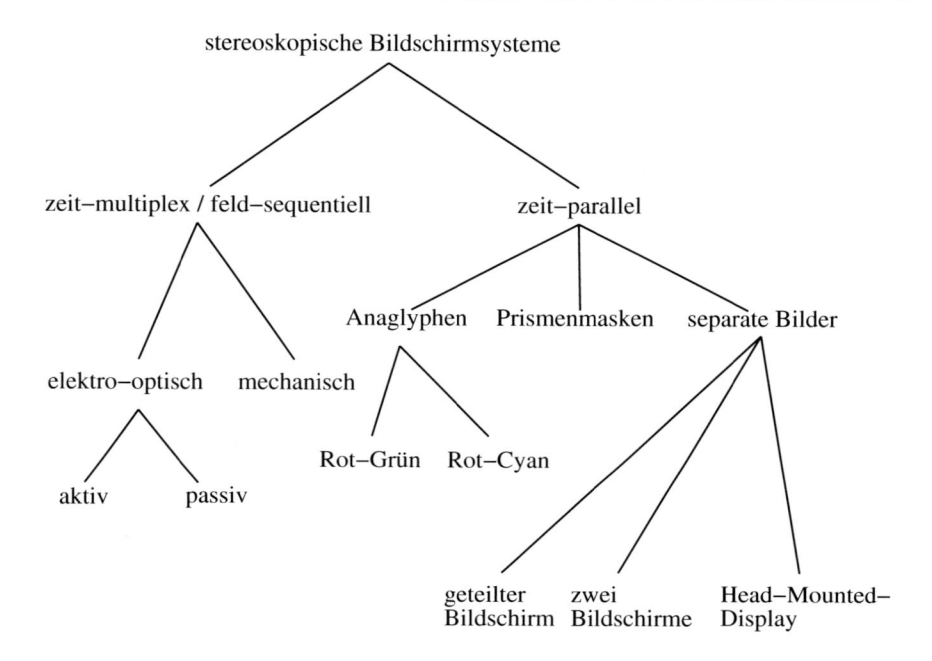

Abbildung 4.8 Klassifizierung stereoskopischer Bildschirmsysteme

ist die Darstellung zweier separater Bilder. Diese kann nebeneinander auf einem Bildschirm erfolgen, wobei hier eine Trennhilfe wie das Brett in Abbildung 4.7 beim klassischen Stereoskop erforderlich ist, oder es können zwei Bildschirme nebeneinander aufgestellt werden, wobei dann die Trennung wieder mittels Polarisation (Filter vor den Bildschirmen plus entsprechende Brille) realisiert wird und jedes Auge mit Hilfe optischer Hilfsmittel (Spiegel, Linsen) die richtige Perspektive erhält. Eine moderne und ohne großen technischen Aufwand zu realisierende Variante werden wir im Folgenden noch vorstellen. Bei modernen Head-Mounted-Displays schließlich werden zwei kleine Monitore unmittelbar vor den Augen positioniert, so dass hier eine Trennhilfe nicht erforderlich ist.

4.3.2 Anaglyphen

Das Verfahren der Anaglyphen [Muck70] ist seit den fünfziger Jahren eine verbreitete Technik zur Erzeugung von Raumbildeindrücken. Für Schwarz-

4.3 Stereographie

Weiß-Bilder werden dabei üblicherweise Rot und Grün verwendet, für Farbdarstellungen Rot und Cyan. Im Falle eines hellen Hintergrunds werden Überlagerungspunkte meist schwarz, vor einem dunklen Hintergrund gelb gezeichnet. Die Rot-Grün-Brille, die der Betrachter trägt (Rot in der Regel links), sorgt dann im Idealfall dafür, dass das linke Auge nur das grüne Bild, das rechte Auge nur das rote Bild sieht. Die Versetzung der beiden Bilder auf dem Bildschirm kommt schließlich durch die zwei unterschiedlichen Projektionszentren für Rot und Grün zustande (vgl. Abbildung 4.9 sowie die Farbtafeln 40 und 41).

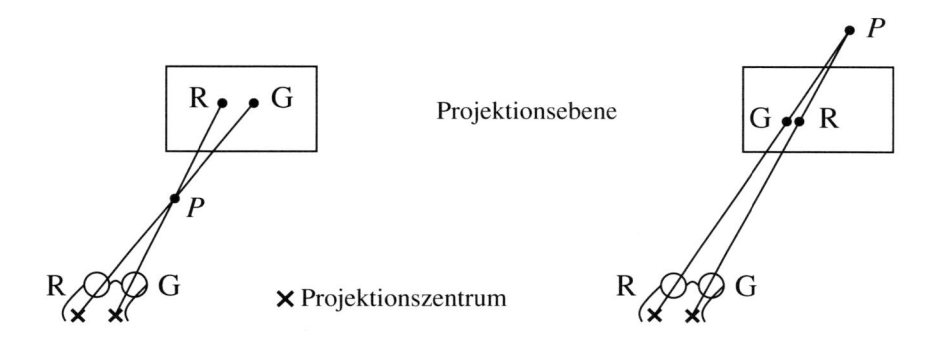

Abbildung 4.9 Erzeugung des roten und des grünen Bildes im Fall von Punkten P vor und hinter der Projektionsebene

Natürlich ist diese Methode mit einer Reihe von Problemen behaftet. Da die Farben auf dem Bildschirm und in der Brille im Allgemeinen nicht exakt übereinstimmen, entstehen Restbilder. Das grüne Bild verschwindet hinter dem grünen Brillenfilter nicht ganz, dasselbe gilt für das rote Bild. Außerdem können bei komplizierteren Bildern Aliasing-Effekte entstehen. Bei vielen eng verlaufenden parallelen Linien etwa kann die paarweise Zuordnung unklar sein (siehe Abbildung 4.10). Schließlich werden die Augen des Betrachters im Allgemeinen nicht genau in den bei der Berechnung der Bilder angenommenen Projektionszentren liegen. All dies kann zu einer Trübung des Raumbildeindrucks führen.

4.3.3 Zeit-parallele Polarisationsverfahren

Eine alternative zeit-parallele Darstellungsmöglichkeit ist die Aufeinanderprojektion zweier unterschiedlich polarisierter Ansichten. Der Betrachter trägt dabei eine billige Polarisationsbrille (einfache Folien oder Gläser ohne

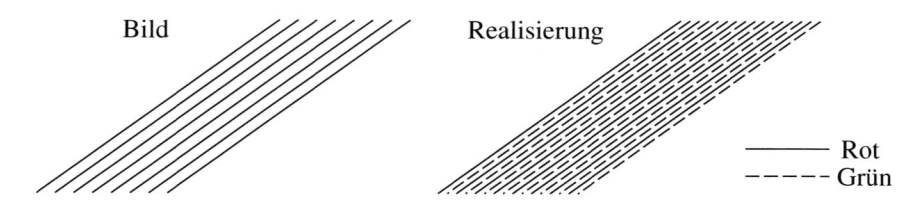

Abbildung 4.10 Aliasing-Effekte beim Anaglyphen-Verfahren: Die roten und grünen Linien verlaufen so nah beieinander, dass deren paarweise Zuordnung nicht mehr klar ist.

Synchronisationsmechanismus) und ist in seiner Position nicht gebunden. Die Qualität des Raumbildeindrucks ist in aller Regel sehr überzeugend, auch Farben und animierte Bildsequenzen stellen kein Problem dar. Im letzteren Fall muss natürlich eine Synchronisation der beiden Bilder erfolgen, am einfachsten über die Überlagerung von Zwillingsbildern (beide Ansichten zusammen erzeugt und nebeneinander dargestellt, siehe Abbildung 4.11), wie sie verschiedene Graphik- bzw. Visualisierungssysteme heute standardmäßig als Ausgabe anbieten. Diese Vorgehensweise lässt sich ohne aufwändige oder fest installierte Gerätschaften realisieren und ist somit auch für den mobilen Einsatz geeignet.

Akzeptiert man einen größeren Aufwand, so können beide Bilder auch mittels eines Head-Mounted Displays unmittelbar vor den Augen gezeigt werden.

Man beachte, dass alle beschriebenen Verfahren der Stereoskopie zwar einen mehr oder weniger realistischen Raumbildeindruck vermitteln, sich aber dennoch auf (zwei) rein zweidimensionale Abbildungen derselben Szene abstützen. Die derzeit wohl einzige echt dreidimensionale Möglichkeit zur Bildaufzeichnung und -rekonstruktion stellt die *Holographie* dar, bei der auf nur *einem* Bild der Raumeindruck festgehalten wird. Allerdings ist die Holographie ein rein photographisches Verfahren und somit zur Darstellung künstlich erzeugter Szenen nur bedingt geeignet. Bei der Holographie wird die Interferenz von Lichtwellen ausgenutzt, wobei zur Erzielung perfekter Darstellungen phasenreines Licht (also beispielsweise Laserlicht) erforderlich ist. Grob gesprochen, beruht das Prinzip darauf, dass das Interferenzmuster des von der Szene reflektierten Lichts mit einem Referenzstrahl auf Film aufgezeichnet wird. Durch Projektion des Referenzstrahls im Idealfall können das reflektierte Licht und damit die dreidimensionale Ansicht der Szene rekonstruiert werden, und zwar unabhängig von der Perspektive des Betrachters. Glücklicherweise benötigt man nicht immer das originale

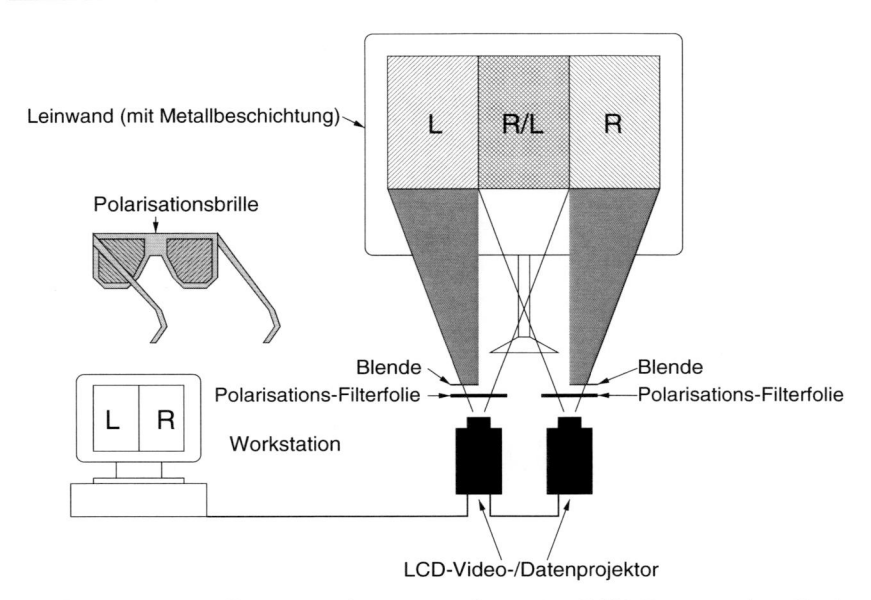

Abbildung 4.11 Stereoprojektion mittels zweier LCD-Beamer: Am Rechner werden Zwillingsbilder erzeugt (leichte perspektivische Verschiebung zur Berücksichtigung des Augabstands) und mittels zweier LCD-Beamer überlappend auf eine Leinwand projiziert (aus Qualitätsgründen metallbeschichtet). Polarisationsfilter vor den Beamern sorgen dabei für die unterschiedliche (und auf die Polarisationsbrillen der Betrachter abgestimmte) Polarisation des Lichts, zusätzlich angebrachte Blenden entfernen die jeweils nicht benötigte Hälfte der Zwillingsbilder. Auf der Leinwand entsteht eine deckungsgleiche Überlagerung der linken und rechten Ansicht.

Laserlicht, und manchmal ist sogar überhaupt kein Laserlicht erforderlich.

4.4 Darstellung natürlicher Objekte und Effekte

Viele natürliche Objekte wie Berge, Bäume, Flussläufe oder Küstenlinien sowie natürliche Effekte wie Feuer, Nebel oder Rauch zeichnen sich im Gegensatz zu künstlich erzeugten Objekten durch rauhe, zackige und oftmals als zufällig erscheinende Kanten- und Oberflächenstrukturen bzw. durch eine hohe Dynamik der geometrischen Erscheinungsform und sogar der Topologie aus. In diesem Abschnitt wollen wir uns mit Darstellungsmöglichkeiten derartiger Strukturen befassen.

4.4.1 Fraktale

Eine direkte näherungsweise Beschreibung natürlicher Objekte etwa mit Bézier-Kurven bzw. Polygonen und Bézier-Flächen ist sehr aufwändig und deshalb sowie aus Gründen der mangelhaften optischen Qualität des Resultats nur bedingt zufriedenstellend. Es muss daher das Ziel sein, Erzeugungsprinzipien anzugeben, die die vollständige Generierung von Kurven und Flächen zur Darstellung natürlicher Objekte durch den Rechner erlauben, und zwar auf der Basis weniger Angaben durch den Benutzer wie Anfangs- und Endpunkt oder sonstiger Parameter. Dies gelingt bei Verwendung von *fraktalen* Kurven und Flächen. Der Begriff der *fraktalen Geometrie* wurde dabei von Mandelbrot geprägt [Mand77, Mand87], der in seinen Arbeiten Ideen der Mathematiker Hausdorff und Julia aufgriff und weiterentwickelte.

Zunächst wollen wir informell die beiden zentralen Begriffe der Selbstähnlichkeit und der fraktalen Dimension einführen:

- *Selbstähnlichkeit, Fraktal*:
  Ein Objekt heißt *selbstähnlich*, wenn es aus zu sich selbst ähnlichen Teilgebilden besteht. Anders gesagt: Egal, aus welcher Entfernung oder in welcher Vergrößerung man hinsieht, man erkennt stets dieselbe Struktur. Die unendliche Komponente, die dieser Definition innewohnt, muss in der Graphik natürlich abgeschwächt werden. Hier gilt das Gesagte nur bis zu einer feinsten Auflösung. Bei der *statistischen Selbstähnlichkeit* wird zudem die Ähnlichkeit nicht exakt gefordert, es sind statistische Störungen erlaubt. Im Gegensatz zur strengen mathematischen Definition, umfasst der Begriff *Fraktal* in der Computergraphik alles, was zu einem nicht unerheblichen Teil mit Selbstähnlichkeit behaftet ist.

- *Fraktale Dimension*:
  Der üblicherweise gebrauchte Dimensionsbegriff ist topologisch geprägt und ganzzahlig (ein-, zwei-, dreidimensional usw.), wobei die Zuordnung der Dimensionalität zu einer geometrischen Struktur in der Regel keine Probleme macht: Punkte sind nulldimensionale Gebilde, Kurven sind ein-, Flächen zwei- und Körper dreidimensionale Objekte. Dieser klassische Dimensionsbegriff geriet aber ins Wanken, als unter anderem Peano und Hilbert sogenannte „raumfüllende Kurven" angaben, also Gebilde, die in einem Grenzprozess aus einer Folge von Kurven entstehen und eine ganze Fläche einnehmen. Die in Abbildung 4.12 dargestellten ersten Schritte auf dem Weg zur sogenannten *Hilbert-Kurve* zeigen das Erzeugungsprinzip der Folge. Der Grenzwert der Folge – die Hilbert-Kurve –

4.4 Darstellung natürlicher Objekte und Effekte

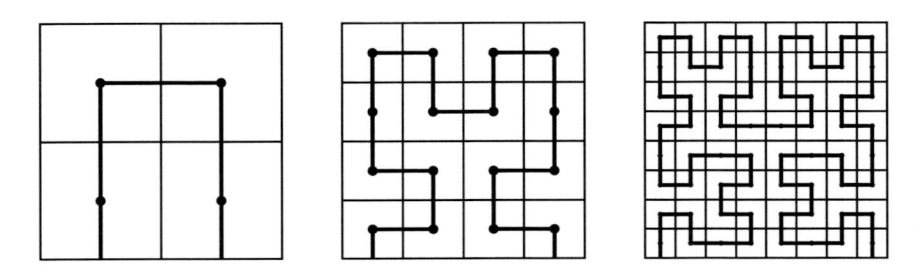

Abbildung 4.12 Die ersten Folgenglieder auf dem Weg zur Hilbert-Kurve, dem Grenzwert der Folge

erreicht dabei alle Punkte des Quadrats. Eine (eindimensionale) Kurve überstreicht hier also vollständig eine (zweidimensionale) Fläche. Ein anschauliches Beispiel zur Problematik des klassischen Dimensionsbegriffs gibt Mandelbrot in [Mand87]: ein Wollknäuel – aus der Ferne ein (nulldimensionaler) Punkt, dann eine (zweidimensionale) Fläche, bei näherer Betrachtung erkennbar ein dreidimensionales Gebilde, dann wieder eindimensional (als Wollfaden), oder doch dreidimensional (schließlich hat der Faden eine positive Querschnittsfläche)?

Eine schon früh entwickelte Verallgemeinerung des konventionellen Dimensionsbegriffs für fraktale Strukturen stellt die *Hausdorff-Besicovitch-Dimension* dar [Haus19]. Da sie jedoch in der Praxis oft nur schwer zu bestimmen ist, wollen wir hier einen verwandten, anschaulicheren und in der fraktalen Geometrie verbreiteten *fraktalen* Dimensionsbegriff vorstellen. Dazu teile man ein gegebenes Objekt in N gleichartige Teile und ersetze jeden der N Teile durch das mit einem Faktor $1/s$ skalierte Originalobjekt. Als *fraktale Dimension d* bezeichnet man dann die Größe

$$d := \frac{\ln N}{\ln s}. \tag{4.5}$$

Wir wollen den Begriff der fraktalen Dimension an einigen Beispielen veranschaulichen:

1. Die Strecke: Hier wird das Einheitsintervall in N gleich große Abschnitte der Länge $1/N$ unterteilt. Somit gilt

$$\frac{1}{s} = \frac{1}{N},$$

und als fraktale Dimension ergibt sich

$$d = \frac{\ln N}{\ln s} = 1$$

(siehe Abbildung 4.13).

Abbildung 4.13 Die Strecke als fraktale Kurve

2. Das Rechteck: Hier wird ein gegebenes Rechteck in N gleich große und ähnliche Rechtecke unterteilt, wobei der Skalierungsfaktor in jeder Koordinatenrichtung

$$\frac{1}{s} = \frac{1}{\sqrt{N}}$$

beträgt. Als fraktale Dimension erhält man folglich

$$d = \frac{\ln N}{\ln \sqrt{N}} = 2$$

(siehe Abbildung 4.14).

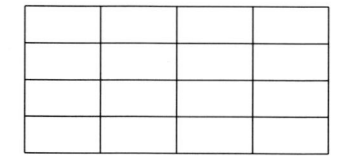

Abbildung 4.14 Das Rechteck als fraktale Fläche

Diese beiden Beispiele zeigen, dass der konventionelle Dimensionsbegriff gerade als Spezialfall von Definition (4.5) interpretiert werden kann. Am folgenden, dritten Beispiel wird dagegen der Unterschied zwischen dem üblichen und dem *fraktalen* Dimensionsbegriff deutlich.

3. Die *Koch-Kurve*: Diese Kurve, die wegen ihrer Gestalt auch *Kochsche Schneeflocke* genannt wird, erhält man über einen Grenzprozess, dessen sechs erste Schritte in Abbildung 4.15 dargestellt sind. Jedes Streckenstück der Länge l_i der i-ten Stufe wird dabei in Stufe $i+1$ durch vier

4.4 Darstellung natürlicher Objekte und Effekte

entsprechend angeordnete Strecken der Länge $l_i/3$ ersetzt. Somit gilt $N = 4$ und $s = 3$. Als fraktale Dimension d ergibt sich folglich der nicht ganzzahlige Wert

$$d = \frac{\ln 4}{\ln 3} \doteq 1.2619.$$

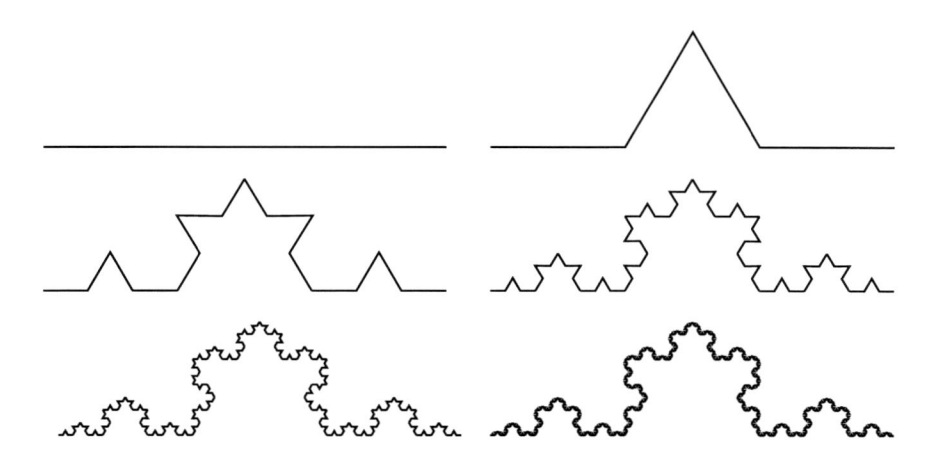

Abbildung 4.15 Die ersten sechs Schritte im Konstruktionsprozess der Koch-Kurve

4. Ein beliebtes Beispiel für das Auftreten fraktaler Strukturen in der Natur sind etwa Küstenlinien. Hier äußert sich die Selbstähnlichkeit dahin gehend, dass ein Betrachter unabhängig von der Entfernung (beispielsweise vom Satellitenphoto bis zum Blickwinkel von einem Leuchtturm usw.) ähnliche Strukturen sieht. Typische Küstenverläufe haben als Erfahrungswert eine fraktale Dimension $d \in [1.15, 1.25]$. Ein weiteres Beispiel ist der Raum der Arterien im menschlichen Körper: Hier ergibt sich als fraktale Dimension ein Wert von etwa 2.7.

5. Die Hilbert-Kurve, der Grenzwert des Folge aus Abbildung 4.12, hat übrigens die fraktale Dimension 2 – schließlich überstreicht sie eine Fläche!

Fraktale Objekte sind vor allem über die graphische Darstellung selbstähnlicher Mengen aus der Funktionentheorie bzw. aus der Theorie komplexer dynamischer Systeme bekannt geworden [PeRi86, PeSa88]. Hier seien etwa die Julia-Fatou- sowie die Mandelbrot-Mengen erwähnt:

- Beispiel einer *Julia-Fatou-Menge*:

$z, c \in \mathbb{C}$,
$\alpha_0 := z$,
$\alpha_i := \alpha_{i-1}^2 + c \quad (i \geq 1)$,
$JF(c) := \left\{ z \in \mathbb{C} : \text{Die Folge } (\alpha_i) \text{ konvergiert nicht (auch nicht gegen } \infty) \right\}$;

- Beispiel einer *Mandelbrot-Menge*:

$$M := \left\{ c \in \mathbb{C} : JF(c) \text{ ist zusammenhängend} \right\}.$$

Zur Erzeugung von fraktalen Kurven am Bildschirm dienen rekursive Routinen, die bei Erreichen der Pixelgröße terminieren. Für das Beispiel der Koch-Kurve, jetzt mit einer statistischen Störung, erhält man etwa folgende algorithmische Formulierung:

```
procedure Koch(P₁, P₂);
begin
    if ‖P₁ − P₂‖ > ε
    begin
        M₁ := (2P₁ + P₂)/3 + d₁;
        M₂ := (P₁ + 2P₂)/3 + d₂;
        M₃ := construct(M₁, M₂);
        Koch(P₁, M₁);
        Koch(M₁, M₃);
        Koch(M₃, M₂);
        Koch(M₂, P₂);
    end
    else print(P₁, P₂);
end;
```

Dabei zeichnet die Prozedur $\text{print}(P_1, P_2)$ die Strecke $P_1 P_2$ auf dem Bildschirm, und die Funktion $\text{construct}(M_1, M_2)$ berechnet auf geeignete Weise den Punkt M_3. In die statistischen Störterme d_1 und d_2 fließen der Abstand von P_1 und P_2, die fraktale Dimension der Kurve sowie eine normalverteilte Zufallsvariable ein (siehe Abbildung 4.16).

Zur Erzeugung fraktaler Flächen am Bildschirm wird z. B. ein Dreieck als Startobjekt gewählt. Dann führt man rekursiv folgende zwei Schritte aus, bis die Dreiecke klein genug sind:

4.4 Darstellung natürlicher Objekte und Effekte

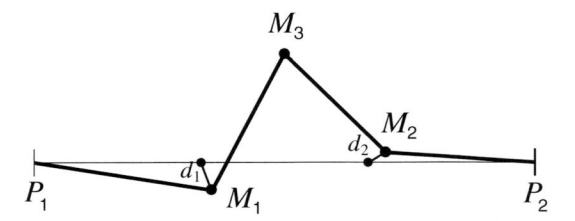

Abbildung 4.16 Erzeugung der (statistisch gestörten) Koch-Kurve

1. Teile jede Kante unter Berücksichtigung einer Störung in zwei Teilstücke.
2. Unterteile das entstandene Polygon in vier neue Dreiecke.

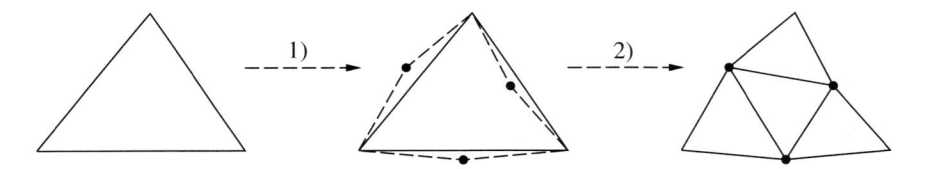

Abbildung 4.17 Erzeugung einer (statistisch gestörten) fraktalen Fläche

Dabei muss eine gemeinsame Kante für jede der benachbarten Flächen gleich unterteilt werden. Dies führt zu einer Mehrfachberechnung, die sich bei geschickter Programmierung vermeiden lässt.

Mit Hilfe fraktaler Kurven und Flächen lassen sich somit relativ einfach Bilder mit realistischen natürlichen Strukturen (Gebirge, Oberflächentexturen) erzeugen (siehe [Voss87] und Abbildung 4.18). Mit der Zielsetzung der realistischen Darstellung natürlicher Objekte bzw. Effekte befassen sich auch die nächsten beiden Abschnitte.

4.4.2 Grammatikmodelle

In Grammatikmodellen [Lind68, Smit84] wird eine Grammatik definiert, deren Produktionen alle gleichzeitig angewendet werden, um ein gleichmäßiges Wachsen des zu modellierenden Gebildes sicherzustellen. Ein so generiertes Wort wird dann als topologische Struktur etwa einer Pflanze interpretiert, woraus mittels biologischer und geometrischer Zusatzinformation eine realistische Darstellung erzeugt wird.

Betrachten wir als Beispiel die Modellierung eines Laubbaumes. Für die Beschreibung seiner topologischen Struktur benötigen wir im einfachsten

Abbildung 4.18 Farn, erzeugt mit xfractint

Fall Symbole für Aststücke (A), Blätter (B) und Verzweigungen in den Ästen. Ein mit 45° abstehender Seitenast soll dabei durch Klammerung ( ) gekennzeichnet werden. Mit dem Alphabet

$$\left\{A, B, (,)\right\}, \tag{4.6}$$

den Axiomen A und B sowie den Produktionen

$$\begin{aligned} A &\to AA \\ B &\to AA(B)A(B) \end{aligned} \tag{4.7}$$

gelangen wir so zu einer ersten Grammatik zur Beschreibung von Laubbäumen. Je nachdem, ob A oder B als Axiom gewählt wird, erhält man die folgenden ersten drei Generationen (siehe auch Abbildung 4.19):

A: A, AA, $AAAA$;
B: B, $AA(B)A(B)$, $AAAA(AA(B)A(B))AA(AA(B)A(B))$.

In Abbildung 4.19 liegen alle neuen Seitenäste mit einem Winkel von 45° am Hauptast an. Mit weiteren Klammersymbolen [ ], die einen neuen Ast mit −45° anzeigen, und einer zweiten Produktion

$$B \to AA(B)A[B] \tag{4.8}$$

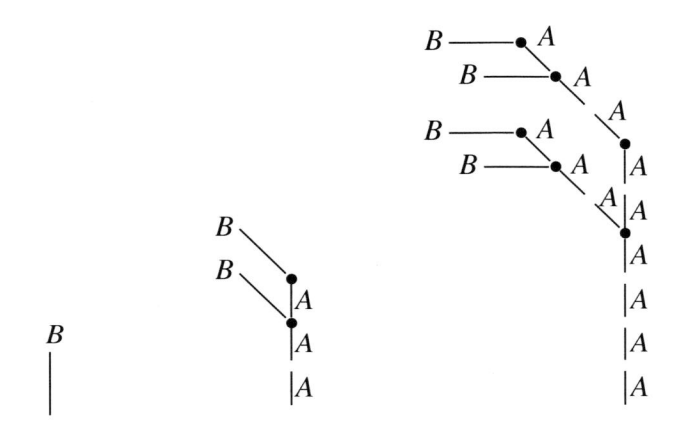

4.4 Darstellung natürlicher Objekte und Effekte   213

Abbildung 4.19 Baumdarstellung der ersten drei Generationen aus dem Axiom B

anstelle von $B \to AA(B)A(B)$ in (4.7) erhält man in Abbildung 4.20 bereits ein realistischeres Bild. Man beachte, dass das Wort der i-ten Generation zweimal im Wort der $i+1$-ten Generation vorkommt, was wieder als eine Art Selbstähnlichkeit interpretiert werden kann (vgl. Abschnitt 4.4.1).

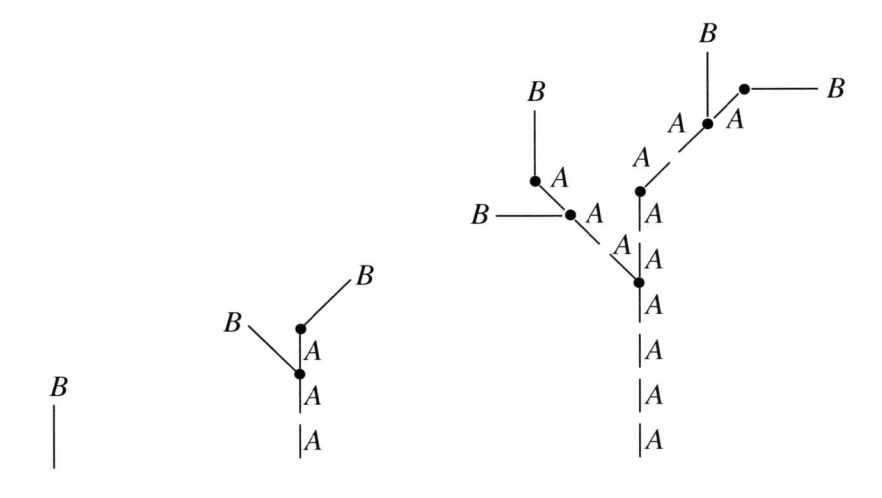

Abbildung 4.20 Baumdarstellung der ersten drei Generationen aus dem Axiom B mit unterschiedlichen Verzweigungswinkeln

Es ist klar, dass dieser Prozess zur Generierung von Worten nur die topologische Struktur eines Laubbaums beschreiben kann. Zur Erzeugung realistischer Bilder ist biologische und geometrische Zusatzinformation erforderlich, beispielsweise die realistischen Verzweigungswinkel, die Aststärke, die Verjüngung von Ästen nach oben hin, die Form und Länge der Aststücke oder die Gestalt der Blätter betreffend [PLH88, REFJP88]. Darüber hinaus sind Randomisierungen gebräuchlich, die in den bislang rein deterministischen Erzeugungsprozess eine probabilistische Komponente einbringen.

4.4.3 Partikelsysteme

In den beiden vorigen Abschnitten haben wir bereits eine Reihe von Anwendungen kennengelernt, bei denen die klassische geometrische Modellierung (vgl. Kapitel 2) an ihre Grenzen stößt. Dies liegt zunächst daran, dass die Forderung nach einer realistischen Darstellung bei der geometrischen Modellierung natürlicher Objekte zu einem Rechen- und Speicheraufwand führt, der selbst mit Großrechnern schwer zu bewältigen ist. Noch problematischer wird die Situation, wenn sich das zeitliche Verhalten von Objekten nur mit erheblichem Aufwand über eine Volumen- oder Oberflächendarstellung beschreiben lässt. Dies tritt insbesondere dann auf, wenn sich nicht nur die Geometrie, sondern auch die Topologie der Körper in der Zeit ändert. Als Beispiele hierfür mögen etwa Nebelschwaden, die sich vereinen und wieder trennen, oder Flammen in einem Feuer dienen (siehe Abbildung 4.21).

Abbildung 4.21 Zeitliches Verhalten von Flammen

Für solche Fälle, aber auch für Anwendungen wie Feuerwerke, Explosionen und Funkenflug oder Gras im Wind wurden die sogenannten *Partikelsysteme* [Reev83, ReBl85] entwickelt. Ein Partikelsystem ist dabei definiert

4.4 Darstellung natürlicher Objekte und Effekte

als eine (sehr große) Anzahl von Teilchen, die in der Zeit eine von gewissen deterministischen oder stochastischen Regeln bestimmte Entwicklung durchlaufen. So können neue Partikel erzeugt und alte Partikel eliminiert werden, Partikel können ihre Attribute (Farbe etc.) ändern und sich bewegen.

Zunächst wurden in der Computergraphik vor allem einzelne Partikel oder kleine Mengen von Teilchen verwendet – hauptsächlich in den frühen Videospielen, in denen fliegende Gewehrkugeln oder Explosionen auf diese Weise realisiert wurden. Das Verhalten dieser Teilchen war jedoch rein deterministisch und musste für jedes einzelne von ihnen explizit vorgegeben werden. In modernen Anwendungen von Partikelsystemen werden die Teilchen dagegen automatisch erzeugt, entfernt, verändert und bewegt, wobei ein Großteil der Steuerung stochastisch erfolgt. Die Vorgehensweise beim Einsatz von Partikelsystemen hängt dabei stark von der jeweiligen Anwendung ab:

- Bei der Modellierung von Bäumen mit Hilfe von Partikelsystemen werden am Stamm Knospen erzeugt, die nun zu einem Blatt oder zu einem eigenen Ast werden und mit einer gewissen Geschwindigkeit in eine bestimmte Richtung wachsen können. Auch hier ist natürlich geometrische Zusatzinformation erforderlich, und die Kenntnisse über die jeweilige Gattung müssen in die Steuerung einfließen. Bei der Darstellung von Steppengras im Wind sitzen die einzelnen Partikel an der Spitze der Grashalme oder über die Grashalme verteilt und bewegen sich regelgemäß.

- Soll dagegen Feuer dargestellt werden, so werden in der Regel baumartige, hierarchische Teilchenmodelle verwendet. Einzelne Teilchen können Kinder hervorbringen, die sich wiederum entfernen können (isolierte Funken). Im Gegensatz zur Darstellung von Pflanzen wird bei Feuer die eigentliche Baumstruktur (die Äste) bei der Erzeugung des Bildes ignoriert.

- Die Modellierung von Explosionen erfordert wieder ein anderes Vorgehen. Hier stelle man sich eine mit Teilchen prall gefüllte Kugel im Explosionszentrum vor. Zum Zeitpunkt der Explosion erfahren alle Partikel eine starke, nach außen gerichtete Beschleunigung, die sich dann mit äußeren Einflüssen (Gravitation, Wind, Zufallsgrößen) überlagert.

- Bei der Visualisierung numerischer Simulationen (vgl. Abschnitt 4.6) schließlich werden Partikelsysteme etwa zur Darstellung von Strömungsvorgängen in der Zeit benutzt. In Abbildung 4.22 werden zwölf Momentaufnahmen aus einer Spritzguss-Simulation gezeigt. Hier werden am Einströmrand in gewissen Abständen einzelne Partikel injiziert. Deren dem

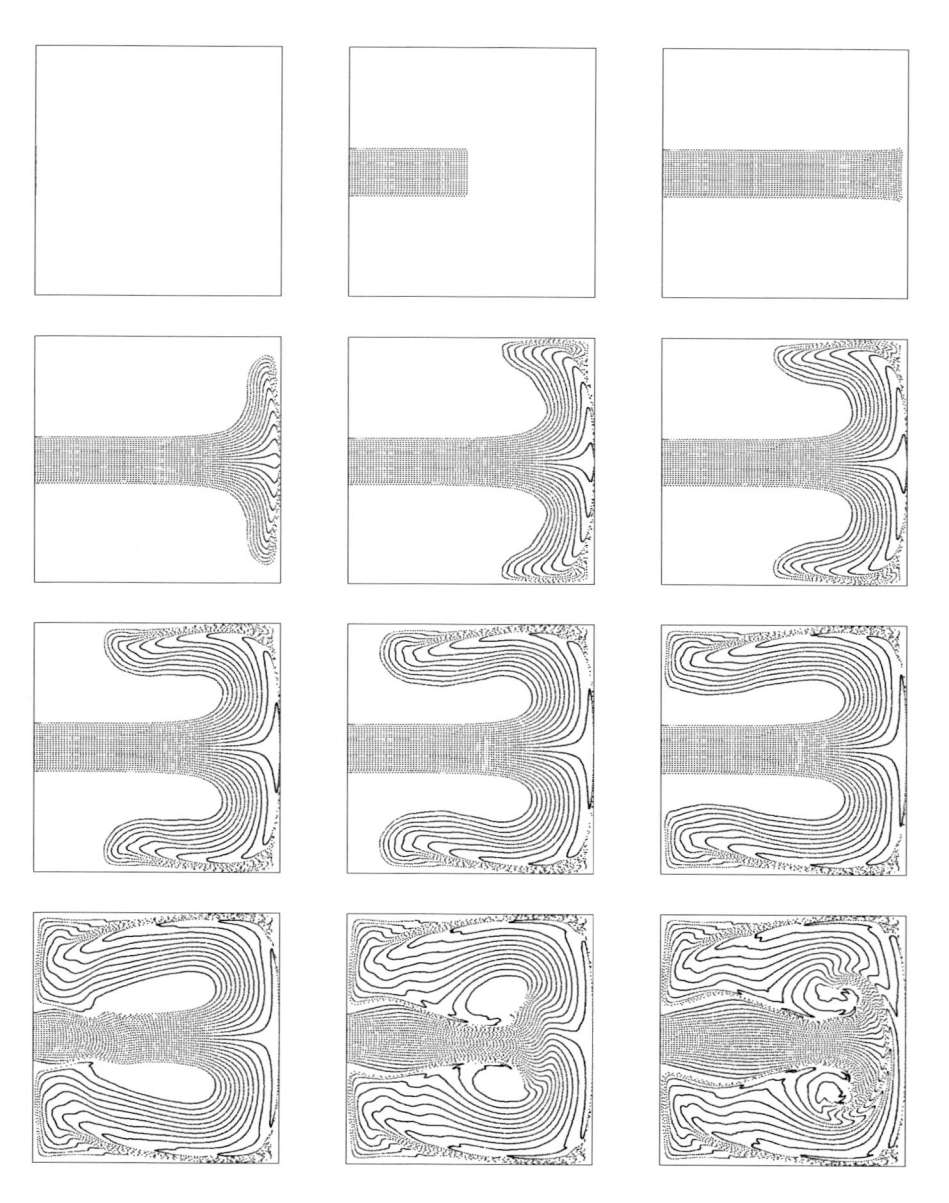

Abbildung 4.22 Simulation von Spritzguss mittels Partikelverfolgung

Geschwindigkeitsprofil der Strömung unterworfene (deterministische) Bahnen werden dann verfolgt.

Die Erzeugung der eigentlichen Bilder, also die Darstellung von Partikelsystemen im engeren Sinne, stellt ein nichttriviales Problem dar. Ray-Tracing verbietet sich, da die Schnittberechnung von etwa einer Million Strahlen mit mehreren Millionen von Partikeln viel zu aufwändig ist. Somit sind spezielle effiziente Rendering-Techniken erforderlich. Bei Feuer kann z. B. jedes Teilchen als sich bewegende Lichtquelle modelliert werden. Für den Zeitraum eines Bildes (z. B. 1/25 s) wird nun für jedes Teilchen seine Bahn berechnet und auf die Bildebene projiziert. Die Werte für jedes Pixel ergeben sich dann durch Addition der Werte der dieses Pixel überstreichenden Partikel. Ein Sichtbarkeitsentscheid kann hier entfallen. Bei der Darstellung von Gras und Bäumen, wo obiges Lichtquellenmodell nicht anwendbar ist, ist dagegen der Sichtbarkeitsentscheid erforderlich. Hier muss die Schattierung explizit erfolgen, wobei jedoch aufgrund der großen Zahl von Partikeln in der Regel stark vereinfachte Verfahren zum Einsatz kommen.

4.5 Animation

Im vorigen Abschnitt ist bereits die Darstellung von in der Zeit veränderlichen Prozessen (Explosionen, Gras im Wind, Strömungen) angeklungen. Mit dieser Thematik, der sogenannten *Animation*, wollen wir uns nun näher befassen.

4.5.1 Grundlegende Techniken

Die Animation von statischen Bildern bringt die Zeit als vierte Dimension ins Spiel. Es entsteht so eine zeitliche Dynamik hinsichtlich

- der Position der Objekte (Bewegung),

- der Eigenschaften der Objekte (Verformung, Färbung, Texturwechsel) sowie

- der Eigenschaften des Umfelds (Anzahl und Stärke der Lichtquellen, Position des Betrachters).

Mit der Möglichkeit realistischer Computeranimationen, die deutlich über die frühen animierten Anwendungen (z. B. die ersten Flugsimulatoren) hinausgehen, wurden die Karten in der Computergraphik neu gemischt. War der Schwerpunkt der Anstrengungen bisher auf dem Photorealismus, d. h. auf der Erzeugung möglichst hochqualitativer Farbbilder (und somit in der Regel auf ausgefeilten Ray-Tracing-Verfahren) gelegen, verlagerte sich nun die Aufmerksamkeit hin zu (realistischen) Filmen, Visualisierungen von Vorgängen in der Zeit sowie Echtzeitanwendungen und somit zu schnellen und effizienten Darstellungstechniken. Als hauptsächliche Anwendungsfelder haben sich neben der klassischen Anwendung in Flugsimulatoren die Unterhaltungsindustrie (Videospiele), die Filmindustrie (z. B. die Filme Jurassic Park samt Nachfolgern, Terminator II, Caspar sowie Toy Story mit Fortsetzung, um nur einige Meilensteine zu nennen), der Ausbildungsbereich (Tutorials) sowie die wissenschaftliche Forschung (Numerische Simulation) etabliert.

Die Schwierigkeiten im Zusammenhang mit der Animation liegen auf der Hand: Da nun Folgen von Bildern produziert werden müssen, sind die Anforderungen hinsichtlich Speicherplatz und Rechenzeit im Allgemeinen deutlich höher als bei Einzelbildern. Abhilfe können hier zum einen ausgefeilte Datenkompressionstechniken (vgl. dazu etwa die JPEG- und MPEG-Standards[2]) schaffen, zum anderen müssen möglichst viele Schritte hardwareunterstützt ablaufen. Darüber hinaus tauchen durch die zeitliche Dimension neue Effekte auf, beispielsweise das sogenannte *Temporal Aliasing*. Dieser Verfremdungseffekt lässt sich an folgendem Beispiel beobachten: Ist die darzustellende Bewegung eines Speichenrades zu schnell für eine Bildfrequenz (24 Bilder/s im Film bzw. 25-30 Bilder/s bei Video), so kann der Eindruck entstehen, dass das Rad stillsteht oder sich rückwärts dreht (siehe Abbildung 4.23). Schließlich ist das Bildschirmflackern ein weiteres großes Problem bei der Darstellung von Animationssequenzen auf Monitoren. Der Eindruck des Flackerns entsteht dabei durch das ständige Löschen, Neuberechnen und Laden des Bildschirminhalts. Abhilfe schafft hier das sogenannte *Double-Buffering*, bei dem durch den Einsatz von zwei Bildschirmspeichern (Frame-Buffer, siehe Abschnitt 1.6) das Bild aus dem ersten Puffer angezeigt wird, während im zweiten Puffer bereits das neu berechnete Bild zur Verfügung gestellt wird.

---

[2] Der von der *Joint Photographic Experts Group* (JPEG) entworfene Standard dient zur (verlustbehafteten) Kompression von Einzelbildern. Ein darauf aufbauendes Verfahren zur Kompression von Bildfolgen wird Motion-JPEG genannt. Alternativ dazu gibt es verschiedene von der *Motion Picture Experts Group* (MPEG) entwickelte Standards, die auch das zeitliche Verhalten der Bildfolgen berücksichtigen [PeMi93].

4.5 Animation

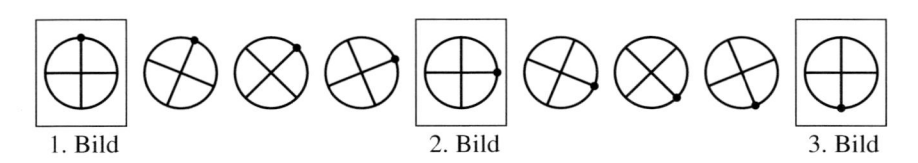

1. Bild   2. Bild   3. Bild

Abbildung 4.23 Temporal Aliasing: Für den Betrachter entsteht der Eindruck eines unbewegten Rades.

Die ersten Animationsversuche orientierten sich stark an der Vorgehensweise im Zeichentrickstudio: Eine Filmsequenz ist hier eine Folge einzeln am Rechner erzeugter Bilder [HaMa68, Catm78b, Layb79]. Diese Vorgehensweise zur Erstellung von Animationssequenzen ist auch heute noch weit verbreitet (siehe Farbtafel 42). Eine Fortentwicklung stellt das *automatisierte Inbetweening* dar, bei dem nur das erste und das letzte Bild einer Sequenz explizit erzeugt werden. Die gewünschten Zwischenstufen werden dagegen mittels zeitlicher Interpolation gewonnen. In manchen Fällen leistet bereits die lineare Interpolation gute Dienste, oftmals führt sie jedoch zu unrealistischen Bildfolgen. Als Beispiel hierfür dient etwa die Bewegung eines Pendels, bei der die lineare Interpolation zu betragsweise konstanter Geschwindigkeit und somit zu unendlicher Beschleunigung an den Umkehrpunkten führt, was weder physikalisch korrekt ist noch realistisch aussieht. Selbst wenn an die Pendelbewegung angepasste Zwischenstufen explizit vorgegeben werden, kommt es an diesen zu Unstetigkeiten in der Geschwindigkeit, die im Film dann ebenfalls als unrealistische Effekte auffallen (siehe Abbildung 4.24). Abhilfe können hier Interpolationstechniken höheren Grades schaffen, etwa Splines.

Die Bewegung komplizierterer Objekte wie z. B. Lebewesen wird oftmals über sogenannte *Skelette* [BuWe76, HsLe94] modelliert. So wird etwa ein Bein im zweidimensionalen Fall als Polygonzug beschrieben, zu dem an verschiedenen Stellen mitgeführte Parameter (z. B. für die Breite) die Darstellung des gesamten Beines erlauben. Jede Grobstufe beim Gehen wird nun durch Neupositionierung der Knoten des Polygonzugs sowie durch Neuberechnung der Parameter definiert (siehe Abbildung 4.25). Dazwischen wird wieder interpoliert.

Dreidimensionale Objekte werden in Animationen in der Regel explizit modelliert. Bei Bewegungen im dreidimensionalen Raum kommt dabei als weitere Schwierigkeit hinzu, dass sich neben Weg, Geschwindigkeit, Beschleunigung usw. auch die Orientierung ändern kann – ein angeschnittener Tennis- oder Tischtennisball dreht sich in der Luft. Dadurch wird die Inter-

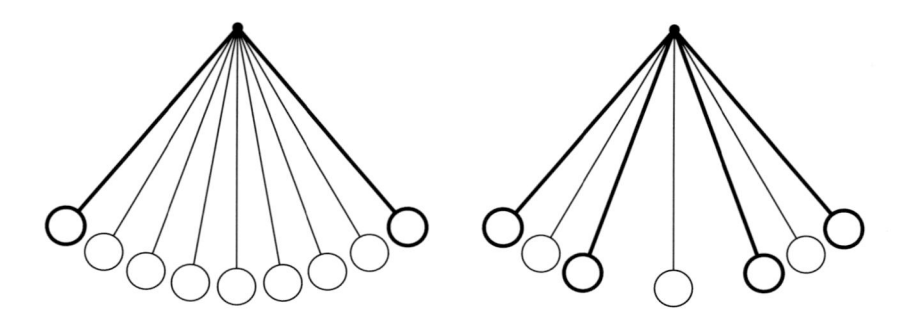

Abbildung 4.24 Lineare Interpolation beim Pendel ohne (links) und mit vorgegebenen Zwischenstufen (rechts)

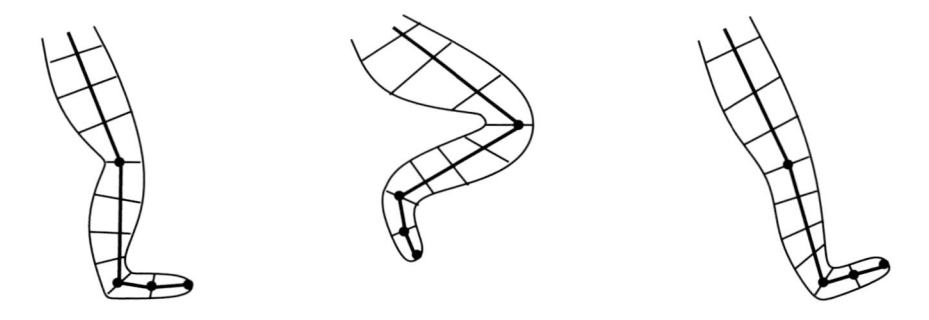

Abbildung 4.25 Schematische Grobstufen bei der Modellierung eines Beines eines laufenden Menschen mit Hilfe eines Skeletts

polationsaufgabe wesentlich komplizierter.

Oft lassen sich die gewünschten Animationseffekte jedoch auch mit bedeutend einfacheren Hilfsmitteln realisieren. Zum Beispiel kann man die Einträge in der Farbtabelle (siehe Abschnitt 1.6.2) in bestimmten Abständen zyklisch durchtauschen (*Farbtabellenrotation*) [Shou79]. Farbe $i, 0 \leq i \leq 2^q - 1$, wird dabei ersetzt durch Farbe $(i+1) \bmod (2^q)$, wobei q die Tiefe des Frame-Buffers bezeichnet. Dadurch lässt sich beispielsweise der Eindruck einer gerichteten Strömung erzielen (siehe Abbildung 4.26).

Ein weiteres Beispiel für einfache Animationstechniken sind die sogenannten *Sprites*. Bei einem Sprite handelt es sich um einen kleinen rechteckigen Speicherbereich, der als Bildschirmausschnitt den Bildschirminhalt partiell verdeckt oder sich mit ihm mischt. Die aktuelle Position des Sprites wird in einem Register gehalten, so dass eine Änderung des Registereintrags zu

4.5 Animation

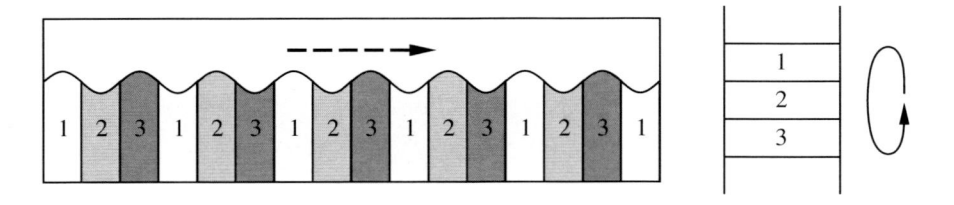

Abbildung 4.26 Erzeugung des Eindrucks von fließendem Wasser durch Farbtabellenrotation auch ohne explizite Modellierung der Wellenbewegung

einer Bewegung des Sprites führt (siehe Abbildung 4.27). Weite Verbreitung haben Sprites in Videospielen gefunden, aber auch Mauszeiger sind oft als Sprites realisiert.

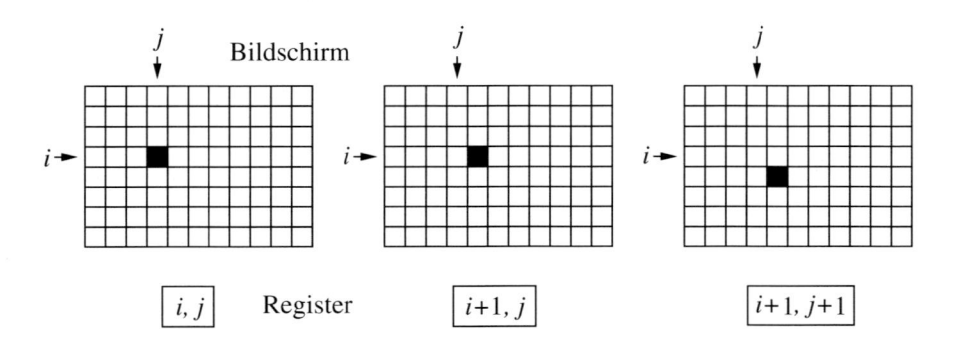

Abbildung 4.27 Bewegung von Sprites

Für die Programmierung von Animationssequenzen haben sich die unterschiedlichsten Konzepte eingebürgert. So sind lineare Listen [Catm72] gebräuchlich, bei denen jedem Ereignis, d.h. jeder Bewegung oder jeder sonstigen Änderung des Bildes, ein Listeneintrag entspricht, der das jeweilige Ereignis vollständig beschreibt. Allerdings ist auch das Arbeiten mit Standard-Programmiersprachen (prozedural oder objektorientiert) verbreitet [Reyn82, MaTh85], und schließlich gibt es spezielle Graphiksprachen, die auf die besonderen Bedürfnisse von Graphik und Animation zugeschnitten sind und eine bessere Lesbarkeit der (oftmals die Funktion von Drehbüchern einnehmenden) Programme zum Zweck haben [Baec69, FSB82, Symb85].

4.5.2 Steuerung

Weitgehend unabhängig von der verwendeten Sprache ist die Frage nach den Steuerungs- und Kontrollmechanismen der Animation. Man unterscheidet folgende Vorgehensweisen:

- Explizite Steuerung [Ster83] (*Vorwärtskinematik*): Hier wird jede einzelne Änderung explizit angegeben. Als schon fast klassisches Beispiel betrachten wir ein Modell eines Roboterarms oder das Skelett eines menschlichen Arms. Start- und Zielpunkt des Greifers bzw. der Hand seien vorgegeben. Bei der Vorwärtskinematik wird nun die erforderliche Bewegung jedes Einzelteils (z. B. diverse Stäbe und Gelenke) explizit angegeben, beginnend mit der „Wurzel" des Modells (im Sinne einer hierarchischen Modellierung). Offensichtlich sind damit sehr präzise Steuerungen möglich, das Ganze kann aber auch extrem aufwändig werden (insb. bei komplizierten Modellen). Zudem kommt die Intuition etwas kurz: Wer kann schon auf Anhieb sagen, wie alle Gelenke des Arms zu bewegen sind, um die Hand an eine vorgegebene Stelle zu führen!

- *Rückwärtskinematik* (*inverse Kinematik*): Die zielgetriebene Rückwärtskinematik ist intuitiver als die Vorwärtskinematik. Bei ihr wird nur der gewünschte Positionswechsel des Greifers bzw. der Hand vorgegeben, die hierzu erforderlichen Bewegungen aller Einzelglieder werden automatisch bestimmt und ausgeführt. Voraussetzung ist natürlich, dass das Modell die von einer Bewegung betroffenen Glieder schnell zu identifizieren gestattet und dass sämtliche erforderlichen Bewegungen dann auch effizient berechnet werden können. Die Rückwärtskinematik verlagert somit Aufwand vom Benutzer auf das System.

- Prozedurale Steuerung [ReBl85]: Bei intensiver Wechselwirkung bzw. bei Bewegung von vielen Objekten (vgl. die Modellierung von Steppengras im Wind über Partikelsysteme im vorigen Abschnitt) ist eine explizite Steuerung unmöglich. In diesem Fall erfolgt die Steuerung über Prozeduren, die etwa die neuen Positionen der Grashalme aus den Windverhältnissen berechnen.

- Steuerung über Regeln [Suth63, Born79]: Zur korrekten Umsetzung physikalischer Gesetzmäßigkeiten werden hier Regeln angegeben wie „Ball rollt abwärts" oder „Ball prallt von Wand zurück", um die Bewegungsabläufe zu kontrollieren.

- Nachzeichnen gespielter Szenen (*Tracking*) [GiMa83, BlIs94]: Schauspieler spielen die Szenen live. Die Bewegungen werden entweder am Bildschirm nachgezeichnet oder aber über Leuchtdioden bzw. Bewegungssensoren an den Schauspielern und Objekten erfasst (vgl. Abschnitt 4.7).

Wir wollen diesen kurzen Ausflug in die Animation nicht abschließen, ohne auf drei wichtige Grundregeln hinzuweisen, die für die Erstellung realistischer Animationen von großer Bedeutung sind (siehe etwa [Layb79, Lass87]):

1. Die Berücksichtigung von Materialeigenschaften wie Elastizität (z. B. bei der Verformung eines Gummiballs beim Aufprall auf die Wand) ist sehr wichtig, da sie den Betrachter das Objekt und dessen Material erkennen lassen und somit zur Wirklichkeitstreue beitragen. Auch deshalb werden zur Modellierung von Bewegungsabläufen oftmals Feder-Masse-Modelle[3] eingesetzt.

2. Bewegungen – sowohl des Betrachters als auch der Objekte der Szene – sollten nie ruckartig sein. Selbst in der Realität als abrupt erscheinende Bewegungen benötigen eine kurze Anlauf- und Ausklingphase (vgl. die Situation bei Schwingungen, etwa in Feder-Masse-Modellen), um nicht vom Betrachter als künstlich empfunden zu werden.

3. Man wähle die Betrachterposition stets so, dass das Wesentliche zu sehen ist. Gibt es zeitgleich mehrere Zentren der Handlung, sollten diese klar getrennt sein.

4.6 Visualisierung

Die gestiegenen Möglichkeiten der Computergraphik haben dazu geführt, dass sich die verschiedensten wissenschaftlichen Disziplinen in immer stärkerem Maße deren Potenzial zunutze machen. Dies kann auf völlig unterschiedliche Arten geschehen.

In der Medizin beispielsweise wird das Datenmaterial aus Ultraschallaufnahmen und Tomographien mit Methoden der Bildverarbeitung aufbereitet und graphisch dargestellt – für den Arzt entstehen so besser interpretierbare Aufnahmen. In der Chemie gibt die graphische Darstellung komplexer Makromoleküle Aufschluss über Struktur, Stabilität und Reaktionsverhalten. Bei Designaufgaben erlauben interaktive Graphiksysteme effiziente und

---

[3] Feder-Masse-Modelle bestehen aus über Federn verschiedener Spannkraft verbundenen Körpern unterschiedlicher Masse. Sie werden zur möglichst realistischen Simulation natürlicher Bewegungsabläufe eingesetzt (beispielsweise die elastische Verformung eines Dinosaurierbauchs im Film Jurassic Park).

intuitive Entwurfsprozesse. Die Wettervorhersage im Fernsehen zeigt heute Animationen zur prognostizierten Wolkendichte – als schon fast klassisches Beispiel diene hier etwa der 1995 eingeführte „Wolkenflug" in den ARD-Tagesthemen. Das umfassende Datenmaterial, das uns Messsatelliten heutzutage zur Verfügung stellen, wird auf vielfältige Weise zu Bildern verarbeitet (Höhenkarten, Karten zur Flächennutzung, Erkennung von Bewegungen etc.). In der Präzisionsmesstechnik (Messung der Planarität von Oberflächen, Messungen von Schwingungen usw.) werden graphische Darstellungen benutzt, um die Messergebnisse zu veranschaulichen. Selbst „computerfernere" Disziplinen wie Architektur oder Kunstgeschichte benutzen Computergraphik, um zukünftigen Hausbesitzern bereits vor Baubeginn einen Eindruck über ihr Haus zu vermitteln oder um das Ergebnis von geplanten Restaurierungsvorhaben zu zeigen und so für die Projekte zu werben (Wiederaufbau der Frauenkirche in Dresden oder des Berliner Stadtschlosses; vgl. auch Abschnitt 4.7). In der Mathematik schließlich verhalfen die faszinierenden Bilder zu Julia-Fatou- und Mandelbrot-Mengen [PeRi86] fraktalen Strukturen (vgl. Abschnitt 4.4.1) zu ungeahnter Popularität.

Besondere Bedeutung haben Methoden der Computergraphik für das *wissenschaftliche Rechnen* (*Scientific Computing*) erlangt. Dort gestatten graphische Darstellungen und Animationen die Interpretation und Veranschaulichung von Resultaten der numerischen Simulation von Prozessen, wie sie in Technik und Naturwissenschaften betrachtet werden. Zwei- und dreidimensionale Strömungsvorgänge (siehe etwa [GDN95] sowie die Farbtafeln 43, 44 und 48), die Veränderung der Wetterlage, die Optimalsteuerung von Flugbahnen und Roboterbewegungen, Schmelzprozesse und Kristallwachstum, das Schaltverhalten von modernen Bauelementen der Halbleitertechnik, Fluid-Struktur-Wechselwirkungen (siehe Abbildung 4.28) oder das Systemverhalten von Schaltkreisen bis hin zu Fertigungsstraßen: All dies lässt sich heutzutage (mehr oder weniger gut) numerisch simulieren, und die gewonnenen Daten werden stets graphisch aufbereitet und dargestellt. Sei es, um die Resultate zu validieren oder mit Messergebnissen zu vergleichen, sei es, um die Vorgänge besser zu verstehen – die Computergraphik ist aus der numerischen Simulation nicht mehr wegzudenken. Umgekehrt werden aber auch gezielt numerische Simulationen durchgeführt, um bestimmte graphische Effekte zu realisieren (bspw. molekulardynamische Simulationen zur Darstellung des Faltenwurfs von Stoffen, siehe Farbtafel 47).

Die geschilderte Art der graphischen Aufbereitung und Darstellung von Daten in ihrer ganzen Breite wird gemeinhin als *Visualisierung* [KaSm93, KeKe93, NHM97, ScMü99] bezeichnet. Eine zentrale Aufgabenstellung der Visualisierung ist dabei auch stets die Wahl der richtigen Darstellungsart.

4.6 Visualisierung

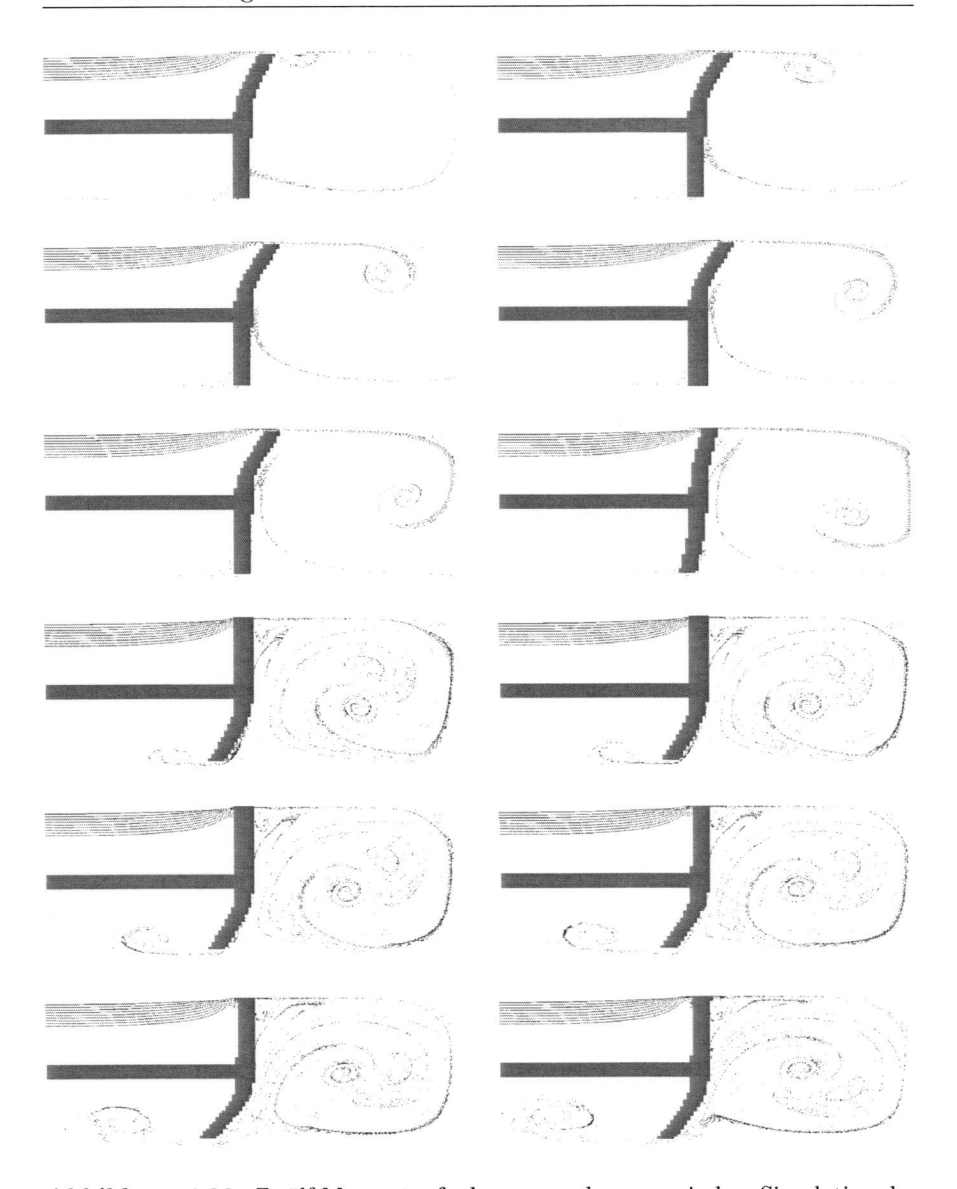

Abbildung 4.28 Zwölf Momentaufnahmen aus der numerischen Simulation der Fluid-Struktur-Wechselwirkung bei einer Mikropumpe. Die Pumpmembran befindet sich rechts, Ein- bzw. Auslass sind links oben bzw. links unten. Die oberen sechs Bilder zeigen die Einlassphase, die unteren sechs die Ausstoßphase.

Ein zweidimensionales Strömungsprofil lässt sich beispielsweise gut durch ein Feld von Geschwindigkeitsvektoren angeben – im dreidimensionalen Fall führt dieselbe Technik zu völlig unübersichtlichen Bildern. Bei bewegten Darstellungen sind solche „Pfeilbilder" ebenfalls untauglich. Hier erweist sich die Partikelverfolgung (vgl. Abschnitt 4.4.3, Abbildung 4.22) als sehr anschaulich. Es ist daher typisch für die Visualisierung, dass Kenntnisse über Computergraphik, über die jeweiligen Anwendungsdisziplinen (etwa Strömungsmechanik) sowie über optische Wahrnehmung und Wirkung von (bewegten) Bildern erforderlich sind, um sinn- und wirkungsvolle Bilder und Animationen zu erstellen. So weit wollen wir hier jedoch gar nicht gehen, sondern uns auf den technischen Teil der Bilderzeugung konzentrieren. Je nach konkreter Aufgabenstellung sind dabei ganz unterschiedliche Methoden gefragt:

- Bei der Visualisierung medizinischer Datensätze, wie sie beim Einsatz bildgebender Verfahren wie Ultraschall, Computer- oder Kernspin-Tomographie entstehen, sind insbesondere Methoden der *Bildverarbeitung* und des *Volume Rendering*[4] erforderlich.

- Für die Visualisierung von raumauflösenden Simulationsdatensätzen, also bspw. des Geschwindigkeitsfelds und der Temperaturverteilung einer Strömung, spielt die effiziente Generierung von Isoflächen, Höhenlinien, Schnittbildern oder Streichlinien (s. u.) eine herausragende Rolle (also auch hier wieder klassische Aufgaben des *Volume Rendering*).

- Oftmals sind grundlegende Techniken aus der Computergraphik wie die geometrische Modellierung dreidimensionaler Szenen, Beleuchtungsmodelle oder Sichtbarkeitsentscheide von Bedeutung. Man denke etwa die Simulation der Fahrdynamik eines PKW auf einer Teststrecke oder an simulierte Bewegungen eines Industrieroboters.

- Schließlich fließen auch Methoden der Virtual Reality ein, wenn etwa ein Architekturmodell visualisiert werden soll, um einen virtuellen Spaziergang durch das Gebäude zu gestatten, oder bei synthetischen Geländemodellen für Flugsimulatoren etc.

Im Folgenden befassen wir uns kurz mit den ersten beiden Themenkreisen. Der letzte Abschnitt dieses Kapitels wird dann der Virtual Reality gewidmet sein.

---

[4] Mit Volume Rendering bezeichnet man den Prozess der Darstellung dreidimensionaler skalarer Felder. Volume Rendering wird eingesetzt, um Eigenschaften des Inneren eines Volumens graphisch darzustellen. Standardbeispiele sind Temperaturverteilungen oder Dichtefelder bei tomographischen Verfahren.

4.6.1 Methoden der Bildverarbeitung

Die Visualisierung streift auch den Bereich bildgebender Verfahren, bei denen Messwerte (Radar-Aufnahmen der Satelliten ERS-1 und ERS-2, Computertomogramme, Aufnahmen von Rasterelektronenmikroskopen etc.) in Bilder im herkömmlichen Sinne umgewandelt werden sollen. Unter einem Bild ist dabei ein diskreter Datensatz zu verstehen, genauer ein zwei- oder (in einem verallgemeinerten Sinne auch) dreidimensionales Feld von Graustufen- oder Farbwerten. Im Gegensatz zur Visualisierung von Simulationsdaten, bei der aus künstlich errechneten Daten Bilder erzeugt werden sollen, handelt es sich hier also eher um eine optische Rekonstruktion. Hierbei finden die Techniken aus der Bildverarbeitung starke Anwendung.

In einer groben Einteilung kann man fünf Kategorien bildverarbeitender Operationen unterscheiden: Operationen der geometrischen, punktweisen, lokalen, vergleichenden oder globalen Verarbeitung.

Operationen vom Typ der *geometrischen Verarbeitung* (*Geometric Processing*) verändern die Form eines Bildes bzw. Teile davon. Die Wirkung solcher geometrischer Operationen auf den Farbwert in einem Pixel hängt von der Position des Pixels ab, nicht jedoch von den Farbwerten im Pixel oder in seinen Nachbarpunkten. Als Beispiele seien genannt Vergrößerung und Verkleinerung, Drehung sowie Verzerrung.

Bei der *punktweisen Bearbeitung* (*Point-to-point Processing*) erfolgt die Modifikation des Bildes durch einfache lokale Veränderungen in den Pixelwerten. Die Wirkung solcher Punktoperationen auf den Farbwert in einem Pixel hängt im Allgemeinen vom lokalen Farbwert, nicht jedoch von seiner Position oder von Umgebungswerten ab. Als Beispiele seien hier genannt die *Konstantenaddition* (Modifikation aller Pixelwerte um eine Konstante), die *Kontrasterhöhung* (Aufblähen der Helligkeitswerte auf den vollen darstellbaren Bereich), die *Falschfarbendarstellung* (unterschiedlichen Graubereichen werden verschiedene Farbtöne zugewiesen, wobei jede Farbe den gesamten Intensitätsbereich durchläuft; große Unterschiede in den Pixelwerten äußern sich damit als Farbunterschiede, kleinere wie zuvor in der Intensität) sowie die *Exponentialtransformation* (realistischere Wiedergabe von Intensitäten).

Bei einer *lokalen Bearbeitung* (*Local-to-point Processing*) fließen die Umgebungsgrauwerte in den neuen lokalen Farbwert ein. Beispiele solcher Operatoren sind *lokale gewichtete Mittelungsoperatoren* (Auswertung einer lokalen Umgebung, gewichtete Mittelung mittels Faltung oder allgemeinerer Glättungsoperationen), *lokale Rangoperatoren* (Auswertung einer lokalen Umgebung, Sortieren der auftretenden Werte, Auswahl anhand des Medians oder anderer Kenngrößen), *Segmentierung* (Zuordnung zu Klassen via Schwellwerte und anschließende Filterung), *Flanken- bzw. Kantendetektion* (Pixelwerte in glatten Bereichen werden abgeschwächt oder bleiben unverändert, Unterschiede werden zur Konturierung hervorgehoben) sowie *Merkmalsextraktion* (Lokalisierung bestimmter Merkmale wie Schwellwertüberschreitung, Flanken, Oszillationen, Muster, Texturen etc.).

Oft ist man an Vergleichen mehrerer Bilder interessiert. Bei den entsprechenden Operatoren der *vergleichenden Verarbeitung* (*Ensemble Processing*) werden Mehrfachaufnahmen desselben Ausschnitts herangezogen, um daraus neue Bilder abzuleiten. Beispiele hierfür sind die *Bewegungsdetektion* (Erkennen von Veränderungen oder Bewegungen durch Vergleich zweier zu verschiedenen Zeitpunkten aufgenommener Bilder; Anwendungen in der Medizin und bei Satellitenaufnahmen) sowie *Differenzenbilder* (Anwendungen wiederum in der Medizin (Visualisierung des Blutkreislaufs über einen Vergleich von Aufnahmen vor und nach der Injektion von Kontrastmittel, da Blut, Blutbahnen und das umgebende Gewebe nahezu dieselben Röntgen-Absorptionseigenschaften haben und somit in einer einzigen Aufnahme schlecht optisch getrennt werden können) und bei Satellitenaufnahmen (Aufnahmen des Landsat-Satelliten als Kombination der Antworten auf vier Frequenzbänder zur Ermittlung von Vegetation oder Aufspürung von Bodenschätzen)).

Kann schließlich globale Information aus dem gesamten Bild in den neuen Pixelwert einfließen, so spricht man von *globaler Verarbeitung* (*Domain Processing*). Hierbei erfolgen komplizierte Pixelwertmodifikationen auf der Grundlage lokaler und globaler Information (Fourier- und verwandte Transformationen). Diese Verfahren stellen die aufwändigsten und mächtigsten Methoden dar und sind vielseitig einsetzbar, etwa zur Bildschärfung, Flankenhervorhebung, Kontrasterhöhung, Detailrestaurierung sowie zur Komprimierung. Als Beispiele für die Kompression seien genannt die *Cosinus-Transformation* (Grundlage des JPEG-Standards zur Komprimierung digitaler Bilddaten) sowie die *Wavelet-Transformation* (verwandt mit der Fourier-Transformation, aber mit in Ort/Zeit *und* Frequenz lokalisierten Basisfunktionen (*Wavelets*); hohe Kompressionsraten, effiziente Algorithmen).

Am Anfang (medizinischer) bildgebender Verfahren standen Röntgenaufnahmen. Diese stellen Summationsbilder dar, die häufig wegen der gegenseitigen Überlagerung Details nicht erkennen lassen. Mit der *Schichtuntersuchung* (*Tomographie*) können morphologische Einzelheiten in einer wählbaren Schichttiefe scharf abgebildet werden. Die darüber und darunter liegenden Schichten werden verwischt. Aus den einzelnen Schichtbildern können dann dreidimensionale Ansichten generiert werden. Man unterscheidet Verfahren der *Transmissionstomographie*, bei denen die Passage von Strahlen

4.6 Visualisierung

durch das abzubildende Objekt betrachtet wird, und Verfahren der *Emissionstomographie*, bei denen von inkorporierten Radionukliden ausgesandte Strahlen erfasst werden. Beispiele für Erstere sind etwa die klassische *röntgenbasierte Computertomographie (CT)*, die *Kernspintomographie (NMR, MRI)* sowie die *Confokale Laser-Scanning-Mikroskopie (CLSM)*. Beispiele für Verfahren der Emissionstomographie sind die *Positronen-Emissions-Tomographie (PET)* sowie die *Single Photon Emission Computed Tomography (SPECT)*.

In der Medizin kommen heute auch Kombinationen von Transmissions- und Emissionstomographien zum Einsatz, etwa als Überlagerungen einer Kernspintomographie mit einer SPECT. Diese hybride Vorgehensweise bietet den Vorteil, dass sowohl strukturelle als auch metabolische Information sichtbar gemacht und zueinander in Bezug gesetzt werden kann. Das CT-Prinzip kann auch noch allgemeiner eingesetzt werden, etwa für Visualisierungen der inneren Struktur der Erde auf der Grundlage der Ausbreitung mechanischer (seismischer) Wellen.

4.6.2 Visualisierung raum- und zeitaufgelöster Simulationsdaten

Gegeben sei das (in Form einer großen Menge von Zahlen vorliegende) Ergebnis einer numerischen Simulation, also im Allgemeinen eine skalare oder vektorwertige Funktion $f : \mathbb{R}^d \supset \Omega \to \mathbb{R}^m$, $m \in \mathbb{N}$, über einem d-dimensionalen Feld. Im Folgenden diskutieren wir kurz einige Techniken bzw. Möglichkeiten zur optischen Darstellung solcher Datensätze. Der uns vor allem interessierende Fall ist dabei $d = 3$ bzw., bei Zeitabhängigkeit, $d = 4$.

4.6.2.1 Techniken der Dimensionsreduktion

Die direkte Visualisierung von im drei- oder höher dimensionalen Raum gegebenen Funktionen ist schwierig. Deshalb beschränkt man sich oft auf die Darstellung bzw. Hervorhebung zwei- oder eindimensionaler Teilbereiche (*Dimensionsreduktion*). Die populärsten diesbezüglichen Darstellungsmöglichkeiten sind:

- *Schnittebenen* (*Slices*, siehe Abbildung 4.29): Man betrachtet die interessierenden Größen nicht im Grundgebiet Ω, sondern im Schnitt einer Ebene E mit Ω. Auf der Schnittebene können dann zweidimensionale Techniken angewandt werden.

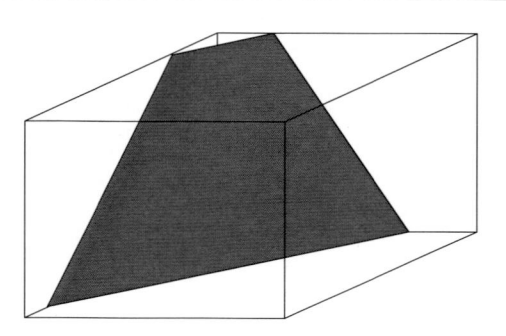

Abbildung 4.29 Beispiel einer Schnittebene

- *Isoflächen* (*Isosurfaces*, siehe Abbildung 4.30): Dargestellt wird die Hyperfläche, auf der eine der berechneten skalaren ($m = 1$) Funktionen f einen fest vorgegebenen Wert annimmt: $I(c) := \{\mathbf{x} \in \Omega : f(\mathbf{x}) = c\}$. Will man Isoflächen interaktiv erzeugen und verschieben (Änderung der Konstante c), so bedarf es einerseits effizienter Algorithmen zur schnellen Bestimmung der Isoflächen (etwa der bekannte *Marching-Cubes-Algorithmus*), andererseits einer hinreichend leistungsfähigen Graphik-Hardware (bei einem typischen Beispiel einer Simulation von Strömung und Transport in einer komplizierten Hindernisgeometrie (Auflösung 512^3 Zellen) kann eine Isofläche leicht aus mehreren Millionen Polygonen bestehen). Auf der Isofläche lassen sich zweidimensionale Techniken zur Visualisierung weiterer Größen einsetzen. Das Pendant zu Isoflächen in zweidimensionalen Fall sind *Isolinien* bzw. *Höhenlinien*.

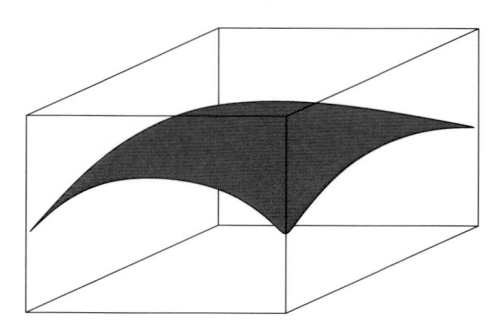

Abbildung 4.30 Beispiel einer Isosurface

- *Stromlinien* (*Streamlines*): Stromlinien dienen zur Visualisierung von Vektorfeldern ($m > 1$), d. h. von vektorwertigen Daten. Sie sind definiert als Kurven in Ω mit in jedem Punkt zum jeweiligen Ortsvektor des Feldes paralleler Tangente. Die Auswahl der Stromlinie erfolgt durch die Auswahl eines Startpunkts.

- *Bahnlinien* (*Particle Tracing*): Bahnlinien werden zur Visualisierung zeitabhängiger Vektorfelder eingesetzt. Ein virtuelles Teilchen wird an einem Startpunkt in das Gebiet Ω eingebracht und folgt nun in der Zeit dem jeweiligen Ortsvektor des Vektorfeldes. Die Bahn des Teilchens (theoretisch eine kontinuierliche Kurve, praktisch eine Folge diskreter Positionen zu diskreten Zeitpunkten) definiert dabei die Bahnlinie.

- *Streichlinien* (*Streaklines*): Auch Streichlinien dienen der Visualisierung zeitabhängiger Vektorfelder. Ab einem Startzeitpunkt werden an einem Startpunkt (theoretisch kontinuierlich, praktisch in festen Abständen) Partikel injiziert, die sich alle den jeweiligen Ortsvektoren des Feldes folgend weiterbewegen. Die dadurch zu einer vorgegebenen Zeit entstandene Linie wird Streichlinie genannt. Bahnlinien geben also die Bewegung *eines* Partikels über ein Zeitintervall wieder, Streichlinien dagegen die Position *vieler* vom gleichen Ausgangspunkt startender Partikel zu einem festen Zeitpunkt. Im Falle eines stationären Feldes (keine Änderung in der Zeit) stimmen Streichlinien und Bahnlinien mit Stromlinien überein. Neben Streichlinien sind auch *Streichbänder* gebräuchlich. Hier werden die Partikel nicht an einem einzigen Punkt, sondern längs einer Strecke injiziert. Im zeitlichen Fortlauf entstehen somit keine Kurven, sondern breite Bänder. Vorteile von Streichbändern sind die Möglichkeiten zur Darstellung weiterer Information auf ihnen sowie des Sichtbarmachens von Rotationen. Zur Verbesserung des dreidimensionalen Eindrucks werden auch *Streichröhren* eingesetzt.

4.6.2.2 Weitere Techniken

Neben den vorgestellten Möglichkeiten der Dimensionsreduktion gibt es eine Reihe weiterer Techniken, raumaufgelöste Simulationsdaten zu visualisieren bzw. deren Visualisierung zu unterstützen, die im Folgenden wenigstens kurz angesprochen werden sollen.

Die Intensität einer (skalaren) Größe kann durch den *Farbton* oder durch die *Farbintensität* ausgedrückt werden. Dabei sollte die Visualisierung die

Intuition unterstützen (im Falle der Temperatur z. B. blau für kalt und rot für warm und nicht umgekehrt, bei einer Stoffkonzentration schwache Intensität für geringe Werte etc.). Außerdem können verschiedene Farben für verschiedene Größen benutzt werden (rote Töne für die Temperatur, Blautöne für die Stoffkonzentration). Hierbei setzt die Wahrnehmungsfähigkeit des Menschen allerdings Grenzen: Bei mehr als fünf Farben nimmt die parallele Verarbeitungsfähigkeit ab. Wichtig ist in jedem Fall die passende Wahl der Skala: Deckt diese einen zu großen Bereich ab, verschwinden kleinere Unterschiede in den Daten, ist der darstellbare Bereich zu klein, erscheinen marginale Unterschiede als gewaltig.

Auch die *Dimensionserhöhung* wird oft eigesetzt. Eine auf einem zweidimensionalen Gebiet gegebene Größe beispielsweise kann in einem dreidimensionalen Bild als Funktion über dem Grundgebiet aufgetragen werden (*Funktionsplot*). Solche *Surface Plots* machen allerdings nur in 2 D Sinn.

Besonders verbreitet ist ferner die Verwendung von *Darstellungsprimitiven*. Darstellungsprimitive eignen sich besonders als Ergänzung dimensionsreduzierender Verfahren. Ein Beispiel hierfür sind Pfeile im Falle eines dreidimensionalen Geschwindigkeitsfelds, die auf einem ausgewählten Teilbereich (eine Schnittebene, eine Isofläche oder ein Pfad) aufgebracht werden und die via Größe und Farbe dann zusätzliche Informationen tragen können. Kugeln oder Bälle sind eine weitere gebräuchliche Primitivenart. Sie werden vor allem bei Bahn- oder Streichlinien eingesetzt und sollen die einzelnen virtuellen Teilchen symbolisieren. Werden sie in festem Zeitabstand in die Szene eingebracht, ist ihr Abstand zugleich ein Maß für die absolute Geschwindigkeit im Fluid.

Darüber hinaus werden auch *Texturierungen* eingesetzt. Iso- oder Schnittflächen bzw. Bänder können zur Wiedergabe zusätzlicher Information mit einer Textur versehen werden, d. h., ein Muster wird auf die Fläche aufgetragen. Dies kann ein fest vorgegebenes Muster zur Identifizierung der Fläche oder ein durch eine bestimmte Problemgröße definiertes Muster sein. So kann eine Isofläche der Stoffkonzentration beispielsweise über eine Farbskala mit der Norm bzw. mit dem Absolutbetrag der Geschwindigkeit oder über eine Vektorfeldprojektion auf die Fläche (vergleichbar Eisenfeilspänen in einem Magnetfeld) mit einem Vektorfeld texturiert werden. Die Textur kann aber auch die Beschaffenheit des Grundgebiets visualisieren (Versickerung von Öl im Erdreich: auf einer Isofläche der Ölkonzentration wird die Charakteristik des Erdbodens (Sand, Lehm, Kies etc.) dargestellt).

Nicht nur für raum- und zeitaufgelöste Simulationsdaten, sondern ganz grundsätzlich gilt natürlich, dass zum Verständnis und zur korrekten Interpretierbarkeit von Visualisierungen *Beschriftungen* und *Legenden* unabdingbar sind. Beschriftungen im Bild können hilfreich sein und sind dies in aller Regel auch, sie können aber auch den Blick des Betrachters von der eigentlichen Information ablenken und sind deshalb mit Bedacht anzubringen.

4.6.2.3 Datenrepräsentation

Die Visualisierung raum- und zeitaufgelöster Simulationsdaten stützt sich auf die diskreten Ergebnisdaten eines Simulationslaufs. Damit erbt sie in natürlicher Weise auch die zugrunde liegende diskretisierte Geometrie, also das *Gitter* (strukturiert oder unstrukturiert, regulär oder adaptiv verfeinert). Kann ein Visualisierungsalgorithmus die ererbte Geometrie direkt behandeln, dann können Berechnung und graphische Darstellung auf derselben Gitterstruktur erfolgen. Andernfalls müssen die berechneten *Simulations*daten zunächst auf ein geeignetes *Visualisierungs*gitter abgebildet (d. h. interpoliert) werden.

Zur Beschreibung von Datensätzen verwenden moderne Visualisierungssysteme wie z. B. AVS/Express eine Komponentenhierarchie (vgl. Abbildung 4.31):

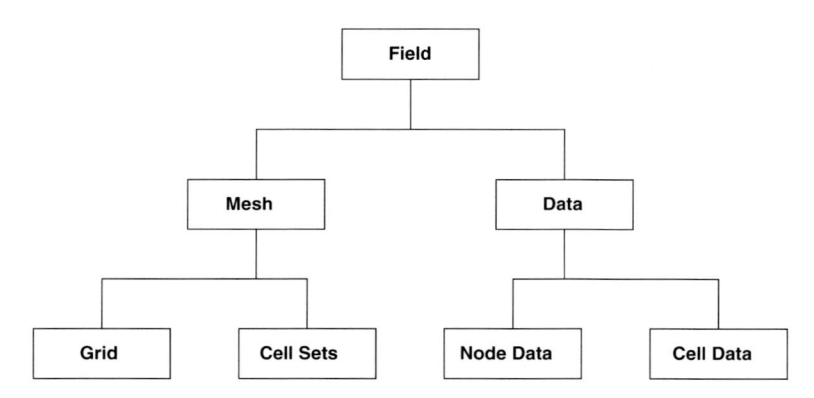

Abbildung 4.31 Komponentenhierarchie in AVS

- *Field*: Das Feld, die oberste Komponente in der Hierarchie, repräsentiert die gesamte Information (in voller Allgemeinheit). Es setzt sich zusammen aus einer Netz- und einer Datenkomponente.

- *Mesh*: Die Netz-Komponente liefert die geometrische Beschreibung des zugrunde liegenden Gebiets (eigentliche und faktische Dimensionalität des Gebiets[5], Typ des Netzes: unstrukturiert, strukturiert, rechtwinklig, uniform, vgl. Abbildung 4.32) und definiert, wo und wie die Daten organisiert sind. Die entsprechenden Informationen werden mittels einer Gitter- und einer Zellen-Komponente gehalten.

- *Grid*: Die Gitter-Komponente enthält die Positionen der Gitterpunkte. Auch hier wird zwischen unstrukturierten und strukturierten Gittern unterschieden. Je mehr Struktur ein Netz bzw. ein Gitter trägt, umso weniger Information muss explizit gehalten werden. Im uniformen Fall etwa liegen Positionen und Nachbarschaftsrelationen der Gitterpunkte implizit fest.

- *Cell Sets*: Eine Menge von Punkten mit zugeordneten Werten reicht zur Erzeugung eines Bildes (einer Isofläche etwa) noch nicht aus. Die Frage der Nachbarschaft bzw. des Zusammenhangs (*Connectivity*) muss beantwortet werden. Dies leistet die Zellen-Komponente. Zellen stellen dabei allgemeine geometrische Einheiten dar und können Punkte, Kanten, Flächen (Dreiecke, Vierecke) oder Volumen (Tetraeder, Hexaeder) sein. Bei strukturierten Gittern ergibt sich das topologische Beziehungsgeflecht (wer grenzt an wen) automatisch aus der Information der Gitter-Komponente, bei unstrukturierten Gittern muss es separat gespeichert werden.

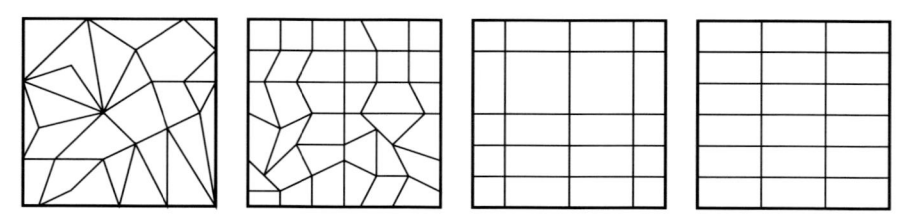

Abbildung 4.32 Netz- bzw. Gittertypen am Beispiel AVS: unstrukturiert (ganz links) und strukturiert (konform, rechtwinklig, uniform; v. l. n. r.). Im unstrukturierten Fall müssen alle Gitterpunkte und die Zusammenhangsinformationen explizit gespeichert werden. Im konformen Fall reichen die Positionen der Punkte, im rechtwinkligen Fall die Vektoren der Maschenweiten, und bei uniformen Gittern reichen die konstanten Maschenweiten.

---

[5] Eine Isosurface ist ein eigentlich zweidimensionales Gebilde, lebt faktisch aber im dreidimensionalen Raum.

4.6 Visualisierung

- *Data*: Die Daten-Komponente repräsentiert die Daten des Gitters (also die berechneten bzw. gespeicherten bzw. darzustellenden Funktionen).
- *Node Data*: Knotendaten sind diejenigen Daten, die den Knoten (Gitterpunkten) im Gitter zugeordnet sind.
- *Cell Data*: Zelldaten sind die Daten, die den Zellen zugeordnet sind. In der Strömungsmechanik arbeitet man beispielsweise oftmals mit *versetzten Gittern (Staggered Grids)*, bei denen die Druckwerte den Mittelpunkten und die Geschwindigkeitswerte den Seitenmitten der quaderförmigen Zellen zugeordnet werden.

Die unterschiedliche Zuordnung der jeweiligen Größen zu Punkten oder Zellen ist für die Visualisierung durchaus von Bedeutung: Im ersten Fall erhält nur der Punkt einen entsprechenden Wert bzw. eine entsprechende Farbe, dazwischen wird interpoliert. Sind Größen Zellen zugeordnet, werden die ganzen Zellen den Werten entsprechend konstant eingefärbt (was aus ästhetischen Gesichtspunkten natürlich unerwünscht ist, da es zu harten Übergängen führt).

Ein weiterer zentraler Punkt ist die bereits am Anfang dieses Abschnitts erwähnte Problematik der Schnittstelle zwischen Simulations- und Visualisierungsdaten. Moderne Diskretisierungstechniken reduzieren den Datenaufwand bei der Berechnung zum Teil erheblich (hierarchische Strukturen, adaptive Verfeinerung), Visualisierungssysteme setzen oftmals auf wesentlich einfacheren und reguläreren Strukturen auf und verschenken somit viel an Effizienz. Zum Beispiel ist es mehr als ärgerlich, wenn zu Visualisierungszwecken die Daten eines adaptiven Gitters erst auf ein reguläres interpoliert werden müssen, oder wenn die Beschreibungsart geändert werden muss. Maßgeschneiderte Schnittstellen helfen hier, Reibungsverluste zu vermeiden.

Schließlich sei darauf hingewiesen, dass auch bei der in diesem Abschnitt behandelten Visualisierung von raum- und zeitaufgelösten Simulationsdaten Techniken der Bildverarbeitung hilfreich sein können, beispielsweise die Merkmalsextraktion zum Aufspüren bestimmter Details (Wirbelstrukturen in Strömungsvisualisierungen).

4.6.3 Vom Bild zum Film

Bei zeitabhängigen Simulationsdaten befriedigt das Einzelbild noch nicht restlos, da immer nur ein isolierter Zeitpunkt betrachtet werden kann. Sequenzen von Einzelbildern erhöhen die Aussagekraft bereits, Ziel bei zeitabhängigen Problemen muss jedoch der Film sein. „Ich könnte mir sogar vorstellen, dass man diesen Bildern das Laufen beibringen kann, indem man, was auch sonst, viele Bilder aneinanderhängt" (Zitat eines Mathematikers, Februar 1999). In der Tat funktioniert's so (wie wir ja bereits in Abschnitt 4.5 gesehen haben), genau genommen mit 25 bzw. 30 Bildern pro Sekunde (Videobildfrequenz), oft reichen aber auch weniger. Allerdings sind bei der Visualisierung einige Dinge zusätzlich zu beachten. Die Folge der Einzelbilder muss natürlich so gewählt werden, dass weder ruckartige Übergänge noch zu langsames Fortschreiten den Eindruck stören. Solche Rucke können auch durch das Aufeinandertreffen unterschiedlicher Farbgebungen auf zwei aufeinanderfolgenden Einzelbildern entstehen. Da die Übernahme der Skala des ersten Bildes für alle folgenden Bilder aber ebenfalls Risiken birgt (werden die Unterschiede im Lauf des Films kleiner, ist später nichts mehr zu erkennen, werden sie größer, fallen immer mehr Werte aus dem darstellbaren Bereich), müssen im Vorfeld über alle Bilder globale Minima und Maxima ermittelt werden, um eine einheitliche und aussagekräftige Einfärbung sicherzustellen.

Für Filme geeignet sind prinzipiell alle Einzelbild-Visualisierungstechniken, die die Verhältnisse zu einem festen Zeitpunkt beschreiben. Welche Darstellungsmöglichkeit die Dynamik am besten wiedergibt, hängt vom speziellen Problem ab.

Was aber tun, wenn die Erzeugung einer solchen Vielzahl von Einzelbildern zu aufwändig ist? Bei dreidimensionalen Strömungssimulationen liegt die Rechenzeit für einen Zeitschritt leicht im Stundenbereich. Für einen einminütigen Film mit 1800 Bildern bedeutet dies somit einen nicht unerheblichen Rechenaufwand. Da die Zeitschrittweite bei der Simulation numerischen Zwängen unterworfen ist (Stabilitätsbedingungen), fällt eine gewisse Anzahl von einzelnen Bildern (Frames) ohnehin an. Man kann aber u. U. auf die visualisierungsbedingte Verkleinerung der Schrittweite verzichten und stattdessen weitere Bilder (Frames) durch Interpolation erzeugen (*Inbetweening*, vgl. Abschnitt 4.5.1). Man muss sich aber der Tatsache bewusst sein, dass das Produkt dann keine Visualisierung von Simulationsdaten im engeren Sinne mehr ist (vgl. die Ausführungen zur Animation in Abschnitt 4.5 sowie Regel 6 im nachfolgenden Abschnitt).

4.6.4 Bunte Bildchen über alles

Dass die Visualisierung wichtig, ja für Disziplinen wie die numerische Simulation unverzichtbar ist, haben wir jetzt gelernt. Etwas Skepsis kann aber dennoch nie schaden.

4.6 Visualisierung

Ein wichtiger Aspekt ist zunächst, dass Visualisierungen nicht „besser" als die ihnen zugrunde liegenden Daten sein können. Eine noch so aufwändig und durchdacht gestaltete Visualisierung sagt beispielsweise per se nichts über die Qualität des verwendeten Modells aus, auch wenn Falsifizierungen manchmal möglich sind. Außerdem führt auch der denkbar langsamste numerische Algorithmus (so er denn korrekt ist) zum richtigen Ergebnis und somit zur angestrebten Visualisierung – egal, wie viel Rechenzeit dabei verschwendet wurde.

Ein zweiter Problempunkt sind *optische Artefakte*: Spiegelt das, was ich sehe, tatsächlich die Wirklichkeit wider, oder handelt es sich nur um eine optische Täuschung?

Drittens muss das Problem der fehlerhaften Interpretation beachtet werden. Deute ich die Abbildungen richtig (ein Problem, das vor allem in der Frühphase der Computertomographie allgegenwärtig war, als Tumoren oftmals schlichtweg übersehen wurden), handelt es sich bei dem interpretierten Phänomen wirklich um eine Eigenschaft der Daten, oder liegt es vielleicht nur an der Wahl der Parameter (Farbskala, Intensität, Kontrast etc.)? Trotz aller Suggestivkraft guter Visualisierungen sollte man von der Disziplin bzw. dem Phänomen, welches visualisiert wurde, zumindest ein gewisses Maß an Ahnung haben, bevor man sich auf Interpretationen einlässt.

Schließlich sind die Manipulationsmöglichkeiten bei der Visualisierung nahezu unbegrenzt. In diesem Zusammenhang sei die Arbeit *13 Ways to Say Nothing with Scientific Visualization* [GlRa92] erwähnt, in der dem angehenden Visualisierer folgende Ratschläge erteilt werden:

1. *Never include a colour legend!*
   Auf die Optik kommt's an, Legenden lenken den Betrachter nur ab.

2. *Avoid annotation!*
   Erklärungen unterminieren bloß die visuelle Verwirrung.

3. *Never mention error characteristics!*
   Wenn ein Bild gut aussieht, muss es einfach auch korrekt sein.

4. *When in doubt, smooth!*
   Störende Peaks immer herausglätten, denn: Schönheit und rasche Publizierbarkeit sind allemal wichtiger als Genauigkeit.

5. *Avoid providing performance data!*
   Nur Kleingeister scheren sich darum, wieviel Zeit die Visualisierung in Anspruch nimmt.

6. *Quietly use stop-frame video techniques!*
   Warum für eine Animation unnötig viele Einzelbilder (Frames) produzieren, wenn einzelne Frames wiederholt werden können oder zwischen einzelnen Frames interpoliert werden kann?

7. *Never learn anything about the data or scientific discipline!*
   Wer nicht weiß, was er im Bild erwartet, muss sich ggfs. auch nicht auf Fehlersuche begeben – es lebe die Unvoreingenommenheit.

8. *Never compare your results with other visualization techniques!*
   Die Bilder der anderen könnten besser aussehen.

9. *Avoid visualization systems!*
   Warum den Mist von anderen benutzen (vgl. Regel 8), wenn man selbst hübsche Sachen erfinden kann?

10. *Never cite references for the data!*
    Das wäre nur eine Einladung zum Nachprüfen und Nörgeln.

11. *Claim generality, but show results from a single data set!*
    Wozu gibt's „o. B. d. A."?

12. *Use viewing angle to hide blemishes!*
    Warum 'Hidden Surface Removal' nicht zum 'Disturbing Detail Removal' benutzen?

13. *'This is easily extended to 3 D'!*
    Siehe Regel 11.

Doch wenden wir uns nach diesen nicht ganz ernst zu nehmenden Ratschlägen zur Visualisierung dem letzten Thema in diesem Kapitel zu, der Virtual Reality.

4.7 Virtual Reality

Der Begriff der *Virtual Reality* ist in den letzten Jahren über die unmittelbar involvierten Arbeitsgruppen aus Forschung und Industrie hinaus zu einem Schlagwort geworden. Die große Faszination, die von künstlich geschaffenen und virtuell erlebten Welten ausgeht, hat dabei zu einer erstaunlichen Präsenz des Begriffes der Virtual Reality in den Massenmedien geführt. Dabei ist die erst 1989 in der Absicht geprägte Bezeichnung, die seit den

4.7 Virtual Reality

sechziger Jahren unter den verschiedensten Namen laufenden einschlägigen Projekte unter einem Oberbegriff zusammenzufassen, durch die Widersprüchlichkeit der Begriffe *virtuell* und *Realität* eher verwirrend.

Schon früh haben sich Science-Fiction-Autoren mit der Thematik befasst. So beschrieb A. Huxley in seinem 1932 erschienenen Roman „Brave New World" ein „Fühlkino" mit „Duftorgelbegleitung", „pneumatischen Sesseln" und „Super-Stereo-Sound". Gut fünfzig Jahre später prägte W. Gibson 1984 in seinem Roman „Neuromancer" den heute oft als Synonym für Virtual Reality gebrauchten Begriff des *Cyberspace*, in dem Menschen durch virtuelle Datenwelten navigieren können, indem ihr Nervensystem direkt an ein weltumspannendes Netzwerk angeschlossen wird.

Da die Computergraphik in der Virtual Reality eine entscheidende Rolle spielt, wollen wir uns im letzten Abschnitt dieses Kapitels noch kurz mit dieser Thematik befassen. Für eine ausführliche Darstellung verweisen wir auf [Hels91, Borm94, Kala94].

Will man den Begriff der Virtual Reality in wenigen Worten definieren, so muss man zwei Aspekte berücksichtigen. Zum einen werden damit vom Menschen entworfene und am Computer geschaffene künstliche Welten bezeichnet, in denen der Mensch mit Hilfe besonderer Ein- und Ausgabegeräte sowie über Computer und Netzwerke agieren kann. Im engeren Sinne sind damit mit Methoden der graphischen Datenverarbeitung erzeugte dreidimensionale Szenarien gemeint, im weiteren Sinne zählen jedoch bereits etwa die durch die weltweite Vernetzung entstehenden Kommunikationsmöglichkeiten dazu. Zum anderen bezeichnet Virtual Reality aber auch die Techniken und Verfahren, mittels derer die Interaktion des Menschen mit den künstlichen Welten realisiert werden kann.

Ein Virtual-Reality-System besteht im Wesentlichen aus drei Gruppen von Komponenten: Eingabegeräte, über die der Benutzer seine Aktionen dem System übermittelt, Graphik- und Steuercomputer, die die Auswirkungen dieser Aktionen auf die Szene bzw. den Bildausschnitt berechnen und die Steuerung der einzelnen Komponenten übernehmen, und Ausgabegeräte, die dann ihrerseits die geänderte Szene bzw. die Reaktion der Szene dem Benutzer zugänglich machen.

Die herkömmlichen Eingabegeräte des Computers wie Tastatur, Maus oder Joystick sind wegen mangelnder Unterstützung der Dreidimensionalität für Virtual-Reality-Systeme nicht geeignet. Deshalb müssen neue Wege der Mensch-Maschine-Interaktion gegangen werden:

- *Datenhandschuhe* gestatten es dem Benutzer, virtuelle Gegenstände zu greifen, zu bewegen oder anderweitig zu manipulieren. Ein graphisches Abbild der Hand in der virtuellen Welt folgt dabei simultan den Bewegungen der natürlichen Hand. Mehrere am Handschuh angebrachte Orientierungs-, Brechungs- und Abspreizsensoren erfassen die Haltung der Hand sowie die Stellung der Finger zueinander. Die absolute Lage der Hand wird durch einen Positionssensor (siehe unten) ermittelt, für die Berührungsrückmeldung sind unter Umständen an den Fingerkuppen spezielle Berührungsaktoren angebracht.

- *Datenanzüge* gehen noch einen Schritt weiter. Hier sind die Sensoren auf einem Ganzkörperanzug angebracht, wobei mehr als fünfzig Freiheitsgrade der Bewegung erfasst werden können. An den ersten Modellen waren an Stelle der Sensoren nur blinkende Leuchtdioden angebracht. Kameras nahmen die Lichtsignale auf und berechneten daraus Körperposition und -stellung. Diese *Tracking* genannte Technik wird noch heute erfolgreich bei der Computeranimation eingesetzt (siehe Abschnitt 4.5). Die natürlichen Bewegungsabläufe von Lebewesen werden so auf im Computer generierte Objekte bzw. deren Drahtgittermodelle übertragen. Auf diese Weise entstanden beispielsweise viele Animationssequenzen im Film Jurassic Park.

- *Positionssensoren (Trackingsysteme)* sind an Datenhandschuh, Datenanzug oder Head-Mounted-Display (Bildschirmbrille) angebracht und erlauben die Bestimmung der aktuellen Position des Betrachters im Raum. Wichtige Qualitätsmerkmale von Trackingsystemen sind dabei die Genauigkeit der ermittelten Position, die Auflösung (der kleinste feststellbare Positionswechsel), die Frequenz der Positionsermittlung sowie die Verzögerung (die Zeit zwischen Positionswechsel und Rückmeldung). Man unterscheidet zwischen elektromagnetischen, mechanischen, akustischen und optischen Trackingsystemen (siehe [Borm94]).

- Der sogenannte *Poolball* ist eine – abgesehen von einem eventuellen Kabelanschluss – frei im Raum bewegliche Hohlkugel, die einen Positionssensor enthält. Mit dem Poolball steht eine „dreidimensionale Maus" zur Verfügung, mit der der Benutzer in einer dreidimensionalen Szene agieren kann.

- *Eye-Tracking-Systeme* ermöglichen die Erfassung der Blickrichtung der Augen, die wiederum als Eingabe für den Graphikcomputer dienen kann (Betrachterperspektive).

- *Spracherkennungssysteme* erlauben die Spracheingabe und ersetzen so die Tastatur.

4.7 Virtual Reality

Der bzw. die Steuer- und Graphikrechner kann bzw. können als das Herzstück jedes Virtual-Reality-Systems bezeichnet werden. Die Anforderungen an Hard- und Software sind dabei extrem hoch, wobei die Graphik in der Regel den Engpass bildet. Neben Graphik-Spezialhardware müssen hier echtzeitfähige Rendering-Techniken (vgl. Abschnitt 4.1) wie beispielsweise Gouraud-Schattierung (vgl. Abschnitt 3.4), Radiosity-Verfahren (vgl. die Abschnitte 3.6.3.4 und 3.8) und Texture-Mapping (vgl. Abschnitt 4.2.1) zum Einsatz kommen (siehe Abbildung 4.33).

Ausgabegeräte im Sinne von Virtual-Reality-Systemen sind alle Geräte, die menschliche Sinne möglichst unmittelbar reizen und so die virtuelle Welt für den Menschen wahrnehmbar machen können. Derzeit dominieren visuelle Systeme (Head-Mounted-Displays / Bildschirmbrillen), es gibt jedoch auch auditive sowie auf dem Tast- oder Orientierungssinn beruhende Systeme[6]. Bei den heute verbreiteten Bildschirmbrillen wird vor jedem Auge ein kleiner Bildschirm angebracht. Dabei sind sowohl herkömmliche Kathodenstrahlröhren (hohe Auflösung, gute Bildqualität, aber groß, schwer und strahlend) als auch zunehmend flache und leichte LCD-Bildschirme möglich.

Zum Abschluss wollen wir noch einen kurzen Blick auf die wichtigsten Anwendungsgebiete der Virtual Reality werfen. Obwohl wir uns hierbei auf (auch) zivile Bereiche beschränken, soll nicht verschwiegen werden, dass militärische Einrichtungen von Anfang an die Entwicklung auf dem Gebiet der Virtual Reality stark unterstützt haben und auch heute zu deren Hauptnutzern und -anwendern zählen. Viele der nachfolgend angeführten Technologien befinden sich zwar erst im Anfangsstadium, ihr Potenzial ist aber dennoch bereits abzusehen.

- Anwendungen in der Luft- und Raumfahrt:
  Hier sind zunächst Flugsimulatoren als das klassische Einsatzgebiet für VR-Methoden zu erwähnen. Bei den einfachen Systemen der Unterhaltungsindustrie findet die Ausgabe nur über Bildschirm und Lautsprecher statt. Die aufwändigeren Systeme von Flugzeugherstellern und Fluggesellschaften simulieren dagegen auch Effekte wie Bewegung und Beschleunigung. Bei Flugführungssystemen soll die sogenannte *synthetisch generierte Sicht* auch bei widrigsten natürlichen Sichtbedingungen den Präzisionsflug (insbesondere Starts und Landungen) ermöglichen (siehe die Farbtafeln 45 und 46). Die Telerobotik gestattet es, von der Erde aus ferngesteuerte Roboter Satelliten im All reparieren zu lassen.

---

[6] Die chemischen Sinne des Menschen (Geruchs- und Geschmackssinn) spielen dagegen in Virtual-Reality-Systemen bislang keine Rolle.

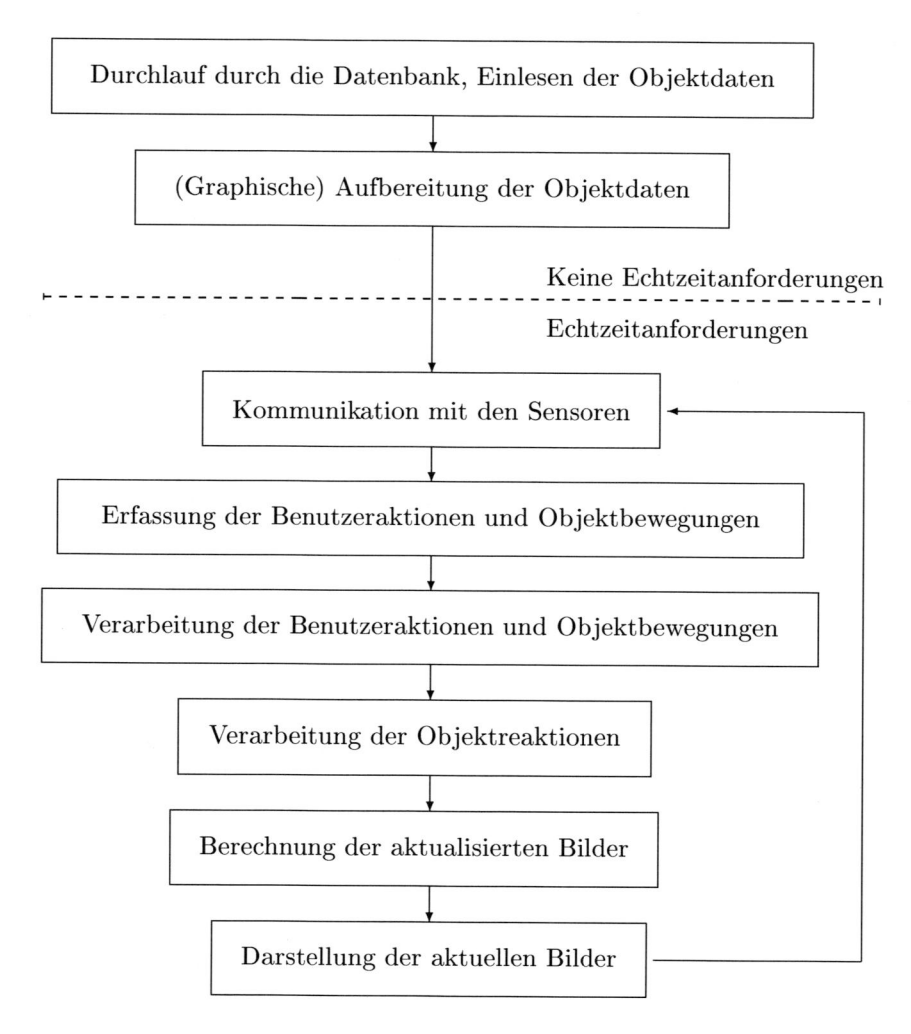

```
┌─────────────────────────────────────────────────────────┐
│  Durchlauf durch die Datenbank, Einlesen der Objektdaten │
└─────────────────────────────────────────────────────────┘
                              │
                              ▼
        ┌──────────────────────────────────────────┐
        │ (Graphische) Aufbereitung der Objektdaten │
        └──────────────────────────────────────────┘
                              │
                              │      Keine Echtzeitanforderungen
        - - - - - - - - - - - | - - - - - - - - - - - - - - - -
                              │      Echtzeitanforderungen
                              ▼
            ┌──────────────────────────────────┐
            │ Kommunikation mit den Sensoren   │◄───┐
            └──────────────────────────────────┘    │
                              │                      │
                              ▼                      │
    ┌──────────────────────────────────────────────┐ │
    │ Erfassung der Benutzeraktionen und Objektbewegungen │ │
    └──────────────────────────────────────────────┘ │
                              │                      │
                              ▼                      │
    ┌──────────────────────────────────────────────┐ │
    │ Verarbeitung der Benutzeraktionen und Objektbewegungen │ │
    └──────────────────────────────────────────────┘ │
                              │                      │
                              ▼                      │
            ┌──────────────────────────────────┐    │
            │ Verarbeitung der Objektreaktionen │    │
            └──────────────────────────────────┘    │
                              │                      │
                              ▼                      │
            ┌──────────────────────────────────┐    │
            │ Berechnung der aktualisierten Bilder │    │
            └──────────────────────────────────┘    │
                              │                      │
                              ▼                      │
            ┌──────────────────────────────────┐    │
            │ Darstellung der aktuellen Bilder │────┘
            └──────────────────────────────────┘
```

Abbildung 4.33 Schematische Darstellung des zeitlichen Ablaufs bei Virtual-Reality-Systemen

- Anwendungen in der Medizin:
  Auch in der Medizin nimmt die Bedeutung virtueller Realitäten weiter zu. Bei virtuellen Operationen können chirurgische Eingriffe vorab an virtuellen Patienten geübt werden, bei der Fernchirurgie führen Spezialisten

4.7 Virtual Reality

an verschiedenen Orten gemeinsam eine Operation an einem Patienten durch. Fest etabliert ist inzwischen die minimal-invasive Chirurgie, bei der winzige Teleoperatoren (Roboter) über die Blutbahn oder über den Verdauungstrakt zu ihrem eigentlichen Einsatzort gelangen. Eine chirurgische Behandlung ist so ohne schweren operativen Eingriff und die damit verbundenen Risiken möglich. Schließlich können VR-Techniken bei vielen Arten körperlicher Behinderung den Betroffenen die Kommunikation mit der Umwelt und das Bedienen von Geräten erleichtern.

- Weitere Anwendungen in Wissenschaft und Technik:
  Hier besteht ein breites Anwendungsspektrum in den Bereichen Simulation und Visualisierung (vgl. Abschnitt 4.6). So werden zum Beispiel Strömungssimulationen immer häufiger in VR-Umgebungen (CAVE – Computer Aided Virtual Environment – oder Holobench) visualisiert (Simulation der Innenraumdurchströmung von Kraftzahrzeugen zur optimalen Auslegung von Lüftungssystem bzw. Klimaanlage).

- Anwendungen in den Bereichen Architektur und Design:
  Auch in diesen Feldern besteht ein beträchtliches Anwendungspotenzial für künstliche Welten. Beispielsweise kann ein Architekt mit seinem Auftraggeber dessen neues Haus virtuell begehen – noch vor dem ersten Spatenstich. Bei städtebaulichen Großprojekten wie etwa in den neunziger Jahren in Berlin kann der Betrachter über virtuelle Plätze spazieren und so einen Eindruck über geplante Bauvorhaben gewinnen. Kaufhäuser und Fachgeschäfte können ferner Kunden die probeweise Bedienung vieler verschiedener Geräte anbieten, ohne eines der Geräte aufstellen zu müssen. Im Automobilbau schließlich können die schlechte Erreichbarkeit eines Schalters oder ein hoher Geräuschpegel im Fahrzeuginnenraum vor der Fertigung erkannt werden – Designer und Ingenieur können dann interaktiv Veränderungen vornehmen.

- Anwendungen in der Unterhaltungsindustrie:
  Auch in der Unterhaltungsbranche sind VR-Anwendungen omnipräsent. Man denke hier etwa an Virtual-Reality-Simulatoren in Freizeitparks, an interaktives Fernsehen oder an (ganz oder partiell) synthetisch erzeugte Spielfilme, aber auch an den wichtigen Bereich der Computerspiele.

Nicht vergessen werden darf freilich die gesellschaftspolitische Problematik rund um die Virtual Reality, auf die jedoch an dieser Stelle nicht näher eingegangen werden kann.

Der Vollständigkeit halber sei angemerkt, dass virtuelle und echte Realität (also beispielsweise synthetisch erzeugte Bilder und Fotos) immer häufiger kombiniert werden – etwa, wenn ein Architekt die Auswirkung „seines" Entwurfs zur Neugestaltung von Ground Zero auf die Skyline Manhattans demonstrieren möchte. Man spricht dann von *Augmented Reality*.

A Schnittstellen und Standards

Im ersten Kapitel haben wir in Abbildung 1.1 den allgemeinen Arbeitsweg in der Computergraphik von der realen Szene bzw. von der Vorstellung einer künstlich am Rechner zu erzeugenden Szene bis hin zum Bild auf dem Ausgabegerät angegeben. Jede Zwischenstation auf diesem Weg arbeitet dabei mit speziellen Daten. Zunächst liegen die Daten als *Benutzerdaten* in einer mehr oder weniger formalen Beschreibung vor (z. B. die Verteilung des Umsatzes eines Unternehmens auf verschiedene Unternehmensbereiche). Mit Hilfe eines geeigneten Darstellungsschemas (siehe Kapitel 2) und eines *Graphikeditors* wird aus diesen Benutzerdaten dann beispielsweise ein Tortendiagramm erstellt. Jetzt liegen die Daten als *geometrische Daten* in einer abstrakten geometrischen Beschreibung vor. Im nächsten Schritt werden die Daten in einen graphischen Kontext eingebunden (Farbe, Perspektive usw.). Die resultierenden *Bilddaten* beschreiben nun geräteunabhängig das virtuelle Bild. Daraus erzeugt dann etwa ein *Gerätetyptreiber Rasterdaten*, bevor schließlich der *Gerätetreiber* diese in gerätespezifische *Gerätedaten* umwandelt, mit Hilfe derer das Bild (also das Tortendiagramm) nun auf dem Gerät dargestellt werden kann. Ein solcher Prozess wird in der Informatik oft durch ein hierarchisches Schichtenmodell beschrieben, und in der Tat haben derartige Modelle auch in der graphischen Datenverarbeitung Verbreitung gefunden (siehe Abbildung A.1).

Wo Schichtenmodelle und Schnittstellen im Spiel sind, da stellt sich umgehend die Frage nach Standards. Dies gilt insbesondere für die Computergraphik, in der Standards bereits eine lange Tradition haben. Ohne hier in die Details gehen zu wollen, sollen doch einige wesentliche Standards kurz erwähnt werden.

Auf der Ebene der abstrakten geometrischen Beschreibung (siehe Abbildung A.1) wurden seit der Mitte der siebziger Jahre eine Reihe von Standards entwickelt. Als Beispiele hierfür seien erwähnt das 3D Core Graphics System (Core, 1977/1979) [GSPC77, GSPC79], das Graphical Kernel System GKS (1985) [ANSI85] und GKS-3D (1988) [ISO88], oder das Programmer's Hierarchical Interactive Graphics System (PHIGS, 1988) [ANSI88] sowie PHIGS+ (1988) [PHIG88].

Daneben gibt es eine Reihe herstellerspezifischer Lösungen, unter denen

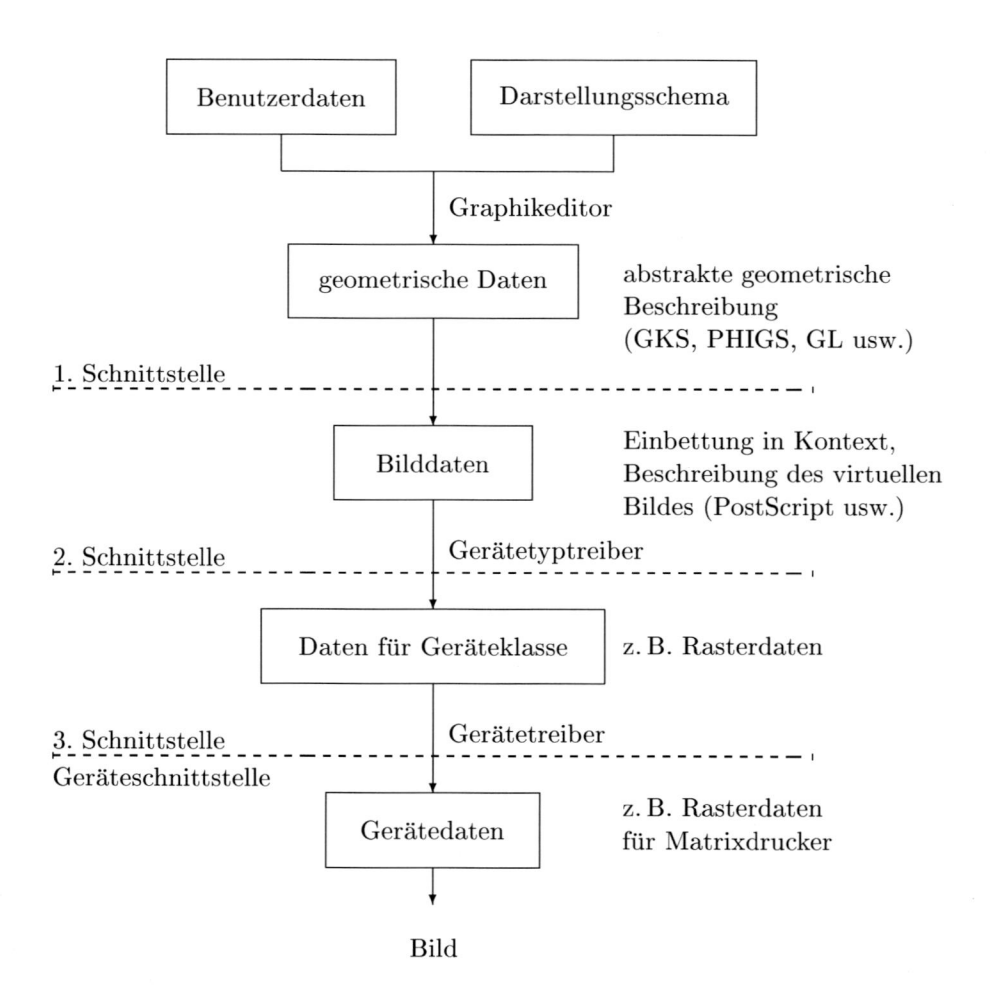

```
┌─────────────────┐   ┌──────────────────────┐
│  Benutzerdaten  │   │  Darstellungsschema  │
└────────┬────────┘   └──────────┬───────────┘
         └──────────┬────────────┘
                    │   Graphikeditor
                    ▼
        ┌───────────────────────┐        abstrakte geometrische
        │  geometrische Daten   │        Beschreibung
        └───────────┬───────────┘        (GKS, PHIGS, GL usw.)
```

1. Schnittstelle -

```
                    ▼
              ┌──────────┐                Einbettung in Kontext,
              │ Bilddaten│                Beschreibung des virtuellen
              └─────┬────┘                Bildes (PostScript usw.)
                    │   Gerätetyptreiber
```

2. Schnittstelle -

```
                    ▼
        ┌───────────────────────┐        z. B. Rasterdaten
        │ Daten für Geräteklasse│
        └───────────┬───────────┘
                    │   Gerätetreiber
```

3. Schnittstelle -
Geräteschnittstelle

```
                    ▼
              ┌────────────┐              z. B. Rasterdaten
              │ Gerätedaten│              für Matrixdrucker
              └─────┬──────┘
                    ▼
                   Bild
```

Abbildung A.1 Beispiel eines Schichtenmodells in der graphischen Datenverarbeitung

beispielsweise die Graphikbibliothek *Graphics Library* (GL) von Silicon Graphics, eine Sammlung von C-Bibliotheksfunktionen, große Bedeutung erlangt hat. Insbesondere das daraus entstandene und inzwischen für nahezu alle Rechnerplattformen verfügbare **OpenGL** [NDW93] ist zu einem Quasistandard geworden. Wir werden **OpenGL** im Abschnitt B.1 des nachfolgenden Anhangs B noch kurz vorstellen und diskutieren.

Auf der Ebene der (virtuellen) Bilddaten hat vor allem für Drucker *PostScript* [Adob85a, Adob85b] weite Verbreitung gefunden und kann heute als Quasistandard bezeichnet werden. Für die Bildverarbeitung sind insbesondere die Bildformate TIFF, GIF, JPEG, BMP, PPM, TGA und RLE von Bedeutung (siehe z. B. [Holt94]).

B Graphiksoftware

Wer sich heute mit der praktischen Anwendung graphischer Datenverarbeitung befassen möchte, findet nicht nur speziell auf die Bedürfnisse der Computergraphik zugeschnittene leistungsfähige Hardware, sondern auch ein sehr umfangreiches Softwareangebot vor. Dabei reicht das Spektrum von einfachen Zeichenprogrammen über Modellierer und Ray-Tracer bis hin zu umfangreichen Visualisierungssystemen mit ihren breit gefächerten Anwendungsmöglichkeiten. Es ist nicht das Ziel dieses Anhangs, eine auch nur annähernd vollständige Übersicht über das Angebot an Graphiksoftware zu geben. Ein solcher Versuch wäre aufgrund der Vielzahl der erhältlichen Produkte und aufgrund der ständig wachsenden Menge von einschlägigen Programmen und Programmsystemen ohnehin zum Scheitern verurteilt. Vielmehr soll der Leser mit einer exemplarischen Auswahl von Programmen und Bibliotheken unterschiedlicher Funktionalität und Zielsetzung bekannt gemacht werden, um so eine Vorstellung davon zu erhalten, was heute im Bereich der Computergraphik insbesondere in Arbeitsplatzrechnerumgebungen bereits als fertige Lösung angeboten wird. Da einige der vorgestellten Programme als Public-Domain-Software (PD) verfügbar oder im Lieferumfang von Arbeitsplatzrechnern enthalten sind, wird der interessierte Leser somit auch in die Lage versetzt, zu den Themen dieses Buches ohne große Kosten eigene praktische Erfahrungen zu sammeln.

B.1 Graphikbibliotheken, **OpenGL**

Die für die meisten gängigen höheren Programmiersprachen zur Verfügung stehenden *Graphikbibliotheken* enthalten Prozeduren, die es ermöglichen, graphische Grundfunktionen in Programmen per Unterprogrammaufruf zu benutzen. Dies erstreckt sich von einfachen Routinen für graphische Primitive bis hin zu Funktionen, die bei der Erstellung von Animationen benötigt werden. Die verschiedenen Prozeduren sind meist sehr hardwarenah realisiert, was zu einer hohen, für Echtzeitfähigkeit unerlässlichen Effizienz führt. Das Programmieren in einer höheren Sprache ermöglicht größtmögliche Flexibilität, jedoch ist ein grundsätzliches Verständnis von graphischer

Programmierung notwendig.
Als Beispiele für Graphikbibliotheken seien genannt:

- **Starbase** (für HP-Systeme, im Lieferumfang von HP-UX enthalten, programmierbar in C oder FORTRAN; Ray-Tracing, Radiosity; inzwischen weitgehend verdrängt durch **OpenGL**)

- **DirectX** (von Microsoft im Jahr 1995 eingeführter Standard, verfügbar für verschiedene Systeme unter Windows)

- **GL** (für SGI-Systeme, im Lieferumfang von IRIX enthalten, programmierbar in C oder FORTRAN; inzwischen praktisch ersetzt durch **OpenGL**)

- **OpenGL** (aus **GL** entwickelter Standard, im Lieferumfang von IRIX enthalten, verfügbar für verschiedene Systeme wie SGI, DEC, SUN, HP, Intel)

Von einer bestimmten Programmiersprache unabhängig ist eine frei verfügbare Algorithmensammlung namens *Graphics Gems* [Glas90, Arvo91, Kirk92, Heck94], die sowohl viele der in diesem Buch beschriebenen grundlegenden Algorithmen als auch sehr problemspezifische Funktionen enthält. Diese müssen allerdings erst an die jeweils verwendete Programmiersprache angepasst werden.

Aufgrund der überragenden Bedeutung, die **OpenGL** in den letzten Jahren für die Computergraphik generell und insbesondere für die Graphikprogrammierung erlangt hat, wollen wir hierauf im Folgenden noch etwas näher eingehen.

B.1.1 Grundlegendes zu **OpenGL**

OpenGL hat sich als Standard für graphische *API (Application Programming Interfaces)* weitgehend durchgesetzt. Es ist also zunächst eine Schnittstelle zwischen Graphik-Software und graphikfähiger Hardware. Im Kern besteht **OpenGL** aus rund 120 verschiedenen Kommandos, die alle von der konkret gegebenen Hardware völlig unabhängig sind und nur rudimentäre Funktionen erfüllen. Befehle, die ein Fenstersystem, die Benutzereingabe oder die Modellierung kompliziert geformter Objekte betreffen, sind zusätzlich bereitzustellen.

Damit das nicht alles dem Anwender überlassen bleibt, gibt es eine Reihe assoziierter Bibliotheken:

- Die *OpenGL Utility Library* (**GLU**) enthält eine Reihe von Routinen,

B.1 Graphikbibliotheken, OpenGL

die auf der Grundlage der einfachen OpenGL-Programme komplexere Funktionen bereitstellen. Die GLU ist Bestandteil einer OpenGL-Implementierung.

- Die *OpenGL Extension to the X Window System* (GLX) stellt die Verbindung der OpenGL-Basisroutinen mit dem X Fenstersystem her. Die GLX ist ebenfalls Bestandteil einer OpenGL-Implementierung.

- Das *OpenGL Utility Toolkit* (GLUT) bietet die Möglichkeit der einfachen Portierung auf jedes beliebige Fenstersystem sowie den einfachen Zugriff auf verschiedene Eingabegeräte. Das GLUT ist ebenfalls Bestandteil einer OpenGL-Implementierung.

- *Open Inventor* ist eine objektorientierte Programmsammlung, die Objekte und Methoden für aufwändigere interaktive 3D Graphikapplikationen bereitstellt. Open Inventor wird von SGI als eigenständiges Produkt vertrieben.

Mit den Erweiterungsbibliotheken umfasst das Anwendungsspektrum von OpenGL 3D-Modellierung und CAD, echtzeitfähige 3D-Animation, Rendering, Texture Mapping, Spezialeffekte, Visualisierungsfunktionen und vieles mehr. Zahlreiche Anwendungsprogramme bauen inzwischen auf OpenGL auf, so etwa Maya von Alias|Wavefront, die CAD/CAM-Systeme CATIA von Dassault und I-DEAS von SDRC oder das Visualisierungspaket AVS/Express. OpenGL findet somit breite Industrieunterstützung, ist offen und weitgehend herstellerunabhängig, beständig und aufwärtskompatibel, und es erlaubt so die Portierbarkeit der Anwendungen. OpenGL ist mittlerweile auf nahezu der ganzen Palette von Architekturen verfügbar, vom Laptop bis zum Supercomputer (bspw. UNIX, Windows 95 und Nachfolger, Mac OS, Linux, OS/2 etc.). Es ist in hohem Maße benutzerfreundlich, kann aus einer Vielzahl von Sprachen (bspw. FORTRAN, C, C++, Java etc.) heraus verwendet werden und ist zudem ausführlich dokumentiert.

Stichpunktartig und ohne Anspruch auf Vollständigkeit seien einige Dinge angeführt, die OpenGL leistet:

- *Accumulation Buffer*: Mehrfach berechnete Frames können zur Erzielung bestimmter Effekte (verschwommenes Bild, Tiefenunschärfe, Nachziehen bei Bewegung (*Motion Blur*)) überlagert bzw. kombiniert werden.

- *Alpha Blending*: Möglichkeit zur Realisierung stufenloser Transparenz (siehe Abschnitt 3.5.1) mittels eines Parameters $\alpha \in [0, 1]$, der die

Lichtdurchlässigkeit einer Fläche bzw. eines Objekts angibt (realisiert als sog. erweiterter RGB- oder RGBA-Wert)

- *Antialiasing*: lokaler Glättungsoperator (siehe die Abschnitte 1.5.3 und 4.6.1)

- *Double-Buffering*: Zum Verhindern des Flackerns, das bei Animationssequenzen durch das ständige Löschen, Neuberechnen und Laden des Bildschirminhalts entsteht, wird ein zweiter Frame-Buffer eingesetzt, so dass aufeinander folgende Bilder in unterschiedlichen Bildschirmspeichern bereitgestellt werden können (siehe Abschnitt 4.5.1).

- *Gouraud-Schattierung*: siehe Abschnitt 3.4.2.1

- *Materialeigenschaften*: Diese können in die Berechnung der Licht- bzw. Farb-Intensitätswerte auf Oberflächen einfließen.

- *Texture-Mapping*: siehe Abschnitt 4.2.1

- *affine Transformationen*: Möglichkeit der expliziten Durchführung von Transformationen (Spiegelungen, Drehungen, Streckungen, Ansichtswechsel) durch Angabe der Transformationsmatrizen

- *z-Buffering*: siehe Abschnitt 3.2.3

- *3D-Texturen*: zum hardwarebeschleunigten Volume Rendering

- Kontrolle des *Level-of-detail*: Die Texturen liegen in verschiedenen Auflösungen vor (*Mipmap Textures*), die jeweils zu verwendende Auflösung richtet sich nach der Entfernung des zu texturierenden Objekts vom Betrachter.

B.1.2 Viewing in OpenGL

Unter *Viewing* versteht man im Zusammenhang mit OpenGL die Aufgabe, (dreidimensionale) Modelle im Raum (in der *Welt*) zu einer Szene anzuordnen, diese von einer bestimmten Position aus zu betrachten und aus dem Resultat ein zweidimensionales Bild auf dem Ausgabegerät zu erzeugen[1]. Da dies in OpenGL alles explizit zu programmieren ist, wollen wir hierauf etwas näher eingehen, obwohl die prinzipielle Vorgehensweise aus Kapitel 1 bereits bekannt ist. Folgendes ist also zu tun:

---

[1] Dies ist die OpenGL-Sehweise der Dinge: Viewing im engeren Sinne geht bereits von einer fertig modellierten Szene aus, die dann abgebildet werden soll.

B.1 Graphikbibliotheken, OpenGL

1. Modelle von Objekten im Raum anordnen und ausrichten mit Hilfe geeigneter Transformationen (*Modelling Transformations*)
2. den Betrachterstandpunkt im Raum wählen und ausrichten mit Hilfe ähnlicher Transformationen (*Viewing Transformations*; defaultmäßig steht der Betrachter im Ursprung und blickt in Richtung der negativen z-Achse)
3. den abzubildenden Ausschnitt der Welt (*Viewing Volume*) festlegen mit Hilfe der sechs Clipping-Ebenen und ins Zweidimensionale projizieren (*Projection Transformations*)
4. Abbildung des Resultats auf den vorgesehenen Bereich im Ausgabegerät (*Viewport Transformation*)

Man kann sich die einzelnen Schritte ganz einfach anhand des Beispiels des Fotografierens veranschaulichen: Die aufzunehmenden Personen und Objekte werden geeignet angeordnet (1.), die Kamera wird positioniert und auf einem Stativ justiert (2.), der Bildausschnitt wird durch Zooming bzw. durch Auswahl des Objektivs festgelegt (3.), und zuletzt wird entschieden, in welchem Format das Foto ausgedruckt werden soll (4.).

Jede Transformation bildet dabei ein gegebenes Koordinatensystem auf ein neues ab. Arbeitet man mit homogenen Koordinaten $((x, y, z, w)$ mit $w = 1$ in 3D und zusätzlich $z = 0$ in 2D[2]), so lassen sich sowohl affine Abbildungen (Verschiebung, Streckung, Drehung, Spiegelung, Scherung) als auch Zentral- (bis auf die perspektivische Division) und Parallelprojektion als Multiplikation des jeweiligen Koordinatenvektors mit einer 4×4-Matrix darstellen. Ein Objektpunkt als vierdimensionaler Vektor ist also mehreren Matrix-Vektor-Multiplikationen unterworfen, bevor er sich als Pixel auf dem Bildschirm wiederfindet. Wie das in OpenGL aussieht, ist in Abbildung B.1 illustriert.

Die sogenannte *Modelview Matrix* in Abbildung B.1 ist das Produkt mehrerer Matrizen zur Durchführung aller Viewing und Modelling Transformations. Diese einheitliche Betrachtung ist auch sinnvoll, da beide eng miteinander verwoben sind: Die Kamera von der Szene zu entfernen im Sinne einer Viewing Transformation ist offensichtlich gleichbedeutend mit dem Entfernen der Szene von der Kamera im Sinne einer Modelling Transformation. OpenGL wendet dabei die Matrix einer weiteren Transformation immer automatisch auf die bislang durch Produktbildung akkumulierte an bzw.

---

[2] Die z-Koordinate wird mitgenommen, um zu jeder Zeit Tiefeninformation zum Sichtbarkeitsentscheid zu haben, vgl. Abschnitt 3.1

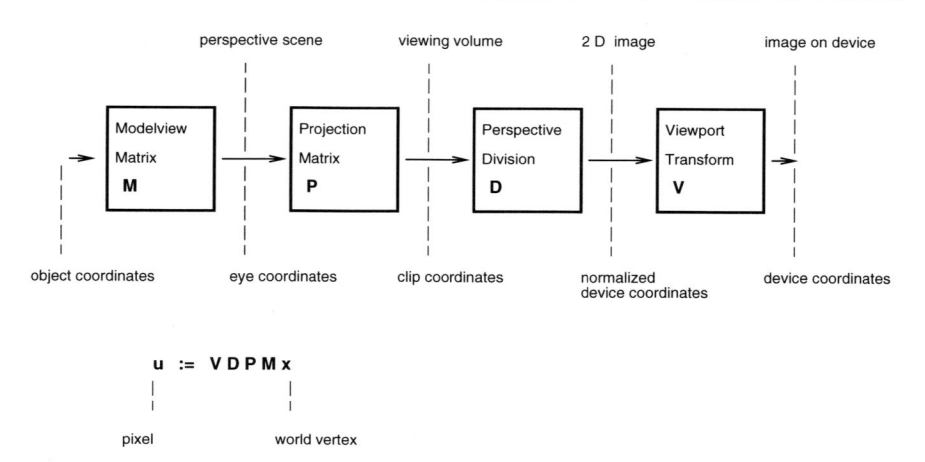

```
perspective scene    viewing volume    2 D image         image on device
      |                   |                |                   |
┌─────────────┐    ┌─────────────┐   ┌─────────────┐   ┌─────────────┐
│  Modelview  │    │  Projection │   │ Perspective │   │  Viewport   │
│   Matrix    │───▶│   Matrix    │──▶│  Division   │──▶│  Transform  │───▶
│     M       │    │     P       │   │     D       │   │     V       │
└─────────────┘    └─────────────┘   └─────────────┘   └─────────────┘
      |                   |                |                   |
object coordinates   eye coordinates  clip coordinates   device coordinates
                                                normalized
                                              device coordinates


              u  :=  V D P M x
              |              |
              |              |
            pixel       world vertex
```

Abbildung B.1 Viewing in OpenGL: Einzelne Transformationsschritte, zugehörige Matrizen und jeweilige Koordinatensysteme (englische Begriffe der OpenGL-Notation)

multipliziert sie mit dieser. Wenn ein neues Objekt transformiert werden soll (ein zweites Rad wird z. B. an ein Auto montiert), dann muss zunächst immer die Identität explizit geladen werden, um den Speicher zu initialisieren. Da die Matrix für eine Folgetransformation immer von rechts auf die aktuelle Modelview Matrix multipliziert wird, wird de facto die zuletzt aufgeschriebene Transformation zuerst auf den Koordinatenvektor angewendet:

$$M_4, \quad M_3, \quad M_2, \quad M_1 \quad \text{entspricht} \quad M_4 \cdot M_3 \cdot M_2 \cdot M_1 \cdot x. \quad (B.1)$$

Weil ferner in OpenGL zuerst die Szene aufgebaut wird und anschließend die Kamera positioniert wird, müssen die Viewing Transformations in OpenGL im Code immer vor den Modelling Transformations stehen.

Als Modelling Transformations stehen die standardmäßigen affinen Abbildungen zur Verfügung: Translation, Rotation sowie Skalierung mit den Spezialfällen Zoom (Streckung) und Spiegelung. Viewing Transformations können aufgrund der oben erwähnten Symmetrie mittels Modelling Transformations realisiert werden, es gibt aber auch spezielle komfortablere Kommandos.

Die Projection Transformation legt den abzubildenden Bereich (das Viewing Volume) fest, definiert dadurch das Clipping (alles außerhalb des Viewing Volume wird nicht gezeichnet) und führt die Projektion dieses dreidimensionalen Bereichs auf eine zweidimensionale Fläche durch. Voreinstel-

B.1 Graphikbibliotheken, OpenGL

lungsmäßig ist die Projektionsrichtung immer die z-Achse, bei der Zentralprojektion liegt das Projektionszentrum (der Betrachter) im Ursprung. Als Resultat ergibt sich jeweils ein durch sechs Clipping-Ebenen begrenzter darzustellender Bereich – ein Quader bzw. ein Parallelepiped bei der Parallelprojektion, ein Pyramidenstumpf bei der Zentralprojektion (vgl. die Abbildungen 3.9 und 3.10 in Abschnitt 3.2.1). Die Projektionsebene ist parallel zur vorderen und hinteren Clipping-Ebene und wird üblicherweise als zwischen diesen beiden liegend angenommen.

Bleibt noch die Viewport Transformation zu besprechen. Die Bereitstellung eines Fensters zur Ausgabe fällt in den Aufgabenbereich des Window Managers. Der Viewport, d. h. der Bereich im Ausgabegerät, auf dem das Bild ausgegeben werden soll, hat die gesamte Fenstergröße als Voreinstellung, geeignete Ausschnitte davon können aber spezifiziert werden. Um Verzerrungen zu vermeiden, sollte das Aspektverhältnis des Viewports mit dem des Viewing Volume bzw. des Clipping-Rechtecks übereinstimmen. Während der Viewport Transformation wird der z-Wert auf das Intervall $[0, 1]$ normiert und gespeichert. Somit ist Tiefeninformation für den Sichtbarkeitsentscheid nach wie vor verfügbar.

Abschließend sei noch auf eine weitere OpenGL-Spezialität hingewiesen, den *Matrix Stack*. Wie bereits erwähnt, sind die Matrizen aus Abbildung B.1 ihrerseits im Allgemeinen Produkte mehrerer Transformationsmatrizen. Dies gilt insbesondere für die Modelview Matrix. Man stelle sich eine Raumszene mit einem Tisch und vier Stühlen vor. Das Objekt Stuhl und das Objekt Tisch sind als Modelle vorhanden, jeweils beispielsweise im Ursprung positioniert (Objektkoordinaten) und in einer Vorzugsrichtung orientiert. Der Aufbau von Szene und Bild kann dann wie folgt ablaufen:

- belasse den Tisch an seinem Ort und zeichne ihn;

- speichere die aktuelle Position, rotiere das Objekt Stuhl, führe eine Translation zum Platz des ersten Stuhles durch, zeichne den Stuhl;

- kehre zurück zum Ausgangspunkt, merke diesen, rotiere das Objekt Stuhl, führe eine Translation zum Platz des zweiten Stuhls durch, zeichne diesen Stuhl;

- etc.

Der Keller (Stack) ist die natürliche Struktur zur Verwaltung solcher Abläufe. Bei jeder neuen Transformation wird die um einen weiteren Faktor ergänzte Modelview Matrix gekellert (push-Operation), nach Abschluss des Zeichnens eines Objekts werden die hierzu verwendeten Transformationen durch

Entfernen der entsprechenden Matrizen aus dem Keller (pop-Operationen) wieder rückgängig gemacht, und man landet automatisch wieder am Ausgangspunkt der letzten Operation zum Hinzufügen eines neuen Objekts. Dadurch lassen sich hierarchische Objekte (die Szene besteht aus Tisch und Stühlen, Tisch und Stühle bestehen aus Beinen und Platten etc.) elegant platzieren und zeichnen. Da beim Aufbau der Modelview Matrix der Stack in der Regel viel und oft benutzt wird, ist hier eine Schachtelungstiefe von 32 standardmäßig vorgesehen. Initialisiert wird der Keller mit der Identität.

Demgegenüber besteht der Keller bei der Projection Matrix im Allgemeinen nur aus zwei Matrizen, eben der Projektionsmatrix und der Identität zur Initialisierung. Daneben gibt es aber auch Fälle, die eine größere Tiefe benötigen – etwa, wenn in eine perspektivisch projizierte dreidimensionale Szene ein (sicher nicht perspektivisch zu projizierendes) Help-Fenster mit Text eingeblendet werden soll. Hierzu kann dann temporär auf Parallelprojektion umgeschaltet werden.

B.2 Ray-Tracer

Im Gegensatz zu den Graphikbibliotheken, bei denen Echtzeitanwendungen im Vordergrund stehen, handelt es sich bei *Ray-Tracern* um Programme, die auf die Erzeugung photorealistischer Einzelbilder hoher Qualität abzielen. Ein dreidimensionales Modell wird direkt durch die Angabe der Geometrie oder durch die Verwendung eines CSG-ähnlichen Modellierers (siehe Abschnitt B.3) aufgebaut. Nach Festlegung des Beobachterstandpunkts und der Lichtquellen etc. wird dann das zweidimensionale Bild mit Hilfe des in Abschnitt 3.7 beschriebenen Ray-Tracings erstellt, wobei dieser Vorgang abhängig von Größe und Qualität des Bildes bis zu mehreren Stunden Rechenzeit in Anspruch nehmen kann.

Beispiele für Ray-Tracer sind **POV-Ray** (**P**ersistence **O**f **V**ision **Ray**-Tracer; Freeware), **rayshade** (PD) oder **RenderMan** von Pixar.

B.3 3D-Modellierer

3D-Modellierer sind Programme zur Modellierung dreidimensionaler Körper im Sinne von Kapitel 2 dieses Buchs. Sie bieten beispielsweise Möglichkeiten zum Entwurf von Rotationskörpern, zur Konstruktion von zusammengesetzten Objekten aus Grundkörpern nach dem CSG-Schema oder zur Definition

B.4 Mal- und Zeichenprogramme   257

von Freiformflächen. Insofern können 3D-Modellierer auch als CAD-Systeme betrachtet werden. Was die in der Computergraphik eingesetzten Modellierer jedoch von den konventionellen CAD-Systemen der Ingenieurwelt unterscheidet, sind ihre z. T. sehr ausgefeilten Möglichkeiten der Animation (siehe etwa das in Anhang C noch kurz vorgestellte System Maya).

Ein einfacher 3D-Modellierer ist beispielsweise i3dm. Es findet sich als Demonstrationsprogramm auf SGI-Systemen. Meist sind solche Modellierer wie auch die Ray-Tracer Bestandteil größerer Graphik-Animationssysteme. Beispiele hierfür sind etwa SoftImage|XSI, imagine, Maya, LightWave 3D oder Caligari trueSpace.

B.4 Mal- und Zeichenprogramme

Mal- und Zeichenprogramme stellen die klassische Form der *Graphikeditoren* dar. Hiermit lassen sich im Wesentlichen zweidimensionale Grundobjekte (Linien, Kreise, Polygone, Schriftzeichen etc.) erzeugen, verschieben und drehen. Strichtypen und Zeichensätze können gewählt, Polygone können mit verschiedenen Mustern gefüllt werden, und schließlich können die einzelnen Objekte unterschiedlich gefärbt oder transformiert werden. Diese Art von Programmen findet unter anderem bei der Erstellung von Texturen Verwendung. Beispiele für Mal- und Zeichenprogramme sind xpaint (pixelorientiert, PD), The GIMP (pixelorientiert, Freeware), xfig (vektororientiert, Freeware) oder idraw (vektororientiert, Freeware, im Rahmen von Interviews[3]).

Zur Nachbearbeitung und Datenformatkonversion werden oft separate Programme eingesetzt. Als Beispiele für einfache Bildverarbeitungsprogramme seien ImageMagick (Freeware), xv (Shareware) oder wiederum The GIMP (Freeware) genannt.

B.5 Funktionsplotter

Funktionsplotter sind speziell zur Darstellung mathematischer Funktionen entwickelt worden. Somit finden sie sich oft in einer mathematischen Umgebung, beispielsweise in Computeralgebrasystemen (z. B. Maple, Mathematica) oder bei MATLAB (ein Programm für numerische Berechnungen und zur Visualisierung). Daher erfolgt die Eingabe meist nur durch Angabe

---
[3] C++-Graphikbibliothek als Erweiterung des Fenstersystems X11.

einer mathematischen Funktion oder durch Eingabe der Koordinaten einzelner Punkte, die dann interpoliert werden. Ein prominentes Beispiel eines Funktionsplotters ist **gnuplot** (PD; verfügbar für nahezu alle gängigen Rechnertypen und Betriebssysteme; verschiedene Ausgabeformate). Zudem enthalten natürlich die in Abschnitt B.6 beschriebenen Visualisierungssysteme Funktionsplotter, beispielsweise **AVS** (graph viewer) oder **Khoros** (xprism).

Das Public-Domain-Programm **xfractint** (verfügbar für alle gängigen Rechnertypen) zur Erzeugung fraktaler Bilder ist ebenfalls ein Programm zur graphischen Darstellung von allerdings sehr speziellen Funktionen. Mit diesem Programm wurde der Farn in Abbildung 4.18 erstellt.

B.6 Visualisierungssysteme

Hier unterscheidet man zwischen *spezialisierten* und *allgemeinen Systemen*. Erstere wurden für spezielle Anwendungen entwickelt oder auf einen eingeschränkten Problemkreis zugeschnitten und sind in der Regel einfach bedienbar, aber nur bedingt modifizier- oder erweiterbar.

Beispiele für spezielle Visualisierungssysteme sind **DataVisualizer** (reguläre und irreguläre Gitter, Schnittflächen, Teilchenbahnen, Volume Rendering, Farbtabelleneditor usw.; verfügbar für gängige Workstation-Typen), **IDL** (Interactive Data Language; Rasterbilder, Iso-Flächen, Filterfunktionen, Signalverarbeitung, Statistik usw.; programmierbar), **PV-Wave** (vergleichbar mit dem DataVisualizer; programmierbar durch IDL) sowie **Grape** (SFB 256 „Nichtlineare partielle Differentialgleichungen" an der Universität Bonn; Shareware; Hauptanwendungen: Differentialgeometrie, Kontinuumsmechanik).

Bei den allgemeinen Systemen stellen *Application-Builder* die am weitesten fortgeschrittene Art der Datenvisualisierung dar. Diese Systeme sind graphisch programmierbar durch die Verbindung einzelner Module zu einem Datenflussplan. Es werden Module u. a. zur Dateneingabe, -konversion und -ausgabe, zur graphischen Darstellung und Bearbeitung von Bildern oder Signalen zur Verfügung gestellt. Die Erzeugung von Animationen ist sowohl durch die sukzessive Generierung von Einzelbildfolgen als auch durch die Aufzeichnung von Benutzeraktionen oder die ständige Änderung einzelner Parameter im Datenflussplan möglich. Zur Erstellung neuer Module in einer höheren Programmiersprache ist oft eine graphische Programmierhilfe verfügbar. Als Beispiele für allgemeine Visualisierungssysteme seien **AVS/Express** (Advanced Visual Systems; Rendering, Shading etc.), **IRIS Ex-**

B.6 Visualisierungssysteme

plorer (früher im Lieferumfang von SGI-Systemen enthalten, jetzt als eingenständiges Produkt vertrieben) und **Khoros** (konzipiert vor allem für die Bildverarbeitung) genannt.

C Aufgaben

Abschließend geben wir noch einige Aufgaben an. Sie sind dem Praktikum „Anwendungen der Computergraphik" entnommen, welches der erste Autor 1999 an der TU München eingeführt hat. Ziel des Praktikums ist es, den Umgang mit Bibliotheken und Software zur Computergraphik zu erlernen und somit einerseits auf eine typische Situation im Berufsleben vorzubereiten, andererseits aber auch möglichst schnell zu ansprechenden und hochwertigen Ergebnissen zu gelangen. Der Vollständigkeit halber sei darauf hingewiesen, dass der Umfang der Aufgaben und die nötige Einarbeitungszeit in die eingesetzte Software die Möglichkeiten einer vorlesungsbegleitenden Übung sicher übersteigen.

Der erste Themenblock (Modellierung, Rendering und Animation) stützt sich auf das Programm **Maya** von Alias|Wavefront, eines der mächtigsten und auch etwa von der Filmindustrie am meisten eingesetzten diesbezüglichen Programmpakete. Das zweite Thema (Graphikprogrammierung) wird, wie nicht anders zu erwarten, anhand von **OpenGL** behandelt. Für die Aufgaben zur Visualisierung wird das Programmsystem **AVS/Express** eingesetzt. Einige der erstellten studentischen Lösungen sind auf den Farbtafeln 48ff. dargestellt. Für weitere Informationen zum genannten Praktikum, zu den dort behandelten Themenkomplexen sowie zu den zu bearbeitenden Aufgaben sei auf http://www5.in.tum.de/lehre/praktika/ verwiesen. Dort befindet sich ggfs. auch zur Verfügung gestelltes Material zum Herunterladen.

C.1 Aufgaben zu Modellierung, Rendering und Animation

Um mit dem Programm **Maya** von Alias|Wavefront vertraut zu werden, liegen die ersten Aufgaben stets in der Erstellung einfacher Objekte, auf die bei Bedarf in nachfolgenden Übungen aufgebaut wird. Hierzu steht zunächst die Modellierung mit Polygonen im Vordergrund, für die **Maya** eine Fülle von Manipulationswerkzeugen bereithält. Des Weiteren werden auch erste Schritte in Richtung Animationstechniken – Stichwort *Keyframe* – geübt, mittels derer sich die Objekte im zeitlichen Verlauf bspw. drehen oder verschieben lassen. Für die fortgeschrittenere Modellierung kommen dann Freiformflächen (NURBS) zum Einsatz. Diese erlauben weitaus vielfältigere Manipulationsmöglichkeiten, so dass der Phantasie beim Modellieren kaum Grenzen gesetzt sind. Die konkrete Aufgabenstellung kann dabei je nach Gusto variieren – denkbar sind bspw. ein Zimmer mit Tür, Fenstern und diversen Möbelstücken (Teilaufgabe 1.1 und 1.2) oder die Erstellung von LEGO-Steinen (Teilaufgabe 2.1), aus denen später nach Bauplan ein komplexes Modell zusammengesetzt und mit Funktionalität versehen wird (Teilaufgabe 2.2). Im Anschluss an das LEGO-Modell soll ein komplettes Auto – überwiegend aus Freiformflächen – erstellt werden (Teilaufgabe 2.3).

Als nächstes wird durch die Vergabe von Materialeigenschaften und Texturen den Objekten ein realistischeres Aussehen verliehen. Maya bietet hierfür verschiedene Beleuchtungsmodelle bzw. verschiedene Mapping-Verfahren an. Für sämtliche Objekte der Szene werden in diesem Arbeitsschritt eine bzw. mehrere Materialeigenschaften und Texturen erstellt und zugeordnet. Dabei soll auch mit den verschiedenen Mapping-Techniken experimentiert werden, die den optischen Eindruck der Realitätsnähe nachhaltig beeinflussen können. Ebenso spielt die Wahl der richtigen Beleuchtung ein große Rolle, da nicht jeder Typ von Lichtquelle zu jeder Szene passt – bspw. „simuliert" eine gerichtete Lichtquelle Sonnenlicht, als Deckenbeleuchtung eignet sie sich dagegen weniger. Nun müssen noch ein paar Einstellungen vorgenommen werden wie Kameraposition und Blickrichtung, Schattenwurf an/aus, Qualität des Antialiasing, Größe des Bildes in Pixeln etc., bevor mit dem Rendern begonnen werden kann. Die Aufgabenstellungen sind den oben genannten Punkten entsprechend gewählt. Sowohl das Zimmer als auch das Auto werden mit Materialeigenschaften versehen (Teilaufgabe 1.3 bzw. 2.4), eine bzw. mehrere Lichtquellen werden in der Szene platziert (Teilaufgabe 1.4 bzw. 2.5), und anschließend werden Bilder aus verschiedenen Perspektiven berechnet (Teilaufgabe 1.5 bzw. 2.5).

Der letzte Teil der Aufgabe besteht darin, das synthetisch wirkende Ambiente der berechneten Bilder durch entsprechende Effekte natürlicher zu gestalten und eine komplette Animation zu erstellen. Hierfür bietet Maya u. a. atmosphärische Effekte und Partikelsysteme an, womit sich so verschiedene Dinge wie z. B. Nebel, Staub oder Feuer simulieren lassen. Ist die Szene nun so weit fertig gestellt, gilt es, sich eine Animation – bspw. eine Kamerafahrt durch die Szene – zu überlegen. Jetzt folgt der mit Abstand langwierigste Teil, nämlich das Warten, bis alle Bilder fertig berechnet sind. Mittels geeigneter Software lässt sich aus den Bildern nun leicht ein Film in einem der gängigen Formate (z. B. MPEG oder AVI) erstellen. Entspre-

C.1 Aufgaben zu Modellierung, Rendering und Animation

chende Übungsaufgaben hierzu sind die Teilaufgaben 1.6 und 2.6 sowie 1.7 und 2.7.

Aufgabe1 (Variante Zimmer):

Teilaufgabe 1.1: Erstellen Sie eine Szene unter folgenden Vorgaben:

- Grundlage soll ein Raum mit Wänden sein, in denen sich mindestens zwei Fenster und eine Tür befinden.

- In diesem Raum sollen ferner mehrere stationäre Objekte stehen (Tisch, Stühle, Schrank), von denen einige in hierarchischer Beziehung zueinander stehen (bspw. ein Tisch mit einer Blumenvase: bei Bewegung des Tisches folgt die Vase sinnvollerweise automatisch mit – umgekehrt jedoch nicht!).

- An einer Wand oder auf dem Boden ist ein Rahmen für Wandschmuck vorzusehen, zum Beispiel ein Bilderrahmen, Flächen für Gardinen an den Seiten der Fenster oder eine Unterlage für einen Teppich.

- An mindestens einem Objekt soll die detailgetreue Modellierung aus vielen Einzelteilen vollzogen werden (bspw. eine Spüle, ein Phono-Schrank, ein Obstteller auf dem Tisch, ein geschmückter Christbaum (!) etc.).

- Mindestens ein Objekt im Raum soll mit Hilfe von Freiformflächen (NURBS) modelliert werden (ein Sofa, ein Bett, Sofakissen, ein geschwungener Sessel etc.).

Teilaufgabe 1.2: Bringen Sie Leben in Ihre Szene, indem Sie sie folgendermaßen ergänzen:

- Mindestens ein Objekt soll stationär animiert werden, d.h., es soll sich bewegen, aber am Ort bleiben. Man denke etwa an einen sich drehenden Globus, eine Pendeluhr oder Ähnliches.

- Schließlich wollen wir auch echte Dynamik sehen: Lassen Sie mindestens ein Objekt sich „richtig" durch das Zimmer bewegen und seinen Standort ändern (ein Ball wird durch ein Fenster geworfen, eine Maus rennt durch's Zimmer, ein Wasserhahn tropft).

Teilaufgabe 1.3: Versehen Sie die Objekte aus Teilaufgabe 1.1 mit unterschiedlichen Oberflächeneigenschaften:

- Verwenden Sie verschiedene Materialien mit unterschiedlichen Eigenschaften (im Hinblick auf Farbe, Reflexion (siehe Teilaufgabe 1.4) etc.).

- Texturieren Sie einige Objekte unter Verwendung verschiedener Texturarten. Eine *Texture Map* kann einen Bilderrahmen füllen oder einem Sofakissen einen Bezug geben, mit einer *Bump Map* kann man eine glatte Fläche als uneben erscheinen lassen (bspw. eine nicht gebügelte Tischdecke), mittels *Environment Mapping* lassen sich einfache Spiegelungseffekte realisieren. Verwenden Sie hierzu auch selbst gescannte bzw. mit digitaler Kamera aufgenommene Texturen.

Teilaufgabe 1.4: Bringen Sie Licht in Ihre Szene:

- Mehrere Lichtquellen unterschiedlichen Typs sollen eingebaut werden, also etwa Punktlichtquellen (in alle Richtungen abstrahlend oder als Spotlights mit begrenztem Abstrahlbereich) oder unendlich weit entfernte Lichtquellen (gleichmäßiges Licht aus bestimmter Richtung), z. B. für Sonnenlicht.

- Geben Sie für die Objekte Ihrer Szene unterschiedliche Beleuchtungsmodelle vor (Lambert, Blinn, Phong, abhängig von den Materialeigenschaften). Für die bislang (automatisch) in den Editor Panels von **Maya** verwendeten einfachen Shading-Verfahren sind diese Eigenschaften noch nicht von Bedeutung, wohl aber anschließend beim Ray-Tracing.

Teilaufgabe 1.5: Verwenden Sie den Ray-Tracer zur Erzeugung realistischer Bilder inklusive Mehrfachreflexionen und Schattenwurf. Nehmen Sie dabei als Grundlage verschiedene Frames aus Ihrer Animation von Teilaufgabe 1.2. Greifen Sie bei der Auflösung in die Vollen (maximal 1280 × 1024).

Teilaufgabe 1.6: Selbst bei aufwändiger Modellierung erscheinen solche Szenen in der Regel als synthetisch und damit unrealistisch. Dies liegt zum einen an der unbefriedigenden Lösung des globalen Beleuchtungsproblems, also der Integration von ambientem und gerichtetem Licht, zum anderen an der Tatsache, dass man sich sozusagen in einem „keimfreien" Raum befindet. Letzteres wollen wir jetzt ändern. Erhöhen Sie die natürliche Wirkung Ihrer Szene

- durch den Einbau atmosphärischer Effekte (Nebel, Staub etc.) sowie

C.1 Aufgaben zu Modellierung, Rendering und Animation

- durch den Einsatz von Partikelsystemen (Rauch, Wassertröpfchen).

Teilaufgabe 1.7: Und nun der krönende Abschluss: Ray-Tracen Sie Ihre gesamte Animation und erstellen Sie daraus einen kurzen Film. Bei der Auflösung ist angesichts der Vielzahl von Einzelbildern dabei allerdings Bescheidenheit geboten – Sie sollten etwa 320 × 240 nicht überschreiten.

Aufgabe 2 (Variante LEGO-Steine und Auto):

Teilaufgabe 2.1: Erstellen Sie zunächst ein paar einfache LEGO-Bausteine, wie z. B. Klötzchen, Achsen, Zahnräder etc., indem Sie bspw. Boolesche Operationen (Vereinigung, Durchschnitt und Differenz) auf verschiedene Maya-Grundprimitive anwenden. Entsprechende Vorlagen für Ihre Konstruktionen werden zur Verfügung gestellt. Ihnen werden zusätzliche Objekte, wie z. B. Reifen, Stifte und Spezialteile, zur Verfügung gestellt, aus denen Sie anschließend ein komplexes LEGO-Modell zusammensetzen sollen. Baupläne für verschiedene LEGO-Modelle werden ebenfalls bereitgestellt.

Teilaufgabe 2.2: Um eine gewisse Funktionalität Ihrer LEGO-Modelle zu gewährleisten, sollen einzelne Baugruppen aus Teilaufgabe 2.1 nun animiert bzw. in ihren Freiheitsgraden beschränkt werden. Eine derartige Beschränkung kann bspw. so aussehen, dass sich die Vorderräder Ihres Modells nur um eine Achse und hier auch nur um einen bestimmten Betrag drehen können. Des Weiteren soll diese Drehbewegung aber nicht an den Rädern selbst, sondern am Lenkrad vorgenommen werden. Dafür müssen die entsprechenden Objekte (Lenkrad, Lenkstange, Zahnstange, Räder etc.) in eine hierarchische Beziehung gesetzt und in Maya durch sogenannte *Expressions* miteinander verknüpft werden.

Teilaufgabe 2.3: Bei dieser Aufgabe steht die Konstruktion eines kompletten Automobils im Vordergrund. Dieses soll aus einem Chassis, einer Fahrgastzelle, einem Motor mit Getriebe sowie einer Karosserie bestehen. Die einzelnen Teile sollen dabei mit einer Fülle an Details versehen werden, es ist auch auf Funktionalität zu achten. Modellieren Sie weitestgehend mit Freiformflächen (NURBS), da die meisten Teile eine gekrümmte Oberfläche besitzen werden. Die minimalen Anforderungen an Ihr Auto lauten dabei wie folgt:

- Chassis:
  Fahrzeugrahmen, mindestens zwei Achsen, ein Stoßdämpfer pro Rad,

eine Bremse pro Rad, mindestens vier Räder mit Felgen, eine Kardanwelle

- Fahrgastzelle:
  mindestens zwei Sitze, eine Rückbank, Armaturenbrett mit Lenkrad und Bedienhebeln, Handbremshebel, Ganghebel, drei Pedale

- Motor mit Getriebe:
  Motorblock, mindestens vier Zylinder mit Pleuel und Zylinderköpfen, mindestens zwei Ventile pro Zylinder, eine Nockenwelle, Getriebe, Auspuffanlage

- Karosserie:
  mindestens zwei Türen, Motorhaube, Kofferraumdeckel, zwei Außen- und ein Innenspiegel, Scheiben, Front- und Heckleuchten, Nummernschilder

Überlegen Sie sich anschließend eine passende Animation, z. B. das Öffnen von Türen oder der Motorhaube und einen Flug um bzw. durch Ihr Auto. (Hinweis: Für diese Aufgabe empfiehlt es sich, dass jeweils zwei bis drei Studenten eine Gruppe bilden und ca. drei Gruppen ein komplettes Auto modellieren.)

Teilaufgabe 2.4: Versehen Sie die Objekte aus Teilaufgabe 2.3 mit unterschiedlichen Oberflächeneigenschaften:

- Verwenden Sie verschiedene Materialien mit unterschiedlichen Eigenschaften (im Hinblick auf Farbe, Reflexion, siehe Teilaufgabe 2.5) etc.).

- Texturieren Sie einige Objekte unter Verwendung verschiedener Texturarten. Eine *Texture Map* kann das Armaturenbrett füllen oder einem Sitz bzw. der Rückbank einen Bezug geben, mit einer *Bump Map* kann man eine glatte Fläche als uneben erscheinen lassen (bspw. Sitze mit Lederbezügen), mittels *Environment Mapping* lassen sich einfache Spiegelungseffekte realisieren. Verwenden Sie hierzu auch selbst gescannte bzw. mit digitaler Kamera aufgenommene Texturen.

Teilaufgabe 2.5: Verwenden Sie den Ray-Tracer zur Erzeugung realistischer Bilder inklusive Mehrfachreflexionen und Schattenwurf. Nehmen Sie dabei als Grundlage verschiedene Frames aus Ihrer Animation von Teilaufgabe 2.3. Greifen Sie dabei bei der Auflösung in die Vollen (maximal 1280 × 1024).

Teilaufgabe 2.6: Selbst bei aufwändiger Modellierung erscheinen solche Szenen in der Regel als synthetisch und damit unrealistisch. Dies liegt zum einen an der unbefriedigenden Lösung des globalen Beleuchtungsproblems, also der Integration von ambientem und gerichtetem Licht, zum anderen an der Tatsache, dass man sich sozusagen in einem „keimfreien" Raum befindet. Letzteres wollen wir jetzt ändern. Erhöhen Sie die natürliche Wirkung Ihrer Szene

- durch den Einbau atmosphärischer Effekte (Nebel, Staub auf der Karosserie etc.) sowie

- durch den Einsatz von Partikelsystemen (Abgase eines laufenden Motors).

Teilaufgabe 2.7: Und nun der krönende Abschluss: Ray-Tracen Sie Ihre gesamte Animation und erstellen Sie daraus einen kurzen Film. Bei der Auflösung ist angesichts der Vielzahl von Einzelbildern dabei allerdings Bescheidenheit geboten – Sie sollten etwa 320 × 240 nicht überschreiten.

Ergebnisse aus diversen Praktikumsdurchläufen finden sich auf den Farbtafeln 49 - 53.

C.2 Aufgaben zur Graphikprogrammierung

Nach dem Ausflug zur Erzeugung photorealistischer Bilder folgt nun die hardwarenahe Graphikprogrammierung. Diese erlaubt nicht nur eine graphische Ausgabe in Echtzeit, sie kann auch äußerst vielseitig eingesetzt werden, wie z. B. zur Visualisierung von Daten oder in Computerspielen. Als Grundlage hierfür werden die beiden frei zugänglichen Bibliotheken **OpenGL** und **GLUT** verwendet. Insbesondere das **OpenGL Utility Toolkit** stellt dem Programmierer Funktionen zur Verfügung, mittels derer eine einfache Interaktion mit der Szene bspw. via Tastatur oder Maus erfolgen kann.
Analog zur Vorgehensweise bei **Maya** bestehen die ersten Schritte darin, alle notwendigen Modelle einer Szene zu erstellen. Dazu müssen für jede zu zeichnende Fläche sämtliche relevanten Daten explizit angegeben werden, das heißt die Koordinaten der einzelnen Knoten sowie der jeweilige Polygontyp. Soll die Fläche später mittels *Gouraud Shading* schattiert werden, so ist für jeden Knoten noch der entsprechende Normalenvektor anzugeben. Bei sehr komplexen Objekten bzw. sehr vielen Knoten empfiehlt es sich, alle Daten in einer *Display List* zu speichern, da diese schneller verarbeitet

werden kann. Es folgt die Vergabe von Materialeigenschaften, wobei die Anzahl der Möglichkeiten gegenüber Maya deutlich beschränkt ist. Viele der Effekte, wie bspw. *Glow* (Eigenleuchten), sind zu rechenintensiv, als dass sie in OpenGL implementiert werden können, ohne die Fähigkeit zur Echtzeitdarstellung zu verlieren.

Bevor nun die ersten Bilder am Bildschirm erscheinen, müssen noch weitere Einstellungen vorgenommen werden. Diese umfassen u. a. die Projektion aus der Modellwelt auf die Projektionsebene, die Position und Blickrichtung der Kamera, die Position und den Typ der Lichtquellen sowie die Abfrage der gewünschten Eingabegeräte. Ein typisches OpenGL-Programm lässt sich daher in einzelne Segmente untergliedern, die jeweils eine oder mehrere der oben genannten Aufgaben erledigen. Basierend auf einem rudimentären Programmgerüst, soll nun ein primitiver Flugsimulator entwickelt werden, der die nachfolgend genannten Anforderungen erfüllt. Es soll eine Routine implementiert werden, die ein Graustufenbild einliest. Die Graustufen werden dabei als Höheninformation für das zu zeichnende Gelände betrachtet, wobei ebenfalls für eine adäquate Einfärbung des Geländes zu sorgen ist. Des Weiteren sollen diverse Flugführungsanzeigen eingeblendet werden, das Flugzeug soll via Maus steuerbar sein, und es soll sich mindestens ein beliebiges Objekt über das Gelände bewegen.

Aufgabe 3 (Graphikprogrammierung):

Teilaufgabe 3.1: Schreiben Sie eine Funktion zum Einlesen von Daten, basierend auf der Ihnen zur Verfügung gestellten Funktion `read_pic()`, die die Farbkanäle als Höhenwerte interpretiert. Die gelesenen Daten sollten sinnvollerweise geeignet konvertiert werden, so dass ein schneller Zugriff während des Zeichnens des Geländes gewährleistet ist.

Teilaufgabe 3.2: Schreiben Sie eine Funktion zum Zeichnen des Geländes. Diese sollte sich ebenfalls um die Einfärbung des Geländes sowie um das Setzen der für die Beleuchtung notwendigen Oberflächennormalen kümmern.

Teilaufgabe 3.3: Schreiben Sie eine geeignete Maus-Steuerung (Funktionen `mouse_button()` und `mouse_motion()`), die es auch erlaubt, einen Tiefflug über das Gelände sowie einen Looping zu fliegen.

Teilaufgabe 3.4: Sorgen Sie dafür, dass sich ein Objekt (z. B. ein Auto) über das Gelände bewegt. Im einfachsten Fall kann es sich hierbei um einen Würfel handeln. Dabei ist darauf zu achten, dass der Würfel nicht über der

Oberfläche schwebt und auch nicht zu tief in diese eintaucht (Tipp: den Würfel auf eine seiner Ecken stellen).

Teilaufgabe 3.5: Schreiben Sie eine Funktion, die eine Führungsanzeige einblendet. Die einfachste Möglichkeit, eine Führungsanzeige zu realisieren, wäre z. B. ein Fadenkreuz in der Mitte des Fensters. Kompliziertere Varianten könnten z. B. einen künstlichen Horizont implementieren, wie er etwa im Head-Up-Display moderner Flugzeugsysteme zu finden ist.

Ergebnisse hierzu finden sich auf den Farbtafeln 54 und 55.

C.3 Aufgaben zur Visualisierung

Der dritte Aufgabenbereich beschäftigt sich mit der Visualisierung großer Datensätze, wofür auf ein kommerzielles Softwareprodukt zurückgegriffen wird. Aufgrund der Mächtigkeit seiner Visualisierungen, des modularen Aufbaus von Applikationen und der Möglichkeit einer Programmierungsschnittstelle wird hierzu das Programmpaket **AVS/Express** von Advanced Visual Systems verwendet. Neben den gängigen Visualisierungsverfahren, wie z. B. *Isosurface* oder *Isovolume*, können auch aufwändigere Methoden wie z. B. Stromlinien oder Partikelverfolgung eingesetzt werden.

Durch Kombination verschiedener bereits fertiger Module im *Network Editor* bzw. durch diverse Manipulationsmöglichkeiten der gelesenen Daten können auch ganz neue, eigene Module entwickelt werden. Je nach Anwendungsfall kann somit die Kerninformation des entsprechenden Datensatzes akzentuiert werden. Für die Aufgabenstellung wird ein 3D-Datensatz aus der Strömungssimulation zur Verfügung gestellt, bei dem eine ruhende Flüssigkeit zuerst aufgeheizt und nach einiger Zeit die entstandene Wärme durch eine einsetzende Strömung abtransportiert wird. Dieser Datensatz beinhaltet die Geschwindigkeitskomponenten in x-, y- und z-Richtung, den Druck, die Temperatur sowie eine Geometrieinformation (Hindernis- oder Fluidzelle). Anhand der von **AVS/Express** bereitgestellten Module sollen nun die einzelnen skalaren Größen graphisch dargestellt werden (Teilaufgabe 4.1). Im Anschluss daran ist die absolute Geschwindigkeit zu berechnen und ebenfalls graphisch darzustellen (Teilaufgabe 4.2).

Da eine farbliche Darstellung alleine noch nicht sehr aussagekräftig ist, sollen zu den visualisierten Größen entsprechende Legenden und Beschriftungen hinzugefügt werden. Ebenso ist es hin und wieder hilfreich, wenn man auf den konkreten Wert einer Größe zugreifen kann – bspw., indem durch Klicken auf die gewünschte Stelle der konkrete Wert eingeblendet wird. Teilaufgabe 4.3 umfasst diese Annotationen und Interaktion. Je nach Komplexität des gelesenen Datensatzes lässt sich eine Interaktion nicht immer in Echtzeit durchführen. Es kann teilweise recht lange dauern, bis das nächste Bild angezeigt wird.

Um derartige Situationen zu umgehen, ist es empfehlenswert, die jeweiligen Bilder abzuspeichern und daraus einen Film zu erstellen. Hier muss jedoch ein weiterer Punkt beachtet werden, der immer bei zeitlich aufgelösten Datensätzen auftreten kann. Durch eine Änderung in den Extremalwerten der einzelnen Datensätze kann es zu einer Verfälschung im Ergebnis kommen, da sich bspw. die Farbpalette verschiebt. Um solchen Fehlern vorzubeugen, sollten daher die Extremalwerte der Datensätze von Anfang an festgelegt werden. In Teilaufgabe 4.4 wird genau diese Problematik behandelt, bevor die Einzelbilder gespeichert und anschließend zu einem Film verarbeitet werden.

Aufgabe 4 (Visualisierung):

Teilaufgabe 4.1:

- Visualisieren Sie mindestens zwei skalare Größen aus den bereitgestellten Daten mit unterschiedlichen Techniken (z. B. Geometrie durch Isofläche, Temperatur durch Farbfläche).

- Fassen Sie die skalaren Geschwindigkeitskomponenten zu einer vektoriellen Größe zusammen und visualisieren Sie diese unter Verwendung von mindestens zwei Techniken für Vektordaten (z. B. Stromlinien, Vektorfelder, Partikelverfolgung).

- Wählen Sie passende Farben für Hintergrund und Objekte (für die Temperatur eignet sich bspw. ein Farbverlauf von blau (kalt) nach rot (heiß)).

Teilaufgabe 4.2: Ein wichtiger Parameter für die Analyse von Strömungen ist die absolute Geschwindigkeit des Fluids. Dieser ist zwar nicht im Datensatz vorhanden, kann aber aus den anderen Daten berechnet werden.

- Berechnen Sie die zusätzliche Komponente „Absolut-Geschwindigkeit".

- Führen Sie diese mit den restlichen Komponenten zu einem Datensatz zusammen, so dass alle gemeinsam an die nachfolgenden Module übergeben werden.

Teilaufgabe 4.3:

- Versehen Sie Ihre Visualisierung mit Beschriftungen und Legenden.

- Schaffen Sie eine Möglichkeit, die Werte an verschiedenen Stellen einer Schnittfläche abzufragen, und markieren Sie die gewählte Position mit einem Geometrie-Objekt.

- Die simulierte Strömung transportiert die Wärme nicht optimal ab. Verdeutlichen Sie diese Problematik und ihre Ursache durch die Visualisierung.

Teilaufgabe 4.4: Die bereitgestellten Daten stammen aus der numerischen Simulation einer instationären Strömung mit zeitlichem Verlauf. Daher ist für eine Animation die sukzessive Darstellung aufeinanderfolgender Datensätze erforderlich. Die dazu nötige Funktionalität wird durch das Modul `Read Field` bereits zur Verfügung gestellt. Allerdings ändern sich die Extremalwerte der verschiedenen Datensätze, so dass es erforderlich ist, diese bereits am Anfang fest zu wählen, da sonst die Farbgebung einen falschen Eindruck vermitteln kann. Aus Einzelbildern der Datensätze kann dann eine Animation generiert werden.

- Ermitteln Sie die Extremalwerte der Datensätze und legen Sie diese fest.

- Wandeln Sie die Ausgabedaten des Viewers in ein Bild um und geben Sie dieses in eine Datei aus.

- Erstellen Sie aus den Einzelbildern einen Film.

Ergebnisse hierzu finden sich auf den Farbtafeln 56 und 57.

C.4 Weiterführende Aufgaben

Nachdem verschiedene Themengebiete aus dem Bereich der Computergraphik behandelt wurden, soll nun eine Vertiefung in einem der drei vorangegangenen Gebiete erfolgen. Dazu stehen im Praktikum mehrere Projekte zur

Verfügung, bei denen das bisher Gelernte erfolgreich eingesetzt werden soll. Diese weiterführenden Aufgabenstellungen sind zwar schwerpunktmäßig einem Themengebiet zuzuordnen, können sich aber auch über zwei Themengebiete erstrecken – bspw. die Erzeugung und der Export von Modellen in Maya und deren weiterer Einsatz in einem OpenGL-Programm (z. B. Modelle für ein Computerspiel).

Es folgt eine kurze Auflistung verschiedener Projekte (inklusive Angabe des Schwerpunktbereichs), die im Rahmen mehrerer Praktika gestellt wurden und die der Leser nun als Ausgangspunkt für eigene weiterführende Aufgabenstellungen heranziehen kann.

- Erzeugung eines Trickfilms für ein Lehr- und Präsentationsvideo (C.1)

- Erstellung eines Computerspiels mit Netzwerkfähigkeit (C.2)

- Augmented Virtual Reality (C.1 und C.3)

- Implementation der Visualisierungstechnik *Line Integral Convolution* (C.2 und C.3; siehe auch [CaLe93])

- Erstellung eines Funktionsplotters für 2D- und 3D-Daten (C.2)

Ergebnisse hierzu finden sich auf den Farbtafeln 48 sowie 58 - 61.

Literaturverzeichnis

Lehrbücher und Übersichtswerke

[BuGi89]   P. BURGER UND D. GILLIES, *Interactive Computer Graphics: Functional, Procedural, and Device-Level Methods*, Addison-Wesley Publishing Company, Reading, MA, u.a., 1989.

[Cunn92]   S. CUNNINGHAM ET AL., Hrsg., *Computer Graphics Using Object-Oriented Programming*, John Wiley, New York, 1992.

[ESK95]   J. ENCARNAÇAO, W. STRASSER UND R. KLEIN, *Graphische Datenverarbeitung 1*, R. Oldenbourg Verlag, München u.a., 1995.

[ESK97]   ———, *Graphische Datenverarbeitung 2*, R. Oldenbourg Verlag, München u.a., 1997.

[FDFH97]   J. D. FOLEY, A. VAN DAM, S. K. FEINER UND J. F. HUGHES, *Computer Graphics: Principles and Practice*, Addison-Wesley Publishing Company, Reading, MA, u.a., 2. Aufl., 1997.

[FDFHP94]   J. D. FOLEY, A. VAN DAM, S. K. FEINER, J. F. HUGHES UND R. L. PHILLIPS, *Introduction to Computer Graphics*, Addison-Wesley Publishing Company, Reading, MA, u.a., 1994.

[Fell92]   W. D. FELLNER, *Computergrafik*, BI Wissenschaftsverlag, Mannheim u.a., 2. Aufl., 1992.

[Grie92]   I. GRIEGER, *Graphische Datenverarbeitung*, Springer-Verlag, Berlin u.a., 2. Aufl., 1992.

[Harr87]   S. HARRINGTON, *Computer Graphics – A Programming Approach*, McGraw-Hill, New York, 1987.

[Kopp89]   H. KOPP, *Graphische Datenverarbeitung*, Hanser, München u.a., 1989.

[Meie86]   A. MEIER, *Methoden der grafischen und geometrischen Datenverarbeitung*, Teubner, Stuttgart, 1986.

[NeSp84] W. NEWMAN UND R. SPROULL, *Principles of Interactive Computer Graphics*, McGraw-Hill, New York, 4. Aufl., 1984.

[NHM97] G. M. NIELSEN, H. HAGEN UND H. MÜLLER, Hrsg., *Scientific Visualization: Overviews, Methodologies, and Techniques*, IEEE Computer Society Press, Los Alamitos, 1997.

[Purg85] W. PURGATHOFER, *Graphische Datenverarbeitung*, Springer-Verlag, Wien u.a., 1985.

[Raub93] T. RAUBER, *Algorithmen in der Computergraphik*, Teubner, Stuttgart, 1993.

[ScMü99] H. SCHUMANN UND W. MÜLLER, *3D Visualisierung: Grundlagen und allgemeine Methoden*, Springer-Verlag, Berlin u.a., 1999.

[Watt99] A. WATT, *3D Computer Graphics*, Addison-Wesley Publishing Company, Reading, MA, u.a., 3. Aufl., 1999.

[ZaKo95] R. ZAVODNIK UND H. KOPP, *Graphische Datenverarbeitung – Grundzüge und Anwendungen*, Hanser, München u.a., 1995.

Sonstige Literatur

[AbMü91] S. ABRAMOWSKI UND H. MÜLLER, *Geometrisches Modellieren*, BI Wissenschaftsverlag, Mannheim u.a., 1991.

[Adob85a] ADOBE SYSTEMS, INC., *PostScript Language Reference Manual*, Addison-Wesley Publishing Company, Reading, MA, u.a., 1985.

[Adob85b] ———, *PostScript Language Tutorial and Cookbook*, Addison-Wesley Publishing Company, Reading, MA, u.a., 1985.

[ANSI85] ANSI (AMERICAN NATIONAL STANDARDS INSTITUTE), *American National Standard for Information Processing Systems – Computer Graphics – Graphical Kernel System (GKS) Functional Description*, ANSI X3.124 - 1985, ANSI, New York, 1985.

[ANSI88] ———, *American National Standard for Information Processing Systems – Programmer's Hierarchical Interactive Graphics System (PHIGS) Functional Description, Archive File Format, Clear-Text Encoding of Archive File*, ANSI X3.144 -1988, ANSI, New York, 1988.

[Appe68] A. APPEL, *Some Techniques for Shading Machine Renderings of Solids*, in Proceedings of the Spring Joint Computer Conference, 1968, S. 37–45.

[Arvo86] J. R. ARVO, *Backward Ray Tracing*, in Developments in Ray Tracing, A. H. Barr, Hrsg., Course Notes 12 for ACM SIGGRAPH '86, 1986.

[Arvo91] J. R. ARVO, Hrsg., *Graphics Gems II*, Academic Press Professional, Boston u.a., 1991.

[Baec69] R. M. BAECKER, *Picture Driven Animations*, in Proceedings of the Spring Joint Computer Conference, AFIPS Press, Montvale, NJ, 1969, S. 273–288.

[BaRi74] R. E. BARNHILL UND R. F. RIESENFELD, *Computer Aided Geometric Design*, Academic Press, New York, 1974.

[Baum72] B. G. BAUMGART, *Winged-Edge Polyhedron Representation*, Technical Report STAN-CS-72-320, Computer Science Department, Stanford University, Palo Alto, CA, 1972.

[Baum74] ———, *Geometric Modeling for Computer Vision*, Report AIM-249, STAN-CS-74-463, Dissertation, Computer Science Department, Stanford University, Palo Alto, CA, 1974.

[Baum75] ———, *A Polyhedron Representation for Computer Vision*, in Proceedings of the National Computer Conference 75, 1975, S. 589–596.

[BaWö84] F. L. BAUER UND H. WÖSSNER, *Algorithmische Sprache und Programmentwicklung*, Springer-Verlag, Berlin u.a., 2. Aufl., 1984.

[BBB87] R. BARTELS, J. BEATTY UND B. BARSKY, *An Introduction to Splines for Use in Computer Graphics and Geometric Modeling*, Morgan Kaufmann, Los Altos, CA, 1987.

[BBK82] T. BERK, L. BROWNSTON UND A. KAUFMAN, *A New Color-Naming System for Graphics Languages*, IEEE Computer Graphics and Applications, 2(3) (1982), S. 37–44.

[BEH79] A. BAER, C. EASTMAN UND M. HENRION, *Geometric Modeling: A Survey*, Computer Aided Design, 11(5) (1979), S. 253–272.

[BeSp63] P. BECKMANN UND A. SPIZZICHINO, *The Scattering of Electromagnetic Waves from Rough Surfaces*, Macmillan, New York, 1963.

[Bezi70] P. BÉZIER, *Emploi des Machines à Commande Numérique*, Masson et Cie., Paris, 1970.

[Bezi74] ———, *Mathematical and Practical Possibilities of UNISURF*, in Computer Aided Geometric Design, R. Barnhill und R. Riesenfeld, Hrsg., Academic Press, New York, 1974.

[BHS78] I. C. BRAID, R. C. HILLYARD UND I. A. STROUD, *Stepwise Construction of Polyhedra in Geometric Modeling*, CAD Group Document No. 100, Cambridge University, Cambridge, England, 1978.

Literaturverzeichnis 277

[Blin77]   J. F. BLINN, *Models of Light Reflection for Computer Synthesized Pictures*, in Proceedings of SIGGRAPH '77, Computer Graphics, 11(2), ACM SIGGRAPH, New York, 1977, S. 192–198.

[Blin78]   ———, *Simulation of Wrinkled Surfaces*, in Proceedings of SIGGRAPH '78, Computer Graphics, 12(3), ACM SIGGRAPH, New York, 1978, S. 286–292.

[Blin91]   ———, *A Trip Down the Graphics Pipeline: Line Clipping*, IEEE Computer Graphics and Applications, 11 (1991), S. 98–105.

[BlIs94]   A. BLAKE UND M. ISARD, *3D Position, Attitude and Shape Input Using Video Tracking of Hands and Lips*, in Proceedings of SIGGRAPH '94, ACM SIGGRAPH, New York, 1994, S. 185–192.

[BlNe76]   J. F. BLINN UND M. E. NEWELL, *Texture and Reflection in Computer Generated Images*, Communications of the ACM, 19(10) (1976), S. 542–547.

[BoKe70]   W. J. BOUKNIGHT UND K. C. KELLY, *An Algorithm for Producing Half-Tone Computer Graphics Presentations with Shadows and Movable Light Sources*, in Proceedings of the Spring Joint Computer Conference, AFIPS Press, Montvale, NJ, 1970, S. 1–10.

[Borm94]   S. BORMANN, *Virtuelle Realität*, Addison-Wesley Publishing Company, Reading, MA, u.a., 1994.

[Born79]   A. BORNING, *Thinglab – A Constraint-Oriented Simulation Laboratory*, Technical Report SSI-79-3, Xerox Palo Alto Research Center, Palo Alto, CA, 1979.

[Bouk70]   W. J. BOUKNIGHT, *A Procedure for Generation of Three-Dimensional Half-Toned Computer Graphics Presentations*, Communications of the ACM, 13(9) (1970), S. 527–536.

[Bres65]   J. E. BRESENHAM, *Algorithm for Computer Control of a Digital Plotter*, IBM Systems Journal, 4(1) (1965), S. 25–30.

[Bres77]   ———, *A Linear Algorithm for Incremental Digital Display of Circular Arcs*, Communications of the ACM, 20(2) (1977), S. 100–106.

[Bron74] R. BRONS, *Linguistic Methods for the Description of a Straight Line on a Grid*, Computer Graphics and Image Processing, 3 (1974), S. 48–62.

[Bron85] ———, *Theoretical and Linguistic Methods for Describing Straight Lines*, in Fundamental Algorithms for Computer Graphics, R. A. Earnshaw, Hrsg., Springer-Verlag, Berlin u.a., 1985, S. 19–57.

[BuWe76] N. BURTNYK UND M. WEIN, *Interactive Skeleton Techniques for Enhancing Motion Dynamics in Key Frame Animation*, Communications of the ACM, 19(10) (1976), S. 564–569.

[CaLe93] B. CABRAL UND L. LEEDOM, *Imaging Vector Fields Using Line Integral Convolution*, in Proceedings of SIGGRAPH '93, Computer Graphics, 27, ACM SIGGRAPH, New York, 1993, S. 263–272.

[Carp84] L. CARPENTER, *The A-Buffer, an Antialiased Hidden Surface Method*, in Proceedings of SIGGRAPH '84, Computer Graphics, 18(3), ACM SIGGRAPH, New York, 1984, S. 103–108.

[Catm72] E. CATMULL, *A System for Computer Generated Movies*, in Proceedings of the ACM Annual Conference, ACM, New York, 1972, S. 422–431.

[Catm74] ———, *A Subdivision Algorithm for Computer Display of Curved Surfaces*, Report UTEC-CSc-74-133, Dissertation, Computer Science Department, University of Utah, Salt Lake City, UT, 1974.

[Catm78a] ———, *A Hidden-Surface Algorithm with Anti-Aliasing*, in Proceedings of SIGGRAPH '78, Computer Graphics, 12(3), ACM SIGGRAPH, New York, 1978, S. 6–11.

[Catm78b] ———, *The Problems of Computer-Assisted Animation*, in Proceedings of SIGGRAPH '78, Computer Graphics, 12(3), ACM SIGGRAPH, New York, 1978, S. 348–353.

[CCWG88] M. F. COHEN, S. E. CHEN, J. R. WALLACE UND D. P. GREENBERG, *A Progressive Refinement Approach to Fast Radiosity Image Generation*, in Proceedings of SIGGRAPH '88, Computer Graphics, 22(4), ACM SIGGRAPH, New York, 1988, S. 75–84.

[CGIB86] M. F. COHEN, D. P. GREENBERG, D. S. IMMEL UND P. J. BROCK, *An Efficient Radiosity Approach for Realistic Image Synthesis*, IEEE Computer Graphics and Applications, 6(3) (1986), S. 26–35.

[CoGr85] M. F. COHEN UND D. P. GREENBERG, *The Hemi-Cube: A Radiosity Solution for Complex Environments*, in Proceedings of SIGGRAPH '85, Computer Graphics, 19(3), ACM SIGGRAPH, New York, 1985, S. 31–40.

[Coon67] S. A. COONS, *Surfaces for Computer Aided Design of Space Forms*, MIT Project Mac TR-41, Massachusetts Institute of Technology, Cambridge, MA, 1967.

[CoTo82] R. COOK UND K. TORRANCE, *A Reflectance Model for Computer Graphics*, ACM Transactions on Graphics, 1(1) (1982), S. 7–24.

[CoWa93] M. F. COHEN UND J. R. WALLACE, Hrsg., *Radiosity and Realistic Image Synthesis*, Academic Press, San Diego, 1993.

[CyBe78] M. CYRUS UND J. BECK, *Generalized Two- and Three-Dimensional Clipping*, Computers and Graphics, 3(1) (1978), S. 23–28.

[Dahm89] W. DAHMEN ET AL., Hrsg., *Computation of Curves and Surfaces*, Kluwer Academic Publishers, Dordrecht u.a., 1989.

[deBo78] C. DE BOOR, *A Practical Guide to Splines*, Applied Mathematical Science Series, Bd. 27, Springer-Verlag, New York u.a., 1978.

[Dier95] P. DIERCKX, *Curve and Surface Fitting with Splines*, Clarendon Press, Oxford, 1995.

[DoTo81] L. DOCTOR UND J. TORBORG, *Display Techniques for Octree-Encoded Objects*, IEEE Computer Graphics and Applications, 1(3) (1981), S. 29–38.

[Fari87] G. FARIN, Hrsg., *Geometric Modeling: Algorithms and New Trends*, SIAM, Philadelphia, 1987.

[Fari90] G. FARIN, *Curves and Surfaces for Computer Aided Geometric Design*, Academic Press, San Diego, 2. Aufl., 1990.

[Fari94] G. FARIN, *Kurven und Flächen im Computer Aided Geometric Design: Eine praktische Einführung*, Vieweg, Braunschweig u.a., 1994.

[FlSt75] R. FLOYD UND L. STEINBERG, *An Adaptive Algorithm for Spatial Gray Scale*, Society for Information Display, 1975 Symposium, Digest of Technical Papers, (1975), S. 36.

[Forr80] A. R. FORREST, *The Twisted Cubic Curve: A Computer Aided Geometric Design Approach*, Computer Aided Design, 12(4) (1980), S. 165–172.

[FSB82] S. FEINER, D. SALESIN UND T. BANCHOFF, *DIAL: A Diagrammatic Animation Language*, IEEE Computer Graphics and Applications, 2(7) (1982), S. 43–54.

[GDN95] M. GRIEBEL, T. DORNSEIFER UND T. NEUNHOEFFER, *Numerische Simulation in der Strömungsmechanik – Eine praxisorientierte Einführung*, Vieweg, Braunschweig u.a., 1995.

[Gepp95] M. GEPPERT, *Ein globales Beleuchtungsmodell für die diffuse Reflexion*, Diplomarbeit, Mathematisches Institut, TU München, 1995.

[GiMa83] C. M. GINSBERG UND D. MAXWELL, *Graphical Marionette*, in Proceedings of the SIGGRAPH/SIGART Interdisciplinary Workshop on Motion: Representation and Perception, Toronto, 1983, S. 172–179.

[Glas89] A. S. GLASSNER, Hrsg., *An Introduction to Ray Tracing*, Academic Press, London, 1989.

[Glas90] A. S. GLASSNER, Hrsg., *Graphics Gems I*, Academic Press Professional, Boston u.a., 1990.

[GlRa92] A. GLOBUS UND E. RAIBLE, *13 Ways to Say Nothing with Scientific Visualization*, Report RNR-92-006, NASA Ames Research Center, Moffett Field, CA, 1992.

[GoNa71] R. A. GOLDSTEIN UND R. NAGEL, *3D Visual Simulation*, Simulation, 16(1) (1971), S. 25–31.

[Gord83] W. GORDON, *An Operator Calculus for Surface and Volume Modeling*, Computer Graphics, 18(10) (1983), S. 18–22.

[Gour71] H. GOURAUD, *Continuous Shading of Curved Surfaces*, IEEE Transactions on Computers, C-20(6) (1971), S. 623–629.

[Gree86] N. GREENE, *Environment Mapping and Other Applications of World Projections*, IEEE Computer Graphics and Applications, 6(11) (1986), S. 21–29.

[Grie84] M. GRIEBEL, *Die Beschreibung von starren Körpern durch ihre Oberflächen*, Diplomarbeit, Institut für Informatik, TU München, 1984.

[GSCH93] S. J. GORTLER, P. SCHRÖDER, M. F. COHEN UND P. HANRAHAN, *Wavelet Radiosity*, in Proceedings of SIGGRAPH '93, ACM SIGGRAPH, New York, 1993, S. 221–230.

[GSPC77] GRAPHICS STANDARDS PLANNING COMMITTEE, *Status Report of the Graphics Standards Planning Committee of ACM SIGGRAPH*, Computer Graphics, 11(3) (1977).

[GSPC79] ———, *Status Report of the Graphics Standards Planning Committee of ACM SIGGRAPH*, Computer Graphics, 13(3) (1979).

[GTGB84] C. M. GORAL, K. E. TORRANCE, D. P. GREENBERG UND B. BATTAILE, *Modeling the Interaction of Light Between Diffuse Surfaces*, in Proceedings of SIGGRAPH '84, Computer Graphics, 18(3), ACM SIGGRAPH, New York, 1984, S. 213–222.

[GuSp81] S. GUPTA UND R. E. SPROULL, *Filtering Edges for Gray-Scale Displays*, in Proceedings of SIGGRAPH '81, Computer Graphics, 15(3), ACM SIGGRAPH, New York, 1981, S. 1–5.

[GWW86] I. GARGANTINI, T. WALSH UND O. WU, *Viewing Transformations of Voxel-Based Objects via Linear Octrees*, IEEE Computer Graphics and Applications, 6(10) (1986), S. 12–21.

[Haen96] T. HAENSELMANN, *Raytracing: Grundlagen, Implementierung, Praxis*, Addison-Wesley Publishing Company, Bonn u.a., 1996.

[Hage91] H. HAGEN, *Geometric Modeling: Methods and Applications*, Springer-Verlag, Berlin u.a., 1991.

[HaGr83] R. A. HALL UND D. P. GREENBERG, *A Testbed for Realistic Image Synthesis*, IEEE Computer Graphics and Applications, 3(8) (1983), S. 10–20.

[Hall86] R. HALL, *Hybrid Techniques for Rapid Image Synthesis*, in Image Rendering Tricks, Course Notes 16 for SIGGRAPH '86, T. Whitted und R. Cook, Hrsg., Dallas, TX, 1986.

[HaMa68] J. HALAS UND R. MANVELL, *The Technique of Film Animation*, Hastings House, New York, 1968.

[Hanr93] P. HANRAHAN, *Rendering Concepts*, in Radiosity and Realistic Image Synthesis, M. F. Cohen und J. R. Wallace, Hrsg., Academic Press, San Diego, 1993.

[Haus19] F. HAUSDORFF, *Dimension und äußeres Maß*, Mathematische Annalen 79, (1919), S. 157–179.

[Heck94] P. S. HECKBERT, Hrsg., *Graphics Gems IV*, Academic Press Professional, Boston u.a., 1994.

[Hels91] S. K. HELSEL, *Virtual Reality: Theory, Practice, and Promise*, Mechler, Westport u.a., 1991.

[Hodg92] L. F. HODGES, *Time-Multiplexed Stereoscopic Computer Graphics*, IEEE Computer Graphics and Applications, (1992), S. 20–30.

[Holl80] T. M. HOLLADAY, *An Optimum Algorithm for Halftone Generation for Displays and Hard Copies*, in Proceedings of the Society for Information Display, 21(2), 1980, S. 185–192.

[Holt94] K. HOLTORF, *Das Handbuch der Graphikformate*, Franzis' Verlag, Poing, 1994.

[HoMA93] L. F. HODGES UND D. F. MCALLISTER, *Computing Stereoscopic Views*, in Stereo Computer Graphics and Other True 3D Technologies, D. F. McAllister, Hrsg., Princeton University Press, Princeton, NJ, 1993, S. 71–89.

[HoRo95] C. HOFFMANN UND J. ROSSIGNAC, Hrsg., *Proceedings of the 3rd Symposium on Solid Modeling and Applications*, Salt Lake City, 1995, ACM, New York, 1995.

[HsLe94] S. C. HSU UND I. H. H. LEE, *Drawing and Animation Using Skeletal Strokes*, in Proceedings of SIGGRAPH '94, ACM SIGGRAPH, New York, 1994, S. 109–118.

[ICG86]   D. S. IMMEL, M. F. COHEN UND D. P. GREENBERG, *A Radiosity Method for Non-Diffuse Environments*, in Proceedings of SIGGRAPH '86, Computer Graphics, 20(4), ACM SIGGRAPH, New York, 1986, S. 133–142.

[ISO88]   INTERNATIONAL STANDARDS ORGANISATION (ISO), *International Standard Information Processing Systems – Computer Graphics – Graphical Kernel System for Three Dimensions (GKS-3D) Functional Description*, ISO Document Number 8805:1988(E), American National Standards Institute, New York, 1988.

[Jens96] H. W. JENSEN, *Global Illumination Using Photon Maps*, in Rendering Techniques '96, Springer-Verlag, Wien, (1996), S. 21–30.

[Kahl99] A. KAHLER, *Monte Carlo Ray Tracing Using Photon Maps*, Diplomarbeit, Institut für Informatik, TU München, 1999.

[Kaji86] J. KAJIYA, *The Rendering Equation*, in Proceedings of SIGGRAPH '86, Computer Graphics, 20(4), ACM SIGGRAPH, New York, 1986, S. 143–150.

[KaKa86] T. L. KAY UND J. T. KAJIYA, *Ray Tracing Complex Scenes*, in Proceedings of SIGGRAPH '86, Computer Graphics, 20(4), ACM SIGGRAPH, New York, 1986, S. 269–278.

[Kala94] R. S. KALAWSKY, *The Science of Virtual Reality and Virtual Environments*, Addison-Wesley Publishing Company, Reading, MA, u.a., 1994.

[KaSm93] W. KAUFMANN UND L. SMARR, *Simulierte Welten*, Spektrum Akademischer Verlag, Heidelberg, 1993.

[KeKe93] P. KELLER UND M. KELLER, *Visual Cues: Practical Data Visualization*, IEEE Computer Society Press, Hong Kong, 1993.

[Kirk92] D. KIRK, Hrsg., *Graphics Gems III*, Academic Press Professional, Boston u.a., 1992.

[Lass87] J. LASSETER, *Principles of Traditional Animation Applied to 3D Computer Animation*, in Proceedings of SIGGRAPH '87, Computer Graphics, 21(4), ACM SIGGRAPH, New York, 1987, S. 35–44.

[Layb79] K. LAYBOURNE, *The Animation Book*, Crown, New York, 1979.

[LiBa84] Y.-D. LIANG UND B. BARSKY, *A New Concept and Method for Line Clipping*, ACM Transactions on Graphics, 3(1) (1984), S. 1–22.

[Lind68] A. LINDENMAYER, *Mathematical Models for Cellular Interactions in Development, Parts I and II*, J. Theor. Biol., 18 (1968), S. 280–315.

[Lipt93] L. LIPTON, *Composition for Electrostereoscopic Displays*, in Stereo Computer Graphics and Other True 3D Technologies, D. F. McAllister, Hrsg., Princeton University Press, Princeton, NJ, 1993, S. 11–25.

[Mänt81] M. MÄNTYLÄ, *Methodological Background of the Geometric Workbench*, Report HTKK-TK0-B30, Helsinki University of Technology, CAD-Projekt, Laboratory of Information Processing Science, 1981.

[Mänt88] ——, *Introduction to Solid Modeling*, Computer Science Press, Rockville, MD, 1988.

[Mänt89] ——, *Advanced Topics in Solid Modeling*, in Advances in Computer Graphics V, W. Purgathofer und J. Schönhut, Hrsg., Springer-Verlag, Berlin u.a., 1989, S. 49–75.

[MAGI68] MATHEMATICAL APPLICATIONS GROUP, INC., *3D Simulated Graphics Offered by Service Bureau*, Datamation, 13(1) (1968), S. 69.

[Mand77] B. MANDELBROT, *Fractals: Form, Chance and Dimension*, W. H. Freeman, San Francisco, CA, 1977.

[Mand87] ——, *Die fraktale Geometrie der Natur*, Birkhäuser Verlag, Basel u.a., 1987.

[MaTh85] N. MAGNENAT-THALMANN UND D. THALMANN, *Computer Animation: Theory and Practice*, Springer-Verlag, Tokyo u.a., 1985.

[McAl93] D. F. MCALLISTER, *Introduction*, in Stereo Computer Graphics and Other True 3D Technologies, D. F. McAllister, Hrsg., Princeton University Press, Princeton, NJ, 1993, S. 2–10.

[Meag82] D. MEAGHER, *Geometric Modeling Using Octree Encoding*, Computer Graphics and Image Processing, 19(2) (1982), S. 129–147.

[Mess94] W. MESSNER, *Stereographische Visualisierung von dreidimensionalen, turbulenten und instationären Rohrströmungen mit Hilfe von Anaglyphen*, Diplomarbeit, Institut für Informatik, TU München, 1994.

[Mort85] M. MORTENSON, *Geometric Modeling*, John Wiley, New York, 1985.

[Muck70] H. MUCKE, *Anaglyphen – Raumzeichnungen – Eine Anleitung zum Konstruieren von Raumbildern*, B. G. Teubner Verlagsgesellschaft, Leipzig, 1970.

[Musg89] F. K. MUSGRAVE, *Prisms and Rainbows: A Dispersion Model for Computer Graphics*, in Proceedings of Graphics Interface '89, London, Ontario, 1989, S. 227–234.

[NDW93] J. NEIDER, T. DAVIS UND M. WOO, *OpenGL Programming Guide*, Addison-Wesley Publishing Company, Reading, MA, u.a., 1993.

[NiNa85] T. NISHITA UND E. NAKAMAE, *Continuous Tone Representation of Three-Dimensional Objects Taking Account of Shadows and Interreflection*, in Proceedings of SIGGRAPH '85, Computer Graphics, 19(3), ACM SIGGRAPH, New York, 1985, S. 124–146.

[NNS72] R. E. NEWELL, R. G. NEWELL UND T. L. SANCHA, *A Solution to the Hidden Surface Problem*, in Proceedings of the ACM National Conference, 1972, S. 443–450.

[Nolt88] H. NOLTEMEIER, Hrsg., *Computational Geometry and its Applications*, Proceedings of the Int. Workshop CG '88 on Computational Geometry, Lecture Notes in Computer Science 333, Springer-Verlag, Berlin u.a., 1988.

[PeMi93] W. PENNEBAKER UND J. L. MITCHELL, *JPEG Still Image Data Compression Standard*, Van Nostrand Reinhold, New York, 1993.

[PeRi86]   H.-O. PEITGEN UND P. H. RICHTER, *The Beauty of Fractals: Images of Complex Dynamical Systems*, Springer-Verlag, Berlin u.a., 1986.

[PeSa88]   H.-O. PEITGEN UND D. SAUPE, Hrsg., *The Science of Fractal Images*, Springer-Verlag, New York u.a., 1988.

[PHIG88]   PHIGS+ COMMITTEE, *PHIGS+ Functional Description Revision 3.0*, Computer Graphics, 22(3) (1988), S. 125–218.

[Phon75]   B.-T. PHONG, *Illumination for Computer Generated Pictures*, Communications of the ACM, 18(6) (1975), S. 311–317.

[PiGr82]   M. L. V. PITTEWAY UND A. J. R. GREEN, *Bresenham's Algorithm with Run Line Coding Shortcut*, Computer Journal, 25 (1982), S. 114–115.

[PiTi87]   L. PIEGL UND W. TILLER, *Curve and Surface Constructions Using Rational B-Splines*, Computer Aided Design, 19(9) (1987), S. 485–498.

[Pitt67]   M. L. V. PITTEWAY, *Algorithm for Drawing Ellipses or Hyperbolae with a Digital Plotter*, Computer Journal, 10(3) (1967), S. 282–289.

[PLH88]   P. PRUSINKIEWICZ, A. LINDENMAYER UND J. HANAN, *Developmental Models of Herbaceous Plants for Computer Imagery Purposes*, in Proceedings of SIGGRAPH '88, Computer Graphics, 22(4), ACM SIGGRAPH, New York, 1988, S. 141–150.

[Prit77]   D. H. PRITCHARD, *U.S. Color Television Fundamentals – A Review*, IEEE Transactions on Consumer Electronics, CE-23(4) (1977), S. 467–478.

[PrSh85]   F. P. PREPARATA UND M. I. SHAMOS, *Computational Geometry: An Introduction*, Springer-Verlag, New York u.a., 1985.

[ReBl85]   W. T. REEVES UND R. BLAU, *Approximate and Probabilistic Algorithms for Shading and Rendering Particle Systems*, in Proceedings of SIGGRAPH '85, Computer Graphics, 19(3), ACM SIGGRAPH, New York, 1985, S. 313–322.

[Reev83] W. T. REEVES, *Particle Systems – A Technique for Modeling a Class of Fuzzy Objects*, in Proceedings of SIGGRAPH '83, Computer Graphics, 17(3), ACM SIGGRAPH, New York, 1983, S. 359–376.

[REFJP88] P. DE REFFYE, C. EDELIN, J. FRANÇON, M. JAEGER UND C. PUECH, *Plant Models Faithful to Botanical Structure and Development*, in Proceedings of SIGGRAPH '88, Computer Graphics, 22(4), ACM SIGGRAPH, New York, 1988, S. 151–158.

[Requ77] A. A. G. REQUICHA, *Mathematical Models of Rigid Solids*, Technical Memo 28, Production Automation Project, University of Rochester, Rochester, NY, 1977.

[Requ80a] ———, *Representation of Rigid Solid Objects*, in Lecture Notes in Computer Science 89, Springer-Verlag, Berlin u.a., 1980, S. 2–78.

[Requ80b] ———, *Representations for Rigid Solids: Theory, Methods, and Systems*, ACM Computing Surveys, 12(4) (1980), S. 437–464.

[Requ88] ———, *Solid Modeling – A 1988 Update*, in CAD Based Programming for Sensory Robots, R. Bahram, Hrsg., Springer-Verlag, Berlin u.a., 1988.

[ReTi78] A. A. G. REQUICHA UND R. B. TILOVE, *Mathematical Foundations of Constructive Solid Geometry: General Topology of Closed Regular Sets*, Technical Memo 27a, Production Automation Project, University of Rochester, Rochester, NY, 1978.

[ReVo82] A. A. G. REQUICHA UND H. B. VOELCKER, *Solid Modeling: A Historical Summary and Contemporary Assessment*, IEEE Computer Graphics and Applications, 2(2) (1982), S. 9–24.

[Reyn82] C. W. REYNOLDS, *Computer Animation with Script and Actors*, in Computer Graphics, 16(3), ACM SIGGRAPH, New York, 1982, S. 289–296.

[Rush86] H. E. RUSHMEIER, *Extending the Radiosity Method to Transmitting and Specularly Reflecting Surfaces*, master's thesis, Mechanical Engineering Department, Cornell University, Ithaca, NY, 1986.

[Rush93] ———, *From Solution to Image*, SIGGRAPH Course 22, 22(7) (1993), S. 1–10.

[Same84] H. SAMET, *The Quadtree and Related Hierarchical Data Structures*, ACM Computing Surveys, 16(2) (1984), S. 187–260.

[SCB88] M. STONE, W. COWAN UND J. BEATTY, *Color Gamut Mapping and the Printing of Digital Color Images*, ACM Transactions on Graphics, 7(3) (1988), S. 249–292.

[Scha93] R. SCHARDT, *Strecken- und Kreisdigitalisierungen in der Pixel- und Hexelebene*, Diplomarbeit, Lehrstuhl für angewandte Mathematik insbesondere Informatik, RWTH Aachen, 1993.

[Shou79] R. G. SHOUP, *Color Table Animation*, in Proceedings of SIGGRAPH '79, Computer Graphics, 13(2), ACM SIGGRAPH, New York, 1979, S. 8–13.

[SiPu89] F. SILLION UND C. PUECH, *A General Two-Pass Method Integrating Specular and Diffuse Reflection*, in Proceedings of SIGGRAPH '89, Computer Graphics, 23(3), ACM SIGGRAPH, New York, 1989, S. 335–344.

[Smit78] A. R. SMITH, *Color Gamut Transform Pairs*, in Proceedings of SIGGRAPH '78, Computer Graphics, 12(3), ACM SIGGRAPH, New York, 1978, S. 12–19.

[Smit84] ———, *Plants, Fractals and Formal Languages*, in Proceedings of SIGGRAPH '84, Computer Graphics, 18(3), ACM SIGGRAPH, New York, 1984, S. 1–10.

[Star89] M. STARK, *Spezifikation und Implementierung einer Datenstruktur für dreidimensionale finite Elemente*, Diplomarbeit, Institut für Informatik, TU München, 1989.

[Stei86] R. STEINBRÜGGEN, *Line-Drawing on a Discrete Grid*, Bericht TUM-I8610, Institut für Informatik, TU München, 1986.

[Stei88] ———, *Brons Decompositions of the Chain Code of a Straight Line*, unveröffentlichter Bericht, Institut für Informatik, TU München, 1988.

[Ster83]	G. STERN, *Bbop – A System for 3D Keyframe Figure Animation*, in Introduction to Computer Animation, Course Notes 7 for SIGGRAPH '83, ACM SIGGRAPH, New York, 1983, S. 240–243.
[Stoe94]	J. STOER, *Numerische Mathematik 1*, Springer-Verlag, Berlin u.a., 7. Aufl., 1994.
[SuHo74]	I. E. SUTHERLAND UND G. W. HODGMAN, *Reentrant Polygon Clipping*, Communications of the ACM, 17(1) (1974), S. 32–42.
[Suth63]	I. E. SUTHERLAND, *Sketchpad: A Man-Machine Graphical Communication System*, in Proceedings of the Spring Joint Computer Conference, Spartan Books, Baltimore, MD, 1963.
[Symb85]	SYMBOLICS INC., Hrsg., *S-Dynamics*, Symbolics Inc., Cambridge, MA, 1985.
[Thom86]	S. W. THOMAS, *Dispersive Refraction in Ray Tracing*, The Visual Computer, 2(1) (1986), S. 3–8.
[ToSp67]	K. E. TORRANCE UND E. M. SPARROW, *Theory for Off-Specular Reflection from Roughened Surfaces*, J. Opt. Soc. Am., 57(9) (1967), S. 1105–1114.
[TrMa93]	R. TROUTMAN UND N. L. MAX, *Radiosity Algorithms Using Higher Order Finite Elements*, in Proceedings of SIGGRAPH '93, ACM SIGGRAPH, New York, 1993, S. 209–212.
[TrRe75]	T. S. TROWBRIDGE UND K. P. REITZ, *Average Irregularity Representation of a Rough Surface for Ray Reflection*, J. Opt. Soc. Am., 65(5) (1975), S. 531–536.
[TSB66]	K. E. TORRANCE, E. M. SPARROW UND R. C. BIRKEBAK, *Polarization, Directional Distribution and Off-Specular Peak Phenomena in Light Reflected from Roughened Surfaces*, J. Opt. Soc. Am., 56(7) (1966), S. 916–925.
[Voss87]	R. VOSS, *Fractals in Nature: Characterization, Measurement, and Simulation*, Course Notes 15 for SIGGRAPH '87, (1987).
[Warn69]	J. WARNOCK, *A Hidden-Surface Algorithm for Computer Generated Half-Tone Pictures*, Technical Report TR 4-15, NTIS AD-753 671, Computer Science Department, University of Utah, Salt Lake City, UT, 1969.

[Watk70] G. S. WATKINS, *A Real Time Visible Surface Algorithm*, Technical Report UTEC-CSc-70-101, NTIS AD-762 004, Dissertation, Computer Science Department, University of Utah, Salt Lake City, UT, 1970.

[WCG87] J. R. WALLACE, M. F. COHEN UND D. P. GREENBERG, *A Two-Pass Solution to the Rendering Equation: A Synthesis of Ray Tracing and Radiosity Methods*, in Proceedings of SIGGRAPH '87, Computer Graphics, 21(4), ACM SIGGRAPH, New York, 1987, S. 311–320.

[WeAt77] K. WEILER UND P. ATHERTON, *Hidden Surface Removal Using Polygon Area Sorting*, in Proceedings of SIGGRAPH '77, Computer Graphics, 11(2), ACM SIGGRAPH, New York, 1977, S. 214–222.

[Whit80] T. WHITTED, *An Improved Illumination Model for Shaded Display*, Communications of the ACM, 23(6) (1980), S. 343–349.

[Will78] L. WILLIAMS, *Casting Curved Shadows on Curved Surfaces*, in Proceedings of SIGGRAPH '78, Computer Graphics, 12(3), ACM SIGGRAPH, New York, 1978, S. 270–274.

[WREE67] C. WYLIE, G. W. ROMNEY, D. C. EVANS UND A. C. ERDAHL, *Halftone Perspektive Drawings by Computer*, in Proceedings of the Fall Joint Computer Conference, Thompson Books, Washington, DC, 1967, S. 49–58.

[WySt82] G. WYSZECKI UND W. STILES, *Color Science: Concepts and Methods, Quantitative Data and Formulae*, John Wiley, New York, 2. Aufl., 1982.

[Zatz93] H. R. ZATZ, *A Higher Order Solution Method for Global Illumination*, in Proceedings of SIGGRAPH '93, ACM SIGGRAPH, New York, 1993, S. 213–220.

Index

$2\frac{1}{2}$ D-Darstellungen, 131
$2\frac{1}{2}$ D-Modelle, 66
3D-Modellierer, 256

abgeschlossene Menge, 57
Abschluss, 57
Abschneiden, *siehe* Clipping
absorbiertes Licht, 141, 150
Absorptionsfaktor, 162
abstrakte Datentypen, 8
Accumulation Buffer, 251
achromatisches Licht, 40
Active-Edge-Table, 133
adaptive Tiefenkontrolle, 183
adaptive Unterteilung, 190
additives Mischen, 44, 48
Adjazenzrelation, 74
affine Transformation, 9, 63, 117, 120, 252
affiner Raum, 10
Aitken und Neville, Schema von, 96
Algorithmus von
— Blinn, 126
— Bresenham, 23, 31
— — Mittelpunktversion, 23
— Brons, 28
— Cohen und Sutherland, 16, 18, 126
— Cyrus und Beck, 18, 126
— de Casteljau, 95, 107, 109
— Floyd und Steinberg, 43
— Gupta und Sproull, 39
— Liang und Barsky, 18, 126
— Pitteway und Green, 28
— Sutherland und Hodgman, 15, 126
— Warnock, 134
Aliasing, 37, 203
— Temporal, 218
Alpha Blending, 251
ambientes Licht, 140, 183
Anaglyphen, 201, 202
analytische Funktion, 58

Animation, 217, 218, 226, 240
— Steuerungs- und Kontrollmechanismen, 222
Antialiasing, 37, 252
Application Programming Interface, 250
Application-Builder, 258
Area-Subdivision-Techniken, 134
atmosphärischer Blaustich, 200
Attribute, 7, 215
Attributierung, 55, 90, 109
Aufbauoperatoren, 84
Auflösung, 19, 37, 53, 128, 130, 134, 138, 185
— Erhöhung, 37
Aufsplitten von Objekten, 130
Augmented Reality, 244
Ausfallswinkel, 144, 161, 162
Ausfüllen von Polygonen, 28
Ausgabegerät, 2, 6, 131, 239, 241
— rasterorientiertes, 8, 37, 40, 131
automatisiertes Inbetweening, 219

B-Spline-Flächen, 7, 68
B-Spline-Polygon, 100
B-Splines, 6, 7, 68, 98, 100
— Basisdarstellung, 101
— rationale, 103
Bézier
— -Flächen, 7, 68, 91
— — dreieckige, 108
— -Kurven, 6, 68, 91, 93
— — rationale, 102
— — stückweise, 98
— -Punkte, 94, 106, 108
— — innere, 98, 100
— -Splines, 98
— — Glattheit, 98
— — Glattheitsbedingungen, 98
— — Nahtstellen, 98
Back-Face-Culling, 126
Bahnlinien, 231

Basispolygone, 195
baumelnde Kanten und Flächen, 56, 57
Beckmann-Verteilung, 147
Beleuchtung, 140, 163
— diffuse, 141
— globale, 163, 169
— lokale, 140, 166
Beleuchtungsmodel
— lokales, 157
Beleuchtungsmodell, 145, 152
— lokales, 145, 152–156
— nach Torrance-Sparrow bzw. Blinn bzw. Cook-Torrance, 145, 182
— von Phong, 152, 182
Beobachterstandpunkt, 117
Bernstein-Polynome, 93, 108
Berührpunkte, 97, 109
Betrachterposition, 200
Betrachtungswinkel, 149
Bibliotheken, 249
bikubisches Coons Patch, 106
Bild
— -ausschnitt, 15, 18
— -daten, 123, 245
— -ebene, 124
— -element, 6
— -pixel, 42
— virtuelles, 2, 5, 18, 245
Bildschirm
— -brille, 240, 241
— -flackern, 218
— -pixel, 42
— -speicher, 42, 53, 128
— -zeile, 129
Bildverarbeitung
— geometrische Verarbeitung, 227
— globale Verarbeitung, 228
— lokale Bearbeitung, 227
— Methoden der, 227
— punktweise Bearbeitung, 227
— vergleichende Verarbeitung, 228
Bildverarbeitungsprogramme, 257
bilineare Interpolation, 90, 104, 197
Binärbaum, 63

biologische Zusatzinformation, 211
Bit-Matrix, 60
Bit-Plane, 42, 53
Blinn
— Algorithmus von, 126
— Beleuchtungsmodell nach, 145, 182
blockiertes Licht
— ausfallend, 148
— einfallend, 148
Brechung des Lichts, 159, 161, 179, 201
Brechungsindex, 150, 161, 162
— effektiver, 150, 151
Bresenham, Algorithmus von, 23, 31
Brons, Algorithmus von, 28
Bump-Map, 197
Bump-Mapping, 197

CAD, 55, 91
CAGD, 55, 66
Caustics, 170, 173, 175, 176
CIE-Kegel der sichtbaren Farben, 47
CIE-Modell, 47
Clipping, 15, 18, 26, 124
— -ebene
— — hintere, 125
— — vordere, 125
— dreidimensionales, 124
— zweidimensionales, 15, 126
Clustering, 139, 183
CMY-Modell, 48
CMYK-Modell, 49
CNS-Modell, 53
Cohen und Greenberg, Verfahren von, 184
Cohen und Sutherland, Algorithmus von, 16, 18, 126
Computational Geometry, 138
Computeranimation, 218, 240
Constructive Solid Geometry, 63
Cook und Torrance, Beleuchtungsmodell nach, 145, 182
Coons Patch, 91, 104
— bikubisches, 106
Core, 245

Index

CSG-Schema, 63
Cyberspace, 239
Cyrus und Beck, Algorithmus von, 18, 126

darstellbarer Farbbereich, 47
Darstellungsarten, 58
Darstellungsebene, 115
Darstellungsprimitive, 232
Darstellungsschemata, 58, 113
— direkte, 60
— indirekte, 66
Datenanzug, 240
Datenhandschuh, 239
Datenkompressionstechniken, 63, 218
Datenstruktur, 79
— dynamische, 80
— Half-Winged-Edge-, 81
— Oktalbaum-, 134
— statische, 80
— Winged-Edge-, 80
de Casteljau, Algorithmus von, 107, 109
Deformationen der Oberfläche, 197
Depth-Cueing, 123, 200
Differenz, 57
— erster Ordnung, 35
— zweiter Ordnung, 35
diffuse Beleuchtung, 141
diffuse Reflexion, 142
diffuser Anteil des Lichts, 143, 152
diffuses Licht, 141
Dimensionsbegriff
— fraktaler, 207
— klassischer, 206
Dimensionsreduktion, 229
direkte Darstellungsschemata, 60
disjunktive Normalform, 64
Dither-Matrix, 43
Dithering, 42
divide-and-conquer, 134
dominante Wellenlänge, 44
Doppelpunkt, 97
— -freiheit, 97
Double-Buffering, 218, 252

Drahtmodell, 66, 123
— -schema, 66
Drehung, 13
dreidimensionales Clipping, 124
dreieckige Bézier-Flächen, 108
Durchlässigkeitsfaktor, 162
Durchschnitt, 57
durchsichtige Materialien, 159

Echtzeitanwendungen, 154, 157, 194, 218
echtzeitfähig, 241
Eckintensitäten, 156
Ecknormalen, 156, 157
Eckpunkt, 74
— -summe, 127
effektiver Brechungsindex, 150, 151
einfallender Strahl, 145
Einfallswinkel, 142, 144, 147, 161, 162
Eingabegeräte, 239
Einheitshemisphäre, 164, 184
Einheitssphäre, 164
Elimination verdeckter Kanten und Flächen, 123
Empfindlichkeit des Auges, 45
Energieverteilung, 44
Entscheidungsvariable, 24, 25, 33–35
Environment-Mapping, 199
Erhöhung der Auflösung, 37
Euler
— -Ebene, 84
— -Formel, 82
— -Operatoren, 82, 84
— -Poincaré-Formel, 82
Eye-Tracking-Systeme, 240

Facetten, 145
Farbbereich, 47
Farbdarstellung, 43
Farbeditoren, 52
Farbfilter, 201
Farbkodierung, 53
Farbmetrik, 44
Farbmodelle
— CIE-Modell, 47

— CMY-Modell, 48
— CMYK-Modell, 49
— CNS-Modell, 53
— HLS-Modell, 51
— HSV-Modell, 50
— RGB-Modell, 48
— YIQ-Modell, 50
Farbreinheit, 44
Farbtabelle, 53, 220
Farbtabellenrotation, 220
Farbton, 44, 50, 51
Feder-Masse-Modelle, 223
Fehlerakkumulation, 22
Fehlerdiffusion, 43
feld-sequentielle Systeme, 200
Flächen
— -liste, 80
— -normale, 156
— -stücke, 74, 90, 113, 127
— geschlossene, 69
— orientierbare, 69
Floyd und Steinberg, Algorithmus von, 43
Flugführungssysteme, 241
Flugsimulatoren, 241
Formel von
— Euler, 82
— Euler und Poincaré, 82
formerhaltend, 95
Formfaktoren, 174, 184
— Berechnung, 184
Fraktale, 206
— fraktale Dimension, 206, 207
— fraktale Flächen, 206
— fraktale Geometrie, 206
— fraktale Kurven, 206
— fraktaler Dimensionsbegriff, 207
Frame-Buffer, 42, 53, 128, 129
Freiformflächen, 68, 91, 104
Freiformkurven, 68, 91, 92
freigesetzte Lichtmenge, 41
Fresnel, Gleichung von, 150
Führungspunkte, 6, 15
Füllen von Polygonen, 28

Funktionsplotter, 257

Gültigkeitsbedingungen, 68
ganzzahlige Arithmetik, 20, 22
ganzzahliges Gitter, 21
ganzzahliges Inkrement, 25, 34
ganzzahliges Koordinatensystem, 8, 19
Gathering, 189
Gauß-Seidel-Iteration, 188
Gauß-Verteilung, 147
gebrochener Strahl, 181
gefilterte Transparenz, 161
gekrümmte Flächen, 7, 91
gekrümmte Kurven, 91
geometrische Attributierung, 55, 90, 109
geometrische Daten, 245
geometrische Information, 73
geometrische Modellierung, 2, 55
geometrische Zusatzinformation, 211, 215
Geräte
— -daten, 245
— -koordinaten, 5, 8, 19, 123
— -treiber, 245
— -typtreiber, 245
gerichtetes Licht, 142
geschlossene Fläche, 69
Geschlossenheit, 69
Gesetz von Snellius, 161
Gewichtsfunktion, 39
GKS, 245
GKS-3D, 245
Glanz, 146, 151
— -effekte, 145, 158
— -licht, 154, 190
— -parameter, 146
Glättung, 200
Gleichung von Fresnel, 150
Gleitpunktarithmetik, 22, 23, 30
Globale Beleuchtung, 163
Gouraud-Schattierung, 155, 156, 179, 188, 241, 252
Grammatik, 63, 211, 212
— -modelle, 211
Graph

— vef-, 74, 82, 84, 109
— tripartiter, 80
Graphics Library, GL, 247, 250
Graphik
— -bibliotheken, 247, 249
— -editor, 245, 257
— -programmierung, 250
— -sprachen, 221
graphische Darstellung, 2, 113
graphische Primitive, 2, 7, 19
Graustufen, 38, 40, 42
— -darstellung, 40
Grundfarben, 46, 47
Grundkörper, 63
Grundobjekte, 2, 6, 20, 37, 61
Gummiballmodell, 85
Gupta und Sproull, Algorithmus von, 39

Halbkugel, 185
Halbräume, 63
Halbwürfel, 185
Half-Winged-Edge-Datenstruktur, 81
Halftoning, 42
Hardware-z-Buffer, 130
Hausdorff-Besicovitch-Dimension, 207
Head-Mounted-Display, 200, 202, 240, 241
Helligkeit, 41, 50, 51
Hidden-Surface-Removal, 123
hierarchisch, 61, 67
hierarchische Darstellungen, 5
hierarchische Konzepte, 139
hierarchische Teilchenmodelle, 215
hierarchisches Schichtenmodell, 245
Hilbert-Kurve, 206
hintere Clippingebene, 125
Hintereinanderausführung, 10, 14
Hintergrund
— -farbe, 129, 135
— -intensität, 129
HLS-Modell, 51
hohle Objekte, 68
Hohlräume, 82

Holographie, 204
homogene Koordinaten, 10, 116
HSV-Modell, 50
Hybridschemata, 72
Hyperebene, 84

Illumination Map, 176
Inbetweening, 219, 236
indirekte Darstellungsschemata, 66
Inkrement, 25, 34, 35, 129, 132
— ganzzahliges, 25, 34
— konstantes, 25, 35
inkrementelle Berechnung, 35, 40, 189
inkrementelle Techniken, 20, 22, 31, 129
innerer Punkt, 57
Inneres, 57
Integeradditionen, 23
Intensität, 27, 39, 41, 43, 50, 51, 156
— der punktförmigen Lichtquelle, 142
— der spiegelnden Reflexion, 152
— des ambienten Lichts, 141
— interpolierte, 160
— kleinste realisierbare, 41
— maximale darstellbare, 41
— ungleichmäßige, 30
Intensitätssprünge, 155
Intensitätsstufen, 42, 46
Intensitätsunterschiede, 21, 140
Interpolation, 219
— bilineare, 90, 104, 197
— fortgesetzte lineare, 95, 109
— lineare, 90, 155–157, 219
— transfinite, 91, 104
— von Intensitäten, 155, 156
— von Normalenvektoren, 156
Interpolationsschema, 65
Interpolationstechniken höheren Grades, 219
interpolierte Intensität, 160
interpolierte Schattierung, 155
interpolierte Transparenz, 160
Interreflexionen
— spiegelnde, 180, 199
Interreflexionsstufen, 188

inverse Kinematik, 222
Irradiance, 165
Isoflächen, 230
isolierte Punkte, Kanten und Flächen, 55, 57
Iterationsverfahren, 97, 188

Jacobi-Iteration, 188
JPEG-Standard, 218
Julia-Fatou-Mengen, 210, 224

Kanten, 66, 74
— -intensitäten, 156
— -modellierung, 66
— -normalen, 157
— -tabelle, 132
kd-Bäume, 178
Kegelfunktion, 39
Keyframe, 261
Kinematik
— inverse, 222
— Rückwärts-, 222
— Vorwärts-, 222
Kleinsche Flasche, 69
kleinste realisierbare Intensität, 41
Knoten, 74, 98
— -liste, 80
Knotenpunkte, 98
Koch-Kurve, 208
Kochsche Schneeflocke, 208
kombinierter Einsatz von Ray-Tracing und Radiosity, 191
komplementäre Farbanteile, 44, 48
Komplementärfarben, 48, 201
Komponentenhierarchie, 233
komprimierte Speicherung, 60
Komprimierungstechniken, 63, 218
konstante Schattierung, 155
konstantes Inkrement, 25, 35
Kontrollierbarkeit, 92
Kontrollnetz, 106, 108
Kontrollpolyeder, 94
Kontrollpolygon, 94
Kontrollpunkte, 94, 98

konvexe Hülle, 94, 108
konvexe Polyeder, 82
Konvexkombination, 94
Koordinaten
— Geräte-, 5, 8, 19, 123
— homogene, 10, 116
— Modell-, 5, 8, 19, 114
— virtuelle Bild-, 5, 8, 19, 114, 123
— Welt-, 5, 8, 19, 114
Koordinatensystem, 5, 8, 19
— ganzzahliges, 8, 19
— linksdrehendes, 8
— rechtsdrehendes, 8
— reelles, 8
Kreis, 30
— -bogen, 31
— -scheiben
— — überlappende, 38
— — nicht überlappende, 21
Kurvenstücke, 90

Lauflängenkodierung, 60
Level-of-detail, 252
Liang und Barsky, Algorithmus von, 18, 126
Licht, 140
— absorbiertes, 141, 150
— achromatisches, 40
— ambientes, 140, 183
— blockiertes
— — ausfallend, 148
— — einfallend, 148
— diffuser Anteil, 143, 152
— diffuses, 141
— gerichtetes, 142
— monochromatisches, 44
— punktförmiger Anteil, 143, 152
— reflektiertes, 141, 143, 144, 150
— ungerichtetes, 141
Licht-Interaktion, 169
Lichtbrechung, 159, 161, 179, 201
lichtdurchlässige Materialien, 159
Lichteinfallsvektor, 142
Lichtmenge

— freigesetzte, 41
Lichtquelle
— punktförmige, 140, 142
Lichttransportoperator, 169
Light Ray-Tracing, 176
lineare Interpolation, 90, 155–157, 219
lineare Listen, 221
lineares Gleichungssystem, 185
Linien, 20
linksdrehendes Koordinatensystem, 8
List-Priority-Verfahren, 130
Löcher, 82
Lokalitätsprinzip, 93

Machsche Streifen, 155
Maler-Algorithmus, 131
Malprogramme, 257
Mandelbrot-Mengen, 210, 224
Mapping-Techniken, 195
Materialeigenschaften, 141, 142, 158, 181, 183, 184, 223
mathematischer Modellraum, 58
Matrix
— orthogonale, 13
— positiv definite, 187
— schwach besetzte, 187
— strikt diagonaldominante, 187
— symmetrische, 187
Matrix Stack, 255
maximale darstellbare Intensität, 41
Mehrfachreflexionen
— spiegelnde, 180, 183, 199
Mengenoperationen, 57
Mensch-Maschine-Interaktion, 239
Minimum-Support-Splines, 101
Mipmap Textures, 252
Mittelpunktversion, 23
Möbius
— -band, 69
— Verfahren von, 70
Modell der Szene, 2, 5
Modelliersysteme, 73, 91, 256
Modelling Transformation, 253
Modellkoordinaten, 5, 8, 19, 114

Modelview Matrix, 253
monochromatisches Licht, 44
Monte Carlo Path-Tracing, 172
Monte Carlo Ray-Tracing, 172, 176
Motion Blur, 251
Motion-JPEG-Standard, 218
MPEG-Standard, 218

Nachbarschaftsbeziehungen, 73
Nachfolgepixel, 23–25, 32, 33, 35
— potenzielle, 23, 32
natürliche Effekte, 205
natürliche Objekte, 205, 211, 214
natürlicher Sehvorgang, 199, 200
nicht zusammenhängende Objekte, 68
Normale, 156
— äußere, 126, 142, 145
— Approximation, 198
Normzellen-Aufzählungsschema, 60, 113
NTSC-Fernsehnorm, 50
numerische Simulation, 199, 224, 243
NURBS, 68, 102

Oberflächen, 113
— -darstellung, 66, 67, 73, 113
— -detailpolygone, 195
— -details, 195
— -modellierung, 66
— -stücke, 126, 182
Octree, siehe Oktalbaum
offene Menge, 57
Oktalbaum, 61
— -datenstruktur, 134
— -schema, 61, 113, 134, 138
OpenGL, 247, 249, 250
— GLU, 250
— GLX, 251
— Open Inventor, 251
optische Achse, 119
optische Artefakte, 237
optischer Achsenpunkt, 119
orientierbare Fläche, 69
Orientierbarkeit, 69
— Test, 70

orthogonale Parallelprojektion, 185

PAL-Fernsehnorm, 9
Parallelisierung, 130, 136
Parallelprojektion, 114, 115
— allgemeine, 115
— orthogonale, 185
Parkettierung, 110
Partikel, 215
— -systeme, 214
— -verfolgung, 226
Partitionierung, 138, 183
Patch, 90
Path-Tracing, 172
perfekt reflektierter Strahl, 145, 152, 181
perfekte Spiegelung, 144, 145
Perspektive, 117
PHIGS, 245
PHIGS+, 245
Phong
— -Schattierung, 156, 179
— -Verteilung, 146
— Beleuchtungsmodell von, 152, 182
Photon Map, 176
— Caustics, 178
— Global, 178
Photon-Tracing, 176
Photorealismus, 163
physiologische Effekte, 199, 200
Pitteway und Green, Algorithmus von, 28
Pixel, 6, 19, 20, 30, 53, 124, 131, 135, 154, 160, 196
— -menge, 129
— -muster, 20, 37
— aktuelles, 23, 32
— Bild-, 42
— Bildschirm-, 42
— Nachfolge-, 23–25, 32, 33, 35
— — potenzielle, 23, 32
— Start-, 25, 34
Polarisation, 202, 203
polarisierender Filter, 200
Polyeder, 73

— konvexe, 82
Polygon, 6, 27, 138
— -tabelle, 132
— -zug, 6, 27, 219
polygonale Darstellung, 91, 113
polygonale Netze, 7, 154
polygonale Schattierungsverfahren, 194
Polynominterpolation, 92
Poolball, 240
Positionssensoren, 240
PostScript, 247
Primärfarben, 48
Primärstrahlen, 171, 181
Primitive, 2, 7, 19, 63, 64
Primitiven-Instantiierung, 64
Prismenmasken, 201
Projection Transformation, 253
Projektion, 102, 114, 129
Projektionsebene, 114
Projektionsmatrix, 116
Projektionsrichtung, 114, 117, 124
Projektionsstrahl, 115, 124
Projektionszentrum, 117, 124, 126, 135, 203
psychologische Tiefenhinweise, 200
punktförmige Lichtquelle, 140, 142
punktförmiger Anteil des Lichts, 143, 152

Quadrilateral Meshes, 7
Quadtree, 61
— -Schema, 61

Radiance, 164
Radiant Energy, 164
Radiant Flux, 164
Radiant Intensity, 165
radiometrische Größen, 163
Radiosity, 165, 191
— -Gleichung, 174, 175
— — Lösung, 185
— -Verfahren, 174, 183, 241
— -Werte, 188
Rand, 57

— -punkt, 57
Randomisierungen, 214
Raster
— -bildschirm, 8, 19, 42, 128
— -daten, 245
— -konvertierung, 129
rasterorientierte Graphik, 6
rasterorientiertes Ausgabegerät, 8, 37, 40, 131
Rasterung, 37
Rauheit, 148
Raumbildeindruck, 199, 202
raumfüllende Kurven, 206
Raumwinkel, 164
Ray-Casting, 135, 179
Ray-Tracer, 256
Ray-Tracing, 135, 170, 179, 191
— rekursives, 179, 181, 183
reale Szene, 1, 5
rechtsdrehendes Koordinatensystem, 8
rechtshändiges System, 127
Redundanz, 78
reelles Koordinatensystem, 8
Reflectance, 174
Reflectance-Gleichung, 166
Reflection-Mapping, 199
reflektiertes Licht, 141, 143, 144, 150
Reflexion, 140, 166
— diffuse, 142, 169
— spiegelnde, 144, 158, 169
— totale innere, 162, 181
Reflexionskoeffizient, 141, 142
Regelfläche, 104
Regeln
— deterministische, 215
— stochastische, 215
reguläre Menge, 57, 58
reguläre Mengenoperation, 63
regularisierte Mengenoperation, 57, 63
regularisierte Mengenoperatoren, 58
Regularisierung, 57
rekursiv, 61, 134
— rekursive Berechnung, 95, 107, 109
— rekursive Routinen, 210

— rekursive Strahlverfolgung, 135
— rekursive Substrukturierung, 190
— rekursives Ray-Tracing, 179, 181, 183
Relation, 58, 74
— zusammengesetzte, 79
reliefartige Texturen, 197
Rendering, 193
— -Pipeline, 193
— -Techniken, 217, 241
Rendering-Gleichung, 166, 168, 169
— Lösung der, 169
Repräsentanten, 59
Repräsentationsraum, 58, 63
Restbilder, 203
Rezeptoren, 45
RGB-Modell, 48
Rot-Grün-Brille, 203
Rotation, 13, 63, 117, 120
Rotationskörper, 65
Rückseiten, 123, 126
— -entfernung, 126
Rückwärtskinematik, 222
Rundung, 19, 21, 22, 26, 30

Sättigung, 44, 46, 50, 51
Sättigungsstufen, 46
Scan-Line, 131, 157
— -Algorithmen, 28, 131, 132
Schatten, 130, 179
— -strahlen, 180
Schattierung, 154, 195
— Gouraud-, 155, 156, 179, 188, 241
— interpolierte, 155
— konstante, 155
— Phong-, 156, 179
Schema von Aitken und Neville, 96
Schichtenmodell, 245
Schnittebenen, 229
Schnittpunktberechnung, 16, 135, 136, 183
— beim Clipping, 16
— beim Ray-Casting, 136
— — Effizienz, 139
— — Vermeidung, 138

— beim Ray-Tracing, 183
Schnittstellen, 245
Schraffieren von Polygonen, 28
schrittweise Verfeinerung, 189
Screen-Door-Transparenz, 160
Sekundärstrahlen, 171, 181, 183
selbstähnlich, 206
Selbstähnlichkeit, 206, 213
Selbstdurchdringung, 109
semi-analytische Menge, 58
Shading, *siehe* Schattierung
shape-preserving, 95
Shifts, 23
Shooting, 189
Sichtbarkeitsentscheid, 116, 123, 195, 200, 217
Sichtbarkeitsfunktion, 168
Skalierung, 12, 13
— verzerrungsfreie, 12, 121
Skelette, 219
Snellius, Gesetz von, 161
Speicherkomplexität, 76, 79
spektrale Energieverteilung, 44
Spektrum, 43, 44, 53
Sphäre, 137
spiegelnde Interreflexionen, 180, 199
spiegelnde Mehrfachreflexionen, 180, 183, 199
spiegelnde Reflexion, 144, 158
Spiegelreflexion, 180, 199
Spiegelreflexionsexponent, 147, 152
Spiegelreflexionskoeffizient, 152
Spiegelung, 117, 120, 179, 199
— am Ursprung, 12
— an der x-Achse, 13
— an der y-Achse, 13
— perfekte, 144, 145
Spiegelungseffekte, 145, 158
Spiegelungsmodelle, 145
Spracherkennungssysteme, 240
Sprites, 220
Standard-Programmiersprachen, 221
Standards, 73, 245
starre Körper, 55, 58

Startpixel, 25, 34
statistische Selbstähnlichkeit, 206
statistische Störung, 210
Steradiant, 164
Stereographie, 199
Stereoskop, 200, 202
stereoskopische Bildschirmsysteme, 200
— aktive, 200
— Anaglyphen, 201, 202
— elektro-optische, 201
— feld-sequentielle, 200
— mechanische, 201
— passive, 200
— Prismenmasken, 201
— zeit-multiplexe, 200
— zeit-parallele, 201, 203
stereoskopische Überlagerung, 200
Steuer- und Graphikrechner, 241
Steuerung der Animation, 222
— über Regeln, 222
— explizite, 222
— prozedurale, 222
Störterme, 210
Strahl
— -verfolgung, 135, 163, 179
— — rekursive, 135
— — wiederholte, 135
— einfallender, 145
— gebrochener, 181
— perfekt reflektierter, 145, 152, 181
Strahlen
— -bündel, 144
— Primär-, 171, 181
— Sekundär-, 171, 181, 183
Streichbänder, 231
Streichlinien, 231
Stromlinien, 231
strukturelle Algorithmen, 28
subtraktives Mischen, 44, 48, 50
Sutherland und Hodgman, Algorithmus von, 15, 126
Sweep-Line-Algorithmen, 132
synchronisiertes Verschlusssystem, 200
synthetisch generierte Sicht, 241

Index 301

Tabelle der aktiven Kanten, 133
Teilchen, 215
Teilgebiete, 134, 138
Temporal Aliasing, 218
Tensorproduktansatz, 104
Texel, 196
Textur, 195, 200
— reliefartige, 197
Texture-Map, 196
Texture-Mapping, 195, 196, 241, 252
— hardwaregestütztes, 199
Tiefenkontrolle, 183
Tiefenpuffer, 128
topologische Information, 73, 109
topologische Struktur, 73, 82, 211, 214
Torrance und Sparrow, Beleuchtungsmodell nach, 145, 182
totale innere Reflexion, 162, 181
Tracking, 222, 240
— -systeme, 240
transfinite Interpolation, 91, 104
Transformation, 5, 8
— affine, 9, 63, 117, 120, 252
— Modelling, 253
— Projection, 253
— Viewing, 253
— Viewport, 253
— Window-Viewport-, 123
Translation, 11, 13, 63, 117, 120
Translationskörper, 65
translucent, 159, 170
Transmissionskoeffizient, 160, 161, 182
transparent, 123, 141, 159, 170, 180
Transparenz
— -koeffizient, 162
— gefilterte, 161
— interpolierte, 160
— mit Brechung des Lichts, 161
— ohne Brechung des Lichts, 159
— Screen-Door-, 160
Trennhilfe, 202
Trennschärfe, 46
Triangular Strips, 7
tripartiter Graph, 80

Trowbridge-Reitz-Verteilung, 147

Überlagerungseffekte, 37
Überlappung
— wechselseitige, 130
— zyklische, 130
Umgebung, 57
Umhüllung, 140, 183
Undercolour Removal, 50
ungerichtetes Licht, 141
Unweighted Area Sampling, 38

vef-Graph, 74, 82, 84, 109
Vektor-Zeichensätze, 6
vektororientierte Graphik, 6, 67
Vektorräume, 10
Vereinigung, 57
Verfahren von
— Cohen und Greenberg, 184
— Möbius, 70
Verfremdungseffekte, 37, 218
Verschiebegeometrieschema, 65
Verschiebekurve, 65
Verschiebelinie, 65
Verschiebung, 11
verzerrungsfreie Skalierung, 12, 121
Viewing, 252
Viewing Transformation, 253
Viewing Volume, 253
Viewport Transformation, 253
Virtual Reality, 199, 238
Virtual-Reality-System, 239
virtuelle Bildkoordinaten, 5, 8, 19, 114, 123
virtuelles Bild, 2, 5, 18, 245
Visible-Line-Determination, 123
Visible-Surface-Determination, 123
Visualisierung, 199, 215, 223, 224, 243
— Beschriftung zur, 233
— durch Darstellungsprimitive, 232
— durch Dimensionserhöhung, 232
— durch Dimensionsreduktion, 229
— durch Farbgebung, 231
— durch Texturen, 232

Visualisierungssysteme, 258
— allgemeine, 258
— spezialisierte, 258
Volume Rendering, 226
Volumenmodellierung, 60
vordere Clippingebene, 125
Vorderseiten, 123
Vorsortieren der Objekte, 130
Vorwärtskinematik, 222
Voxel, 60, 138
— -schema, 113

Warnock, Algorithmus von, 134
wechselseitige Überlappung, 130
Weighted Area Sampling, 38
Wellenlänge, 44, 149, 161, 162, 188
— dominante, 44
Weltkoordinaten, 5, 8, 19, 114
wiederholte Strahlverfolgung, 135
Window-Viewport-Transformation, 123
Winged-Edge-Datenstruktur, 80
Wireframe, 66

YIQ-Modell, 50

z-Buffer, 128, 129, 185, 252
— -Verfahren, 128, 179
— Hardware-, 130
— zweiter, 130
Zeichenprogramme, 257
Zeichensätze, 6
zeit-multiplexe Systeme, 200
zeit-parallele Systeme, 201
Zellen, 60
Zellmaschenweite, 60
Zellzerlegungsschema, 60
Zentralprojektion, 114, 117, 122, 124, 184, 200
— allgemeine, 119
zentrische Streckung, 12
Zoom, 6, 12
zusammengesetzte Objekte, 2
zusammengesetzte Relation, 79
Zusammenhangskomponenten, 82

zweidimensionales Clipping, 15, 126
zyklische Überlappung, 130

Farbtafel 1:
Drahtmodell einer Szene
(ohne Antialiasing)

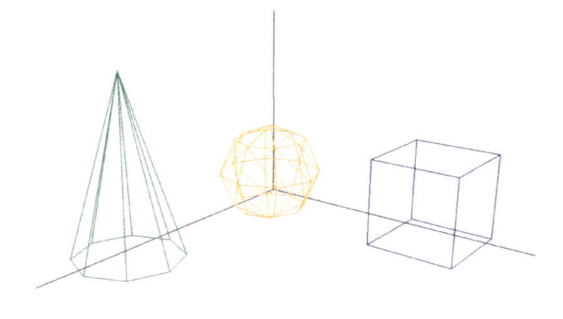

Farbtafel 2:
Drahtmodell einer Szene
(mit Antialiasing)

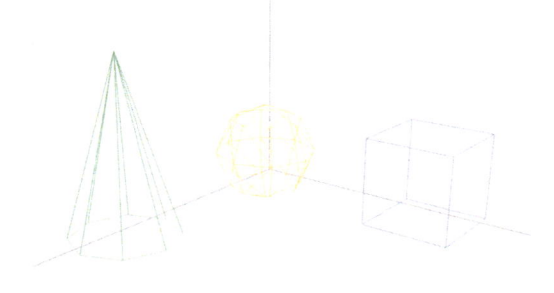

Farbtafeln 3 und 4:
Ausschnittsvergrößerung
(links ohne Antialiasing,
rechts mit Antialiasing)

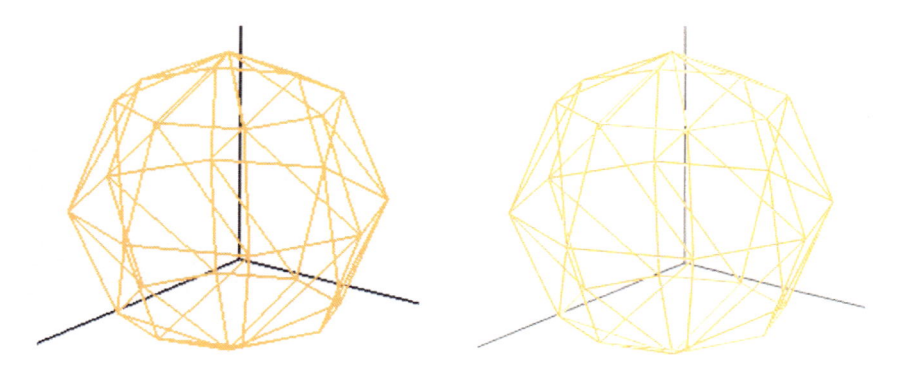

Aufgrund technischer Probleme konnten die Farben in einigen der Farbabbildungen beim Druck leider nicht originalgetreu reproduziert werden. Betroffen sind insbesondere die Farbtafeln 9-14 zu den verschiedenen Farbmodellen.

Sämtliche Farbtafeln sind jedoch online verfügbar unter:
http://www.informatik.uni-stuttgart.de/ipvr/sgs/grafikbuch

Farbtafel 5: Bild in 24-Bit-Farbdarstellung

Farbtafel 6: Darstellung mit 256 Graustufen

Farbtafel 7: Darstellung mit 4 Graustufen

Farbtafel 8: Schwarz-Weiß-Darstellung mit Dithering (Floyd-Steinberg-Algorithmus)

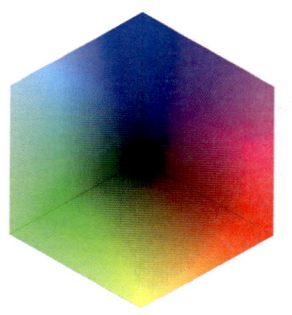

Farbtafel 9: RGB- bzw. CMY-Farbmodell (Blick auf Schwarz)

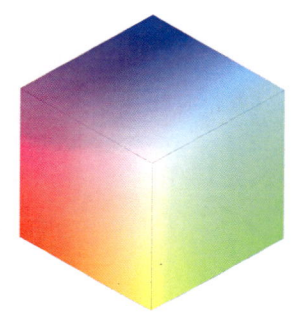

Farbtafel 10: RGB- bzw. CMY-Farbmodell (Blick auf Weiß)

Farbtafel 11: HSV-Farbmodell

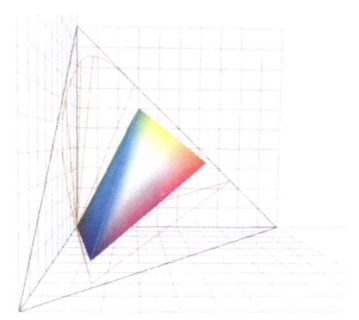

Farbtafel 12: CIE-Kegel-Ausschnitt mit den auf einem typischen Farbmonitor darstellbaren Farben

Farbtafel 13: Additive Farbmischung

Farbtafel 14: Subtraktive Farbmischung

Farbtafel 15:
Modell eines
dreidimensionalen Objekts

Farbtafel 16:
Darstellung im
Zellzerlegungsschema

Farbtafel 17:
Näherungsweise
Darstellung im
Normzellen-
Aufzählungsschema

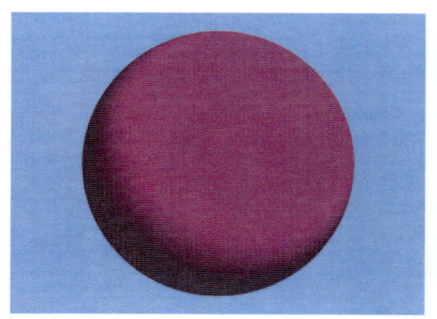

Farbtafel 18: Die Kugel als CSG-Primitiv

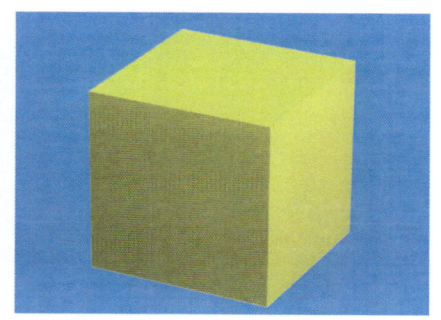

Farbtafel 19: Der Würfel als CSG-Primitiv

Farbtafel 20: Kugel ∪ Würfel

Farbtafel 21: Kugel ∩ Würfel

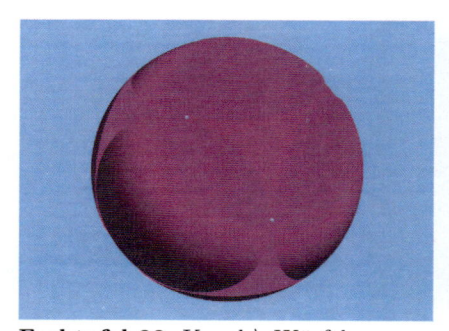

Farbtafel 22: Kugel \ Würfel

Farbtafel 23: Würfel \ Kugel

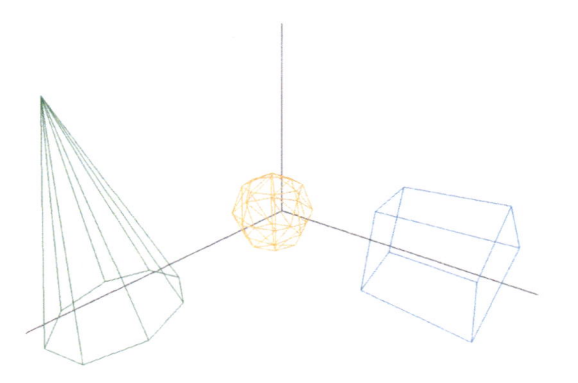

Farbtafel 24:
Drahtmodell einer Szene
(Zentralprojektion)

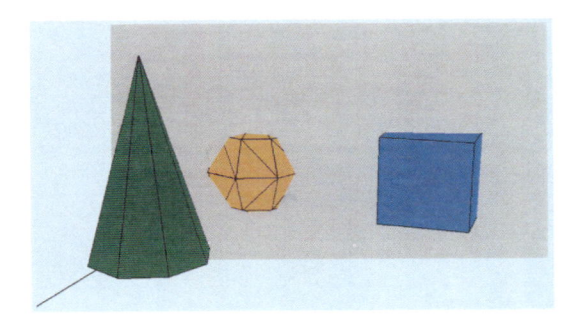

Farbtafel 25:
Darstellung mit hinterer
Clippingebene

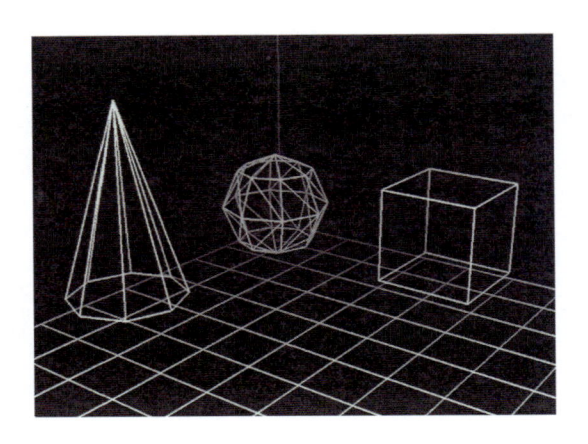

Farbtafel 26:
Darstellung mittels
Depth-Cueing

Farbtafel 27:
Drahtmodell einer Szene
(Zentralprojektion)

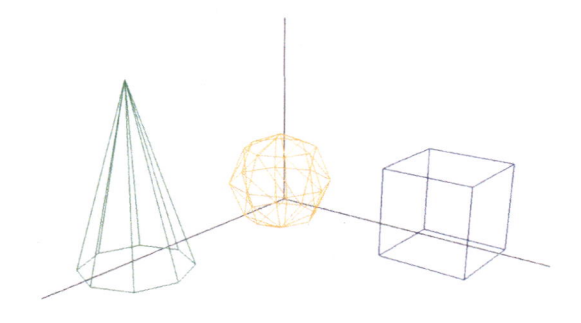

Farbtafel 28:
Drahtmodell nach
Rückseitenentfernung

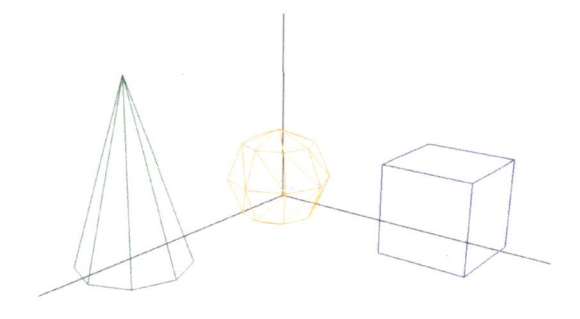

Farbtafel 29:
Sichtbarkeitsentscheid mit
dem z-Buffer-Verfahren

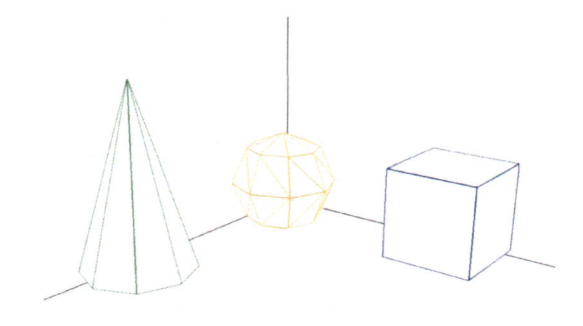

Farbtafel 30: Beleuchtung mit rein ambientem Licht

Farbtafel 31: Beleuchtungsmodell mit ambientem Licht und einer punktförmigen Lichtquelle

Farbtafel 32: Beleuchtung mit ambientem Licht und zwei punktförmigen Lichtquellen (diffuse und spiegelnde Reflexion nach Phong)

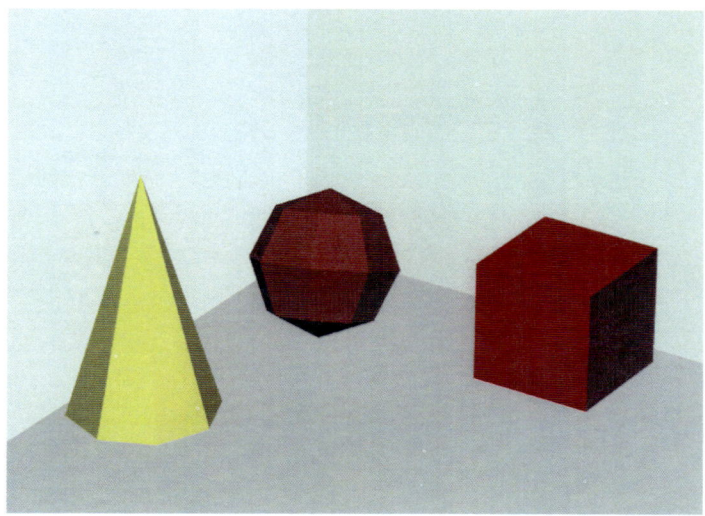

Farbtafel 33: Konstante Schattierung (keine spiegelnde Reflexion)

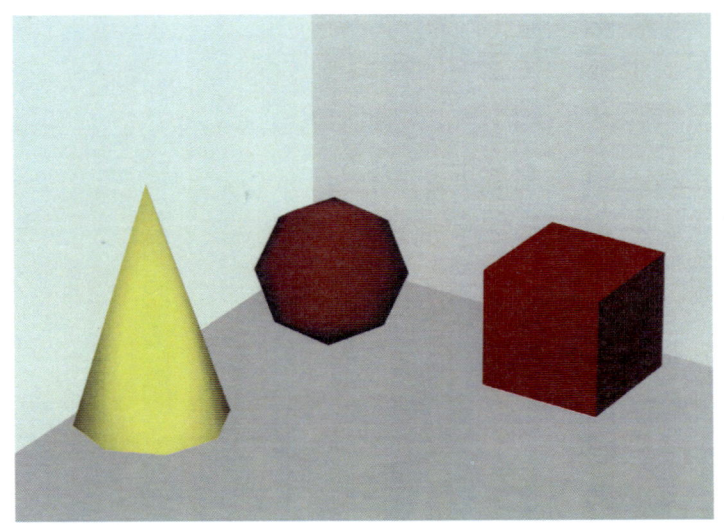

Farbtafel 34: Phong-Schattierung (keine spiegelnde Reflexion)

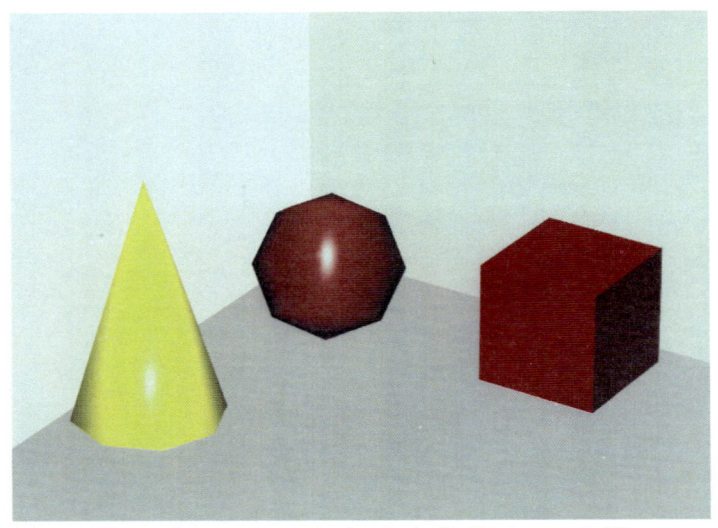

Farbtafel 35: Phong-Schattierung (spiegelnde Reflexion nach Phong, Spiegelreflexionsexponent $k = 40$)

Farbtafeln 36 und 37: Zimmer mit Aussicht (mit und ohne punktförmige Lichtquellen im Raum), dargestellt mit Hilfe des Radiosity-Verfahrens. Man erkennt deutlich die etwa im Vergleich zum Ray-Tracing unschärferen Konturen der Schatten. Bei der Modellierung des Bodens wurden um die beiden Tischbeine an der Fensterseite deutlich kleinere Flächenstücke verwendet als für den Rest des Bodens. Denn hier ist der Kontrast zwischen direkter Beleuchtung und Schatten besonders stark. Durch die kleineren Flächenstücke kann die Schattenkorrektur genauer ausgearbeitet werden als beispielsweise bei den Beinen des Stuhls im Vordergrund. Daher scheinen die beiden Stühle zu schweben, der Tisch dagegen erweckt eher den Eindruck, dass er fest am Boden steht. Ingesamt wurden 4680 Flächenstücke verwendet, davon 32 (oben) bzw. 200 (unten) emittierende. (Bilder: M. Geppert, M. Alefeld, Lehrstuhl für Höhere Mathematik und Numerische Mathematik (Prof. Dr. Dr. h.c. R. Bulirsch), Technische Universität München, siehe [Gepp95]).

Farbtafel 36

Farbtafel 37

Farbtafel 38: Texture-Mapping: Die Wolkenstruktur ist auf eine transparente Kugel aufgetragen, welche die ihrerseits mittels Texture-Mapping erstellte Erdkugel umgibt. Dadurch lassen sich Schatten unter den Wolken realisieren.

Farbtafel 39: Bump-Mapping

Die Farbtafeln 40 und 41 zeigen verschiedene Möglichkeiten der Visualisierung einer turbulenten Rohrströmung. Die anschauliche Darstellung komplexer Strömumgsvorgänge ist oft schwierig und aufwändig, da turbulente Phänomene i. A. dreidimensional sind und damit zu sehr großen Datenmengen führen. In den beiden vorliegenden Bildern wird der räumliche Bildeindruck durch die Verwendung von Anaglyphen, d. h. durch die Überlagerung zweier leicht versetzt angeordneter Bilder (Rot/Grün bzw. Rot/Cyan) erreicht. Der Betrachter trägt dabei eine spezielle Brille. Es existieren mehrere Ansätze zur Realisierung von Anaglyphen. Farbtafel 40 zeigt das Ergebnis mit einer sogenannten Stereographischen Fensterprojektion. In Farbtafel 41 wird der dreidimensionale Effekt mit einer On-Axis-Projektion erreicht. Beide Bilder sind [Mess94] entnommen.

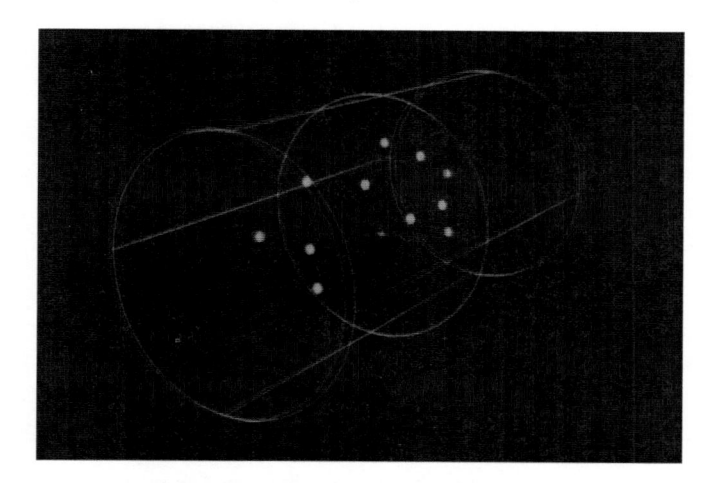

Farbtafel 40:
Stereographische
Fensterprojektion

Farbtafel 41:
On-Axis-Projektion

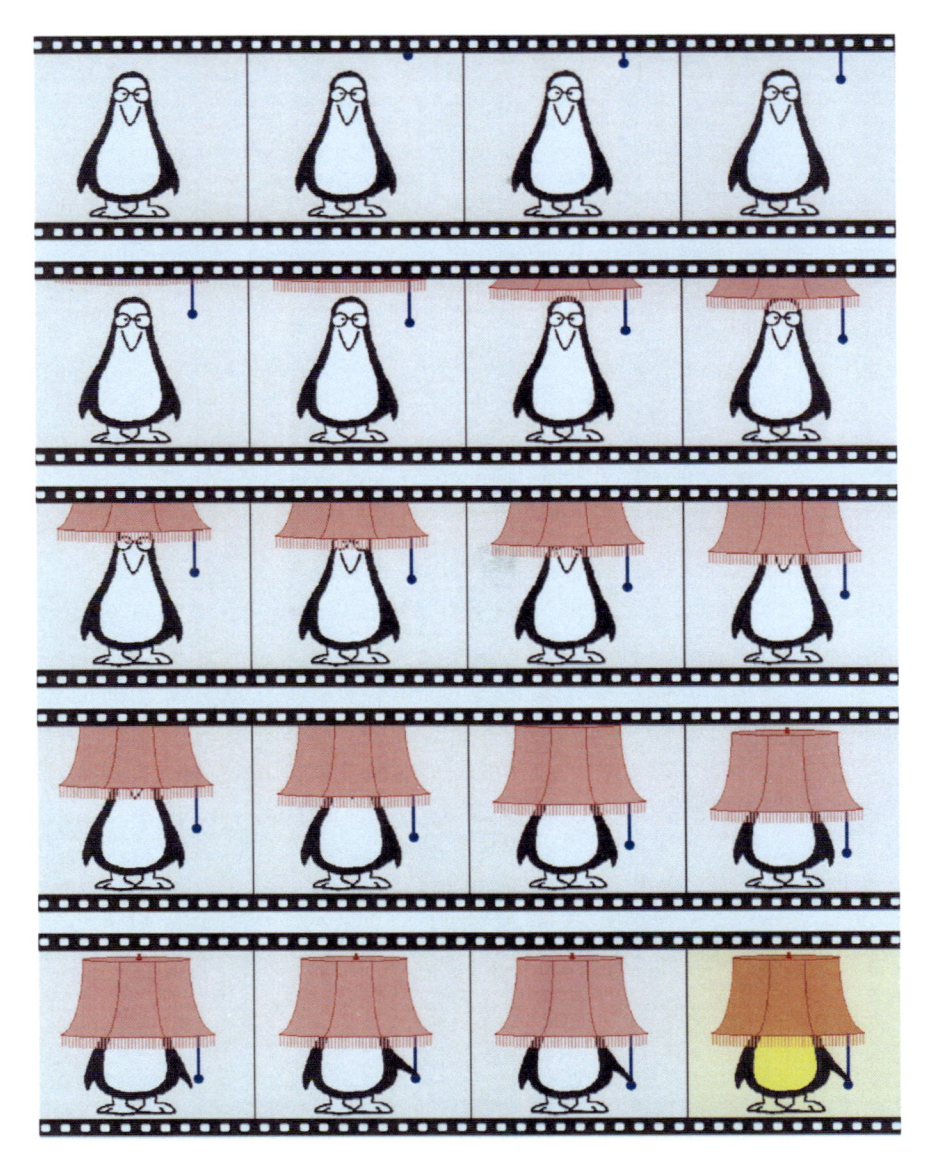

Farbtafel 42: Realisierung einer Animationssequenz über die Erzeugung von Einzelbildfolgen

Farbtafel 43

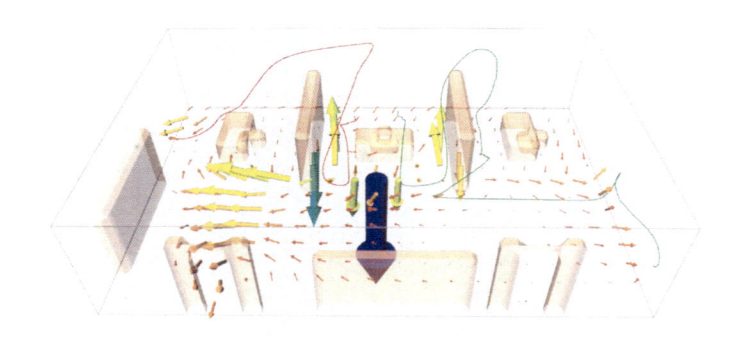

Farbtafel 43 zeigt die Strömungsverhältnisse in einem Großraumbüro mit drei Schreibtischen, Trennwänden und zwei Türen, in das Frischluft durch eine quadratische Öffnung in der Deckenmitte eingeführt wird. Ausströmen kann die Luft durch die linke Tür und zwei Auslassschächte an der linken und rechten Wand. Die Möbel und Trennwände sind als transparente Isoflächen dargestellt. Die Strömung wird einmal durch Vektorpfeile in Strömungsrichtung dargestellt, deren Füße alle in einer Ebene angebracht sind und deren Dicke und Einfärbung die Stärke der Strömungsgeschwindigkeit widerspiegeln. Außerdem sind eine rote und eine grüne Bahnlinie zu sehen. Diese stellen den Weg von zwei Partikeln dar, die mit der Frischluft durch die Deckenöffnung einströmen. In Farbtafel 44 wird die Luftströmung um die Insel Jan Mayen im Nordatlantik gezeigt, wobei der Wind von links weht. Die Insel selbst ist wiederum als (in der Höhe überstreckte) Isofläche dargestellt, deren Einfärbung durch die Höhe gegeben ist. Die grünen Bahnlinien zeigen die sich hinter der Insel ausbildende Luftverwirbelung. Zusätzlich ist in zwei ebenen Schnitten die Strömungsgeschwindigkeit durch Farbskalierungen visualisiert. Dabei sind, um eine bessere Übersichtlichkeit zu erreichen, einige Geschwindigkeitsbereiche ausgeblendet. Beide Bilder sind [GDN95] entnommen.

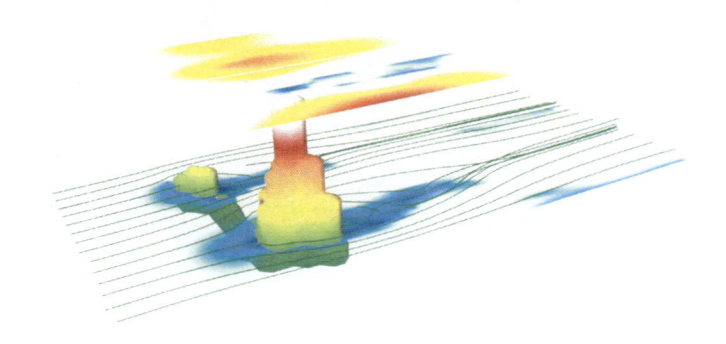

Farbtafel 44

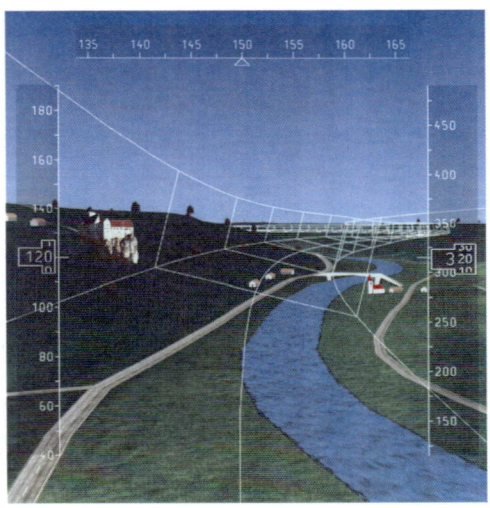

Farbtafel 45: Flugführung mit computergenerierter synthetischer Sicht: Tiefflug im Altmühtal. Der in das Geländebild integrierte Flugführungskanal gibt den Sollflugweg vor.

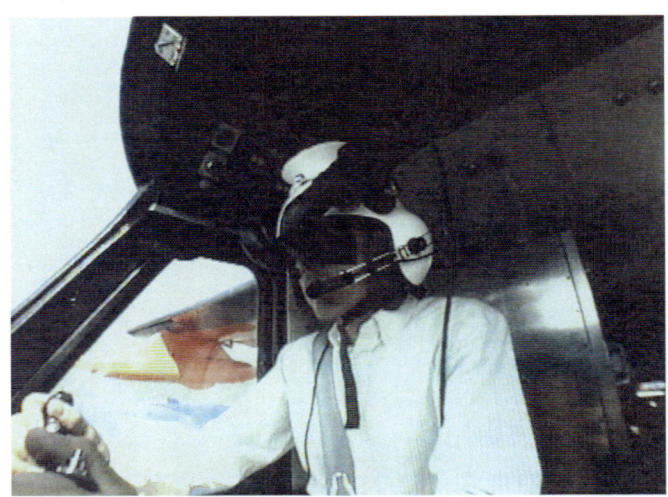

Farbtafel 46: Flugversuche mit synthetischer Sicht: Versuchspilot mit Datensichthelm (Head Mounted Display). Mittels zweier Miniatur-Kathodenstrahlröhren wird dem Piloten das computergenerierte synthetische Bild der Landschaft präsentiert (Bilder: Prof. Dr.-Ing. G. Sachs, Lehrstuhl für Flugmechanik und Flugregelung der Technischen Universität München).

Farbtafel 47: Die interaktive Simulation des Faltenwurfs von Stoffen, insbesondere von Kleidung, zählt zu einer der großen Herausforderungen der Computergraphik. Einen vielversprechenden Ansatz hierfür bieten Partikelmethoden. Hierbei wird der Stoff durch eine große Zahl von Partikeln diskretisiert, welche jeweils mit ihren räumlichen Nachbarn über Potenzialfunktionen wechselwirken, die Anziehungs- und Abstoßungskräfte zwischen den Partikeln widerspiegeln. Die Dynamik wird nun durch die Newtonschen Bewegungsgleichungen beschrieben und numerisch mittels Moleküldynamikverfahren berechnet. Als Beispiel betrachten wir ein Tuch, welches durch 50 × 50 Partikel diskretisiert wurde. Die Partikel befinden sich zu Beginn am Boden des dreidimensionalen Simulationsgebietes. Dann werden die Partikel an den Punkten (35,25) und (50,50) mit konstanter Geschwindigkeit nach oben bewegt. Die Bilder zeigen das Ergebnis zu verschiedenen Zeitpunkten der Simulation.

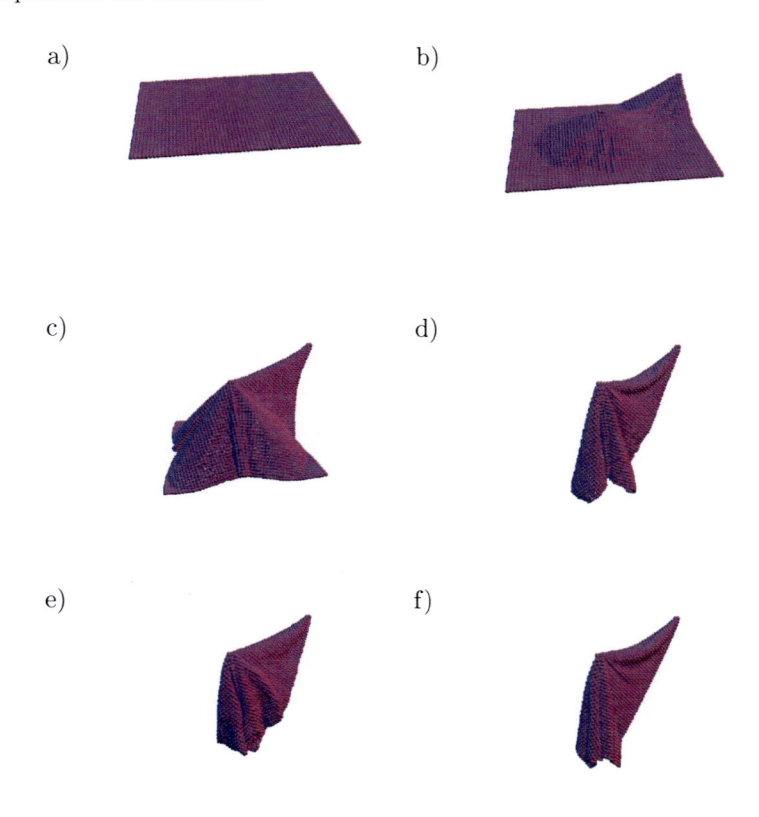

Farbtafel 48: Besonders aussagekräftige Visualisierungen von Vektorfeldern gestattet der LIC-Algorithmus (Line Integral Convolution). Hierbei wird eine Textur (bspw. ein weißes Rauschen), deren Auflösung (Anzahl der Texel) der Auflösung des Vektorfeldes (Anzahl der Zellen) entsprechen muss, entlang der Stromlinien dieses Vektorfeldes gefaltet. D. h., für jedes Texel der Textur wird anhand der lokalen Richtung der Stromlinien des Vektorfeldes eine bestimmte Strecke über die jeweils benachbarten Texel abgelaufen. Dabei werden die Grauwerte der abgelaufenen Texel mittels einer gewichteten Summe zum Grauwert des Starttexels addiert, bevor der neu berechnete Wert im Ergebnisbild gespeichert wird. Die Länge des sog. Faltungskerns – dies entspricht gerade der Anzahl der Schritte, wie oft von einem Texel zu einem seiner Nachbarn fortgeschritten wird – bestimmt dabei, wie stark bzw. schwach das Ergebnisbild „verschmiert" ist. Die Abbildungen a)–d) zeigen Visualisierungen der Simulation einer Nischenströmung (Driven Cavity) zu verschiedenen Zeitpunkten und mit unterschiedlich langen Faltungskernen. In den Abbildungen a) und c) ist ein Zeitpunkt t_1 mit Faltungskernen der Länge 20 bzw. 50 dargestellt, in den Abbildungen b) und d) ist ein anderer Zeitpunkt t_2 zu sehen, ebenfalls mit Faltungskernen der Länge 20 bzw. 50. Weitere Informationen siehe [CaLe93].

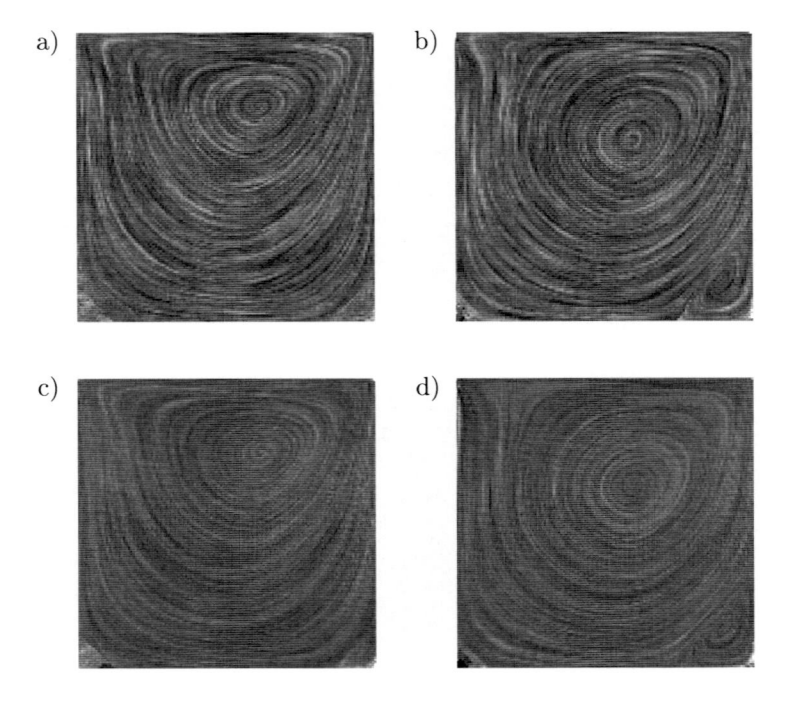

Farbtafel 49:
Drahtgittermodell eines Wohnraums mit Animationspotenzial (Fensterflügel, Ball; Lösung zu den Teilaufgaben 1.1 und 1.2 in Anhang C)

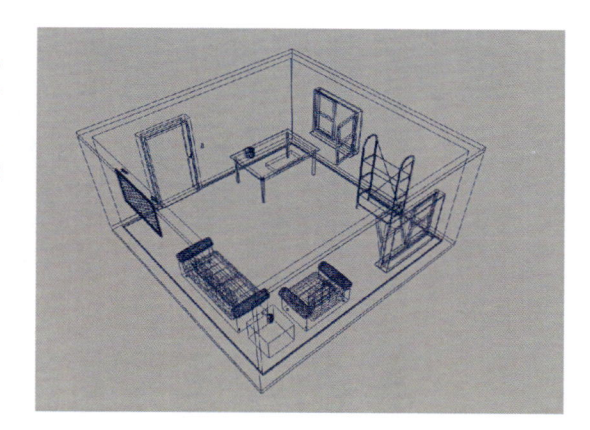

Farbtafel 50:
Das obige Drahtgittermodell, versehen mit Materialeigenschaften und Texturen (Lösung zu den Teilaufgaben 1.3 – 1.5 in Anhang C)

Farbtafel 51:
Ein Detailausschnitt aus einem anderen modellierten und texturierten Zimmer; deutlich zu erkennen ist der Glow-Effekt (Eigenleuchten, Glühen; Lösung zu den Teilaufgaben 1.3 – 1.5 in Anhang C)

Farbtafel 52: Drahtgittermodell eines LEGO-Gabelstaplers, zusammengesetzt aus einzelnen LEGO-Bausteinen (Lösung zu den Teilaufgaben 2.1 und 2.2 in Anhang C)

Farbtafel 53: LEGO-Modell des Gabelstaplers, jetzt mit Materialeigenschaften und Texturen versehen sowie beleuchtet (Lösung zu den Teilaufgaben 2.1 und 2.2 in Anhang C)

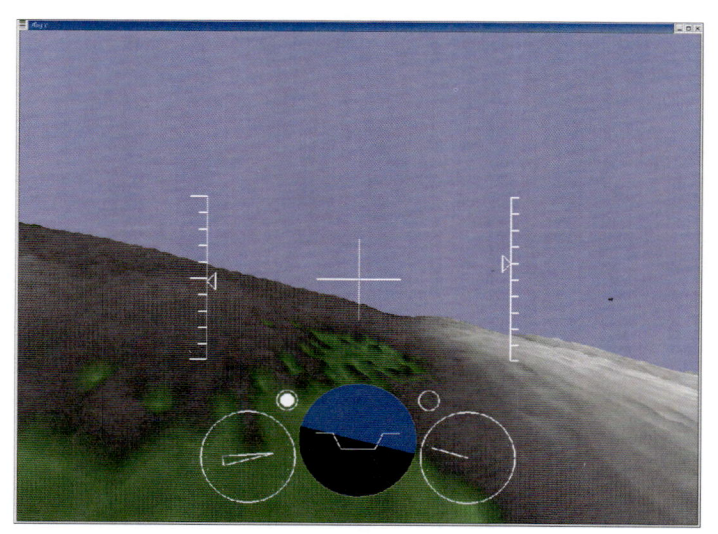

Farbtafel 54: Snapshot aus einem einfachen Flugsimulator mit Flugführungsanzeigen (Lösung zur Aufgabe 3 in Anhang C)

Farbtafel 55: Snapshot aus einer alternativen Lösung zur Aufgabe 3 in Anhang C, diesmal mit einer aufwändiger texturierten Landschaft

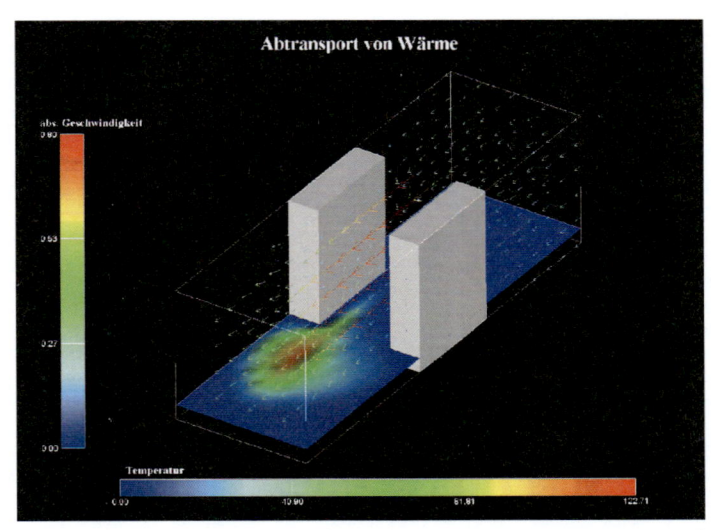

Farbtafel 56: Visualisierung von Strömung und Wärmetransport: Der linke Quader ist anfangs beheizt; dann wird die Beheizung ausgeschaltet, und das von hinten nach vorne durchströmende kalte Fluid transportiert die Wärme ab (Schnittebene, eingefärbt gemäß Temperatur, und Pfeile, Farbe und Länge gemäß Absolutgeschwindigkeit; Lösung zur Aufgabe 4 in Anhang C)

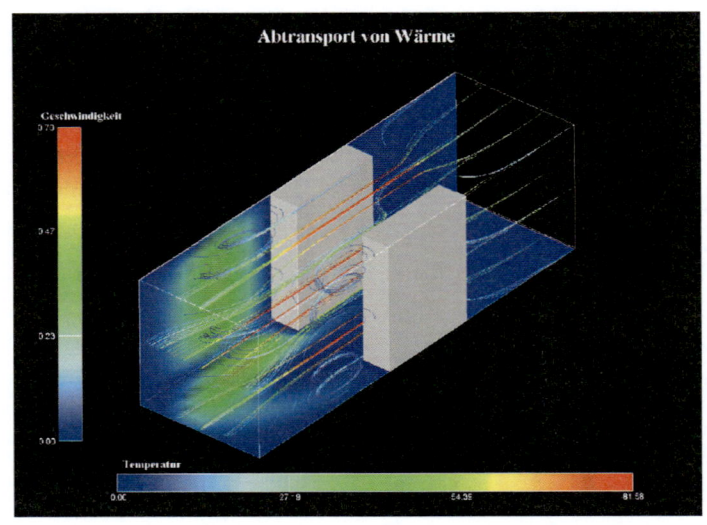

Farbtafel 57: Dasselbe Szenario, hier visualisiert mit zwei orthogonalen Schnittebenen (Farbe: Temperatur) und eingefärbten Stromlinien anstelle der Pfeile

Farbtafel 58: Ein Rennauto durchbricht die Wand eines Kinosaals: Snapshot aus einer Computeranimation für eine Produktion im Rahmen der VideoMath-Reihe des Springer-Verlags (Praktikumsprojekt zur Modellierung und Animation)

Farbtafel 59: Snapshot aus einer anderen Animation zur oben erwähnten Produktion, diesmal mit Roboter und Funkenschlag mittels Partikelsystemen (weiteres Beispiel eines Praktikumsprojekts zur Modellierung und Animation)

Farbtafel 60: Maya-Modell des Neubaus der TUM-Informatik in Garching (Zwischenwände, Farben bezeichnen Stockwerke); erstellt aus 2 D CAD-Daten, eingesetzt in VR-Umgebungen (Holobench), Gebäudeteile attributiert mit per Mausklick anzeigbarer Information (Praktikumsprojekt und anschließende Diplomarbeit zu den Themen Virtual Reality und Augmented Reality)

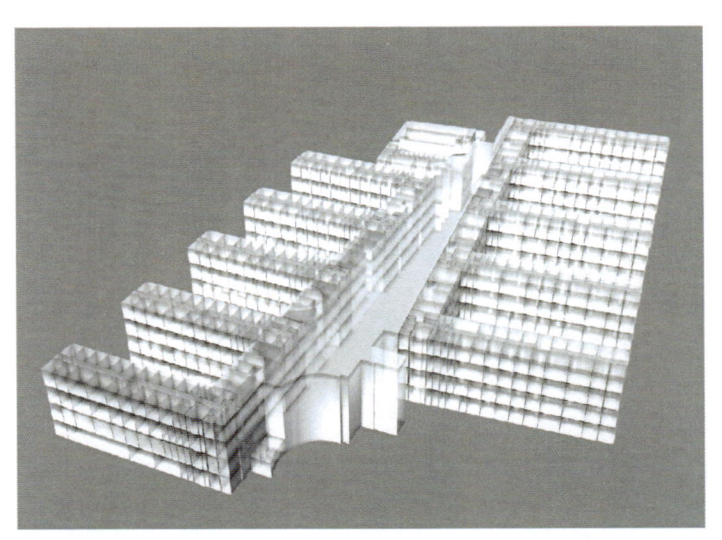

Farbtafel 61: Teile des Neubaus in halbtransparenter Darstellung